Otium

Studien zur Theorie und Kulturgeschichte
der Muße

2

Die Raumzeitlichkeit der Muße

Herausgegeben von

Günter Figal, Hans W. Hubert
und Thomas Klinkert

Mohr Siebeck

Günter Figal, geboren 1949; Studium in Heidelberg; 1976 Promotion; 1987 Habilitation; 1989–2002 Professor für Philosophie an der Universität Tübingen; seit 2002 ordentlicher Professor für Philosophie an der Albert-Ludwigs-Universität Freiburg i.Br.

Hans W. Hubert, geboren 1960; Studium der Kunstgeschichte, Klassischen Archäologie, Philosophie und Bibliothekswissenschaften; 1990 Promotion; 2000 Habilitation; Studien- und Forschungsaufenthalte in Italien, Großbritannien, Frankreich und USA; Professor für Kunstgeschichte an der Albert-Ludwigs-Universität Freiburg i.Br.

Thomas Klinkert, geboren 1964; Studium in München; 1991 Erstes Staatsexamen in Deutsch und Französisch; 1994 Promotion; 2001 Habilitation in Romanischer Philologie; Professuren für romanistische Literaturwissenschaft in Mannheim (2003–07) und Freiburg i.Br. (2007–2015); seit 2015 ordentlicher Professor am Romanischen Seminar der Universität Zürich.

ISBN 978-3-16-154689-1
ISSN 2367-2072 (Otium)

Die Deutsche Nationalbibliothek verzeichnet diese Publikation in der Deutschen Nationalbibliographie; detaillierte bibliographische Daten sind im Internet über *http://dnb.dnb.de* abrufbar.

Das Buch wurde von Computersatz Staiger in Rottenburg/N. aus der Minion gesetzt und von Hubert & Co. in Göttingen auf alterungsbeständiges Werkdruckpapier gedruckt und gebunden.

Den Umschlag entwarf Uli Gleis in Tübingen; Umschlagabbildung: *Outdoor view on Therme Vals*. © Hélène Binet.

Inhaltsverzeichnis

III. Muße und gebaute Räume

IV. Zwiegespräche – Gelehrte in Gesellschaft, Autoren vor dem Papier

Einleitung

Günter Figal / Hans W. Hubert / Thomas Klinkert

Mit dem vorliegenden Band *Die Raumzeitlichkeit der Muße* legen wir die Beiträge zu einer gleichnamigen Tagung vor, die vom 26. bis zum 28. Juni 2014 in den Räumen des *Freiburg Institute for Advanced Studies* (FRIAS) der Albert-Ludwigs-Universität Freiburg durchgeführt wurde.

Ausgangspunkt dieser Tagung war die für den Sonderforschungsbereich 1015 „Muße. Konzepte, Räume, Figuren" maßgebliche Arbeitshypothese, dass sich mit dem Zustand der Muße die Erfahrungen von Raum und Zeit verändern: Die Zeit drängt dann nicht mehr; die Zwänge der Uhr und des Kalenders verlieren an Bedeutung. Man *verweilt*, statt planend sich selbst voraus zu sein und fortwährend an das Zukünftige zu denken. Im Verweilen tritt das Nacheinander der Zeit zurück, während der Raum mit seinen Ordnungen des Nebeneinander bestimmend wird. In diesem Sinne ist Muße wesentlich räumlich; ihre Räumlichkeit gestattet ein ungezwungenes Hiersein, in dem sich Gedanken, kreative Kräfte und gesellige Möglichkeiten entfalten können. Nicht umsonst haben deshalb seit jeher besondere Räume für die Ermöglichung oder Begünstigung von Muße eine zentrale Bedeutung gehabt. Eigens für die Muße eingerichtete Räume sind so lange bekannt wie das Phänomen der Muße selbst. Aber die Muße schafft sich auch ihre eigenen Räume, denn sie sucht sich solche, die dafür ursprünglich gar nicht vorgesehen waren; Muße entdeckt und erschließt sich Räume neu. Das wiederum ist möglich, weil die Muße selbst wesentlich räumlich ist. Dabei ist indes auch zu berücksichtigen, dass durch die dominante Erfahrung der Räumlichkeit in der Muße deren Verhältnis zur Zeit neu bestimmt wird. In diesem Sinne sprechen wir von Raumzeitlichkeit der Muße.

Mit dem vorliegenden Band beanspruchen wir keine umfassende und bis ins Letzte systematisierte Bestimmung von Muße in ihrer Räumlichkeit und in ihrem Bezug zur Zeit. Vielmehr versuchen wir, dem Phänomen der Muße in exemplarischen Untersuchungen gerecht zu werden, wobei Fachleute unterschiedlicher Disziplinen Beispiele und Themen aus ihren jeweiligen Arbeitsfeldern vorstellen und analysieren. Die einzelnen Beiträge erkunden das Phänomen der Muße in seiner Räumlichkeit und in seinem Verhältnis zur Zeit jeweils auf ihre Weise, bedingt durch ihre besonderen Forschungsgegenstände und ihre methodischen Vorentscheidungen. So wird phänomenologisch untersucht, was im Zusammenhang der Mußeforschung als Raum verstanden werden kann; Erfahrungen des Innehaltens, der Kontemplation werden analysiert, und ebenso wird nach der Architektur von Mußeräumen gefragt, auch nach deren Darstellung in Literatur und bildender Kunst. Begriffliche Klärungen, Modelle und Fallbeispiele lassen die Muße in ihrer spezifischen Raumzeitlichkeit als einen möglichen Grundmodus menschlichen Lebens mit mannigfaltigen Ausprägungen deutlicher werden.

1.

Der erste Teil dieses Bandes ist Konzepten und Theorien der Muße gewidmet. *Günter Figal* und *Tobias Keiling* untersuchen in ihrem Text die verschiedenen Aspekte von Raum und Räumlichkeit, die für ein Verständnis der Muße von Bedeutung sind. Mit dem Gedanken eines ‚raumtheoretischen Dreiecks' entwickeln sie dabei eine für das Programm des SFB zentrale Gedankenfigur. Was man ‚Raum' nennt, so wird gezeigt, lässt sich in drei verschiedenen, aber wesentlich aufeinander bezogenen Hinsichten bestimmen: zunächst dadurch, dass man verschiedene *Raumausdrücke* wie ‚Ort', ‚Freiraum', ‚Äußerlichkeit', ‚Ausdehnung' und andere analysiert und im Ensemble dieser Analysen klärt, was der unspezifische Ausdruck ‚Raum' im Sinne von ‚Raum überhaupt' lediglich anzeigt; andererseits dadurch, dass besondere gebaute oder natürliche *Räume* (*rooms* und ebenso *spaces*) beschrieben und als je konkrete Bedingungen räumlicher Erfahrung aufgezeigt werden; und schließlich dadurch, dass diese räumlichen Erfahrungen als solche von Personen, individuell oder in Geselligkeit, im Bezug auf die Dinge in ihrer Räumlichkeit betrachtet werden.

Iris Laner widmet sich in ihrem Beitrag dem Phänomen der Kontemplation und damit einem Tun, das seit Aristoteles wesentlich als Tun in Muße verstanden wird. Diese Mußeabhängigkeit der Kontemplation erlaubt es, aus ihrer genauen Beschreibung zugleich ein grundlegendes Verständnis der Muße zu gewinnen. Laners Beitrag ist darin besonders aufschlussreich, dass die Kontemplation als ästhetische verstanden und im Anschluss an eine der wichtigsten Positionen der Phänomenologie, nämlich an die von Maurice Merleau-Ponty, entwickelt wird. Dabei erweist sich der Freiraum der Muße als ‚ästhetischer Raum' in jenem weiten Sinne, dass auch die Möglichkeiten philosophischen Denkens und Wissens als ästhetisch gelten können. Das Phänomen der Muße erweist sich so als Schlüssel für das Verständnis der Zusammengehörigkeit von Kunsterfahrung und begrifflicher Reflexion.

Der Beitrag von *Hideki Mine* erweitert das Spektrum des Bandes, indem er das Phänomen der Muße im Kontext der zen-buddhistischen Tradition und der modernen japanischen Philosophie untersucht. Er zeigt, dass mit dem Gedanken des ‚Ortes' (*basho*) bei Kitarō Nishida eine Möglichkeit gegeben ist, Muße zu verstehen, ohne sie auf subjektive Zustände oder objektive Bedingungen zu reduzieren. Die ‚Selbstgewahrung', von der Nishida spricht, ist kein Selbstbewusstsein und keine Selbstreflexion, sondern die Möglichkeit, sich selbst im Absehen von sich und in der Hinwendung zu den Dingen zu erfahren – in einer eigentümlichen

Schwebe von Tun und Nichttun, von Handeln und Lassen. Im letzten Teil seines Beitrags konkretisiert Mine die mit Nishida gewonnene Bestimmung der Muße, indem er auf die von Letzterem kritisch diskutierte Konzeption des künstlerischen Schaffens bei Konrad Fiedler eingeht. Dieses erweist sich gerade darin als mußevolle Tätigkeit, dass es frei von Absichten ist. Künstlerische Tätigkeit plant nicht, sondern lässt die Werke im Tun und Lassen hervorgehen.

2.

Eine historisch besonders signifikante Möglichkeit, Muße zu erleben, ist die ästhetische Erfahrung von Räumen der Natur und der Kunst. *Thomas Klinkert* betrachtet den arkadischen Chronotopos als Manifestationsform von Muße, welchen er in einen Zusammenhang mit der Selbstreflexivität der Dichtung bei Iacopo Sannazaro stellt. In Anknüpfung an Michail Bachtin, Winfried Wehle und Wolfgang Iser deutet Klinkert den arkadischen Chronotopos als ein Reflexionsdispositiv, welches eine poetologische Selbstbeschreibung des literarischen Textes ermöglicht. Diese Selbstreflexivität manifestiert sich in der 1504 publizierten Buchfassung von Sannazaros *Arcadia* in Form einer Äquivalenzbeziehung zwischen der textexternen und der textinternen Ebene, insofern auf beiden Ebenen die zeitüberdauernde Funktion der Dichtung thematisiert wird. Zugleich wird bei Sannazaro der arkadische Rückzugsraum als in der Natur gelegener Mußeraum mit seiner charakteristischen ambivalenten Raumzeitlichkeit, die sich von der der Alltagswelt abgrenzt und zugleich auf sie geöffnet wird, zum Ort dichterischer Produktion. Der Mußeraum hat einerseits die anthropologische Funktion eines Schutz- und Rückzugsraumes und andererseits eines Schauplatzes dichterischer Kreativität, welcher dialektisch auf den von Krieg, Tod und Vernichtung geprägten Raum des Alltags bezogen bleibt.

Antonia Egel untersucht in ihrem Beitrag Formen der Bewegung im Raum als Mußeerfahrung. Sie betrachtet Texte von Peter Handke, Adalbert Stifter und Thomas Mann, in denen Momente der Muße unerwarteterweise in Situationen entstehen, in denen ein Protagonist zu Fuß unterwegs ist. In Handkes *Die Lehre der Sainte-Victoire* wird die Bewegung des Ich-Erzählers als absichtsloses Gehen inszeniert, welches zum Vorlauf einer Erzähl- und Schreibbewegung wird. In der Absichtslosigkeit der Fortbewegung verbindet sich in paradoxer Weise die Aufmerksamkeit auf etwas mit der Selbstvergessenheit des Erlebenden. Handke bezieht sich zitathaft auf Stifters Erzählung *Bergkristall*, in der die absichtslose Bewegung zweier Kinder durch die verschneiten Berge als Ausdruck einer kontemplativen Mußehaltung gedeutet wird, die dem Geschwisterpaar im Augenblick höchster Gefahr letztlich das Leben rettet. Ebenfalls in intertextueller Beziehung zu Stifter erzählt Thomas Mann im ‚Schneekapitel' des *Zauberberg* von einer lebensgefährdenden Situation, aus der sich der Protagonist Hans Castorp dadurch befreien kann, dass er im Augenblick größter Bedrohung die Zeit vergisst und in einen kontemplativen Modus eintaucht.

Zielloses oder gerichtetes Schauen wirkt auf unser Gemüt, gleich ob dabei Natur oder Kunstwerke in den Blick genommen werden. *Hans W. Hubert* skizziert anhand von literarischen, philosophischen sowie kunsttheoretischen Texten von Autoren des italienischen Frühhumanismus und der Renaissance von jenen reflektierte Aspekte der durch das Schauen in Gang gesetzten Zeit-, Raum- und Mußeerfahrungen nach: Raum-Zeit-Überblendungen und seelische Bekehrung bei Petrarca, euphorische Gottesschau bei Pico della Mirandola und sinnliche Augenfreude bei Leon Battista Alberti. Danach steht die Frage im Mittelpunkt, welche besondere Form von Augenlust die sogenannte *pittura a grottesche* bereitet, also eine spezifische Form antiker Wanddekoration, die seit ihrer Wiederentdeckung im ausgehenden 15. Jahrhundert bevorzugt zur Ausgestaltung klassischer Mußeräume verwendet wurde. Es wird die These entwickelt, dass das durch Invertierung von *ergon* und *parergon* gekennzeichnete Dekorationssystem und die von Ort- und Zeitlosigkeit geprägten Einzelmotive jeden tieferen ethischen, religiösen oder erzieherischen Sinn verweigern und sich deshalb in besonderer Weise für die Ausstattung von Mußeorten der Hoch- und Spätrenaissance eignen, nicht zuletzt weil sie in einer bedeutungsoffenen, also unbestimmten Weise die Sphäre des Unterhaltsamen, Bizarren und Erotischen tangieren. Huberts Beitrag leitet von der Wahrnehmung der Natur zu der von gebauten Räumen über, die im dritten Abschnitt im Vordergrund stehen.

3.

Bei Montaigne dient die Muße, wie *Angelika Corbineau-Hoffmann* zeigt, als Raum frei verfügbarer Zeit, in dem dichterische Aktivität und Kreativität ermöglicht wird. Im Rückgriff auf Michel Foucault bedient Corbineau-Hoffmann sich der Konzepte der Heterotopie und der Heterochronie, um die spezifischen räumlich-zeitlichen Bedingungen von Montaignes Muße zu beschreiben. Dabei vertritt sie die These, „dass die *Essais* von Montaigne die unmittelbare Folge [seines] Entschlusses zur Muße sind" (181). Als Voraussetzung für Montaignes innovatives Schreiben wird ein „grundlegend *anderes* Ich" (182) benötigt, welches, so Corbineau-Hoffmann, „in Analogie zu [Foucaults] Heterotopie und Heterochronie [...] nachgezeichnet und interpretiert werden kann" (182). Montaignes Schreiben hat eine doppelte Basis: Zum einen generiert die üppige Imagination des Ichs eine mentale Dynamik, aus der sich die unsystematische Form des Essais speist, zum anderen muss die Imagination gezähmt und eingehegt werden, was Montaigne mit dem Heterotop seiner in einem Turm befindlichen Bibliothek leistet. Sein literarischer Selbstentwurf im Rückzugsraum der Bibliothek ist vor dem Hintergrund der das 16. Jahrhundert erschütternden Religionskriege zu sehen.

Ebenfalls in Anknüpfung an Foucaults Konzept der Heterotopie untersucht *Rainer Warning* Mußesituationen bei Stendhal. Er deutet den von Foucault eingeführten Begriff, welcher auf real existierende Räume bezogen ist, als Mechanismus fiktionaler Inszenierung, wie sie in literarischen Texten unter unterschiedlichen Bedingungen stattfinden kann. Besonders auffällig ist die in Stendhals Romanen vorkommende Heterotopie des Gefängnisses. In *Le Rouge et le Noir* erscheint das Gefängnis als Kompensationsheterotopie, welche dem Protagonisten eine „Zeit der Selbstfindung jenseits des erloschenen Ehrgeizes" (212) verschafft. In *La Chartreuse de Parme* ist das Gefängnis eine Heterotopie zweiten Grades, „eingelassen in die umfassende Heterotopie Italien" (216). Eine dritte Form der Heterotopie ist jene, die erst in der Rückschau der Erinnerung konstituiert wird, wie sich am Beispiel der von Julien Sorel aufgesuchten Grotte in den Bergen zeigen lässt. In der *Chartreuse* wird die Heterotopie des Gefängnisses schließlich auch zum Anlass einer metapoetischen Reflexion, welche sich unter anderem durch die „conversation par les alphabets" entfaltet und die auf einen Textraum verweist, „der vom Autor lustvoll inszeniert ist und vom Leser als Maskerade genossen werden will, und dies mit Muße" (218 f.).

Der Beitrag von *Tobias Keiling* und *Thomas Jürgasch* untersucht mit Peter Zumthors *Kolumba-Museum* in Köln einen „enzyklopädischen Raum" (238), in dem die Erfahrung von Geschichte anders möglich ist als sonst. Die „räumliche Inszenierung von Geschichte" (224), die das Museum ist, findet ihr Pendant in dem Bau selbst, der architektonisch die Antike, das Mittelalter und die Moderne miteinander verbindet. Dieser Gedanke wird in der Reflexion von Zeitlichkeit und Geschichtlichkeit in semiotischer Hinsicht vorbereitet und dann in einer begrifflich geleiteten Beschreibung von Zumthors Bau eingelöst. Es zeigt sich, wie Zumthors Architektur einem dezentralen, ‚enzyklopädischen' Verständnis der Geschichte entgegenkommt und eine Erfahrung von Geschichte im enzyklopädischen Sinne ermöglicht.

Wie Keiling und Jürgasch beschäftigt sich auch *Toni Hildebrandt* mit einem Bauwerk von Peter Zumthor. Die *Therme in Vals* dient sicher der physischen und mentalen Erholung, sie ist aber auch ein Ort, an dem sich in Muße „Architektur denken" (257) lässt. Hildebrandt skizziert, wie Zumthor zu einer produktiven Verbindung der antagonistischen Elemente Stein und Wasser gelangt und die Ortsbezüge seiner Architektur hervorhebt. Die Therme wird kontrastiert mit Florian Grafs ephemerem *Ghost Light Light House*, welches als Mußeort des individuellen Rückzugs in der architektonischen Urform der Pyramide gestaltet ist, die aber parodistisch als auf dem Bodensee irrlichternder Leuchtturm ortlos treibend die Schiffe in Orientierungslosigkeit bringt. Vor dem Hintergrund philosophischer Wassermetaphorologie bei Thoreau und Heidegger sowie bei Hans Blumenberg und Stanley Cavell werden die grundlegenden Unterschiede der diesen Werken zugrundeliegenden Mußekonzepte verdeutlicht.

4.

Die beiden abschließenden Beiträge des Bandes fokussieren die Räumlichkeit der Mußeerfahrung, wie sie sich in Kommunikations- und Schreibprozessen darstellt. *Michael Multhammer* untersucht Texte, die gemäß dem Titel seines Beitrags als „Räume imaginärer Kommunikation" verstanden werden können und die im 18. Jahrhundert von gelehrten Autoren wie Nikolaus Hieronymus Gundling, Johann Christoph Gottsched und Georg Christoph Lichtenberg verfasst wurden. Diese Texte, welche Elemente gelehrten Wissens in einer die Regeln des wissenschaftlichen Diskurses überschreitenden Art und Weise neu zusammenfügen, situieren sich in dem von Marc Fumaroli so genannten „loisir studieux" und ermöglichen dadurch eine „diskursive Aufhebung von Zeit" (290), welche die Entstehung neuer Ordnungen ermöglicht. Damit knüpfen solche Texte an das von Montaigne zuerst erprobte Verfahren an, welches ebenfalls auf eine Neuschreibung jener Text- und Wissenselemente abzielte, mit welchen Montaigne sich in Gestalt von Büchern in seiner Bibliothek umgab. Ein weiterer wichtiger Aspekt der gelehrten Muße, den Multhammer hervorhebt, ist die Selbstdarstellung des Schreibenden, der wie Lichtenberg in seinen *Noctes* sich „über die Materialität des Schreibens im Modus der Muße" (302 f.) Gedanken macht.

Heike Gfrereis stellt den materiellen Grund, den Beschreibstoff, d.h. in der Regel Papier in das Zentrum ihrer Überlegungen, befreit es aber aus seiner vermeintlichen Zweidimensionalität, indem sie seine Gegenständlichkeit und Materialität ernst nimmt und es als Objekt, welches Muße auslösen oder einfordern kann und welches zugleich in der Muße zu einem Objekt des schöpferischen Nachdenkens wird, vorstellt. Reich gespickt mit Zitaten humorvoller, kritischer und nachdenklicher Selbstreflexionen schreibender (oder zeichnender) Literaten, zeigen die aus Schriftstellernachlässen im Literaturarchiv Marbach herausgesuchten Textpassagen, dass der Schriftträger von den Autoren als „Raum der Auszeit" (309), als Ort der geistigen Inspiration und dichterischen Kreativität, bei dem „alle Möglichkeiten noch offen" (309) sind, verstanden wurde. Papier erweist sich somit als Vorstellungs- und Erfahrungsraum und kann als materielles Äquivalent der Muße angesprochen werden. Im Extremfall kann der Umfang an beschriebenem und auf dem Tisch fortwährend hin und her geräumten Papier jedoch eine so große Eigenmacht gewinnen, dass sich der schöpferische Autor, wie im Falle von Kafkas *Prozess*, davon regelrecht bedroht, ja besiegt fühlt.*

* Die Herausgeber danken Sonja Feger, Silvia Riccardi und Fabiola Valeri für die wertvolle Unterstützung bei der Einrichtung des Manuskripts und bei der Erstellung des Registers. Ebenfalls danken sie dem SFB 1015 „Muße. Konzepte, Räume, Figuren" für die ideelle und materielle Unterstützung und dem Verlag Mohr Siebeck für die hervorragende Zusammenarbeit.

I. Konzepte und Theorien

Das raumtheoretische Dreieck

Zu Differenzierungen eines phänomenologischen Raumbegriffs

Günter Figal / Tobias Keiling

1. Vorklärungen

Geht man in die Geschichte von *Raum* und *Zeit* als philosophischen Begriffen zurück, dann ist bei der Zeit alles vergleichsweise einfach. Ein begriffsgeschichtliches Lexikon wie das *Historische Wörterbuch der Philosophie* kann leicht darüber belehren, dass unter verschiedenen Namen wirklich dasselbe verhandelt wird. χρόνος, *tempus*, Zeit – immer ist klar, wovon man spricht und was in einer Untersuchung des Phänomens zu bestimmen wäre.

Beim Raum ist das anders. Deutlich wird dies bereits an den einschlägigen Bestimmungen im Altgriechischen und in der klassischen griechischen Philosophie. Es gibt im Griechischen kein Wort, das dem mit Allgemeinheitsanspruch verwendeten Wort „Raum" und dem mit ihm bezeichneten ‚Raum überhaupt' entspricht. Insofern ist die Rede von philosophischen *Raum*theorien oder, etwas vorsichtiger, philosophischen *Konzeptionen* des Raumes, aus begriffsgeschichtlicher Perspektive problematisch. Denn verschiedene Ausdrücke, wirklich verschiedene, solche also, die nicht ohne Weiteres ineinander zu übersetzen sind, zeigen an, dass auch verschiedene Phänomene behandelt werden. Auch wenn diese nicht so verschieden sind, dass sie nichts miteinander zu tun haben, wird man auch nicht ohne Weiteres annehmen dürfen, dass nur von Abwandlungen eines klar identifizierbaren Phänomens die Rede ist.

Während bei der Zeit eine begriffsgeschichtliche Kontinuität zu finden ist, entfaltet sich die Begriffsgeschichte ‚des' Raumes komplexer. Was aktuell unter dem Stichwort ‚Raumtheorie' behandelt wird, umfasst, geht man in die Begriffsgeschichte zurück, verschiedene miteinander kontrastierende, aber auch einander ergänzende Begriffe. Diese gehören in einen philosophisch fassbaren Zusammenhang, den wir im Folgenden, ausgehend von einigen Beobachtungen an der Begriffsgeschichte, entwickeln wollen. Beginnen lässt sich dazu bei den Begriffsprägungen der klassischen griechischen Philosophie.[1]

---

[1] Zum Folgenden vgl. Günter Figal, *Unscheinbarkeit. Der Raum der Phänomenologie*, Tübingen 2015, bes. 22–37.

Wo bei Platon etwas erörtert wird, das man vielleicht als Raum verstehen möchte, im *Timaios* nämlich, ist von χώρα die Rede. χώρα heißt ‚Land'; das Wort wird nach Liddell/Scott auch mit ‚space' oder genauer mit ‚partly occupied space' übersetzt.[2] Das Verb χωρέω, χωρεῖν bedeutet ‚Platz machen', und in diesem Sinne auch ‚vorangehen' – vorangehen kann man immer nur, indem man einen Ort räumt und einen anderen, vielleicht nur vorübergehend, einnimmt. Außerdem ist χώρα mit dem Verb χωρίζειν und dem Adverb χωρίς verwandt. χωρίζειν heißt ‚absondern', ‚trennen'; χωρίς heißt ‚abgetrennt', ‚abseits', ‚abgesondert'.

Bei Aristoteles ist demgegenüber von τόπος die Rede.[3] τόπος heißt ‚Ort', englisch ‚place'. Auch wenn man das Phänomen noch nicht genau bestimmt hat, ist das derart Bezeichnete etwas anderes als χώρα und keineswegs identisch mit dem ‚Raum überhaupt'. τόπος, ‚Ort' steht zunächst für ‚Spitze', besonders für die Spitze eines Speers.[4] Aufgrund dieser Bedeutung kann das Wort dann auch den Anfangs- und Endpunkt von etwas und von daher schließlich allgemein einen festen Raumpunkt bezeichnen, eine näher bezeichnete Stelle, die dann, im neueren Sprachgebrauch, nicht mehr nur punktuell sein muss. Das englische *place* und das französische *place* hingegen entsprechen dem deutschen Wort „Platz", das auf das lateinische Wort *platea* zurückgeht, das vom griechischen πλατεῖα herkommt. Beides steht für den breiten Weg, die Straße. Im Ausgang von dieser Bedeutung kann das Wort ‚Platz' dann auch für eine Fläche stehen, die „ein offener oder eingeschlossener freier raum zu verschiedenen zwecken" ist.[5] Das Wort ‚Fläche', mit dem griechischen πλατύς und dem lateinischen *planus*, wiederum mit ‚Platz' verwandt, bezeichnet die ebene Weite.

Vergegenwärtigt man sich dieses semantische Feld verschiedener Raumausdrücke und deren Etymologien, so ist keineswegs klar, was man als ‚den Raum' gelten lassen wollte. Vielmehr wird man auf die Geschichte auch jener Begriffe aufmerksam, die in der Raumtheorie oder in der Rede vom *spatial turn* recht selbstverständlich vorausgesetzt zu sein scheinen. Das gilt nicht zuletzt von ‚dem Raum'. Das deutsche Wort ‚Raum' bezeichnet nicht den geometrischen Raum mit mindestens drei Dimensionen. Geschichtlich klärt sich die Bedeutung von ‚Raum' vielmehr vom Verbum ‚räumen' her. Das Wort nennt nach Grimms *Wörterbuch der deutschen Sprache* „zunächst die handlung des rodens und frei machens einer wildnis für einen siedelplatz", sodass ‚Raum' „den so gewonnenen

---

[2] Vgl. die Einträge im *Liddell/Scott*: Henry George Liddell/Robert Scott, *A Greek-English Lexicon*, 9. Aufl., Oxford 1940, 2015.

[3] Aristoteles, *Physica*, hg. v. William D. Ross, Oxford 1960, IV, 1–9; 208a 27–217b 28.

[4] Darauf hat bekanntlich Heidegger aufmerksam gemacht. Vgl. Martin Heidegger, „Die Sprache im Gedicht", in: *Unterwegs zur Sprache*, Gesamtausgabe, Bd. 12, hg. v. Friedrich-Wilhelm von Herrmann, Frankfurt a. M. 1985, 31–78, 33.

[5] Jacob Grimm/Wilhelm Grimm, „Platz", in: *Wörterbuch der deutschen Sprache*, Bd. 13, Leipzig 1854–1971, 1916–1920, 1916.

siedelplatz selbst" bezeichnet.[6] Insofern ist die Rede von einem ‚freien Raum' tautologisch. Raum ist immer *frei*; eine freie Stätte – in älterer Sprache auch ‚Freistatt' oder ‚Freiung' – ist immer ein Raum. Von dieser Etymologie aus wird auch deutlich, dass „Raum" nicht einfach dasselbe ist wie *space* oder *espace*. Diese beiden Wörter gehen auf das lateinische *spatium* zurück, das wiederum von griechisch στάδιον kommt. *Spatium* ist Zwischenraum, στάδιον die zwischen zwei Markierungen sich erstreckende Rennstrecke. Der Zwischenraum ist aber weder χώρα noch τόπος noch Raum.

Alle genannten Ausdrücke – und es ließen sich noch andere hinzufügen – bezeichnen irgendwie Räumliches, aber keines von ihnen bezeichnet einfach *den* Raum. Das ist für die Raumtheorie relevant. Denn es deutet darauf hin, dass es den Raum als solchen, als vermeintlich Homogenes, mit einem einzigen Wort zu Bezeichnendes, nicht gibt. Was wir „Raum" oder auch *space*, *espace* nennen, erweist sich in der aufgewiesenen Vielheit von Begriffen vielmehr als wesentlich plural. Raum ist vielfältig, und diese Vielfältigkeit lässt sich nicht auf eine Grundbedeutung von „Raum" zurückführen. Dennoch dürfte die Intuition nicht falsch sein, dass alle Raumausdrücke etwas anzeigen, das ‚einfach Raum' ist. Das tun sie, indem sie voneinander verschieden sind und sich in dieser Verschiedenheit ergänzen.

Aber das Eine, auf das anzeigend der Ausdruck ‚Raum überhaupt' hinzeigt, lässt sich, wie noch einmal festgehalten werden sollte, nicht an einem Begriff festmachen und so auch nicht an der Geschichte eines solchen Begriffs erweisen. Anders als bei der Zeit ist die Begriffsgeschichte der Raumbegriffe deshalb auch keine der Kontinuität. Andererseits lassen sich jedoch auch keine bestimmten dominanten Verwendungen identifizieren, sodass sich etwa epochale Brüche innerhalb der Begriffsgeschichte markieren lassen könnten. Es gibt nicht nur keine Kontinuität, sondern auch keine Paradigmenwechsel im Nachdenken über Raum.[7]

Damit kommt aber auch die Methode der Begriffsgeschichte an eine Grenze; die Einheit des Raums fällt unter keinen Begriff. Die Begriffsgeschichte führt vielmehr auf eine Vielfalt von Begriffen, die sich in ihrem Zusammenspiel klären lassen müssen. Es gibt nicht ‚den' Raumbegriff und seine Geschichte, sondern eine Vielzahl von Begriffen mit eigenen Geschichten, die in weiterhin klärungsbedürftiger Weise mit dem zusammenhängen, was wir Raum nennen.

---

[6] Jacob Grimm/Wilhelm Grimm, „Platz", in: *Wörterbuch der deutschen Sprache*, Bd. 14, Leipzig 1854–1971, 275–283, 276.

[7] Dies ist die Interpretation Edwards Caseys, der von einer Dualität von Raum (*space*) und Ort (*place*) ausgeht. Casey bietet dann ein eigenes Narrativ an, demzufolge die moderne Philosophie raumfixiert und ortsvergessen sei. Diese Epoche neige sich jedoch selbst wiederum einen Ende zu. Vgl. Edward S. Casey, *The Fate of Place. A Philosophical History*, Berkeley 2008.

2. Ort, Raum, Leere

Dass es nicht nur verschiedene Fassungen des Raumbegriffs, sondern verschiedene raumphilosophisch relevante Grundbegriffe gibt, heißt nicht, dass sich über ‚den Raum' oder ‚Raum überhaupt' nicht reden ließe. Nur wird man nicht von einer einzigen Bestimmung ausgehen können, sondern versuchen müssen, dem Raum in jener Pluralität gerecht zu werden, die sich in der Vielheit der Begriffe ankündigt. Dabei sollte die der Pluralität des Raums entsprechende Pluralität der Bestimmungen keine beliebige und auch keine bloß additive sein. Eine ausgearbeitete Konzeption von ‚Raum' müsste die Zusammengehörigkeit, auch das Ineinandergreifen der Bestimmungen verständlich machen. Darum kann es hier nicht gehen.[8]

Wir konzentrieren uns deshalb auf einige derjenigen Bestimmungen, von denen wir annehmen, dass sie für das Phänomen der Muße besonders einschlägig sind. Das sind zum einen die kontrastierenden Begriffe *Ort* und *Raum.* Im Folgenden sollen diese Bestimmungen allerdings nicht mehr begriffsgeschichtlich, sondern *deskriptiv* und in diesem offenen Sinne *phänomenologisch* in einer Beschreibung lebensweltlicher Zusammenhänge zumindest so weit geklärt werden, wie dies für die weiteren Überlegungen nötig ist. Damit ist mitgesagt, dass sich zu diesen Begriffen andere Erläuterungen geben und Begriffsgeschichten erzählen ließen.

Ort ist, wo etwas ist oder sein kann, auch sein könnte. Das ist auf den ersten Blick ein Ding oder etwas Dinghaftes, zum Beispiel der Tisch, auf dem ein Buch liegen kann, der Boden, auf dem der Tisch steht. Aber Ort ist der Tisch nicht *als* Tisch; wenn man ihn als Tisch betrachtet, ist er selbst ein Ding, das an einem Ort ist oder sein kann. Ort ist der Tisch, sofern er etwas, das ihm *äußerlich* ist, das also nicht zu ihm gehört, *aufnehmen* und deshalb auch wieder abgeben kann. Ort ist, anders gesagt, eine raumfunktionale Bestimmung von Dingen oder Dinglichem, die Dinge oder Dingliches von anderem her oder auf anderes hin fasst. Ein Ding oder etwas Dingliches kann dabei mehr oder weniger ausdrücklich als Ort *vorgesehen* oder sogar als Ort *gekennzeichnet* sein. Dann ist es als Ort erkennbar, umso mehr, je deutlicher sein Verständnis von etwas her oder auf etwas hin möglich ist. In jedem Fall kommt dem Ding oder Dinglichen durch seine räumliche Funktion eine *Möglichkeit*, nämlich die Möglichkeit des Aufnehmens, zu. Die Raumfunktion der Dinge wirkt aber ebenfalls auf diese zurück. So sind ein Tisch oder ein Stuhl nur verständlich, indem man beides zugleich als Ort versteht. Hier gehört es zur diesen Objekten wesentlich dazu, Ortscharakter für andere Dinge zu besitzen, ohne dass der Ortscharakter im Dingcharakter aufginge.

---

[8] Vgl. zu einer solchen ausgearbeiteten Konzeption von Raum: Figal, *Unscheinbarkeit.*

Ähnliches ließe sich auch von der Beziehung von Orten und Lebewesen sagen: Lebewesen sind immer an einem Ort und bewegen sich von einem Ort zu einem anderen. Lebewesen sind durch räumliche *Bewegung* ausgezeichnet. Aber nicht nur in der Bewegung sind Lebewesen räumlich, sondern auch dann, wenn sie ruhen. Tische und Stühle beispielsweise sind klar definierte Orte, die für Menschen gemacht sind. Diese Orte bewegen sich selbst nicht. Sie sind im Hinblick auf die Möglichkeit, dass man sich an sie oder auf sie setzen kann, bestimmt. Daran wird deutlich, dass Menschen und vermutlich auch Tiere allein deshalb schon in elementarer Weise räumlich sind, weil sie sich immer *irgendwo* aufhalten. Orte bieten nicht nur Dingen die räumliche Funktion, sich an diesen zu befinden, ohne mit diesen eins zu werden, sondern den Dingen vielmehr äußerlich zu bleiben. Auch Lebewesen bieten sie eine bestimmte Weise zu sein an, die man als die des *Aufenthalts* bestimmen kann.[9] Dass Lebewesen immer irgendwo sind, ist die Bedingung dafür, dass diese sich überhaupt bewegen können.

Ein Ort als räumliches Ensemble von Möglichkeiten zu sein, geht also einerseits mit der Dinglichkeit eines Dinges einher, das Erfahrungs- und Handlungsmöglichkeiten freigibt. Diese Möglichkeiten sind jedoch nur durch ein Subjekt zu realisieren, das sich an diesem Ort aufhält. In diesem Sinne sind Orte strukturgebend für Korrelationen zwischen Subjekt(en) und Objekt(en): Ein Ort ist die Konfiguration jener Sinnzusammenhänge, die sich von einem Ding ausgehend und wie *Horizonte* um es herum ergeben.[10] Bereits in der sinnlichen Wahrnehmung ist ein Objekt nur in einer Reihe verschiedener Erlebnisse oder Perspektiven zu erfahren. Diese umgeben ein Ding als Vielzahl jener Zugangsmöglichkeiten, die sich einem verkörperten Subjekt bieten. Dieselbe Grundstruktur findet sich bei Handlungsmöglichkeiten im Umgang mit Gebrauchsgegenständen. Die Struktur auch dieser Potentialität lässt sich dadurch beschreiben, dass die Möglichkeiten eines Handlungssubjekts, mit diesem Gegenstand etwas tun, in dessen Horizont liegen, um dann von einem oder mehreren Subjekten realisiert werden zu können. Auch ästhetische Erfahrung lässt sich als Verbindung eines Werks mit den für dieses spezifischen Möglichkeiten der Erfahrung und Imagination beschreiben. Besondere Varianten dieser im Wahrnehmen, Handeln und in der ästhetischen Erfahrung zu Tage tretenden Grundstruktur von Ding und Horizont wären das Verhältnis von *Figur* und *Grund* im Bild oder jenes von *Zentrum* und *Peripherie*.

---

[9] Heidegger fasst das Faktum eines solchen Aufenthalts terminologisch als ‚Wohnen'. Vgl. Martin Heidegger, „Bauen Wohnen Denken", in: *Vorträge und Aufsätze*, Gesamtausgabe, Bd. 7, hg. v. Friedrich-Wilhelm von Herrmann, Frankfurt a. M. 2000, 159.

[10] In diesem Sinne hat Husserl einen phänomenologischen Horizontbegriff entwickelt. Vgl. Edmund Husserl, „Cartesianische Meditationen", in: *Cartesianische Meditationen und Pariser Vorträge*, Husserliana, Bd. 1, hg. v. Stephan Strasser, 2. Aufl., Den Haag 1973, 43–184, 82–83; Edmund Husserl, *Die Krisis der europäischen Wissenschaften und die transzendentale Phänomenologie. Eine Einleitung in die phänomenologische Philosophie*, Husserliana, Bd. 6, hg. v. Walter Biemel, Den Haag 1954, 165.

Ihre topologische Strukturbeschreibung bezieht sich auf Möglichkeiten der Erfahrung, des Umgangs und der Imagination wohlgemerkt nicht in ihrer Realisierung, sondern in ihrer bloßen *Möglichkeit*: Ein Ort ist ein partikulares Ensemble von Möglichkeiten der Erfahrung, des Umgangs und der Imagination, wie diese sich in der Konstellation von Objekten und verkörperten Subjekten ergeben. Der Ortscharakter der Phänomene ist also nicht Produkt eines ontologischen Geschehens, sondern Strukturmerkmal jeweils partikularer Sinnerfahrung.[11] Etwas als einen ‚Ort' zu bezeichnen, hebt diese jeweils partikulare Konfiguration von Sinn hervor, wie sie in der Anordnung von Möglichkeiten zwischen Dingen und Horizonten zeigt. Diese Konfiguration liegt den jeweils verschiedenen Modalitäten ihrer Realisierung in Erfahrung, Handeln und Imagination als deren Bedingung voraus.

Daran besteht eine Affinität von Orten zu dem, was man üblicherweise einen Raum nennt. Auch ein Raum bietet Erfahrungs- und Handlungsmöglichkeiten, die jedoch nicht primär durch Verbindungen von Dingen und Horizonten strukturiert sind, wie dies für Orte charakteristisch ist. Auch ein *Raum* kann ein Ort sein, aber ein Ort ist er nicht *als* Raum. Was den Raumcharakter des Raumes betrifft, so lässt sich dem Hinweis, der in der Wortbedeutung liegt, folgen. Versteht man Raum von „räumen" her, so ist Raum immer Freiraum. Der Raum gibt etwas Freiheit, das heißt: ein Raum *lässt etwas zu*. Das wiederum ist nur möglich, weil das, was zugelassen wird, den Raum nicht erfüllt oder gar ausfüllt. Sobald etwas das, was wir einen Raum nennen, ausfüllt, ist der Raum kein Raum mehr, sondern Ort. Dieser Umschlag kann darin deutlich werden, dass wir nun das, was der Raum ist, nur noch von dem her verstehen können, was *in* diesem Raum ist. Denn das ist dasjenige, dessen Ort eben genau dieser Raum ist, das sich an diesem Ort befindet. Der Raum wird in diesem Fall durch das, was *in* ihm ist, zu einem Ort *bestimmt*.

Gegenüber dem, was in ihm ist oder sein kann, wahrt ein Raum als Freiraum eine wesentliche *Unbestimmtheit*. So ist es zum Beispiel bei einem Ausstellungsraum, der zulässt, dass eine Skulptur, die in ihm aufgestellt ist, *erscheint*. Raum ist nicht von etwas her oder im Hinblick auf etwas, sondern etwas ist in einem Raum von der Unbestimmtheit des Raumes her. Während der Ort sich von dem her bestimmt, was ihn einnimmt, eingenommen hat oder einnehmen kann, ist das, was räumlich ist, umgekehrt vom Raum her zu verstehen. Um einen Raum als Raum zu erfahren, ist eine Freiheit nötig, die nur der Raum gibt, und zwar als Freiraum.

---

[11] Damit grenzen sich die hier vorgetragenen Bestimmungen kritisch von Heidegger ab. Vgl. Tobias Keiling, *Seinsgeschichte und phänomenologischer Realismus. Eine Interpretation und Kritik der Spätphilosophie Heideggers*, Tübingen 2015, 460–482.

Diese Freiheit kann der Raum nur geben, weil er selbst wesentlich Freiheit ist. Dass etwas diese Freiheit *braucht*, heißt auch: Was einen Raum füllt und diesen zu einem spezifischen Ort seiner Erscheinung macht, darf diese räumliche Freiheit nicht aufbrauchen. Der Freiraum darf nie ganz und gar erfüllt oder besetzt werden, soll überhaupt etwas erscheinen können. Raum muss, anders gesagt, immer auch *leer* sein und darf diese Leere nicht verlieren. Nur weil es in ihrer Erfahrung einen Anteil an Leere und Unbestimmtheit gibt, lassen sich Ort und Raum durch den Grad ihrer Bestimmtheit unterscheiden.

Diese spezifisch phänomenale Leere kontrastiert mit der Bestimmtheit eines Ortes, an dem sich etwas befindet, ebenso wie mit einem immer konkreten, teils bestimmten, teils unbestimmten Raum. Mit der Leere eines unbesetzten, nur möglichen Ortes ist sie hingegen verwandt. In beiden Fällen ist sie eine phänomenale Leere; sie ist keine Abstraktion, sondern als Leere erfahrbar. Die Leere des Raumes ist daher nicht mit der einer unendlich großen leeren, dreidimensionalen Schachtel zu verwechseln. Nahezu alle modernen Raumkonzepte richten sich gegen diese physikalische, in gewisser Weise durch die antike Atomistik vorgeprägte Abstraktion.[12] Diese Abstraktion abzulehnen oder wenigstens als verkürzend anzusehen, sollte aber nicht dazu verleiten, die Leere selbst für eine Abstraktion zu halten.

Versteht man die Leere dagegen von der Möglichkeit her, derart, dass sie sich zu konkreten Freiräumen bilden lässt oder zu Orten, die Orte für Dinge sein können, dann ist Leere reine *Potentialität*.[13] Diese Leere lässt sich durch die Konkretion eines Ortes oder weiter als Zwischenraum zwischen Orten konkretisieren. Dabei lässt sie sich aber nicht als solche erfahren, sondern wird immer von den konkreten Orten und damit letztlich vom Verorteten her gedacht. Die räumliche Leere liegt damit an der Grenze des Phänomenalen, selbst an der Grenze dessen, was sich nicht zeigt, sondern, als das Unscheinbare, nur mitzeigen kann. Deutlich wird dies etwa in der elementaren *Weite* des Himmels.[14] Diese ist eine Weise, Leere zu erfahren, die ins Unendliche zu gehen scheint. Hier wird Leere als solche erfahrbar, aber nur von konkreten Orten und bestimmten Räumen her und im Unterschied zu diesen. Als reine Möglichkeit kontrastiert sie phänomenal mit dem Wirklichen in allen seinen Erscheinungen. Aber sie ist auch nur vom Wirklichen her erfahrbar.

---

[12] Vgl. Stephan Günzel (Hg.), *Raum. Ein interdisziplinäres Handbuch*, Stuttgart 2010, 1–76.

[13] Vgl. Figal, *Unscheinbarkeit*, 47–53.

[14] Vgl. John Sallis, *Force of Imagination. The Sense of the Elemental*, Bloomington, Ind. 2000.

3. Räumlichkeiten

Wenn die Phänomene von Ort, Raum und Leere derart mit dem Wirklichen und Möglichen, Bestimmten und Unbestimmten zusammenhängen, dann muss es eine Raumbezogenheit in allem geben, was ist. Daraus kann man auf die folgende Überlegung kommen: Alles, was ist, ist notwendigerweise an einem Ort. Alles braucht, um sein zu können, wenigstens ein Minimum an Freiraum. Was dicht an dicht mit anderem zusammenhängt, *ist* nicht etwas – etwas Besonderes, Individuiertes – oder zumindest nicht als solches zu erkennen. Derart ist alles, was ist, *räumlich*, wobei man darunter wieder eine Bestimmung im Sinne des ‚Raums überhaupt' verstehen sollte.

Diese Überlegung ist zunächst nur eine von größter Allgemeinheit, die sich auf die These bringen lässt, alles Seiende sei räumlich. Doch nicht alles ist in der gleichen Weise und in der gleichen Deutlichkeit räumlich. Die Allgemeinheit dieser These sollte nicht darüber hinwegtäuschen, dass es ganz verschiedene Weisen gibt, in denen etwas, das ist, räumlich sein kann. Bei manchem – möglicherweise bei vielem – lässt sich gar nicht sagen, was es ist, ohne dass man dabei seine spezifische Räumlichkeit berücksichtigt. Lebewesen, die sich immer an einem Ort aufhalten und sich auch bewegen können, sind etwa in besonderer und besonders auffälliger Weise räumlich. Daher verwundert es kaum, dass auch die Beschreibung menschlicher Praktiken sich an Raumverhalten orientieren kann, wie sie die Raumsoziologie untersucht.[15]

Aber die Räumlichkeit menschlicher Praxis sollte nicht den Eindruck erwecken, alle Formen von Räumlichkeit ließen sich auf diese zurückführen. Die Überlegungen zur Räumlichkeit in den abstrakten Kategorien von Möglichkeit und Wirklichkeit, Bestimmtheit und Unbestimmtheit anzustellen, soll auch dem Eindruck vorbeugen, menschliche Praktiken seien für Räumlichkeit konstitutiv. Das Gegenteil ist der Fall: Menschliches Handeln geschieht bereits in Räumen möglichen Handelns, deren Handlungsmöglichkeiten teils bestimmt, teils unbestimmt sind. Gäbe es die Potentialität nicht, die in verschiedenen Räumen verschieden ist und in der Leere am deutlichsten zum Vorschein kommt, wäre gar kein Handeln möglich.

Das heißt nicht, dass der Möglichkeitscharakter des Wirklichen, seine wesentliche Unbestimmtheit, nicht in mannigfaltiger Weise durch menschliches Handeln geprägt würde. Im Gegenteil präformieren gerade habituelle Praktiken die konkreten Möglichkeiten menschlichen Handelns. Aber dieses Handeln bleibt auf einen Freiraum des Möglichen angewiesen, der dem Handeln vorausliegt. Dieser Freiraum ist deshalb nur in einem Überschuss des Erfahrens über das Handeln zugänglich. Gerade wenn man Handeln als planend und zielgerichtet oder als sozial normiert versteht, liegen Freiräume gerade jenseits von Ab-

---

[15] Vgl. Martina Löw, *Raumsoziologie*, Frankfurt a. M. 2001.

sicht, Planung und Normierung. Allein deshalb ist auch *unwillkürliches* Handeln möglich.[16] Freiräume zu entdecken, die im habituellen und normierten Handeln übergangen werden, stellt deshalb einen genuinen Freiheitsgewinn dar. Dieser besteht zunächst nicht in einem Handeln, sondern bloß in einer Erfahrung, der Erfahrung, dass es auch anders möglich wäre, weil auch andere Möglichkeiten zugelassen sind. Aus dieser Erfahrung heraus kann sich dann ein anderes Handeln entwickeln.

Was die Raumphänomenologie beschreibt, ist der Beschreibung konkreter menschlicher Praktiken also vorgeordnet und kann gerade deshalb alternative Möglichkeiten erfahren lassen. Dass die Raumphänomenologie einer Beschreibung menschlichen Handelns vorausliegt, wurde bereits darin deutlich, dass auch Dinge räumlich sind. Sie befinden sich nicht nur an einem Ort, sondern können selbst auch ein Ort für etwas sein. So durchdringen sich Ding, Ort und Raum gegenseitig. Zwar gehen Gebrauchsdinge, nicht zuletzt jene, die wir nahe bei uns tragen, im Gebrauch auf, und es gehört zu ihnen, im Gebrauch zu verschwinden und nicht mehr als einzelne wahrgenommen zu werden. Aber diese Dinge kann man kaum als Dinge im eminenten Sinne bezeichnen. Im Gegenteil gibt es unter den Dingen jene, die wesentlich erscheinen und deshalb den Freiraum des Erscheinens, den Erscheinungsraum brauchen, in dem dieses Erscheinen überhaupt möglich ist. Ohne Erscheinungsraum gäbe es keine Erscheinungsdinge, wie es etwa Kunstwerke sind.[17] Diese Dinge sind in besonderer Weise räumlich. Sie können den Raum, in den sie gehören, bestimmen – so wie eine Skulptur den Platz bestimmt, an dem sie aufgestellt ist, oder ein Musikstück den Raum, den es erfüllt. Statt im Handeln zu verschwinden, machen sie eher auf die räumlichen Bedingungen aufmerksam, denen menschliches Handeln unterliegt.

Dinge und Lebewesen machen also von den Möglichkeiten des Raumes Gebrauch, indem sie erscheinen. Erscheinen sie in dieser Weise im Raum, offenbaren sie die ihnen eigene *Räumlichkeit*. Damit ist ein weiterer für die Phänomenologie des Raumes einschlägiger Begriff gewonnen: Beschreibt man das Verhältnis verschiedener Entitäten zum Raum, so beschreibt man verschiedene Weisen, räumlich zu sein, verschiedene Formen von Räumlichkeit. Wenn die Raumphänomenologie auch der Beschreibung menschlicher Praxis theoretisch vorgeordnet ist, dann können Beschreibungen von Räumlichkeit sowohl bei der Beschaffenheit von Dingen und Lebewesen ansetzen, also etwa ihre physikalische oder biologische Konstitution fassen, als auch Strukturen beschreiben, die das Sich-Bewegen und Handeln beschreiben. Räumlichkeitsbeschreibungen können sich also auf die jeweils gegebene Konstitution ebenso wie auf Formen von Tätigkeit beziehen. Die Raumphänomenologie bevorzugt keinen dieser beiden Be-

[16] Vgl. Günter Figal, *Unwillkürlichkeit. Essays über Kunst und Leben*, Freiburg 2016.
[17] Günter Figal, *Erscheinungsdinge. Ästhetik als Phänomenologie*, Tübingen 2010.

reiche. Sie untersucht vielmehr spezifische Räumlichkeiten dessen, was ist, ohne daran die Erwartung zu knüpfen, dass besondere Seinsarten oder -regionen auch notwendig andere Formen von Räumlichkeit mit sich bringen. Ontologisch ist die Raumphänomenologie neutral, sieht man von der These ab, *dass* das Seiende (unter anderem) räumlich ist.

Auch Lebensformen der Muße sind *räumlich* in diesem Sinn. Diese Lebensformen brauchen und prägen Raum in bestimmter Weise und oft gerade so, dass eine besondere Räumlichkeit von Dingen mit der von bestimmten Lebensweisen einhergeht. Es ist dann gerade die Räumlichkeit der Lebensformen, die man an Dingen wie am Lebendigen gleichermaßen erkennen kann. Lebensformen der Muße brauchen Räume, die Freiräume im erläuterten Sinne und damit wesentlich unbestimmt sind. Sie brauchen aber auch bestimmte Formen räumlichen Verhaltens. Das ließe sich in einer Beschreibung zeigen, die der Räumlichkeit der Muße gewidmet ist. Die mußevolle Betrachtung eines städtischen Platzes zum Beispiel sieht weniger das Kommen und Gehen als vielmehr das Gesamtbild und das Kommen und Gehen in ihm. Selbst unbewegt sieht sie, wie jede mußevolle Betrachtung, alles im Raum – im Freiraum für das Spiel von Ferne und Nähe, im Zusammengehören dessen, was einander äußerlich und voneinander entfernt ist und allein so für die Zuwendung offen steht. Dieser Freiraum lässt alles, was in ihm da ist oder in ihn eintritt, *auf einmal da* sein. Was sich ‚mit der Zeit' ändert, kann dieses einfache Beieinander nur bestätigen, das durch die Unbewegtheit der Beobachterposition gewährt wird. Dieses Beieinander ist ein spezifisches Charakteristikum der Mußepraxis der Betrachtung eines Geschehens.

Räumlich in dem genannten Sinne können aber auch Imaginationen sein, die erst durch das Verhalten von Figuren der Muße entstehen. Durch solche Vorstellungen, wie sie etwa im spätmittelalterlichen Konzept der ‚inneren' Abgeschiedenheit gedacht werden, werden Räume zu Mußeräumen geformt.[18] Es kommt hier nicht darauf an, selbst in eine leibliche Ruhe- und Beobachtungsposition zu kommen. Vielmehr wirkt eine bestimmte Haltung und Lebensweise darauf, wie Raum erfahren wird. Ähnliches gilt vom Flanieren, das die Stadt als einen Mußeraum erfahrbar werden lässt, ohne dabei selbst in einer Position zu verharren. Dafür, dass ein Raum zu einem Mußeraum wird, ist also nicht entscheidend, dass in einer gesicherten und distanzierten Position reine Betrachtung geübt werden kann. Die räumliche Konfiguration der Betrachtung, gekennzeichnet durch Unbewegtheit und Distanz des Betrachters, ist nur eine mögliche Räumlichkeit von Muße. Auch durch die anderen genannten Verhaltensweisen, durch die Imagination von Abgeschiedenheit oder das langsame Flanieren, könnten zuvor genau bestimmte und funktional definierte Räume zu Räumen werden,

[18] Zur Abgeschiedenheit vgl. Burkhard Hasebrink, „Die Anthropologie der Abgeschiedenheit. Urbane Ortlosigkeit bei Meister Eckhart", in: *Meister-Eckhart-Jahrbuch* 7 (2014), 139–154; Wiederabdruck in: Tobias Keiling/Günter Figal/Thomas Jürgasch u. a. (Hg.), *Anthropologie der Theorie*, Tübingen 2016 (im Erscheinen).

deren Möglichkeitscharakter unverstellt erscheinen kann. Nicht die Situation der Betrachtung, sondern diese Erfahrung von Möglichkeit und Unbestimmtheit ist dafür entscheidend, hier von der Erfahrung von Muße zu sprechen.

4. Konkrete Räume

Die Räumlichkeit von Lebewesen und Dingen, von biologischen Konstitutionen wie von menschlichen Praktiken und Imaginationen lässt sich nur durch Bestimmungen beschreiben, die an konkreten Räumen (‚rooms', nicht ‚spaces') gewonnen werden. Bestimmungen von Räumlichkeit konkretisieren sich in der Beschreibung erfahrener oder erfahrbarer *Räume*, vor allem solcher Räume, die als solche eigens eingerichtet sind. Architektur und Gartenkunst, Stadtplanung und Landschaftsplanung sind Raumgestaltungen, die in der einen oder anderen Weise auf die Räumlichkeit von Lebewesen und Dingen zugeschnitten sind, aber dieser Räumlichkeit auch Möglichkeiten bieten, sich zu entfalten. Derart gestaltete Räume lassen die Räumlichkeit jener Erfahrungen, die wir zu beschreiben suchen, in besonderer Weise hervortreten.

Will man also die Räumlichkeit von Dingen und Lebewesen im Einzelnen beschreiben, dann bietet es sich an, auf die konkreten Räume zu achten, in denen sich diese Räumlichkeit entfaltet. Das gilt für Dinge, die nur in zugleich bestimmten und unbestimmten Räumen erscheinen, wie für Lebewesen, die sich immer an einem Ort aufhalten, sich aber in Räumen bewegen. Phänomenologisch haben *konkrete Räume* also einen heuristischen Vorzug. Auch wenn es letztlich darum zu tun ist, die räumliche Erscheinungsweise eines Dinges oder die Räumlichkeit bestimmter Praktiken zu beschreiben, so kann sich diese Beschreibung an den jeweiligen Räumen orientieren, in denen Erscheinen, Aufenthalt oder Bewegung sich vollziehen. Denn nicht nur werden konkrete Räume jene Möglichkeiten näher definieren, die Erscheinung, Aufenthalt und Bewegung bedingen. Sofern Räume keine Naturräume, sondern Kulturräume sind, hat menschliches Handeln diese Räume immer schon in bestimmter Weise geprägt.

Das gilt auch für Mußeräume. Natürlich kann die Natur ein Mußeraum sein, der sich nicht zuletzt dadurch auszeichnet, besondere räumliche Erfahrungen wie die von Höhe, Weite, Größe freizusetzen. Aber auch dieser Raum wird in seiner Erfahrungsqualität durch Erwartungen und Vorstellungen mitbestimmt, die das Erfahrungssubjekt mitbringt.[19] Viel deutlicher jedoch sind Kulturräume, solche Räume also, die vom Menschen in irgendeiner Weise verändert worden sind, als Mußeräume erkennbar. Verschiedene Muße-Kulturen werden nicht zu-

[19] Jürgen Goldstein, *Die Entdeckung der Natur. Etappen einer Erfahrungsgeschichte*, Berlin 2013.

letzt darin erkennbar, wie sie in Architektur und Gartenkunst, Stadtplanung und Landschaftsplanung wirken und so die Weise beeinflussen, wie Raum erfahren und bewusst gestaltet wird. Das Verhältnis von Muße und Architektur etwa lässt sich wiederum nicht beschreiben, ohne sich an konkreten Beispielen für Mußeorte und Mußebauten zu orientieren. Auch in diesem Falle ist die Erforschung von Muße also auf die Beschreibung konkreter Räume und ihr Spiel von Bestimmtheit und Unbestimmtheit zurückverwiesen.

Die Muße entfaltet sich am besten in Räumen, die sie begünstigen, und sie lässt sich deshalb als Phänomen gerade in der Beschreibung solcher Räume fassen. Am deutlichsten wird dies durch die bauliche Veränderung von Raum. Hier ist das gesamte Subjekt in seinem Aufenthalt, seiner lokalisierten Leiblichkeit wie in seiner Imagination am deutlichsten in den Raum eingelassen. Mußeräume können aber auch imaginiert und literarisch inszeniert sein. Zur literarischen Darstellung der Muße gehört im Allgemeinen die Imagination von Mußeräumen dazu, etwa einem *locus amoenus* oder einem für das literarische Schreiben idealen Ort. Ähnliches gilt für Imaginationen mußevollen oder im Kontrast dazu mußelosen Reisens, unabhängig davon, wie viel Wirklichkeitsgehalt diese Imaginationen besitzen. Reisen sind Bewegungen in realen oder imaginierten Räumen und lassen sich deshalb in Form, Struktur und Rhythmus ihrer Bewegung bestimmen. Verallgemeinernd lässt sich vermuten, Mußeräume zeichnen sich dadurch aus, dass in ihnen das funktionslos Offene des Raumes zur Geltung kommt. Sie inszenieren gezielt den Charakter des Freiraums, in dem sich Akteure so bewegen können, dass in dieser die Unbestimmtheit der Muße zur Geltung kommt.

Auch wenn sich der Zusammenhang von Raum und Mußeerfahrung im Falle der Architektur und damit an gebauten und ‚realen' Räumen vielleicht am deutlichsten zeigen lässt, bevorzugt die Raumphänomenologie solche Räume nicht. Für die Phänomenologie des Raumes im Sinne einer Beschreibung von je individuellen oder geteilten Erfahrungen ist die Verschiedenheit solcher Räume nicht relevant. Im Falle literarischer Räume, aber auch im Theater oder im Kino, gibt es Strukturen der Raumerfahrung, die sich als solche der Muße ausweisen lassen. Trotz der Unterschiede hinsichtlich ihrer medialen Vermitteltheit werden sich Unbestimmtheit, Freiheit, Weite in solchen Räumen ebenso erfahren lassen, wie im ‚realen' Raum. Darauf macht besonders die Muße derjenigen aufmerksam, die im Gefängnis eingesperrt oder anders eingeengt sind, sich in die Weite imaginierter Räume flüchten und in diesen Muße suchen.

5. Raum überhaupt

Wenn sich so das Zusammenspiel der Räumlichkeit von Dingen und Lebewesen mit konkreten Räumen für die Muße beschreiben lässt, so bleibt zu sagen, was dann der ‚Raum überhaupt' ist. Führt man die hier versuchte Begriffsprägung weiter, dann kann es sich dabei um das Gemeinsame, aber nicht konkret Benennbare handeln, das in besonderen Raumbestimmungen, Räumlichkeiten und konkreten Räumen zur Geltung kommt. Den Begriff ‚Raum' hatten wir von dem des ‚Ortes' und von dem der ‚Leere' abzugrenzen versucht. Während Orte, weil sie eine Raumfunktion für Dinge oder Lebewesen übernehmen, immer auch durch diese bestimmt sein können, ist *Leere* die Erfahrung radikaler Unbestimmtheit.

Der Raum überhaupt ist weder als das eine noch das andere Extrem erfahrbar, sondern vielmehr als dasjenige, das Bestimmtheit und Unbestimmtheit in der Erfahrung immer schon vermittelt sein lässt. Konkrete Erfahrungsräume sind daher immer schon eine Mischung aus Bestimmtheit und Unbestimmtheit und damit auch aus Möglichkeit und realisierter Möglichkeit, oder Wirklichkeit. Genauso ist es mit Räumlichkeiten. Diese sind immer Konkretionen möglicher Bewegungen und Handlungen im Raum. Zugleich brauchen Konfigurationen räumlichen Seins und Verhaltens diesen Spielraum des Möglichen nie völlig auf. Gerade deshalb machen sie auf diesen aufmerksam und damit auf den Raum als Freiraum. *Der* Raum ist also etwas, das sich nicht ohne konkret Räumliches und auch nicht ohne konkrete Räume anzeigen lässt. Von diesen den ‚Raum überhaupt' zu unterscheiden, weist auf den Raumcharakter des Räumlichen hin, also auf die oben erläuterten Charaktere der Möglichkeit und Unbestimmtheit, auf die Leere, Weite und Freiheit dessen, was im Raum ist.[20] Raum ist die ermöglichende Offenheit für Erscheinen, Aufenthalt und Verhalten.

Wenn diese Überlegungen tragfähig sind, dann ist so auch benannt, was aus unserer Perspektive phänomenologische und kulturwissenschaftliche ‚Raumtheorien' jeweils als ‚den Raum' benennen. Mit den hier gegebenen, abstrakten und allgemeinen Erläuterungen ist Raum nicht definiert oder erklärt. Die Frage, ob dieser ‚Raum überhaupt' immer etwas völlig natürlich Gegebenes und damit Gegenstand der Naturwissenschaften oder durch menschliche Interaktion konstruiert und produziert ist, wird durch die hier gegebene formale Bestimmung von Raum nicht beantwortet. Vielmehr versuchen wir allgemeine und anzeigende Begriffe zu entwickeln, um verschiedene Aspekte von Raumerfahrung beschreibbar zu machen. Die Raumerfahrung setzen wir dabei als in irgendeiner Form faktisch gegeben voraus.

Damit ist auch die Alternative von Natürlichkeit und Konstruktion keineswegs mehr zwingend. Denn wir können zugestehen, dass sich aus der Beschreibung konkreter Räume und Räumlichkeiten jeweils andere, kontextspezifische Raumbegriffe ergeben werden. Architektonische und literarisch inszenierte oder im Film imaginierte Räume etwa sind ontologisch grundverschieden. Aber

---

[20] Zur Unbestimmtheit als Auszeichnung von Raumerfahrung vgl. Tobias Keiling, „Logische und andere Räume. Wittgenstein und Blumenberg über Unbestimmtheit", in: *Deutsche Zeitschrift für Philosophie* (im Erscheinen).

als Möglichkeiten von leiblicher oder literarisch-imaginativer Raumerfahrung sind sie sich phänomenal ähnlich. Ihr Raumcharakter liegt quer zur Unterscheidung von *Fiktionalität* und *Faktualität* oder zur Unterscheidung verschiedener *Medien*.

Solche Ähnlichkeiten zu beschreiben, ist gerade aus der phänomenologischen Perspektive möglich, die ausgehend von konkreten Erfahrungssituationen zu verallgemeinern sucht. Was ‚Raum überhaupt' ist, wissen wir also nicht im Voraus, sondern dies wird sich konkret aus je einem Set von untersuchten Fällen ergeben, wenn man zu sagen versucht, was hier ‚Raum' ausmacht. Anstatt also einen bestimmten, in verschiedenen Raumtheorien oft übergeneralisierten Raumbegriff vorzugeben, der in allen Phänomenbereichen aufzutreffen sein muss, soll unsere Unterscheidung verschiedener Aspekte von Raumerfahrung, die sich in miteinander zusammenhängenden Begriffen artikulieren lassen, einem Vorgehen dienen, das aus konkreten Beispielen allgemeinere Bestimmungen entwickelt. Sie dienen also als Leitbegriffe für ein ‚induktives' Vorgehen. Gerade weil diese Begriffe nur umrisshaft und anzeigend sind, können sie beim Versuch einer Theorieentwicklung ‚von unten nach oben' hilfreich sein.

6. Das raumtheoretische Dreieck

Aus den Überlegungen der letzten Abschnitte haben sich drei Aspekte ergeben, in denen sich die Bestimmung und Beschreibung des Räumlichen im weitesten Sinne bewegt: *Raum (überhaupt), Räume, Räumlichkeit.* Diese drei Aspekte verhalten sich nicht hierarchisch zueinander, sondern verweisen aufeinander. Wer mit einer der Bestimmungen anfängt, kommt früher oder später auf die anderen, vorausgesetzt, die Erörterung bricht nicht vorzeitig ab. Raum, Räumlichkeit und Räume sollen kontrastierend Fragerichtungen anzeigen, durch die sich selbstreflexiv die Beschreibung von Muße als einem Raumphänomen ordnen lässt: Spreche ich gerade über einen konkreten Raum der Muße? Oder versuche ich eher zu beschreiben, wie Akteure einen Mußeraum bilden? Ist diese Erfahrung, die ich intuitiv als eine von Muße beschreiben möchte, auch als eine von Unbestimmtheit und Freiraum zu beschreiben?

Die drei Aspekte sollten klar voneinander unterschieden werden. Im Sinne einer methodisch geklärten Untersuchung ist es wichtig zu wissen, im Bereich welcher dieser Bestimmungen man sich jeweils bewegt. Allein so ist diese auch durch die anderen zu ergänzen. Es ist nicht entscheidend, im Bereich welcher Bestimmung man anfängt. Es ist auch nicht entscheidend, die drei Fragerichtungen gleich zu gewichten, geschweige denn jede von ihnen auszuschöpfen. Aber es ist wichtig zu wissen, ob man gerade ausgehend von Dingen oder Lebewesen Räumlichkeit oder einen konkreten Raum zu fassen oder über Raum als solchen nachzudenken versucht. Ergänzungen aus den anderen Bereichen können dann sinnvoll oder gar notwendig sein. Vielleicht erweist sich an einem Gegenstand eine der Fragerichtungen auch als gänzlich unproduktiv. Auch das gälte es zu reflektieren.

Wenn unsere Überlegungen triftig sind, lassen sich die drei Aspekte nicht auf einen übergeordneten Begriff zurückführen oder aus diesem ableiten. Darauf hatte auch schon der Mangel an Kontinuität der Begriffsgeschichte von Raum hingewiesen, von dem wir ausgegangen waren. Die drei Grundbegriffe bilden vielmehr einen Zusammenhang, den man ein ‚raumtheoretisches Dreieck' nennen kann, weil jede der Bestimmungen auf jede andere bezogen ist und allein in dieser Bezogenheit angemessen entfaltet werden kann. Wir unterscheiden also

(1) den Raum überhaupt

(2) die Räumlichkeit von Lebewesen und Dingen

(3) besondere Räume

Diese drei Bestimmungen sind einerseits als *begriffliche* oder *semantische* zu verstehen. Sie beziehen sich auf die eingangs referierte Begriffsgeschichte einiger einschlägiger Begriffe, wenn sie sich auch nicht aus dieser Geschichte als solche ergeben. Darüber hinaus benennen diese drei Bestimmungen aber Aspekte, die unserer Einschätzung nach in einer Phänomenologie des Raumes nicht fehlen dürften. Daher knüpft sich an diese die Erwartung, sie in vielen einzelnen Bereichen zu finden. Dann lassen sich diese Bestimmungen in vielen Situationen auch phänomenologisch ausweisen, wenn man sich an den gegebenen Erläuterungen orientiert und dann theoriegeleitet gewissermaßen nach den *phänomenalen Signaturen* sucht, die mit den Begriffen benannt werden. Das raumtheoretische Dreieck trifft also nicht nur eine begriffliche oder semantische, sondern auch eine *phänomenologische* Unterscheidung. Entscheidend für die Triftigkeit dieser Bestimmungen muss letztlich ihr deskriptives Potential in möglichst vielen Teilbereichen der Mußeforschung sein.

Die begriffliche und die phänomenologisch-deskriptive Ebene zu unterscheiden, heißt nicht, sie zu trennen. Der begriffliche und der phänomenologische Charakter dieser Bestimmungen sollen vielmehr in positiver Weise interagieren. Denn einerseits ergeben sich diese drei Bestimmungen aus dem Sprechen über die Phänomene und damit aus dem empirischen ‚Material'. Sie sind entstanden aus der Reflexion auf bestimmte exemplarische Situationen wie den oben genannten. In diesen suchten wir verallgemeinernd zu beschreiben, wie sich in diesen Beispielen verschiedene Raumphänomene unterscheiden lassen.

Dabei haben wir uns aus den genannten Gründen nicht an der Begriffsgeschichte orientieren können, wohl aber an Beispielen des Sprechens über Raum. In diesem Text haben wir also beschreibend und in diesem Sinne phänomenologisch vorgehend, Begriffe aus Beispielen zu entwickeln versucht. Andererseits können diese Begriffe eine Art transzendentale Funktion übernehmen, wenn man sie in andere Situationen als jene, in denen sie gewonnen wurden, überträgt. Dann werden diese Bestimmungen die Erwartung dessen leiten, was dort zu finden sein wird. Dadurch können sie zwar auch verdeckend wirken und abweichende Phänomene gerade nicht erfassen. Aber sie können auch und sollen eine bessere Erschließung und Beschreibung der Phänomene ermöglichen. Daher gilt es, das heuristische Potential dieser Bestimmungen auch kritisch zu reflektieren. Da sie aus der Beschreibung konkreter Phänomene gewonnen sind, lassen sie sich im Blick auf diese oder andere Phänomene auch korrigieren und in ihrer Allgemeingültigkeit einschränken. Phänomenologisch vorgehen zu wollen, insinuiert keinen Essenzialismus, sondern das kritische Geschäft, Verallgemeinerungen mit Blick darauf zu versuchen, was durch ein spezifisches Beschreibungsvokabular in verschiedenen Fällen erkannt oder auch verdeckt werden mag.[21]

Im Unterschied zu philosophischen oder kulturwissenschaftlichen Theorien des Raumes geht die Heuristik des raumtheoretischen Dreiecks von keinem Raumbegriff aus. Sie stellt keine Vermutung darüber an, was ‚Raum überhaupt' sei, sondern exponiert lediglich die Vermutung, dass sich dieser zusammen mit verschiedenen Raumbestimmungen wie ‚Ort' und ‚Freiraum' und ebenso mit konkreten Räumen und Räumlichkeiten erschließen wird. Daher stellt diese begriffliche Trias auch eine Art *Metatheorie* für ganz verschiedene solcher Theorien *des* Raumes dar.[22] Nicht nur konkrete Raumphänomene, auch Raumtheorien ließen sich hinsichtlich dessen diskutieren, wie sie Raum überhaupt, konkrete Räume und die Räumlichkeit von Dingen und Lebewesen bestimmen.

Das raumtheoretische Dreieck ist demnach keine einfache Alternative zu gegenwärtig diskutierten Raumtheorien. Im Blick auf einen bestimmten Gegenstand, den man etwa bei der Beschreibung von Mußeformen zu fassen sucht, lässt sich daher sowohl auf eine in der jeweiligen Disziplin verankerte Raumtheorie als auch auf die anzeigenden Unterscheidungen des raumtheoretischen Dreiecks zurückgreifen. Das raumtheoretische Dreieck ist somit insbesondere deshalb relevant, weil es einen Rahmen darstellt, in dem *Theorien mittlerer Reichweite* aufgestellt werden können. Unabhängig von der methodischen Homogenität beteiligter Disziplinen kann es so möglich werden, Theorien aufzustellen, die verschiedene Textkorpora, verschiedene Autoren, verschiedene Medien oder historische Zeiträume miteinander in Beziehung setzen. Gerade zu diesem Zweck ist jene Abstraktionsleistung unverzichtbar, durch die Muße in

---

[21] Vgl. zum phänomenologischen Begriff des Wesens: Tobias Keiling: „Phänomenologische Freiheit in Husserls *Ideen* …, in: Diego D'Angelo/Sylvaine Gourdain/Tobias Keiling/Nikola Minković (Hg.), *Frei sein, frei handeln. Freiheit zwischen theoretischer und praktischer Philosophie*, Freiburg/München 2013, 243–271, 263–271.

[22] Zur Vielzahl solcher Theorieangebote siehe Günzel (Hg.), *Raum*; Jörg Dünne/Stephan Günzel (Hg.), *Raumtheorie. Grundlagentexte aus Philosophie und Kulturwissenschaften*, Frankfurt a. M. 2006.

der Beschreibung von Räumen und Räumlichkeiten fassbar werden soll, in der nach der Erfahrung von Raum als Freiraum gesucht wird.

7. Raum und Zeit

Eingangs hatten wir das Begriffsfeld der für die Raumphänomenologie einschlägigen Begriffe abgesteckt und von der relativen Kontinuität der Geschichte des Zeitbegriffs abgegrenzt. Damit ist das Verhältnis der hier vorgetragenen Überlegungen zur Philosophie der Zeit jedoch noch nicht geklärt. Um dieses zu verstehen, muss die Vorfrage erlaubt sein, warum Zeit und Raum in dieser Weise zusammen- und gegenüberzustellen sind. Um diese Frage zu beantworten ist ein zweiter Blick in die Begriffsgeschichte hilfreich, um die historische Bedingtheit dieser Gegenüberstellung einzusehen. Denn die Gegenüberstellung von Raum und Zeit geht zurück auf die theoretische Philosophie Kants, in der beide als „Formen der Anschauung" diskutiert werden.[23] Folgt man der transzendentalen Ästhetik in der *Kritik der reinen Vernunft*, dann sind Raum und Zeit die beiden elementaren Formen aller sinnlichen Erfahrung. Die Zeit ist die Form des sogenannten „inneren Sinns", der Raum die des „äußeren".[24]

Bereits hier sollte man jedoch stutzig werden, denn die Unterscheidung von *innen* und *außen* ist offenbar selbst eine räumliche. Kant selbst geht in durchaus unklarer Weise davon aus, dass das ‚Innen' die Selbsterfahrung des Subjekts bezeichnet, während Gegenstände der Erfahrung ‚außen' sind. Diese Unterscheidung hat nicht nur eine eigene philosophische Problemgeschichte.[25] Sie macht darüber hinaus darauf aufmerksam, dass der Vorrang der Zeit aus der Vorentscheidung Kants folgt, die Konstitution von Objektivität auf das Erfahrungssubjekt zurückführen zu wollen. Die Gegenüberstellung von Zeit und Raum ist also keine gleichberechtigte, sondern zielt auf die Dominanz der Zeit, die aus der „kopernikanischen Wende"[26] der kantischen Erkenntnistheorie folgt. Wenn Foucault beobachtet, dass auf das Zeitalter der Zeit in der späten Moderne das des Raums folge[27], so geht Foucault nicht nur davon aus, dass solche epochalen Zuschreibungen sinnvoll sind. Vielmehr orientiert sich Foucault weiterhin an

---

[23] Immanuel Kant, *Kritik der reinen Vernunft*, Kant's Gesammelte Schriften, Bd. 3, hg. v. Königl.-Preuß. Akademie d. Wissenschaften, Berlin 1911, A 22/B 36.

[24] Kant, *Kritik der reinen Vernunft*, A 26/B 42; A 33/B 49.

[25] Jens Halfwassen/Markus Enders, „Transzendenz/Transzendieren", in: *Historisches Wörterbuch der Philosophie*, hg. v. Joachim Ritter u. Karlfried Gründer, Bd. 10, Basel 1998, 1442–1455; Ludger Oeing-Hanhoff, „Immanenz", in: *Historisches Wörterbuch der Philosophie*, hg. v. Joachim Ritter u. Karlfried Gründer, Bd. 4, Basel 1976, 220–237.

[26] Vgl. Kant, *Kritik der reinen Vernunft*, B XVIII.

[27] Michel Foucault, „Des espaces autres", in: *Dits et écrits*, Bd. 4, hg. v. Daniel Defert u. François Ewald, Paris 1994, 752–762.

der binären Opposition von Raum und Zeit, auch wenn sich die Hierarchie beider Termini seiner Beobachtung zufolge umkehrt.

Macht man sich dagegen die historische Kontingenz dieser Gegenüberstellung als solcher klar, dann sollte man sich hüten, Raum und Zeit gegeneinander auszuspielen. Das Plädoyer *für* eine raumphänomenologische Ausrichtung der Mußeforschung ist daher nicht als Plädoyer *gegen* die Zeit zu verstehen. Vielmehr ist es ein Plädoyer dafür, deren unproduktive Gegenüberstellung zu überwinden und im Einzelfall genau zu sehen, wie Raum und/oder Zeit ins Spiel kommen müssen, um ein Phänomen, das man beschreiben will, angemessen zu beschreiben. Genau das ist mit dem Nachdenken über die *Raumzeitlichkeit* der Muße gemeint.

Denn eine Erforschung der Muße muss angeben können, was Mußeerfahrungen auszeichnet, welche Strukturen solche Erfahrung hat, um sagen zu können *wie* in der Muße erfahren wird. Es ist keine Option, lediglich zu sagen, was Muße *nicht* ist. Genau dies ist aber die Gefahr einer Orientierung an Phänomenen wie jenem der *Beschleunigung* oder der Abgrenzung der Muße von eng getakteter *Arbeit, Hast* und *Stress.* All dies sind zwar sicherlich Phänomene, die mit der Muße in mehr oder weniger unmittelbarer Weise kontrastieren. Aber aus keinem dieser Phänomene lässt sich selbst eine positive Bestimmung von Muße entwickeln. Deutlich wird dies etwa in der Gegenüberstellung von Beschleunigung und *Entschleunigung.* Hier wird Entschleunigung lediglich als geradezu archaischer Rest gegen Beschleunigung als ein Grundphänomen der Moderne gedeutet. Aber durch die Beschreibung von „Entschleunigungsinseln" ist noch nicht gesagt, was hier eigentlich verloren geht.[28] Die Erforschung der Muße sollte nicht strukturell melancholisch werden.

Eine allgemeine Theorie der Verbindung von Raum *und* Zeit in Mußeerfahrungen vorzulegen, sollte ein Vorhaben sein, dem gegenüber man aufgrund der Kontingenz dieser Unterscheidung skeptisch bleiben sollte. Aber das schließt nicht aus, dass bei der Beschreibung konkreter Raumerfahrungen Phänomene eine Rolle spielen, die auch als genuin zeitliche einzuordnen sind. Diese Phänomene zu übergehen, hieße den phänomenologischen Zugang, den das raumtheoretische Dreieck bieten soll, zu unterfordern und sich zugunsten einer raumtheoretischen Einseitigkeit von konkreten Phänomenen, also den ‚Sachen selbst' der Phänomenologie, abzuwenden. Dabei müssen sich in einem konkreten Fall Vokabularien von Raum und Zeit in einer positiven Beschreibung von Muße keineswegs ausschließen. Denn keines von beiden sollte den Anspruch erheben, nur so ließen sich bereits hinreichende Kriterien für Muße angeben.

---

[28] Hartmut Rosa, *Beschleunigung. Die Veränderung der Zeitstrukturen in der Moderne*, Frankfurt a. M. 2005. Rosa reagiert auf dieses Problem durch die Einführung des Begriffes der Resonanz als positives Gegenphänomen zur Entschleunigung, vgl. Hartmut Rosa, *Resonanz. Eine Soziologie der Weltbeziehung*, Berlin 2016.

Im obigen Beispiel der Betrachtung als eines Mußeverhaltens etwa wurde das Beieinander von Möglichkeiten hervorgehoben, das sich auch als die *Simultaneität* dieser Möglichkeiten, die sich einem betrachtend erschließen, bezeichnen lässt. Als Gleichzeitigkeit ist das Beieinander eine Zeiterfahrung. Da diese jedoch die Negation von Sukzession ist, ist die Gleichzeitigkeit die Grenze der Zeit, und müsste als solche auch benannt werden. Im Hinblick auf ihre Räumlichkeit ist sie jedoch leicht als ein Bei- oder *Nebeneinander* von Möglichkeiten zu beschreiben. Beide Beschreibungen schließen sich offenbar keineswegs aus, sondern ergänzen sich. Solche Ergänzungen lassen sich in den ganz verschiedenen Phänomenbereichen suchen, in denen Muße erforscht wird. *Verlangsamung* etwa kann ein anderes Zeitphänomen sein, das sich als mußeaffin erweisen könnte. Dazu müsste aber wieder genauer gesagt werden, was eine verlangsamte Zeit – jenseits des Kontrasts zu einer schnelleren Zeit – zu einer Mußeerfahrung macht.[29]

Literatur

Aristoteles, *Physica*, hg. v. William D. Ross, Oxford 1960.

Casey, Edward S., *The Fate of Place. A Philosophical History*, Berkeley 2008.

Dünne, Jörg/Günzel, Stephan (Hg.), *Raumtheorie. Grundlagentexte aus Philosophie und Kulturwissenschaften*, Frankfurt a. M. 2006.

Figal, Günter, *Erscheinungsdinge. Ästhetik als Phänomenologie*, Tübingen 2010.

Figal, Günter, *Unscheinbarkeit. Der Raum der Phänomenologie*, Tübingen 2015.

Figal, Günter, *Unwillkürlichkeit, Essays über Kunst und Leben*, Freiburg 2016.

Foucault, Michel, „Des espaces autres", in: *Dits et écrits*, Bd. 4, hg. v. Daniel Defert u. François Ewald, Paris 1994, 752–762.

Goldstein, Jürgen, *Die Entdeckung der Natur. Etappen einer Erfahrungsgeschichte*, Berlin 2013.

Grimm, Jacob/Grimm, Wilhelm, „Platz", in: *Wörterbuch der deutschen Sprache*, Bd. 13, Leipzig 1854–1971, 1916–1920.

Grimm, Jacob/Grimm, Wilhelm, „Raum", in: *Wörterbuch der deutschen Sprache*, Bd. 14, Leipzig 1854–1971, 275–283.

Günzel, Stephan (Hg.), *Raum. Ein interdisziplinäres Handbuch*, Stuttgart 2010.

---

29 Dieser Text geht zuerst auf Überlegungen im Forschungsprogramm des Einrichtungsantrags des SFB 1015 sowie auf ein den Antrag vorbereitendes Referat von Günter Figal zur Raumphilosophie zurück. Durch die Arbeit des SFB haben sich diese Überlegungen jedoch weiter geschärft und konkretisiert. Wir danken allen Mitgliedern, Mitarbeitern, Stipendiaten und Gästen des SFB, die daran Anteil hatten. Besonderer Dank gilt den Mitgliedern der Konzeptgruppe, die den Einrichtungsantrag erarbeitet haben: Sabina Becker, Thomas Böhm, Gregor Dobler und Burkhard Hasebrink, außerdem den Teilnehmern der Arbeitsgruppe *Raumzeitlichkeit der Muße* des SFB sowie den Teilnehmern des Hauptseminars *Mußeräume*, das von Günter Figal und Hans W. Hubert im Sommersemester 2013 gemeinsam veranstaltet wurde.

Halfwassen, Jens/Enders, Markus, „Transzendenz/Transzendieren", in: *Historisches Wörterbuch der Philosophie*, hg. v. Joachim Ritter u. Karlfried Gründer, Bd. 10, Basel 1998, 1442–1455.
Hasebrink, Burkhard, „Die Anthropologie der Abgeschiedenheit. Urbane Ortlosigkeit bei Meister Eckhart", in: *Meister-Eckhart-Jahrbuch* 7 (2014), 139–154.
Heidegger, Martin, „Die Sprache im Gedicht", in: *Unterwegs zur Sprache*, Gesamtausgabe, Bd. 12, hg. v. Friedrich-Wilhelm von Herrmann, Frankfurt a. M. 1985, 31–78.
Heidegger, Martin, „Bauen Wohnen Denken", in: *Vorträge und Aufsätze*, Gesamtausgabe, Bd. 7, hg. v. Friedrich-Wilhelm von Herrmann, Frankfurt a. M. 2000.
Husserl, Edmund, *Die Krisis der europäischen Wissenschaften und die transzendentale Phänomenologie. Eine Einleitung in die phänomenologische Philosophie*, Husserliana, Bd. 6, hg. v. Walter Biemel, Den Haag 1954.
Husserl, Edmund, „Cartesianische Meditationen", in: *Cartesianische Meditationen und Pariser Vorträge*, Husserliana, Bd. 1, hg. v. Stephan Strasser, 2. Aufl., Den Haag 1973, 43–184.
Kant, Immanuel, *Kritik der reinen Vernunft*, Kant's Gesammelte Schriften, Bd. 3, hg. v. Königl.-Preuß. Akademie d. Wissenschaften, Berlin 1911.
Keiling, Tobias, „Phänomenologische Freiheit in Husserls *Ideen* ...", in Diego D'Angelo/ Sylvaine Gourdain/Tobias Keiling/Nikola Minković (Hg.), *Frei sein, frei handeln. Freiheit zwischen theoretischer und praktischer Philosophie*, Freiburg/München 2013, 243–271.
Keiling, Tobias, *Seinsgeschichte und phänomenologischer Realismus. Eine Interpretation und Kritik der Spätphilosophie Heideggers*, Tübingen 2015.
Keiling, Tobias, „Logische und andere Räume. Wittgenstein und Blumenberg über Unbestimmtheit", in: *Deutsche Zeitschrift für Philosophie* (im Erscheinen).
Keiling, Tobias/Figal, Günter/Jürgasch, Thomas u. a. (Hg.), *Anthropologie der Theorie*, Tübingen 2016 (im Erscheinen).
Liddell, Henry George/Scott, Robert, *A Greek-English Lexicon*, 9. Aufl., Oxford 1940.
Löw, Martina, *Raumsoziologie*, Frankfurt a. M. 2001.
Oeing-Hanhoff, Ludger, „Immanenz", in: *Historisches Wörterbuch der Philosophie*, hg. v. Joachim Ritter u. Karlfried Gründer, Bd. 4, Basel 1976, 220–237.
Rosa, Hartmut, *Beschleunigung. Die Veränderung der Zeitstrukturen in der Moderne*, Frankfurt a. M. 2005.
Rosa, Hartmut, *Resonanz. Eine Soziologie der Weltbeziehung*, Berlin 2016.
Sallis, John, *Force of Imagination. The Sense of the Elemental*, Bloomington, Ind. 2000.

Muße, Kontemplation, Wissen

Maurice Merleau-Ponty über die Möglichkeit ästhetischen Wissens*

Iris Laner

Einleitung – Wissen und Muße

In der Geschichte der abendländischen Philosophie wird die Muße als menschliche Praxis ambivalent beurteilt. Einerseits wird sie gerade in der Antike und dem Mittelalter als jener Freiraum wertgeschätzt, der die kontemplative Schau der Wahrheit ermöglicht und somit auch die reflexive Tätigkeit wesentlich mitbedingt.[1] Muße, als Gegenspieler zur Arbeit im ökonomischen oder politischen Alltagsgeschäft verstanden, durchbricht jenen Zirkel der Zweckmäßigkeit, der den Menschen zu einem primär pragmatischen Umgang mit den Dingen in seiner Umgebung nötigt und ihm so die Möglichkeit nimmt, sich in ein kritisch-distanziertes Verhältnis zu dieser zu setzen. Um Kritik üben zu können, um nicht zuletzt des Philosophierens fähig zu werden, muss die auf einen klar definierten Zweck oder Nutzen gerichtete Tätigkeit suspendiert werden; es muss ein Raum der Arbeitslosigkeit geschaffen werden, in dem sich Gedanken entfalten können und der Blick frei werden kann in Hinblick auf das wahrhaft Seiende. Andererseits wird der Müßiggang spätestens ab der Neuzeit als Irrweg im Streben nach

* Dieser Text wurde im Rahmen des vom Schweizerischen Nationalfonds finanzierten Projekts „Glaube oder Kritik?“ verfasst.

[1] Die Muße (gr. σχολή, lat. *otium*) bezeichnet die Gelegenheit, nicht im Sinne von äußeren Interessen oder Zwängen (begehrlicher, ökonomischer oder politischer Natur) in seinem Tätigsein bestimmt zu werden. Dadurch eröffnet die griechische σχολή auch den Raum für die θεωρία, für das freie Schauen des Wahren und schließlich das Philosophieren (Vgl. Platon, „Phaidros“, in: *Phaidros, Lyrsis, Protagoras, Laches*, Werke, Bd. 1.1, hg. v. Johannes Irmscher, Berlin 1984, 66 f). Muße haben bedeutet damit nicht Nichtstun; es bedeutet dagegen ein Tun, das keinem äußeren Zweck unterliegt, sondern in sich selbst sinnhaft ist. Aristoteles definiert das Verhältnis von Arbeit und Muße dahingehend, dass die Arbeit dazu dient, die für die Muße notwendigen Bedingungen zu schaffen (Vgl. Aristoteles, *Nikomachische Ethik*, übers. u. hg. v. Ursula Wolf, Reinbek bei Hamburg 2006, X vii, 1177b 5).

Erkenntnis verworfen.[2] Die Tätigkeit des Philosophierens wird im Zuge dessen als Arbeit neu definiert. Der Philosoph hat seinem Geschäft nachzukommen und sich – wissenschaftlich organisiert und konzentriert – der Beantwortung grundlegender Fragen zu stellen, indem er bestimmte, klar definierte Methoden zur Anwendung bringt.

Ich möchte im Folgenden am Punkt der sich auf diesem – freilich sehr schematisch und vereinfacht dargestellten – Spannungsfeld aufbauenden Frage nach dem epistemischen Wert der Muße und der durch sie ermöglichten kontemplativen Betrachtung ansetzen. Ich werde dabei die Position vertreten, dass die Muße einen Freiraum beschreibt, der sich gerade durch die Suspendierung anderer, zweckorientierter Tätigkeiten für die Generierung von Erkenntnissen nicht propositionaler Natur eignet. Diesen Freiraum wiederum werde ich als einen genuin *ästhetischen* Raum charakterisieren, als einen Raum, der eine Anschauung um ihrer selbst willen gewährt. Die Überlegungen zur Muße als einer Grundbedingung, aber durchaus auch als Resultat ästhetischer Erfahrung möchte ich schließlich auf die bereits angedeutete Frage nach der Tätigkeit des Philosophierens umlegen. Es geht mir in meinen Ausführungen also nicht um eine reine Darstellung des epistemischen Gehalts müßiger ästhetischer Erfahrung; ich werde auch die Möglichkeiten philosophischer Erkenntnis ‚im Müßiggang' erörtern. Die philosophische Erkenntnis, die sich aus dem kontemplativen Raum der Muße speist, kann – so weit die These, die ich vertreten werde – keine propositionale Erkenntnis in der Form eines Satzes sein. Vielmehr wird sie sich auf eine Form von Erkennen beziehen, die mit dem müßigen Tätigsein, also mit einer gelebten Praxis, selbst untrennbar verbunden ist. Am Beispiel der Auseinandersetzung Maurice Merleau-Pontys mit den Möglichkeiten des Wissenserwerbes im Bereich ästhetischen Erfahrens werde ich erörtern, inwiefern in der als ästhetisch charakterisierten Praxis des Müßiggangs ‚kontemplatives Wissen' konstituiert werden kann und, weiter, inwiefern dieses Wissen wiederum für die philosophische Praxis von Bedeutung ist. Es wird sich in diesem Zusammenhang zeigen, dass eine Einführung des kontemplativen Wissens in die philosophische Praxis eine methodische Neuorientierung erfordert, die zu einer – vielleicht unlösbaren – Herausforderung für die Philosophie als Wissenschaft wird.

Muße (gr. σχολή; lat. *otium*) kann zunächst ganz allgemein definiert werden als nicht zweckorientiertes Tätigsein, als „Freisein von Staatsgeschäften und ökonomischen Tätigkeiten".[3] Insofern die Muße keine Arbeit ist, die auf Erledigung

---

[2] Vgl. dazu auch Hannah Arendt, *The Human Condition*, Chicago 1958. Arendt arbeitet an einer Stärkung der *vita activa* im Gegensatz zu einer *vita contemplativa*. Ihres Erachtens muss die durch die antiken Schriften des Platon und Aristoteles sowie das mittelalterliche Denken motivierte hierarchisierende Rede von Tätigsein und Kontemplation aufgelöst werden.

[3] Norbert Martin, „Muße", in: *Historisches Wörterbuch der Philosophie*, hg. v. Joachim Ritter u. Karlfried Gründer, Bd. 6, Basel 1984, 258–260, 258.

oder Ertrag hin ausgelegt ist, bietet sie den Raum und die Zeit, anderem nachzugehen. Das bedeutet aber auch, dass Muße nicht schlichtweg als Nichtstun charakterisiert werden kann. Sie ist dagegen besser verstanden als ein Zeit-Haben für ein Tätigsein, das nicht nutzen- oder zweckorientiert im Sinne eines trieborientierten Begehrens, eines ökonomischen Besorgens oder eines politischen Handelns ist.

Für ästhetische Erfahrung ist Muße grundlegend, wenn ästhetisch zu erfahren eines Raums und einer Zeit bedarf, die sich als ‚Freiraum' und ‚Freizeit' auszeichnen. Ästhetische Erfahrungen machen zu können, setzt dann voraus, überhaupt die Zeit zu haben, einen Raum zu betreten, in dem man sich einer Betrachtung hingeben kann, die insofern kontemplativ zu nennen ist, als sie auf nichts als auf die Betrachtung selbst gerichtet ist. Was eine solche kontemplative Dimension des Erfahrens impliziert, werde ich weiter unten eingehender erörtern. Wichtig ist an diesem Punkt zunächst der skizzierte Zusammenhang von ästhetischer Erfahrung, Muße und Kontemplation. Dieser ist der Ausgangspunkt für die im Folgenden formulierte Frage nach dem epistemischen Gehalt des ästhetischen Erfahrens. Ich werde argumentieren, dass ästhetisches Erfahren dann epistemischen Gehalt hat, wenn es im raum-zeitlichen Zusammenhang eines Müßiggangs stattfindet und basierend auf Raum und Zeit der Muße ‚kontemplatives Wissen' erworben werden kann. Was kontemplatives Wissen ist und was es bedeutet, solches zu haben, werde ich klären, bevor ich nun zunächst meine Fragestellung vor dem Hintergrund der zeitgenössischen Ästhetik umreiße und meinen Einsatzpunkt im diskursiven Zusammenhang verorte.

Die philosophische Ästhetik der vergangenen 30 Jahre zeigt ein vermehrtes Interesse an der epistemischen Dimension ästhetischer Praxis und Erfahrung. Die Bandbreite der Forschung auf diesem Gebiet ist umfassend und reicht von der Beschäftigung mit den epistemischen Inhalten ästhetischer Werke bis zur Untersuchung der Möglichkeit einer Erweiterung wissenschaftlicher Praxis durch künstlerische Interventionen.[4] Eine der prominenteren Positionen in neueren Debatten ist die des sogenannten *aesthetic cognitivism*, welche den Standpunkt verteidigt, dass im Zuge der Rezeption von ästhetischen Werken, wie Einzelbildern, Bewegtbildern oder literarischen Texten, in erster Linie auf inhaltlicher Ebene Wissen vermittelt wird.[5] Die Inhalte ästhetischer Werke werden als de-

[4] Mit „art-based research" wird eine neue Form des künstlerischen Forschens benannt, die eine Alternative zu bzw. eine Erweiterung von traditionellen wissenschaftlichen Zugängen darstellen soll (Vgl. Shaun McNiff, *Art-Based Research*, London/Philadelphia 1998; Patricia Leavy, *Method Meets Art. Arts-Based Research Practice*, New York 2009).

[5] Als ein Begründer des *aesthetic cognitivism* gilt David Bordwell, der sich vor allem für den epistemischen Wert von Filmen interessiert (David Bordwell, *Narration in the Fiction Film*, Madison 1985). Neben Bordwell ist Nelson Goodman ein wichtiger Pionier der kognitiven Wende in der philosophischen Ästhetik. Goodman vermerkt: „[T]he arts must be taken no less seriously than the sciences as modes of discovery, creation, and enlargement of knowledge in the broad sense of advancement of the understanding, and thus […] the

zidiert *epistemische* Inhalte verstanden. Untersucht wird, wie sich ästhetische Erfahrung auf die kognitiven Fertigkeiten des/r Rezipienten/in auswirkt, wie sich der Erwerb von Wissen in der ästhetischen Betrachtung vollzieht und inwiefern sich Formen des Wissenserwerbs ästhetischen Ursprungs von denjenigen nicht-ästhetischen Ursprungs unterscheiden.[6] Während Vertreter/innen des *aesthetic cognitivism* ästhetische Phänomene als eine (mögliche) Quelle des Wissens betrachten, gibt es eine Reihe von Gegenpositionen, die den epistemischen Gehalt ästhetischer Werke grundsätzlich negieren. Dies kann zum einen den Hintergrund haben, dass die Bedeutung des Ästhetischen generell gering geschätzt wird.[7] Zum anderen kann es aber die Folge einer Bestimmung des spezifisch *ästhetischen* Charakters bestimmter Praktiken und Erfahrungsformen sein, der sich in vielen traditionellen wie auch zeitgenössischen Bestimmungen des Ästhetischen gerade durch eine Differenz zum Nicht-Ästhetischen auszeichnet, und damit in Kontrast zum Wissenschaftlichen einerseits und zum Alltäglichen andererseits steht.[8]

Ich werde in meinen Ausführungen eine Position vertreten, die sich weder gänzlich dem *aesthetic cognitivism* zuordnen lässt noch als anti-kognitivistisch bezeichnet werden kann. Dies liegt in erster Linie daran, dass ich zu zeigen ver-

philosophy of art should be conceived as an integral part of metaphysics and epistemology." (Nelson Goodman, *Ways of Worldmaking*, 7. Aufl., Indianapolis/Cambridge 1978, 102). Vgl. auch Berys Gaut, „Art and Knowledge", in: Jerrold Levinson (Hg.), *The Oxford Handbook of Aesthetics*, Oxford 2003, 436–450; John Gibson, „Cognitivism and the Arts", in: *Philosophy Compass* 3,4 (2008), 573–589; Rosalind Hursthouse, „Truth and Representation", in: Oswald Hanfling (Hg.), *Philosophical Aesthetics*, Oxford/Cambridge/Milton Keynes 1992, 239–296; Peter Lamarque/Haugom Olsen Stein, „Truth", in: *Encyclopedia of Aesthetics*, hg. v. Michael Kelly, Bd. 4, New York 1998, 406–415; David Novitz, „Epistemology and Aesthetics", in: *Encyclopedia of Aesthetics*, hg. v. Michael Kelly, Bd. 2, New York 1998, 120–123.

[6] Eine verbreitete Spielart des *aesthetic cognitivism* sieht den grundlegenden epistemischen Beitrag der ästhetischen Erfahrung in der Vermittlung von moralischem Wissen (*moral knowledge*) (Vgl. hierzu auch Matthew Kieran, „Art, Imagination, and the Cultivation of Morals", in: *Journal of Aesthetics and Art Criticism* 54 (1996), 337–351; Mette Hjort/Sue Laver (Hg.), *Emotion and the Arts*, New York 1997; Noël Carroll, „The Wheel of Virtue. Art, Literature, and Moral Knowledge", in: *Journal of Aesthetics and Art Criticism* 60 (2002), 3–26; Lisa Katharin Schmalzried, *Kunst, Fiktion und Moral. Die Relevanz des moralischen Werts eines Kunstwerks*, Münster 2014).

[7] Vgl. z.B. Jerome Stolnitz, „On the Cognitive Triviality of Art", in: *British Journal of Aesthetics* 32 (1992), 191–200.

[8] Klassische Autoren, die dem Ästhetischen derart einen eigenen Geltungsbereich sichern wollen, sind z. B. Immanuel Kant oder Friedrich Schiller. Kant bestimmt den Zustand ästhetischen Erfahrens als ein „freies Spiel der Erkenntniskräfte", in dem Erkenntnis als Resultat suspendiert wird: „Die Erkenntniskräfte [...] sind hiebei in einem freien Spiele, weil kein bestimmter Begriff sie auf eine besondere Erkenntnisregel einschränkt." (Immanuel Kant, *Kritik der Urteilskraft*, Werkausgabe, Bd. 10, hg. v. Wilhelm Weischedel, 20. Aufl., Frankfurt a.M. 1974, B 28/A 28). Das ästhetische Subjekt erfährt Lust im Empfinden dieses freien und nicht zielgeleiteten Spielens (Friedrich Schiller, *Über die ästhetische Erziehung des Menschen in einer Reihe von Briefen. Mit den Augustenburger Briefen*, hg. v. Klaus L. Berghahn, Stuttgart 2000).

suche, dass ästhetische Phänomene epistemischen Wert haben, gleichzeitig aber den in den kognitivistischen Debatten vordergründigen Begriff des Wissens hinterfrage. Der Begriff des ästhetischen Wissens, den ich verteidigen werde, beschreibt nämlich dezidiert nicht-propositionales Wissen, das heißt eine Form von Wissen, die nicht mit Hilfe von Aussagesätzen ausgedrückt werden kann. Insofern sind es auch nicht primär die durch bestimmte Werke behandelten Inhalte, denen ich in der Untersuchung ästhetischer Phänomene den entscheidenden epistemischen Wert beimesse. Vielmehr möchte ich den Blick auf die Form des ästhetischen Erfahrens selbst richten, wie sie für die Produktion und Rezeption ästhetischer Werke bestimmend ist, und fragen, inwiefern diese Wissen generieren kann. Das Wissen, das ästhetische Erfahrung befördern kann, muss dabei als praktisch-leibliches Wissen verstanden werden. Ich möchte dieses spezifisch *ästhetische Wissen* im Folgenden als „kontemplatives Wissen"[9] be-

---

[9] Für die von mir vorgebrachten Überlegungen ist das Konzept der Kontemplation interessant, da es sehr wohl mit theoretischem Wissen in Beziehung steht, wobei sich dieses Wissen ausschließlich in einem Tätigsein einstellt. Im antiken Denken spielt die Kontemplation, im Wortsinn der Betrachtung, vor allem im Zusammenhang mit der aristotelischen Definition von θεωρία eine wichtige Rolle. Aristoteles führt den Begriff der θεωρία im Rahmen seiner Erörterung der Glückseligkeit (ἐυδαιμονία) in der *Nikomachischen Ethik* ein; Glück erfahren wir seines Erachtens nur dann, wenn wir einer Aktivität nachgehen, die in sich selbst sowohl lustvoll als auch tugendhaft ist. Der Zustand der Glückseligkeit ist demnach an eine Tätigkeit jenes spezifisch menschlichen Vermögens gebunden, die *als solche* Lust im Einklang mit Tugend (κατ' ἀρητήν) bereitet (Aristoteles, *Nikomachische Ethik*, X vi 8). Nachdem laut Aristoteles das tugendhafteste aller menschlichen Vermögen das Denken ist, ist es für ihn die intellektuelle Kontemplation, welche glücklich macht. Hier ist von Bedeutung, dass diese Kontemplation als *Tätigkeit*, nicht aber als Prozess, der ein bestimmtes Resultat hervorbringt, begriffen wird. Die aristotelische Kontemplation ist in diesem Sinne nicht zweckmäßig; sie verfolgt nicht das Ziel, ein Produkt hervorzubringen, sondern genügt sich selbst. Das Glück findet man dementsprechend auch nicht im Gewinn bestimmter Erkenntnisse, sondern im Vollzug der intellektuellen Betrachtung selbst. Was Aristoteles als charakteristisch für die θεωρία hervorkehrt, kann mit bestimmten Verschiebungen auch für das hier erörterte kontemplative Wissen fruchtbar gemacht werden: Kontemplation benennt eine Tätigkeit, eine Praxis, die um ihrer selbst willen ergriffen wird. Sowohl die Vorstellung eines bewussten Steuerns der Kontemplation als auch ihre vornehmlich intellektuelle Natur lassen sich für das kontemplative Wissen im hier erörterten Sinne allerdings nicht vertreten, da es sich um eine dezidiert leibliche Erfahrung des Ergriffenseins handelt.

Neben ihrem Vollzugscharakter ist die kontemplative Tätigkeit nach Aristoteles aber auch auf Grund der durch sie benannten Freiheit für die hier vorgebrachten Überlegungen interessant. Figal weist darauf hin, dass das Grundcharakteristikum der aristotelischen θεωρία in ihrer Autarkie liegt. Die Kontemplation wird um ihrer selbst willen vollzogen und ist dadurch frei (Günter Figal, *Gegenständlichkeit. Das Hermeneutische und die Philosophie*, Tübingen 2006, 220–223). Die so verstandene kontemplative Freiheit – als eine Unabhängigkeit vom zielgerichteten Handeln, vom Produzieren, aber auch von der Zweckmäßigkeit des Betrachteten – kann als ein wesentliches Element auch jener spezifischen Form von Wissen geltend gemacht werden, die Merleau-Ponty in seinen ästhetischen Studien mit immer deutlicherer Klarheit herausarbeitet. In der ästhetischen Erfahrung geht es nämlich ausschließlich um die Tätigkeit der Kontemplation und dies sowohl aufseiten

zeichnen. Kontemplatives Wissen ist gekennzeichnet als responsive Erfahrungsform, die von einer kategorisierenden Suche nach propositionalem und begrifflich vermittelbarem Wissen Abstand nimmt und sich ausschließlich im Vollzug praktisch-leiblichen Tuns artikuliert. Es handelt sich damit um eine Form von Wissen, in der die Wissenden untrennbar an ein Tätigsein rückgebunden sind, das gleichsam eine epistemische Praxis ist. Das kontemplative Tätigsein ist als müßige Tätigkeit zu charakterisieren, insofern es nicht auf einen bestimmten Zweck oder Nutzen hin ausgerichtet ist und eines Freiraums und einer Freizeit bedarf, um entfaltet werden zu können.

Um meine These zum Zusammenhang von Muße, Kontemplation und ästhetischem Wissen zu entwickeln, werde ich mich auf einige zentrale Schriften über die künstlerische Praxis des französischen Phänomenologen Maurice Merleau-Ponty berufen. Ich werde herausarbeiten, inwiefern Merleau-Ponty von Beginn seiner Untersuchung ästhetischer Phänomene 1945 bis hin zu seinem letzten zu Lebzeiten veröffentlichten Text aus dem Jahr 1961 ein sehr differenziertes Verständnis des epistemischen Potentials der Kunst entwickelt. In einer vergleichenden Analyse der vorliegenden Texte – *Das Kino und die neue Psychologie* (1947 basierend auf einem 1945 gehaltenen Vortrag), *Der Zweifel Cézannes* (1945), *Das indirekte Sprechen und die Stimmen des Schweigens* (1952) und *Das Auge und der Geist* (1961) – zeigt sich, dass Merleau-Ponty zunächst einen Wissensbegriff entwickelt, der die ästhetische Praxis in einem affirmativen Sinne mit der wissenschaftlichen Praxis parallelisiert. Wissen ist in dieser frühen Phase seiner Ästhetik durchaus mit einem Erkennen in Zusammenhang zu bringen, welches auf den Begriff gebracht werden kann. In der mittleren Phase distanziert sich Merleau-Ponty bereits von diesem Verständnis und entwickelt ein stark an den Strukturalismus angelegtes Verständnis des nicht auf Begriffe reduzierbaren Ausdrucks, betrachtet die Praxis des Malens allerdings als weniger sinntragend als die Literatur. In seinem Spätwerk kristallisiert sich schließlich ein Verständnis des dezidiert *ästhetischen Wissens* heraus, welches nicht mehr mit Hilfe von Begriffen oder Sätzen vermittelt werden kann und gerade dadurch der Literatur und auch der Wissenschaft voraus ist. Dieser späte Wissensbegriff, den ich ausdrücklich als epistemisches Phänomen verständlich machen möchte, wird am Ende eine Herausforderung für die Philosophie, die philosophische Methode und die durch sie generierte Erkenntnis selbst darstellen.

Die Frage, die Merleau-Ponty beschäftigt, ist diejenige nach dem ontologischen Fundament unserer Welt. Sie beschäftigt ihn von Beginn seines Schaffens an, rückt allerdings mit den Jahren immer mehr in den Vordergrund.

---

der Produzierenden als auch auf Seiten der Rezipierenden. Die künstlerische Produktivität ist für Merleau-Ponty als rezipierend-betrachtende Tätigkeit aufzufassen, die vom Leib schließlich ins Bild gesetzt wird. Dieses künstlerische Engagement wird seinem Verständnis nach von den Rezipierenden wiederholt, wodurch sich der Begriff der Kontemplation auf beide Bereiche anwenden lässt.

Steht um 1945 die Phänomenologie der Wahrnehmung im Zentrum des Interesses, beginnt sich Merleau-Ponty in den 1950er Jahren vermehrt für die strukturellen Bedingung von Sinn und Ausdruck zu interessieren, bis er diese analytischen Bestrebungen schließlich vollends fallen lässt und sich gänzlich auf die Spuren eines „rohen“ oder „wilden“ Seins in der Erfahrung konzentriert. Diese ontologische Wende verlangt nach einem methodischen Umdenken. Denn das Sein, so viel kehrt Merleau-Ponty nachdrücklich hervor, kann nicht direkt beschrieben werden, da es sich dem begrifflichen Wissen entzieht. Es wird aber, und hierin sieht er schließlich auch die Möglichkeit seiner späten Ontologie, im Register des ‚primordialen Erfahrens‘ gelebt. Das Wissen um das Sein kann also keine propositionale Erkenntnis sein, sondern es ist gelebtes, praktisch-leibliches Wissen. Mit Merleau-Pontys Ausführungen als Basis werde ich zu zeigen versuchen, inwiefern die Muße jenen Raum und jene Zeit für eine kontemplative Betrachtung bereitstellen kann, der die Aneignung eines praktisch-leiblichen Wissens über das Sein befördert. Dieses dezidiert ästhetische Wissen werde ich am Ende meiner Ausführungen in ein Verhältnis zur philosophischen Praxis setzen und fragen, wie wir als Philosophen/innen von diesem Wissen profitieren können.

Meine Untersuchung gliedert sich in vier Teile. Zunächst werde ich in einem ersten Teil eine grobe Skizze von Merleau-Pontys Verständnis des Verhältnisses von ästhetischer Erfahrung und wissenschaftlicher Praxis geben (1). Im zweiten Teil werde ich seine frühe Ästhetik näher in den Blick nehmen (2). Dieses werde ich in eine Beziehung zu den späteren Ausführungen setzen und eine Entwicklung von wahrnehmungsphänomenologischen über strukturalistische bis hin zu ontologischen Fragen nachzeichnen (3). In einem vierten und letzten Teil werde ich schließlich den von Merleau-Ponty implizierten ästhetischen Wissensbegriff ausbuchstabieren und ihn in seinem Verhältnis zu Muße und Kontemplation untersuchen. Schließlich wird hier auch die Herausforderung durch das ästhetische Wissen für die Philosophie diskutiert (4).

1. Ästhetische Erfahrung und wissenschaftliche Praxis

Merleau-Pontys erste Überlegungen zur Ästhetik datieren aus dem Jahr 1945. In dieser frühen Phase seines Schaffens konzentriert sich das Interesse des Phänomenologen in erster Linie auf die Natur der Wahrnehmung. Auch die ästhetischen Schriften weisen einen engen Zusammenhang mit dem Schwerpunkt seiner Forschung auf. Für seine wahrnehmungsphänomenologischen Studien bezieht Merleau-Ponty seit den 1930er Jahren die Erkenntnisse der Psychologie und der Physiologie mit ein. Generell schätzt er den Beitrag der empirischen Wissenschaften zur philosophischen Auseinandersetzung als sehr hoch ein und konstatiert dementsprechend in einem Forschungsantrag aus dem Jahr 1933:

Zusammenfassend lässt sich sagen, dass es im gegenwärtigen Zustand der Philosophie angebracht wäre, eine Synthese der Ergebnisse der experimentellen Psychologie und der Neurologie zu unternehmen, die das Problem der Wahrnehmung berühren, durch Reflexion ihre genaue Bedeutung zu bestimmen und möglicherweise bestimmte psychologische und philosophische Begriffe, die gegenwärtig im Gebrauch sind, umzugestalten.[10]

In Anbetracht dieser affirmativen Haltung den empirischen Wissenschaften und ihrer Forschung gegenüber nimmt es nicht wunder, dass Merleau-Ponty auch in den beiden Texten *Das Kino und die neue Psychologie* und *Der Zweifel Cézannes* das Hauptaugenmerk auf jene Mechanismen der Wahrnehmung legt, die von den Psychologen und Physiologen seiner Zeit untersucht werden. Ästhetische Erfahrung wird hier geradezu als ein Instrument verständlich zu machen versucht, das eingesetzt werden kann, um die Wahrnehmung zu untersuchen. Ähnlich der Psychologie und der Physiologie, die sich den beforschten Phänomenen im Unterschied zur Philosophie nicht reflexiv, sondern experimentell nähern[11], bietet auch die ästhetische Erfahrung ein empirisches Feld, um die Natur der Wahrnehmung zu erkunden. Während der/ie Philosoph/in sich die Phänomene denkend zurechtlegt und damit Gefahr läuft, in eine subjektivistische Erkenntnis abzugleiten, sieht Merleau-Ponty das Potential des/r Wissenschaftlers/in darin, dass er/sie sich direkt mit den Phänomenen auseinandersetzt. Die wissenschaftliche Art der Auseinandersetzung jedoch muss durch die Philosophie korrigiert werden, weil sie dem als naiv und irreführend entlarvten objektivistischen Glauben zu verfallen droht. Die ästhetische Erfahrung, die anders als die Wissenschaft nicht dem Dogma des objektiven Wissens anhängen muss, bietet nun jene besondere Möglichkeit, die Phänomene direkt in den Blick zu nehmen, ohne zu objektivierenden Aussagen über das Beobachtete verpflichtet zu sein. Es scheint so nur konsequent, dass Merleau-Ponty der ästhetischen Erfahrung als in ihrem Erkenntniswert der wissenschaftlichen Praxis verwandt und diese doch in entscheidender Weise korrigierend von Beginn an eine wichtige epistemische Funktion zuerkennt. Aber was zeichnet die ästhetische Erfahrung laut Merleau-Ponty aus, das sie befähigt, unmittelbar Erkenntnisse zu generieren, die auf einer Höhe mit den wissenschaftlichen Forschungen seiner Zeit stehen?

---

[10] Maurice Merleau-Ponty, *Das Primat der Wahrnehmung*, hg. v. Lambert Wiesing, Frankfurt a. M. 2003, 9.

[11] Insofern charakterisiert Merleau-Ponty das Verhältnis von reflexiver Philosophie und empirischen Wissenschaften als dialektisch, wobei es um eine schließliche Vermittlung der „Alternative von Fürsich und Ansich" (Maurice Merleau-Ponty, *Die Struktur des Verhaltens* [Phänomenologisch-psychologische Forschungen 13], Berlin/New York 1976, 142) geht, der „Alternative einer Philosophie, die äußerlich verbundene Glieder [das Ansich, IL] nebeneinander ordnet, und einer anderen Philosophie, die die inneren Beziehungen des Denkens [das Fürsich, IL] in allen Phänomenen wiederfindet" (Merleau-Ponty, *Struktur*, 143). Seinen eigenen philosophischen Ansatz sieht er dabei als einen, der „von unten ausgeht" (Merleau-Ponty, *Struktur*, 2).

Im Rahmen seiner Phänomenologie der Wahrnehmung interessiert sich Merleau-Ponty nicht für die Frage, was wahrgenommen wird, sondern er konzentriert sich auf eine genaue Darstellung dessen, *wie* wir wahrnehmen. Zu untersuchen und schließlich zu verstehen, *wie* sich Wahrnehmung vollzieht, ist dabei nicht so einfach, wie es vielleicht den oberflächlichen Eindruck erwecken mag. Merleau-Ponty vermerkt daher: „Was Empfinden, was Sehen, was Hören ist, glaubten wir zu wissen, jetzt nennen diese Worte ein Problem. Um sie neu zu bestimmen, müssen wir auf die Erfahrungen selbst zurückgehen, die sie bezeichnen."[12] Um auf die Erfahrung selbst zurückgehen zu können, müssen – ganz im Sinne der Husserl'schen Reduktion – jene natürlichen Mechanismen suspendiert werden, die uns ein einheitliches und stimmiges Bild der wahrgenommenen Welt vermitteln. Für Merleau-Ponty gilt es, den Blick offenzuhalten für eine Welt der Wahrnehmung, die Widersprüchlichkeiten und Uneindeutigkeiten miteinschließt, weil unter den Gegenständen der Wahrnehmung „jeder in *seinem* Zusammenhang begegnet, als gehörten sie nicht zu derselben Welt".[13] Die ästhetische Erfahrung eröffnet nun einen Zugang zur Wahrnehmung, der genau die von Merleau-Ponty beschriebenen Bedingungen zu erfüllen scheint. Ästhetische Erfahrung erlaubt nämlich ein Heraustreten aus den alltäglichen Zusammenhängen des Erfahrens und macht es damit möglich, abseits der ausgetretenen Pfade des Nutzens, Besorgens und Kümmerns das Wahrnehmen selbst in den Vordergrund zu rücken. Während die empirischen Wissenschaften verschiedene methodische Anstrengungen aufbringen müssen, um das *Wie* der Wahrnehmung in den Blick nehmen zu können und es letztendlich gar wieder zu verfehlen, haben uns die ästhetischen Phänomene für Merleau-Ponty ganz unmittelbar „zum Schauen der Dinge selbst zurückgeführt".[14]

Während Merleau-Ponty ästhetische Phänomene – sei es in der Form von Malerei, Literatur oder Film – und die durch sie motivierte Erfahrung von den frühen Überlegungen aus dem Jahr 1945 an fast ausnahmslos in affirmativer Weise diskutiert, entwickelt er einen immer kritischeren Zugang zur wissenschaftlichen Praxis und vor allem zu dem durch sie generierten Wissen. Schon in der *Phänomenologie der Wahrnehmung* schränkt Merleau-Ponty den Geltungsbereich empirischer Erkenntnis ein, rekurriert aber immer wieder auf sie, um seine eigene Position dialektisch zu gewinnen.[15] Diese erbarmungslos kritische Inves-

---

[12] Maurice Merleau-Ponty, *Phänomenologie der Wahrnehmung*, übers. v. Rudolf Boehm (Phänomenologisch-psychologische Forschungen 7), Berlin 1966, 29.

[13] Merleau-Ponty, *Phänomenologie*, 24.

[14] Maurice Merleau-Ponty, *Causerien 1948. Radiovorträge* (Édition questions 2), hg. v. Ignaz Knips, Köln 2006, 47.

[15] „Dem Empirismus mangelte es an der Möglichkeit einer Einsicht in den inneren Verband zwischen dem Gegenstand und dem von ihm ausgelösten Akt. Dem Intellektualismus mangelt es an der Möglichkeit einer Einsicht in die Kontingenz der Anlässe des Denkens. Im einen Falle ist das Bewußtsein zu arm, im zweiten zu reich, um es begreiflich zu machen, daß ein Phänomen vermöchte, es zu erregen." (Merleau-Ponty, *Phänomenologie*, 49).

tigative wissenschaftlicher Forschung bleibt nicht ohne Folgen für die ästhetische Theorie. Denn mit der zunehmenden Ablehnung des wissenschaftlichen Wissensbegriffes geht auch eine Neubestimmung der epistemischen Funktion ästhetischer Erfahrung einher. Das Wissen, das im Zuge ästhetischen Erfahrens generiert wird, wird mehr und mehr als verschieden zum wissenschaftlichen, als objektivistisch verworfenen, propositionalen Wissen charakterisiert. Damit bekommt die ästhetische Erfahrung von Merleau-Ponty eine noch größere Bedeutung zugesprochen. Denn sie wird nicht mehr als ein Mittel unter anderen verstanden, um Erkenntnisse über die Wahrnehmung zu gewinnen. Sondern sie wird schließlich zu dem einzigen unmittelbaren Weg, Wissen über das Sein zu haben. Wie diese Entwicklung sich genau vollzieht und worin sie begründet ist, werde ich in den folgenden beiden Abschnitten erörtern.

2. „Das Schauen der Dinge" in der ästhetischen Erfahrung

Im ersten Teil habe ich umrissen, wie sich Merleau-Pontys Verständnis der epistemischen Funktion ästhetischen Erfahrens entwickelt. Dabei habe ich meine zentrale These bereits angedeutet, dass das Wissen durch ästhetisches Erfahren zunächst stark mit der Erkenntnis wissenschaftlicher Forschung parallelisiert wird, später dann aber in Gegensatz zu dieser gesehen wird, wobei das wissenschaftliche Wissen als objektivistisch diskreditiert und für eine Untersuchung ontologischer Zusammenhänge verworfen wird. Ich werde in diesem zweiten und dem darauffolgenden dritten Abschnitt nun meine These erörtern und zunächst zeigen, welchen ästhetischen Wissensbegriff der frühe Merleau-Ponty vertritt. Danach werde ich diskutieren, warum er von diesem Abstand nimmt und sein späteres ontologisches Projekt um ein neues Verständnis von Wissen erweitert, das nunmehr allein im Rahmen ästhetischen Erfahrens erworben werden kann.

Getragen vom frühen wahrnehmungsphänomenologischen Fokus beginnt Merleau-Pontys Auseinandersetzung mit ästhetischen Phänomenen 1945 als ein Ausloten der erkenntnisgenerierenden Dimension von Bildern, im Spezifischen von Malerei und Film. Das Besondere an der ästhetischen Erfahrung sieht Merleau-Ponty darin, dass sie die Möglichkeit bietet, das alltägliche, einem bestimmten Nutzen unterstellte Wahrnehmen zu suspendieren und somit auf Funktionsweisen desselben aufmerksam zu machen, die normalerweise nicht in den Blick der Aufmerksamkeit geraten. Somit hat die ästhetische Erfahrung in erster Linie methodische Funktion: Sie wird als ein Mittel verstanden, um das „Schauen der Dinge" allererst zu ermöglichen. Ästhetische Phänomene eröffnen für Merleau-Ponty ein Feld, in dem sich Wahrnehmung unmittelbar offenbart. Der Zugang, den Merleau-Ponty wählt, um sich den ästhetischen Phänomenen im Rahmen dieser Wahrnehmungsstudien zu nähern, ist derjenige einer phänomenologischen Beschreibung ihrer spezifischen Erscheinungsweisen.

Neben der ästhetischen Erfahrung dient dem frühen Merleau-Ponty die wissenschaftliche Erfahrung in methodischer Hinsicht als Anhaltspunkt für die *Beschreibung* von Wahrnehmungsprozessen, denen er sich nach dem beschreibenden Erfassen schließlich mit den philosophischen Mitteln der Reflexion und Erläuterung widmet. Mit diesem zweistufigen Verfahren betont Merleau-Ponty die Rolle der Philosophie nicht nur dahingehend, dass sie einen heuristischen Schlüssel für das Auslosten der Bedeutung empirischer Forschungsergebnisse bereitstellt, sondern er umreißt auch ihre Rolle in der Neubewertung der Funktion ästhetischer Erfahrung. „Umgekehrt und gleichsam in einer Gegenleistung wird eine Philosophie der Wahrnehmung, die wieder entdecken will, die Welt zu sehen, der Malerei und den Künsten insgesamt ihre Dignität zurückerstatten und uns dazu geneigt machen, sie in ihrer Reinheit zu akzeptieren."[16] Für Merleau-Ponty liegt der wesentliche Wert der Malerei und der Künste darin, dass sie uns die Welt sehen lassen. Er hält es allerdings für notwendig, dass die Philosophie allererst auf diese Funktion aufmerksam macht, da sie ansonsten nicht zur Ausdrücklichkeit gelangt. Philosophie und Kunst brauchen sich so – ähnlich wie Philosophie und empirische Wissenschaft – gegenseitig, um ausreichend reflektierte Beschreibungen der Welt geben zu können. Während die Philosophie nicht ohne die Hilfe von Kunst oder Wissenschaft den Blick auf die Wahrnehmung selbst richten kann, werden Kunst und Wissenschaft ohne philosophische Reflexion nicht in ihrer umfassenden epistemischen Wertigkeit erkannt.

Die frühe Ästhetik Merleau-Pontys steht im Zeichen der Malerei einerseits und des Films andererseits. Während sein Vortrag *Das Kino und die neue Psychologie* die ästhetische Erfahrung in ihrem Erkenntnispotential ganz dezidiert mit der wissenschaftlichen Praxis vergleicht, konzentriert sich Merleau-Ponty in *Der Zweifel Cézannes* auf eine genaue Beschreibung jener malerischen Motive in Cézannes Bildern, die das *Wie* der Wahrnehmung exemplarisch vor Augen führen. Diese Entwicklung von einer Parallelisierung von Wissenschaft und Kunst hin zu einer Betonung des eigenen epistemischen Charakters der ästhetischen Erfahrung kündigt dabei bereits den weiteren Gang von Merleau-Pontys Ästhetik an: Bis 1961 wird Merleau-Ponty die Rolle der wissenschaftlichen Praxis in der Generierung jenes Wissens, für das seine Philosophie sich interessiert, zu einem großen Teil negieren, wohingegen die ästhetische Erfahrung nunmehr als einzig wirklich profunde Quelle des Wissens angesehen werden wird.

1945 setzt Merleau-Ponty mit einem Vortrag über das Verhältnis zwischen dem Kino und der von ihm so genannten „neuen Psychologie" einen wichtigen Ankerpunkt für die Bestimmung des epistemischen Werts ästhetischen Erfahrens. Die grundlegende These seiner Ausführungen ist, dass die cinematische Erfahrung ähnliche Einsichten in das Wesen der Wahrnehmung erlaubt wie die von ihm zu dieser Zeit hoch geschätzte Gestaltpsychologie. Während

[16] Merleau-Ponty, *Causerien*, 47.

die empirische Forschung im Bereich der Psychologie experimentelle Testszenarien entwirft, in denen sie Wahrnehmungsprozesse untersucht, werden eben jene Wahrnehmungsprozesse in der cinematischen Erfahrung selbst thematisch. Der Zugang, den der Film zur Wahrnehmung bietet, ist selbst ein wahrnehmender. „Der Film läßt sich nicht denken, er läßt sich wahrnehmen."[17] Entsprechend ist es für Merleau-Ponty auch nicht das Reflektieren und Erklären, das eine adäquate Auseinandersetzung mit der Wahrnehmung darstellt; es ist dagegen das Sehen, das Wahrnehmen selbst. Um Wahrnehmung allererst verstehen zu können, ist es notwendig, zunächst „*sehen* zu lassen, anstatt [...] zu *erklären*".[18] Damit stellt die cinematische Erfahrung ein Paradebeispiel jener methodischen Annäherung an die Wahrnehmung dar, die Merleau-Ponty als Grundbaustein seiner *Phänomenologie der Wahrnehmung* betrachtet: Denn auch hier gilt, im Anbetracht des Wahrgenommenen „zu beschreiben, nicht zu analysieren und zu erklären".[19] Was den Film für eine Studie der Wahrnehmung privilegiert, ist, dass sich cinematische Erfahrung nur im aktualen Wahrnehmungsvollzug fassen lässt. Der Inhalt, die Struktur oder die Idee eines Films können nicht verständlich machen, was Film als eine Reihe von bewegt ablaufenden und eine cinematische ‚Illusion' erzeugenden Bildern eigentlich ist. Sich der Wahrnehmung im Kino zu widmen bedeutet für Merleau-Ponty, nicht zunächst darüber nachzudenken, was Wahrnehmung ist, sondern sich direkt mit dem *Wie* der Wahrnehmung zu konfrontieren. Diese Konfrontation eröffnet neue Möglichkeiten, die Wahrnehmung phänomenologisch zu erkunden.

Merleau-Ponty erachtet die cinematische Erfahrung vor allem als aufschlussreich, insofern sie die zeitlich-integrative Natur der Wahrnehmung zum Ausdruck bringt. „Der Sinn eines Bildes hängt [...] von denen ab, die ihm im Film vorangehen, und ihre Aufeinanderfolge schafft eine neue Realität, die nicht die schlichte Summe der verwendeten Bestandteile ist."[20] Gerade weil im Film die Bilder nicht unabhängig und isoliert voneinander erscheinen, sondern in ihrem Zusammenhang mit den auf sie folgenden und ihnen vorhergehenden Bildern wahrgenommen werden, wird in der Filmbetrachtung die zeitlich-integrative Natur der Wahrnehmung evident: „Das erste, das, was wir zunächst wahrnehmen, sind nicht nebeneinandergestellte Einzelteile, sondern Zusammen-

---

[17] Maurice Merleau-Ponty, *Sinn und Nicht-Sinn*, übers. v. Hans-Dieter Gondek (Übergänge 35), München 2000, 79; Maurice Merleau-Ponty, *Das Auge und der Geist. Philosophische Essays*, übers. v. Hans Werner Arndt, hg. v. Christian Bermes, Hamburg 2003, 44.

[18] Merleau-Ponty, *Sinn*, 81; Merleau-Ponty, *Auge*, 45.

[19] Merleau-Ponty, *Phänomenologie*, 4.

[20] Merleau-Ponty, *Sinn*, 74; Merleau-Ponty, *Auge*, 39. Insofern kommt dem Film im Studium der Zeitlichkeit der Wahrnehmung eine ähnlich wichtige Rolle zu wie der Melodie in Husserls Zeitbewusstseinsanalysen. Das Argument, das Merleau-Ponty für die Wahrnehmbarkeit des Films – wenn auch weniger explizit als Husserl – vorstellt, ist dem Husserl'schen Ansatz nahezu identisch (Vgl. dazu Edmund Husserl, *Zur Phänomenologie des inneren Zeitbewusstseins (1893–1917)*, Husserliana, Bd. 10, hg. v. Rudolf Boehm, Den Haag 1966, 6 f.).

hänge."[21] Diese Annäherung an die Natur der Wahrnehmung wird in ihrem epistemischen Potential mit den empirischen Untersuchungen der „neue[n] Psychologie"[22] verglichen. Auch die neue Psychologie betont den zeitlich-integrativen Charakter der Wahrnehmung. Die als „spontane[] Wahrnehmung"[23] klassifizierte Erfahrung wird in der cinematischen Erfahrung selbst erlebbar. Der Film kann damit für eine quasi-wissenschaftliche Auseinandersetzung mit dem *Wie* der Wahrnehmung nutzbar gemacht werden, die der Wissenschaft bezüglich ihres Erkenntnisgehalts nicht unterlegen ist, sofern ihr Potential nur richtig genutzt wird. Die epistemische Funktion cinematischer Erfahrung wird vom frühen Merleau-Ponty damit in ein dezidiertes Verhältnis mit derjenigen der wissenschaftlichen Praxis gesetzt. Die Bedeutung der Ästhetik für den Wissenserwerb wird insofern als sehr hoch eingeschätzt. Besonders die Phänomenologie vermag es wiederum, den epistemischen Gehalt ästhetischer Phänomene hervorzukehren.

Während der Film also ganz explizit zur wissenschaftlichen Forschung in Bezug gesetzt wird, beginnt Merleau-Pontys Beschäftigung mit der Malerei ebenfalls im Jahr 1945 ohne ausdrückliche Erörterung der Wissenschaft. Nichtsdestotrotz betont Merleau-Ponty auch im Zusammenhang der Erfahrung des gemalten Bildes die epistemische Dimension des Ästhetischen. Interessant ist an diesem Text nicht nur, dass Merleau-Ponty sehr präzise erörtert, inwiefern die Malerei Cézannes das Wissen um das *Wie* der Wahrnehmung zu erweitern vermag. Für das hier untersuchte Thema ist auch das Verhältnis zwischen den 1945 formulierten Überlegungen zu Cézanne und den im Jahr 1961 unter dem Titel *Das Auge und der Geist* publizierten Ausführungen über eben diesen Maler aufschlussreich. Obwohl Merleau-Ponty nämlich in beiden Texten betont, dass die Cézanne'schen Bilder Wissen schaffen, erachtet er doch die Weise, in der sie das tun, als durchwegs verschieden an. Dass dem so ist, äußert sich weniger auf inhaltlicher Ebene – spricht Merleau-Ponty doch in beiden Aufsätzen von der primordialen Natur der Wahrnehmung, vom rohen und wilden Sein und benennt damit wesentliche Interessensgebiete seiner ontologischen Bemühun-

---

[21] Merleau-Ponty, *Sinn*, 65; Merleau-Ponty, *Auge*, 29.

[22] Unter „neuer Psychologie" versteht Merleau-Ponty die Entwicklung der experimentellen psychologischen Forschung in der ersten Hälfte des 20. Jahrhunderts zur Gestalttheorie hin. Während die klassische Psychologie Wahrnehmung in ein analytisches Schema zu pressen sucht, in welchem diese als eine Summe von diskreten physiologischen Reaktionen auf von Außen einströmende Reize verstanden wird, interessiert sich die neue Psychologie für das Vorhandensein eines spontanen Zusammenhangs der wahrgenommenen Elemente im Wahrnehmungsfeld, der nicht mehr allein mit Rückgriff auf diskrete Reizempfindungen erklärt werden kann. „Diese Wahrnehmung des Zusammenhangs ist natürlicher und ursprünglicher als diejenige isolierter Elemente[.]" (Merleau-Ponty, *Sinn*, 66; Merleau-Ponty, *Auge*, 30)

[23] Merleau-Ponty, *Sinn*, 67; Merleau-Ponty, *Auge*, 31.

gen[24] –, sondern zeigt sich in einer Analyse seines Umgangs mit der Malerei. 1945 dominiert ein *beschreibender Zugang* seine Auseinandersetzung mit Cézanne. Solche Bildbeschreibungen finden sich in den Ausführungen von 1961 nicht mehr. Es handelt sich allerdings nicht bloß um eine methodische Verschiebung. Mit der Veränderung der Methode ändert sich schließlich auch die Einschätzung des epistemischen Gehalts der Malerei. Bevor ich im nächsten Abschnitt auf das mehr und mehr im Zuge ästhetischer Erfahrung sich artikulierende praktisch-leibliche Wissen zu sprechen komme, das von Merleau-Ponty in *Das Auge und der Geist* behandelt wird, werde ich nun zunächst die Auffassung der Cézanne'schen Bilder als Anlass zur *Beschreibung von Wahrnehmungsphänomenen* skizzieren, wie sie in *Der Zweifel Cézannes* zu finden ist.

Es ist laut Merleau-Ponty vor allem eine „Treue zu den Phänomenen"[25], die Cézanne in seinen Bildern zum Ausdruck bringt. Cézanne wird als ein Maler verstanden, der – ähnlich dem Wissenschaftler wie auch dem Phänomenologen – die Wahrnehmung studiert und seine Erkenntnisse in seinen Bildern bündelt. Merleau-Ponty selbst setzt in seiner Auseinandersetzung mit der Malerei nun mit einer Beschreibung jener Motive einer primordialen Erfahrung an, die sich in den Bildern wahrnehmen lassen. Die Welt des Primordialen wird dabei als eine fremde, unbekannte charakterisiert, eine „Welt ohne Vertraulichkeit", die wir gerade deswegen nicht kennen, weil wir im alltäglichen lebensweltlichen Umgang „normalisiert" wahrnehmen. Der Blick auf die primordiale Sphäre, auf eine „unmenschliche Natur", wie sie Merleau-Ponty nennt, ist damit in unserer normalen Lebenswelt verstellt.[26] Cézannes Leistung liegt genau darin, diese uns fremde Sphäre bildlich zu thematisieren – einerseits inhaltlich über das in seinen Werken wiederkehrende Sujet der rauen, unwirtlichen Natur, andererseits formal über die Weise der Darstellung. Damit bietet er einen neuen Zugang zur Welt, der diesseits der Normalität unserer Alltagskultur liegt:

> Man kann angenehme Gegenstände fabrizieren, die das Herz erfreuen, indem man schon fertige Ideen anders zusammenstellt und schon gesehene Formen präsentiert. Diese sekundäre Malerei oder Rede ist das, was man allgemein unter Kultur versteht. Der Künstler im Sinne Balzacs oder Cézannes begnügt sich aber nicht mit der Rolle eines kultivierten Tieres, er ergreift die Kultur in ihrem Anfang und begründet sie neu, er spricht, wie der erste Mensch gesprochen hat, und malt, als hätte man noch nie gemalt.[27]

Ein formales Element, das von Merleau-Ponty als Ausdruck der primordialen Erfahrung beschrieben wird, ist etwa die subtile „Farbmodulation", durch die „mit blauen Strichen *mehrere* Konturen" angedeutet werden und die so den Effekt einer „Kontur in statu nascendi"[28] hervorrufen. Am Beispiel dieser Farb-

---

[24] Vgl. z. B. Merleau-Ponty, *Auge*, 10, 277.
[25] Merleau-Ponty, *Auge*, 10.
[26] Merleau-Ponty, *Auge*, 14.
[27] Merleau-Ponty, *Auge*, 17.
[28] Merleau-Ponty, *Auge*, 12.

modulation, deren Wirkung in der ästhetischen Erfahrung von Merleau-Ponty beschrieben wird, wird sehr deutlich, wie der Phänomenologe sich den Bildern Cézannes methodisch nähert. Er versucht, jene formalen wie auch inhaltlichen Elemente zu bestimmen, die in der Erfahrung die Natur des Primordialen zum Ausdruck bringen. Es sind *positive Phänomene*, die benannt, identifiziert und beschreibend analysiert werden und mit dem epistemischen Gehalt des Ästhetischen in Zusammenhang gebracht werden. Merleau-Ponty findet auf dem Weg der phänomenologischen Beschreibung damit jene Worte und Sätze, die den epistemischen Sinn der Malerei Cézannes benennen. Das Wissen, das hieraus resultiert, lässt sich wie folgt auf den Punkt bringen: primordiale Erfahrung ist spontan und im Entstehen[29], unmenschlich, unvertraut und fremd[30], organisch[31], synästhetisch[32]. Cézanne hilft Merleau-Ponty mit seinen Bildern also auf die Spur einer verloren geglaubten Dimension des primordialen Erfahrens, das die Grundstrukturen der Wahrnehmung offenlegt. Der Maler selbst kann dies – was nicht zuletzt für Merleau-Pontys frühe Parallelisierung von wissenschaftlichem und ästhetischem Wissen aufschlussreich ist –, insofern er eine „intuitive Wissenschaft"[33] betreibt, mit Hilfe derer die primordiale Welt zum Gegenstand der Betrachtung werden kann.

3. Die ontologische Frage und das Verstummen des Philosophen

Während Merleau-Ponty um 1945 seine Ästhetik als einen epistemisch relevanten Zugang zur unter normalisierten Bedingungen der Erfahrung versteckten Grundstruktur der Wahrnehmung grundlegt, verändert sich sein Verständnis der Bedeutung ästhetischer Erfahrung bis 1961 deutlich. Obwohl Merleau-Ponty sich, oberflächlich betrachtet, für dieselben Motive interessiert, was in einem Vergleich der beiden Texte über den Maler Cézanne aus den Jahren 1945 und 1961 besonders deutlich wird, ist es gerade das Verständnis der Möglichkeiten und Grenzen des Wissens durch ästhetische Phänomene, das sich radikal ändert. Bevor ich mit *Das Auge und der Geist* auf den Kulminationspunkt der Merleau-Ponty'schen Konzeption des *ästhetischen Wissens* zu sprechen komme, möchte ich mit ein paar Bemerkungen zu *Das indirekte Sprechen und die Stimmen des Schweigens* (1952) ein Zwischenstadium auf dem Weg dorthin markieren, welches gerade über das gewandelte Verständnis von der begriff-

29 Merleau-Ponty, *Auge*, 9 ff.
30 Merleau-Ponty, *Auge*, 14, 16.
31 Merleau-Ponty, *Auge*, 15.
32 Merleau-Ponty, *Auge*, 12.
33 Merleau-Ponty, *Auge*, 15.

lichen Dimension des Wissens Aufschluss gibt, das für meine Definition vom *kontemplativen Wissen* wesentlich ist.

Wie bereits ausgeführt, ist Merleau-Pontys frühe Methode zur Untersuchung ästhetischer Phänomene die Beschreibung der durch sie hervorgerufenen ästhetischen Erfahrung. Der Einsatz adäquater Sprache, um beispielsweise die Wahrnehmung eines Bildes zu transportieren, ist dabei ein wesentliches Mittel seiner Phänomenologie. Die Fragen, wie das Verhältnis von Bild und Sprache zu verstehen ist und inwiefern die Sprache überhaupt dazu befähigen kann, ästhetische Erfahrungen zu beschreiben, stehen Mitte der 1940er Jahre für Merleau-Ponty allerdings noch nicht im Vordergrund. In den 1950er Jahren begeistert sich der Phänomenologe dagegen ganz ausdrücklich für die Sprache als Phänomen, für die Mechanismen, wie sie Sinn zum Ausdruck zu bringen vermag, und vor allem auch für die ästhetische Dimension der Sprache selbst. Im Zuge dieses neu gewonnenen, durch die eingehenden strukturalistischen Lektüren motivierten Interesses beginnt Merleau-Ponty schließlich auch, explizit über das Verhältnis von sprachlichem und nicht-sprachlichem Ausdruck bzw. verschiedenen Formen des sprachlichen Ausdrucks nachzudenken.

Die Sprache der Philosophie wird in diesem Zusammenhang als eine der „exakten Formen der Sprache“[34] bestimmt und als solche in einen Gegensatz zu anderen Sprachformen gestellt. Philosophische Sprache unterscheidet sich von literarischer oder poetischer Sprache. Was die Philosophie und die Literatur aber teilen und was ihren bedeutenden Unterschied zu anderen Ausdrucksformen wie derjenigen der Malerei ausmacht, bringt Merleau-Ponty in folgendem – etwas kryptischen – Satz auf den Punkt: „[D]ie Sprache spricht, und die Stimmen der Malerei sind die Stimmen des Schweigens.“[35] Das Sprechende der Sprache ist ihr inhärentes universalistisches Bedeuten, das Merleau-Ponty auf ihren teils immateriellen Charakter zurückführt. Damit tendiert die Sprache – sowohl diejenige des Literaten als auch diejenige des Philosophen – zu einem Universalismus, gleichsam aber zur Möglichkeit medienspezifischer Reflexivität, die der malerische Ausdruck gänzlich entbehrt.

Aber diesen unmittelbaren Zugang zum Dauerhaften, den die Malerei sich gönnt, bezahlt sie seltsamerweise, indem sie, weit mehr als das geschriebene Wort, der Bewegung der Zeit unterliegt. [...] In eben dem Maße wie die Literatur auf die scheinheilige Zeitlosig-

---

[34] Maurice Merleau-Ponty, *Zeichen*, übers. v. Barbara Schmitz, hg. v. Christian Bermes, 1., komm. und mit einer Einleitung vers. Aufl., Hamburg 2007, 108; Merleau-Ponty, *Auge*, 67.

[35] Merleau-Ponty, *Zeichen*, 112; Merleau-Ponty, *Auge*, 171. Hier parallelisiert er den Ausdruckscharakter der Literatur mitunter sehr stark mit jenem der Malerei. „Da beide Male [im Malen und im Schreiben, I.L.] dieselbe Ausdrucksstätigkeit in Kraft tritt, ist es möglich, die Malerei auf dem Hintergrund der Sprache und die Sprache auf dem Hintergrund der Malerei zu betrachten, und es ist nötig, wenn man sie unserer Gewohnheit und der falschen Evidenz des Selbstverständlichen entziehen will.“ (Maurice Merleau-Ponty, *Die Prosa der Welt*, hg. v. Claude Lefort, München 1984, 70)

keit der Kunst verzichtet, wie sie sich wacker mit der Zeit herumschlägt, sie zeigt, anstatt sie nur vage zu beschwören, geht sie siegreich aus ihr hervor und verwandelt sie in Sinn. Soviel die Statuen von Olympia dazu beitragen, uns für Griechenland einzunehmen, so nähren sie doch in dem Zustand ihrer Überlieferung – verwittert, zerbröckelt, von dem Gesamtwerk getrennt – einen trügerischen Mythos vom Griechentum, denn sie vermögen der Zeit nicht wie ein Manuskript zu widerstehen, selbst wenn es unvollständig, zerrissen oder fast unleserlich ist. Der Text des Heraklit läßt für uns Blitze aufleuchten, wie keine zerstückelte Statue es vermag, weil in ihm die Bedeutung in anderer Art aufbewahrt, auf eine andere Weise konzentriert ist als in jenen, und weil nichts der Elastizität des Wortes gleichkommt.[36]

Obschon sowohl der literarische Text wie auch die bildende Kunst etwas Ausdruck verleihen können, tut die Sprache dies doch klarer und treffender, weil der sprachliche Sinn sich immer in derselben universalistischen Bedeutungsweise generiert, egal in welchem Zustand ihr materieller Träger sich befindet. Ein Bild oder eine Statue ist laut Merleau-Ponty dem Verfall der Zeit ausgeliefert, weil der Sinn eines Bildes direkt mit seiner Materialität verknüpft ist. Damit bietet die Sprache einen größeren Freiraum des Ausdrucks als die bildende Kunst. Die Sprache spricht, kann sich selbst erklären, während die Bilder zum Schweigen verurteilt sind.

Merleau-Pontys Begeisterung für die Sprache bringt ihn in den 1950er Jahren zu einer Neubewertung des Verhältnisses von literarischer und bildender Kunst. Sowohl Text als auch Bilder können Ausdruck schaffen. Doch die ‚elastische', direkte und universal bedeutende Weise, in der Sprache Sinn stiftet, übertrifft die historisch eingegrenzte Bedeutungsspezifität des Bildes. Diese Betonung der Kraft des sprachlichen Ausdrucks ist im Lichte der spätesten ästhetischen Überlegungen hochinteressant, da Merleau-Ponty bereits auf den ersten Seiten von *Das Auge und der Geist* betont, dass keine sprachliche Bemühung jemals jenen fundamentalen Sinn zu stiften vermag, den die Malerei stiftet.[37] Hat sich etwa sein Verständnis von Sprache bis 1961 so radikal geändert, dass er sie als valides Ausdrucksmittel nunmehr verabschiedet und ihr die stummen, schweigenden Bilder als die sprechenderen Zeugnisse gegenüberstellt?

Die Antwort, die ich im Folgenden näher ausführen werde, lautet „Ja und Nein". Nein, weil Merleau-Ponty kein grundsätzlich anderes Verständnis von Sprache entwickelt. An seinem nah an den Strukturalismus angelegten Sprachverständnis hat sich bis zu seinem jähen Tod 1961 nichts Grundlegendes geän-

---

36 Merleau-Ponty, *Zeichen*, 111 f; Merleau-Ponty, *Auge*, 170 f; Merleau-Ponty, *Sinn*, 130.

37 „Die Kunst und namentlich die Malerei schöpfen aus jenem Meer rohen Sinns (*sens brut*), von dem das produzierende Denken nichts wissen will. Sie sind sogar die einzigen, die dies in aller Unschuld tun. Den Schriftsteller, den Philosophen befragt man um seinen Rat oder seine Meinung; man läßt nicht zu, daß sie die Welt in der Schwebe halten, man will, daß sie Stellung nehmen; sie können sich der Verantwortung des sprechenden Menschen nicht entziehen. […] Nur der Maler hat das Recht, seinen Blick auf alle Dinge zu werfen, ohne zu ihrer Beurteilung verpflichtet zu sein." (Merleau-Ponty, *Auge*, 277 f)

dert. Ja, weil Merleau-Ponty aber den Horizont dessen, was durch Sprache bzw. Bilder ausgedrückt werden kann, an entscheidender Stelle erweitert. Diese erweiterte Dimension ist die primordiale Erfahrung, die von ihm nunmehr als nicht sprachlich ausdrückbar verstanden wird. Damit ist der letzte Aufsatz Merleau-Pontys sehr wohl auch als Sprachkritik zu lesen, allerdings als eine ganz spezifische Kritik an der Möglichkeit, sprachlich und damit auch beschreibend an die Sphäre des Primordialen zu rühren. Die Kritik gilt also nicht der Sprache als Ganzes, sondern der Sprache als ein Mittel, das Merleau-Ponty selbst Zeit seines Schaffens genutzt hat und als schreibender Philosoph nutzen muss, um die primordiale Erfahrung zum Ausdruck zu bringen. Wo die Sprache versagt, ist es nunmehr das Bild, das Abhilfe verschafft. Cézannes Bilder sind Ausdruck des Primordialen. Und durch die ästhetische Erfahrung seiner Bilder, nicht aber durch eine bloße Beschreibung derselben hinsichtlich ihrer formalen und inhaltlichen Aspekte, lässt sich eben dieses Primordiale, diese fremde und unheimlich unzugängliche Welt, die gleichsam den Boden des Seins ausmacht, schließlich auch zur Erfahrung und weiter zu Wissen bringen. Wie genau stellt sich Merleau-Ponty – als ein Philosoph, der in seiner philosophischen Tätigkeit auf das Wort angewiesen bleibt – nun aber die Möglichkeit vor, das Primordiale, diesseits der Sprache, zu erkennen und wiederum an seine ontologischen Analysen rückzubinden?

Der ontologische Inhalt – also dasjenige, was die Malerei über das Sein zum Ausdruck bringen kann – ist als ein Sichtbares und als solches Wahrnehmbares bestimmt, das dadurch ausgezeichnet ist, dass „das profane Sehen [es] für unsichtbar hält".[38] Im gemalten Bild wird also etwas wahrnehmbar, das unter anderen Bedingungen gar nicht wahrgenommen werden könnte, insofern es gemeinhin für unsichtbar gehalten wird. Die erkenntnisstiftende Funktion der Malerei ist also auch im späten Text von 1961 ganz klar als solche benannt. Im Gegensatz zu früheren Überlegungen, betont Merleau-Ponty hier allerdings, dass das durch die Wahrnehmung von Bildern erworbene Wissen als dezidiert *ästhetisches Wissen* zu begreifen ist: Allein im Rahmen der ästhetischen Erfahrung kann ein bestimmter Teil des Sichtbaren überhaupt zur Anschauung gelangen. Die ästhetisch Erfahrenden erwerben so Wissen über einen Aspekt der wie zuvor bereits als primordial charakterisierten Welt, der ihnen anders verschlossen bliebe.

Neben dieser noch stärkeren epistemischen Akzentuierung des Ästhetischen hat sich auch Merleau-Pontys methodische Annäherung an den ästhetischen Gegenstand weiterentwickelt. Der beschreibende Zugang zum ästhetischen Phänomen wird durch eine ontologische Erörterung der Natur des gemalten Bildes ersetzt. Cézannes Malerei wird nicht mehr deskriptiv untersucht. Vielmehr weist Merleau-Ponty darauf hin, dass eine Vermittlung des für seine Philosophie so

---

[38] Merleau-Ponty, *Auge*, 284.

wichtigen Inhalts der Bilder sprachlich überhaupt nicht gelingen kann.[39] Seine philosophischen Bemühungen sollen einen Weg bahnen, die besprochenen Bilder zu eigener Geltung bringen zu können, indem sie den umfassenden ontologischen Rahmen skizzieren, der in ihnen zum Ausdruck gebracht wird. Die durch die Bilder Cézannes ausgedrückte ontologische Dimension ist diejenige des Pimordialen, des rohen und wilden Seins (*être sauvage/être brut*)[40] und hierin stimmen die Überlegungen aus dem Jahr 1961 mit jenen aus dem Jahr 1945 überein. Doch ein genauer Blick auf die Weise, wie Merleau-Ponty über die Malerei tatsächlich schreibt und wie er mit ihr umgeht, zeigt, dass er in *Das Auge und der Geist* gänzlich von Bildbeschreibungen absieht. Er konzentriert sich dagegen auf die Fragen, wodurch sich die ästhetische Praxis, in der sich der Maler Cézanne engagiert, eigentlich auszeichnet und inwiefern diese sich in der ästhetischen Erfahrung seiner Bilder nachvollziehen lässt. Was Cézanne tut, wenn er malt, ist, dem „Rätsel des Leibes [l'énigme du corps]"[41] auf die Spur zu kommen. Wieder findet sich also der Gedanke einer „intuitiven Wissenschaft", die der Maler betreibt. Er erforscht das leibliche Sein. Seine Bilder zeugen von seinen Bestrebungen und lassen Cézannes auf praktischem Wege gewonnenes Wissen über Leib, Körper und Substanz ästhetisch nachvollziehen. Wie sieht dieses Wissen nun aber genau aus und inwiefern wird es durch das Bild vermittelt?

Das Wissen, das der Maler über das leibliche Sein erwirbt, ist selbst leibliches, sprachlich unartikuliertes und auch nicht artikulierbares Wissen. Sein eigener Leib bildet eine Art Resonanzraum, in dem das Sein der primordialen Welt wie eine Art Echo zurückhallt, wobei es in Form des Bildes seine sichtbaren Spuren hinterlässt. Der Maler malt im Zeichen eines reinen, wilden, eines unverstellten, unorganisierten, rohen Sichtbaren, indem er eben diese Sichtbarkeit vollleiblich nachvollzieht, sie lebt und sie nicht etwa distanziert analysierend zunächst auffasst und dann zu Papier oder Leinwand bringt. Der Maler lebt das Sein und kann es nur in diesem Sinne auch praktisch-leiblich wissen. Sein praktisch-leibliches Wissen ist die Basis für den Akt des Malens und gleichsam sein Inhalt: Es drückt sich im gemalten Bild aus.

Die Art, wie das Wissen um das primordiale Sein im Bild vermittelt wird, ist wiederum eine selbst leibliche. Das Bild wird laut Merleau-Ponty nicht intellektuell erfasst, sondern leiblich nachvollzogen. Der Akt des Malens, das leibliche Engagement des Malers, kommt im Bild zum Ausdruck, insofern es im ästhetischen Erfahren leiblich-praktisch nachvollzogen wird. Im Schauen des Bildes ist laut Merleau-Ponty der ganze Leib mit am Werk. Und genau weil er mit am Werk

---

[39] Merleau-Ponty, *Auge*, 277 f.

[40] Wildes oder rohes Sein sind zentrale Begrifflichkeiten in der Spätontologie Merleau-Pontys (Vgl. z. B. Maurice Merleau-Ponty, *Das Sichtbare und das Unsichtbare. Gefolgt von Arbeitsnotizen*, übers. v. Regula Giuliani u. Bernhard Waldenfels, hg. v. Claude Lefort, München 1986, 219).

[41] Merleau-Ponty, *Auge*, 281.

ist, kann das Bild auch eben jenes fundamentale, nicht theoretische, sondern ganz praktische Wissen über das Sein vermitteln, das für den Phänomenologen den einzig adäquaten Zugang zur Primordialsphäre darstellt und das somit der Ausgangspunkt für jede nicht-reduktionistische Ontologie sein muss.

Das Bild reflektiert also die ästhetische Praxis des Malers in seiner leiblichen Auseinandersetzung mit dem Sein. Diese Praxis ist keine Anwendung von erlernten Regeln oder Techniken, sondern beruht auf einer Herausforderung: Der Maler ist durch das Sein selbst aufgerufen, sich leiblich zu engagieren und eben dieses Engagement ins Bild zu setzen. Weil der Maler responsiv auf die ontologische Dimension des Primoridalen antwortet, kann sein Bild von jedem nachvollzogen werden und ist kein subjektives Werk, das aus den privaten Gedanken des Malers entspringen würde. Das Bild wird von Merleau-Ponty daher als ein leiblich reflektiertes Sichtbares, als ein „Sichtbares in der zweiten Potenz"[42] bzw. als eine „*kohärente Verformung* des Sichtbaren"[43] verstanden. Als dieses „Sichtbare[] in der zweiten Potenz" ist das Bild kein identifizierbares Ding, das intellektuell erfasst und sprachlich *beschrieben* werden könnte. Merleau-Ponty betont, dass das Bild kein Gegenstand ist, der im Sehen erfasst wird, sondern dass „ihm gemäß" oder „mit ihm" gesehen wird.[44] Das bedeutet, dass es nicht einen bestimmten Inhalt zur Darstellung bringt, sondern dass es die Betrachtenden an einer bestimmten, *ästhetischen Weise zu sehen* partizipieren lässt. Damit ist das Bild ein reflektiertes Sichtbares, das einen Ausdruck „zweite[r] Potenz" darstellt, insofern es in seinem Erscheinen eine Weise des Sehens zugänglich macht. Merleau-Ponty entwickelt eine Formel, um diese reflexive Stufe der Sichtbarkeit zu beschreiben, in der das Bild zu sehen gibt, aber nicht selbst als etwas gesehen wird. Sie ist zweiteilig und lautet „Innen des Außen [le dedans du dehors]" und „Außen des Innen [le dehors du dedans]".[45] Das Bild ist „Außen des Innen", insofern es den Blick des Malers reflektiert und damit seine Perspektive entäußert. Durch das geteilte Sein von wahrnehmendem Leib und wahrgenommenem Ding ist der Blick des Malers für Merleau-Ponty im Inneren der Welt wie auch im Innern des Sehens. Der *idios kosmos*, die eigene Welt, wird im Sehen zum *koinos kosmos*, zur geteilten Welt[46], die sich im Bildgeschehen quasi manifestiert. Neben seiner Charakterisierung als „Außen des Innen" ist das Bild aber auch „Innen des Außen", insofern sich im Bild eine Innenschau des Sehens Bahn bricht, die über eine Begrenzung der einzelnen Standpunkte hinausgeht und damit eine umfassende Perspektive darstellt.

---

[42] Merleau-Ponty, *Auge*, 281.

[43] Merleau-Ponty, *Zeichen*, 108; Merleau-Ponty, *Auge*, 167.

[44] „Denn ich betrachte es nicht, wie man ein Ding betrachtet, ich fixiere es nicht an seinem Ort, mein Blick schweift in ihm umher wie in der Gloriole des Seins, ich sehe eher dem Bilde gemäß [selon] oder mit [avec] ihm, als daß ich es sehe." (Merleau-Ponty, *Auge*, 282; Maurice Merleau-Ponty, *L'Œil et l'Esprit*, Paris 1964, 22 f)

[45] Merleau-Ponty, *Auge*, 282; Merleau-Ponty, *L'Œil*, 23.

[46] Merleau-Ponty, *Auge*, 285.

In *Das Auge und der Geist* wird sehr deutlich, dass es für Merleau-Ponty ein durch das Bild des Malers eröffneter, alternativer Zugang zur Welt ist, der allein es möglich macht, Wissen über die Primordialsphäre in der unmittelbaren Erfahrung selbst zu erwerben. Das Bild lädt mit seinem „Gemäß" bzw. „Mit" zu einer ästhetischen Erfahrung ein, die epistemischen Gehalt hat. Über die durch es offenbarte Perspektive macht er auf jene Leerstellen aufmerksam, die in der alltäglichen und in der wissenschaftlichen Betrachtungsweise aus dem Fokus der Aufmerksamkeit rücken, dort „unsichtbar" und sprachlich zudem nicht fassbar sind. Damit und gerade weil sich die Primordialsphäre einem intellektuellen, deskriptiven Zugang entzieht, ist sie für Merleau-Ponty zunächst negativ bestimmt als dasjenige, das in der normalen Rede als das Unsichtbare nicht gesehen wird, nicht zur Sprache kommen kann, obschon es dessen Grund und Boden darstellt. Um diese Blickwendung gerade auch innerhalb der Philosophie zu rechtfertigen, bedarf es für Merleau-Ponty einer grundlegenden Revision phänomenologischen Fragens, weg von einer direkten sprachlich-beschreibenden Annäherungen an die Phänomene hin zu einem direkten leiblichen Nachvollziehen des gemäß des Bildes vermittelten Primordialen.

4. Muße, Malerei und kontemplatives Wissen

In Merleau-Pontys Ästhetik lässt sich so eine bemerkenswerte Entwicklung ablesen: 1945 setzt er den Startschuss für seine Erörterung des epistemischen Gehalts der ästhetischen Erfahrung, den er zunächst im Wesentlichen dahingehend bestimmt, dass sich in der Malerei bzw. im Film Grundprinzipien der Wahrnehmung ausdrücken und anhand ihrer Rezeption untersucht werden können. Malerei und Film bieten so quasi-experimentelle Szenarien, um in der phänomenologischen Selbstbeobachtung festzustellen, nach welchen Mustern Wahrnehmung funktioniert. Das Wissen, das im Rahmen ästhetischen Erfahrens erworben werden kann, sieht Merleau-Ponty dabei in einer expliziten Parallele zu wissenschaftlichen Erkenntnissen. Sowohl wissenschaftliche als auch ästhetische Erkenntnisse werden in Form von Beschreibungen festgehalten und können auf sprachlichem Wege weitervermittelt werden. In den 1950er Jahren beginnt Merleau-Ponty dann, über das Wesen, die Grenzen und Möglichkeiten sprachlichen und nicht-sprachlichen Ausdrucks nachzudenken. Dabei entwickelt er zunächst eine Position, die die starke universalistische Bedeutungskomponente der Sprache gegenüber der regional eingeschränkten Sinnproduktion der bildenden Kunst betont. Diese ist der Ausgangspunkt, um immer genauer zu untersuchen, wie der spezifische Ausdruck näher bestimmt werden kann, der durch Sprache bzw. durch Bilder konstituiert wird. 1961 präsentiert Merleau-Ponty mit *Das Auge und der Geist* schließlich seine Theorie über das bildspezifische Bedeuten: Bilder vermitteln nicht auf inhaltlicher Ebene analog zur Sprache Sinn.

Das Besondere am bildlichen Ausdruck liegt vielmehr darin, dass Bilder dazu einladen, „mit" ihnen oder ihnen „gemäß" wahrzunehmen. Bildlicher Sinn ist nicht Gegenstandssinn, sondern ein im Akt ästhetischer Erfahrung generiertes leiblich-praktisches Wissen. Dieses kann nicht beschrieben werden, sondern es muss erfahrend nachvollzogen werden. Für Merleau-Pontys Spätphilosophie ist die ästhetische Erfahrung irreduzibel, insofern sie Erkenntnisse über die ontologische Grunddimension des Primordialen erlaubt.

Nach dieser Darstellung der Entwicklung von Merleau-Pontys Verständnis des epistemischen Gehalts ästhetischer Erfahrung werde ich im letzten Teil meiner Ausführungen nun den Bogen zurück zu den eingangs entwickelten Überlegungen zu Muße und kontemplativem Wissen spannen. Ich werde argumentieren, dass der vom späten Merleau-Ponty entwickelte ästhetische Wissensbegriff, welcher Wissen als leiblich und praktisch definiert, auf die Zeit und den Raum der Muße angewiesen ist und insofern eine wesentlich kontemplative Dimension des Epistemischen beschreibt. Diese epistemische Kontemplation ist für den Bereich des Ästhetischen bezeichnend. Abschließend werde ich mich dann der Beantwortung der Frage zuwenden, was dieses ästhetische Wissen schließlich für eine philosophische Investigative über das Sein bedeutet. Macht es die philosophische Erkenntnis obsolet? Oder gibt es eine bestimmte Rolle, die der Philosophie im Dialog mit der ästhetischen Erfahrung zukommen kann?

Ästhetisches Wissen, wie es sich in Anschluss an Merleau-Pontys Überlegungen definieren lässt, ist nicht auf einen sprachlichen Ausdruck reduzierbares, weil leiblich gelebtes Wissen, das im praktischen Vollzug der ästhetischen Erfahrung erworben wird. Da vom praktischen Vollzug nicht abstrahiert werden kann, ohne die ästhetische Erkenntnis selbst einzubüßen, muss eben dieser Vollzug als erkenntniskonstitutiv erachtet werden. Das bedeutet nicht nur, dass der Wissenserwerb ein Tun im anschaulichen Sinne ist, es heißt darüber hinaus, dass es einer bestimmten Zeit und eines dafür geeigneten Raums bedarf, um überhaupt eine ästhetische Erkenntnis haben zu können. Im Gegensatz zu der hier erörterten praktisch-leiblichen Konzeption von Wissen ist theoretisch-sprachliches oder abstraktes Wissen nicht in derselben Art und Weise auf eine Entfaltung in Raum und Zeit angewiesen. Bestimmt man Wissen zum Beispiel als den Erkenntnisgehalt eines Satzes, wie etwa „Die Erde ist keine Scheibe", so reicht gemeinhin ein zeitlich sehr begrenztes und räumlich gänzlich unabhängiges intellektuelles Erfassen des Satzes, um sich das durch ihn vermittelte Wissen anzueignen. Versteht man den Sinn des Satzes und schenkt man ihm Glauben, sofern er aus eigener bzw. fremder Erfahrung oder logischer Konsequenz gerechtfertigt scheint, so erwirbt man auch das Wissen über das in ihm Ausgedrückte. Besteht Wissen aber weniger in einem Erfassen eines weitgehend theoretischen Inhalts oder eines abstrakten Zusammenhangs, sondern in einer ‚Kenntnis' leiblich-praktischer Vollzüge, so muss auch leiblich-praktisch gehandelt werden, um dieses Wissen zu erwerben.[47] Umgekehrt lässt sich dieses Wissen, sobald es erworben worden ist, wiederum nicht auf sprachliche Umschreibungen reduzieren, sondern es ist als praktische Erkenntnis nur fassbar, sofern es ‚performiert' wird.[48] Um das spezifisch ästhetische Wissen nun aber überhaupt ‚performieren' zu können, bedarf es eines dafür geeigneten Raums und der notwendigen Zeit, die es erlauben müssen, dass der Blick frei wird für eine Betrachtung, die kontemplativ zu nennen ist, insofern es in ihr zunächst um nichts anderes als den Akt des Betrachtens selbst geht. Die Muße, wie sie eingangs definiert wurde, stellt nun einen paradigmatischen Rahmen bereit, der die Betrachtenden für eine solch kontemplative Schau, wie sie für das Ästhetische bezeichnend ist, frei macht, weil er es ihnen erlaubt, von ihren Alltagsgeschäften und anderweitig nutzen- oder ertragsorientierten Aufgaben Abstand zu nehmen. Dieses Abstandnehmen ist eine Bedingung dafür, dass eine neue Perspektive, ein neuer Blick auf die Dinge und die Welt entstehen kann, welcher wiederum unerlässlich ist, um ästhetisches Wissen als praktisch-leibliches zu erwerben. Schließlich ist diese Blickwendung auch notwendig für die ontologische Investigative der Primordialsphäre, wie sie der späte Merleau-Ponty im Sinn hat. In welchem Verhältnis steht das hier beschriebene kontemplative ästhetische Wissen nun aber schließlich zur philosophischen Erkenntnis?

Für Merleau-Ponty ist das ästhetische Wissen notwendig, um Einblick in ein „vorausgehendes ‚Es gibt'"[49] zu erhalten, welches seinem Verständnis nach die primordiale Grundstruktur des Seins ausmacht. Will der Philosoph also Ontologie im direkten Sinne betreiben, muss er vom begrifflich-beschreibenden

---

[47] In den letzten Jahren ist die Dimension leiblich-praktischen Wissens vermehrt in den Fokus der Aufmerksamkeit gerückt. Unter dem Schlagwort „embodied" oder „situated knowledge" wird auf den Umstand verwiesen, dass Wissen nicht auf propositionales Wissen beschränkt werden kann (Evan Thompson/Francisco Varela, „Radical Embodiment. Neural Dynamics and Consciousness", in: *Trends in Cognitive Sciences* 5 (2001), 418–425; Alva Noë, *Action in Perception*, Cambridge, Mass./London 2004; Shaun Gallagher, *How the Body Shapes the Mind*, Oxford/New York 2005; Anthony Chemero, *Radical Embodied Cognitive Science*, Cambridge, Mass. 2009; Robert D. Rupert, *Cognitive Systems and the Extended Mind*, Oxford/New York 2009; Lawrence A. Shapiro, *Embodied Cognition*, New York 2011; Joerg Fingerhut (Hg.), *Philosophie der Verkörperung. Grundlagentexte zu einer aktuellen Debatte*, Berlin 2013). Für meine eigenen Überlegungen sind zwei Autoren wichtig. Zum einen Gilbert Ryle, der mit seinem Konzept des „knowing how" darauf aufmerksam macht, dass Wissen nicht auf ein Fürwahrhalten reduziert werden kann, sondern ganz wesentlich in praktischem und leiblichem Vermögen besteht (Vgl. Gilbert Ryle, *The Concept of Mind*, London 1990, 28–32). Zum anderen Michael Polanyi, der den Begriff des „tacit knowledge" geprägt hat, mit dem er darauf hinweisen will, „that *we can know more than we can tell*" (Michael Polanyi, *The Tacit Dimension* (Anchor book 540), Garden City, N.Y. 1966, 4).

[48] Laut Ryle erwirbt eine Person ihr „knowing how" in der Anwendung von „criteria [or standards] in performing critically, that is, in trying to get things right" (Ryle, *Concept*, 29). Interessanterweise parallelisiert er die inventiven Techniken der Wissenschaften mit dem Kanon des ästhetischen Geschmacks als beiderseits praktische Formen des Wissens.

[49] Merleau-Ponty, *Auge*, 277.

Zugang Abstand nehmen und dagegen selbst ein ästhetisch Betrachtender werden. Er muss im selben Zuge davon ablassen, wissenschaftlich verwertbare Forschungsergebnisse produzieren zu wollen und sich stattdessen selbst auf einen Gang in die Primordialsphäre einlassen, der unter Umständen keine vermittelbaren Resultate bringt. Um dies tun zu können, muss er tatsächlich müßig werden, muss seine philosophische Agenda durchstreichen und sich kontemplativ die Zeit geben, den ästhetischen Raum zu erkunden. Wie schwierig diese Aufgabe zu bewältigen ist, vor allem als Alternative zu einer strengen philosophischen Methode, ist von vielen Autor/innen an Merleau-Pontys radikaler Positionierung kritisiert worden.[50] Wird hier also nur die Philosophie gegen die Kunst ausgetauscht? Wird die philosophische Praxis mit dem wenig hilfreichen Hinweis quittiert, dass sie nichts Adäquates über das Sein auszusagen weiß? Versagt Merleau-Ponty in der Betonung des im Zuge ästhetischer Erfahrung konstituierten leiblich-praktischen Wissens der reflexiven Tätigkeit des Philosophierens ihre Bedeutung?

Wirft man einen Blick auf Merleau-Pontys Gesamtwerk, wird schnell deutlich, wie nachhaltig der Philosoph bereits vor der Entwicklung der späten, radikalen Position um einen adäquaten methodischen Zugang zu einer Erörterung des Seins ringt. In seinem fragmentarisch gebliebenen Letztwerk *Das Sichtbare und das Unsichtbare* stellt er explizit fest, dass eine seine Philosophie würdigende Ontologie nicht dahingehend ein Fehlurteil fällen darf, einen direkten Zugang zum Sein finden zu können. Die philosophische Auseinandersetzung mit dem Sein kann allein mit einem Umweg über die Seienden in Angriff genommen werden und erfordert folglich eine ‚indirekte' Methode. Merleau-Ponty äußert sich hierzu in aller Klarheit: „*Man kann keine direkte Ontologie machen.*[] Meine ‚indirekte' Methode (das Sein in den Seienden) ist die einzige dem Sein gemäße – ‚negative φ' so wie ‚negative Theologie'."[51] Nur „in den Seienden" kann ein Zugang zum Sein gefunden werden. Eine ontologische Auseinandersetzung fokussiert ihren Gegenstand daher nie unmittelbar, sondern indirekt, nicht positiv, sondern negativ. Die Seienden verweisen auf das Sein. Das Sichtbare weist auf die Strukturen des Sichtbarmachens hin, auch wenn diese selbst nie als positiv zu beschreibende Phänomene fassbar werden können. Merleau-Ponty geht so weit, seinen Zugang sogar als „‚negative φ'" zu charakterisieren – eine Philosophie, die sich mit den Spuren dessen beschäftigt, was selbst phänomenal nicht in Erscheinung tritt.

Während in *Das Sichtbare und das Unsichtbare* der theoretisch-philosophische Zugang zum Sein erörtert wird, findet sich in Merleau-Pontys Ästhetik ein alternativer Weg beschrieben, um Ontologie zu betreiben. Auch wenn die Über-

---

[50] Vgl. z.B. Galen A. Johnson (Hg.), *The Merleau-Ponty Aesthetics Reader. Philosophy and Painting*, Evanston, Ill. 1993.

[51] Merleau-Ponty, *Das Sichtbare*, 233.

legungen zu ästhetischer Praxis und Erfahrung nicht unter dem Stichwort ‚ontologische Analyse der Primordialsphäre' diskutiert werden, ist eine implizite Beschäftigung mit dem ontologischen Zugang und dem Problem der Methode doch nicht zu übersehen. Die ästhetische Erfahrung wird von Merleau-Ponty daher vielleicht etwas überraschend auch als ein Paradeweg beschrieben, um Ontologie in direkter Weise zu betreiben. Allein sie erlaubt es nämlich, unmittelbar mit dem Primordialen – dem „Ursein", wenn man so will – in Kontakt zu kommen, weil sie, anders als die Philosophie und jeder sprachlich-begriffliche Zugang, das Sein zum Sein kommen lässt, ohne es kategorisierend und ordnend zu verstellen. Während der Phänomenologe Merleau-Ponty das Sein nur am Rand beschreiben und der Philosoph Merleau-Ponty es nur indirekt zur Sprache bringen kann, so erlebt es der ‚Ästhetiker' Merleau-Ponty direkt und leiblich unmittelbar. Seine ästhetische Betrachtung nämlich holt ihn auf den primordialen Grund des Seins. Im Zuge dieser elementaren Erfahrung werden alle begrifflichen Einordnungen durchgestrichen und die Sprache versagt zu Gunsten eines nunmehr umfassenden Schweigens des müßigen, ganz der kontemplativen Schau gewidmeten Philosophen.

Diese kontemplative Schau hat, wie ich in meinen Ausführungen gezeigt habe, durchaus epistemischen Gehalt und, mehr noch, eine klar umrissene epistemische Funktion. Der Wissenserwerb im Rahmen der ästhetischen Erfahrung geht allerdings mit der Auflösung jenes instrumentalen Willens einher, wie er für das wissenschaftliche Wissen bezeichnend ist. Deswegen scheint es auch unvereinbar mit philosophischem Erkenntnisfortschritt. Das ästhetische Wissen ist eine Erkenntnis, die praktisch-leiblich erlebte Phänomene gerade nicht auf Begriffe festlegt. Die Merleau-Ponty'sche Betonung der Kontemplation bringt damit eine ganz eigene Form des Wissens hervor, die man durchaus als eine Antwort auf das im Rahmen seiner indirekten Ontologie formulierten Methodenproblems lesen kann. Während Merleau-Ponty nämlich darauf beharrt, dass er sich als Philosoph ontologischen Fragen lediglich indirekt oder von der Seite her, lateral, annähern kann, sieht er durch den Bereich des Ästhetischen die Möglichkeit einer direkten Auseinandersetzung mit dem primordialen, dem rohen, wilden Sein eröffnet. Durch den Vorstoß in den Bereich primordialen Erfahrens wird so letztlich nicht mehr ‚negatives' Wissen um die Grenzen einer bestimmten Form des Wissens, nämlich des propositionalen Wissens, befördert, es wird vielmehr wesentlich um das ‚positive' Wissen um die eigenen primordialen Bedingtheiten bereichert: Im Rahmen der ästhetischen Praxis stellt sich das Wissen um das Sein so ganz unmittelbar und ‚ohne Umwege' ein.

Ästhetisches Wissen ist eine Form nicht-propositionalen Wissens, das nicht begrifflich vermittelt werden kann, weil es an den praktisch-leiblichen Akt der Erfahrung rückgebunden ist. Es besteht in einer Erkenntnis der eigenen primordialen Bedingtheiten und hängt daher auch wesentlich mit der leiblichen Verfasstheit der Betrachtenden zusammen. Ästhetische Praxis ist eine leibliche Praxis. In jenem Raum, den die Malerei eröffnet, geht es nicht um die Darstellung bestimmter Inhalte, sondern um eine Auseinandersetzung mit dem „Rätsel des Leibes". Der Maler malt in Antwort auf ein Sichtbares, das für seine leibliche Existenz bestimmend ist. Der Akt des Malens ist keine von einem künstlerischen Selbst bewerkstelligte Handlung, sondern ein responsives Praktisch-Werden, das durch das „Mit" oder „Gemäß" des Bildes von den ästhetisch Erfahrenden mitvollzogen werden kann. Diejenige, die ästhetisch erfährt, wird durch die Bildbetrachtung selbst leiblich tätig, allerdings nicht in einem aktiven, produzierenden Sinn, sondern in einem wesentlich responsiven, erleidenden und antwortenden Sinn. Damit ist die ästhetische Praxis, die mit der Erfahrung eines gemalten Bildes einhergeht, schließlich als eine epistemische Praxis zu begreifen, die eine ganz spezifische Form von Wissen, *kontemplatives Wissen*, schafft – ein Wissen, das im Bereich des Ästhetischen gerade in der leiblichen Ergriffenheit durch das Phänomen und dem damit verbundenen Tätigwerden einer durch das primordiale Sein angesprochenen Akteurin besteht.

Merleau-Ponty distanziert sich in seinem Spätwerk über weite Strecken sehr entschieden vom begrifflichen, auf Verwertbarkeit hin ausgerichteten Wissen der Wissenschaften. Vor allem aber kritisiert er zusehends den modernen Wissenschaftsbetrieb. Die Abkehr vom etablierten, vermittelbaren Wissen hinterlässt jedoch eine Lücke, die ihre Wirkung zeigt. Sie verlangt nämlich nach einer anderen Art des Wissens, einem alternativen Zugang, der ‚gerechter' gegenüber dem Sein ist. Eine Epistemologie, die sich mit den ontologischen Bestrebungen des späten Merleau-Ponty vereinbaren lässt, muss daher von einer alleinigen Konzentration auf begrifflich vermittelbares Wissen Abstand nehmen. Sie muss dagegen ein Verständnis für praktisches Wissen als einem, und vielleicht dem einzigen, Zugang zur Investigative des primordialen Bodens des Seins schaffen. Solch praktisches Wissen würde erfordern, dass man im Feld, über das man Wissen erlangen möchte, leiblich tätig werden muss.[52] Merleau-Pontys „negative φ"[53] ist eine theoretisch-sprachliche Annäherung an ontologische Fragen. Sie bietet als solche eine bloß indirekte Auseinandersetzug mit dem Sein über den Umweg einer Thematisierung der Seienden und ist insofern als eine Philosophie der Leere charakterisiert. Die begriffliche Umschreibung verfehlt die Dimension des Primordialen prinzipiell, da dieses in seiner Struktur der Ope-

[52] In seinen Vorlesungen zum Naturbegriff der modernen Wissenschaften deutet Merleau-Ponty an, inwiefern ein solch praktisch-leibliches Wissen auch in den Wissenschaften hochgehalten wird und inwiefern sich der Philosoph an der Praxis des Wissenschaftlers ein Beispiel nehmen sollte (Vgl. Maurice Merleau-Ponty, *Die Natur. Aufzeichnungen von Vorlesungen am Collège de France 1956–1960*, übers. v. Mira Köller, hg. v. Dominique Séglard, München 2000). Seine Überlegungen bewegen sich hier nah an dem Verständnis von Polanyis *tacit knowledge*, der ebenfalls die wissenschaftliche Praxis als einen privilegierten Ort zum Erwerb von praktischem Wissen beschreibt.

[53] Merleau-Ponty, *Das Sichtbare*, 233.

ration der Festschreibung entgegengesetzt ist. In der ästhetischen Erfahrung wird allerdings ein praktischer Zugang zum Primordialen gelegt und dieses wird hier so in einer positiven Art und Weise im Rahmen einer leiblichen Annäherung erkannt. Möglich ist dieser Zugang nur, wenn die Zeit und der Raum dafür gegeben sind. Diese Zeit und dieser Raum müssen als Muße die Voraussetzung für eine kontemplative Betrachtung schaffen, eine Betrachtung, die um ihrer selbst willen geschieht und nicht im Zeichen einer instrumentellen Nutzbarmachung für etwas anderes vollzogen wird.

Ästhetisches, kontemplatives Wissen ist nicht nur eine nicht-theoretische Form praktisch-leiblichen Wissens, es markiert auch den Punkt einer möglichen methodischen Neuorientierung in der Philosophie. Wie eine solche Neuorientierung innerhalb einer Wissenschaft, die auf einen begrifflich vermittelnden, diskursiven Raum angewiesen bleibt, konkret aussehen könnte, bleibt Merleau-Pontys eigenen Ausführungen zufolge offen. Er ist in erster Linie um die Klärung der ontologischen Implikationen der Malerei Cézannes bemüht. Damit unterstreicht er, warum das Feld des Ästhetischen so wesentlich für ein *leiblich-praktisches* Begreifen ist. Seine Erörterung bleibt mit dieser Fokussierung allerdings im Rahmen jener indirekten Herangehensweise, die seine späte Ontologie auszeichnen. Seine Philosophie beschreibt nicht mehr – wie Mitte der 1940er Jahre im Rahmen der wahrnehmungsphänomenologischen Studien – direkt das beobachtete Phänomen und negiert so die Möglichkeit, das Beschriebene begrifflich vermitteln zu können; sie kehrt nunmehr hervor, dass eine Inblicknahme der Ebene des Nicht-Vermittelbaren im Rahmen der ästhetischen Erfahrung selbst die Voraussetzung für ein Wissen um das Sein ist. Damit stellt Merleau-Ponty die Tätigkeit des Philosophierens selbst in Frage. Dem Philosophen kommt kein Vorrang in der Auseinandersetzung mit dem Sein zu. Der philosophische Zugang eignet sich im besten Fall lediglich dazu, über den Umweg der Seienden indirektes oder laterales ontologisches Wissen zu erwerben. So dringlich für Merleau-Ponty trotz aller Kritik am etablierten Wissensbegriff ein neuer Begriff des Wissens bleibt, so obsolet scheint aber der philosophische Zugang zu diesem Wissen geworden zu sein.

Die Philosophie wird aber nur scheinbar obsolet: Die Entwicklung der Konzeption eines praktisch-leiblichen, kontemplativen ästhetischen Wissens geht Hand in Hand mit der anhaltenden, immer ausgeprägteren Methodenreflexion und der in ihrem Rahmen angestrebten Bestimmung der Grenzen des theoretisch-begrifflichen Wissens. Die Bedingung für die Betonung des epistemischen Werts der ästhetischen Erfahrung und des durch sie konstituierten Wissens ist die Einsicht in die Limitierung von direkter Beschreibung und theoretischer Analyse. Und diese Limitierung wird direkt in der philosophischen Reflexion einsehbar. Merleau-Pontys Philosophie kann so als kritische Intervention gelesen werden, als eine Kritik im buchstäblichen Sinne, nämlich eine Differenzierungsbestrebung, die den Raum des theoretisch-begrifflichen, propositionalen

Wissens vom Raum des leiblich-praktischen, nicht-begrifflichen, kontemplativen ästhetischen Wissens unterscheidet und ihre jeweiligen Geltungsbereiche zu bestimmen sucht. Diese Kritik erlaubt es schließlich auch, wissenschaftliches, alltägliches und ästhetisches Wissen zu unterscheiden und dem ästhetischen Wissen in diesem Zuge schließlich zu eigener Geltung zu verhelfen. Ästhetisches Wissen, sein für eine Ontologie relevanter Inhalt und seine epistemische Sprengkraft werden so nur in Wechselwirkung mit einer philosophischen Reflexion greifbar, die eben jene Grenze zum nicht-ästhetischen Wissen abtastet und zu benennen sucht: Nur durch eine philosophische Praxis[54] wird die ästhetische Praxis in ihrer spezifischen Wissensdimension thematisch. Auch wenn das konkrete kontemplative Wissen folglich nicht begrifflich, auch nicht philosophisch, ‚verarbeitet' und vermittelt werden kann, gibt es doch die Möglichkeit, wenn nicht die Notwendigkeit, das *theoretische* Potential dieses Wissens zu evaluieren, damit dieses überhaupt als solches benennbar wird und über es als Alternative zu anderen Wissensformen reflektiert werden kann.

Genau dieser Wechselbezug zwischen der Unmittelbarkeit ästhetischen Erfahrens und der philosophischen Vermittlungsarbeit bricht in Merleau-Pontys Überlegungen auf – vorausgesetzt man liest seine ästhetischen Schriften vor dem Hintergrund der Methodenreflexion, die den zentralen Umschlagpunkt vom frühen wahrnehmungsphänomenologischen zum späten ontologischen Werk kennzeichnet. Durch eine solche Lektüre wird schließlich auch Merleau-Pontys Beitrag zu einer epistemologisch versierten philosophischen Ästhetik ersichtlich: Das kontemplative Wissen, das in der ästhetischen Erfahrung aufbricht, verweist auf eine epistemische Dimension, in welcher das Sein leiblich-praktisch erfahren werden kann. Ästhetische Erfahrung in diesem wissenskonstitutiven Sinn genügt sich aber nicht selbst; sie ist vielmehr auf eine mit ihr wechselwirkende philosophische Reflexionsarbeit angewiesen, die jene Grenzen benennen und untersuchen muss, durch die ihr genuiner Geltungsbereich erschlossen wird. Die Krise, in welche die Philosophie im Rahmen der spätesten Ausführungen gerät, kann so gleichsam als Möglichkeit gelesen werden. Basierend auf dieser Möglichkeit kann ein distinkter Begriff ästhetischer Praxis und weiter ästhetischen Wissens entwickelt werden, der in einen *produktiven* Dialog mit der philosophischen Praxis und dem ‚philosophischen Wissen' zu treten vermag.

---

[54] Interessant ist in diesem Zusammenhang, dass die erklärende, reflektierende und differenzierende Arbeit des Philosophen für Merleau-Ponty in seiner Antrittsvorlesung am *Collège de France* (1953) noch als eine Tätigkeit beschrieben wird, die der später als ästhetisch qualifizierten Tätigkeit erstaunlich ähnlich ist. In seinem *Lob der Philosophie* hebt er die Prinzipien hinterfragende und Ambiguitäten bejahende Haltung im Philosophieren hervor (Merleau-Ponty, *Auge*, 177–178 u. 218–222). Diese Charakteristiken kennzeichnen auch die ästhetische Praxis.

Wenn die von Merleau-Ponty ins Feld geführte Differenz zwischen ästhetischer und philosophischer Praxis ernst genommen wird, muss dann hieraus aber geschlossen werden, dass die Philosophie als zweck-, weil begriffs- und erkenntnisorientierte Wissenschaft nicht mehr im Raum der Muße stattfindet? Durch meine Ausführungen habe ich zu unterstreichen versucht, dass Merleau-Pontys Konzept der ästhetischen Erfahrung eine sehr starke Verbindung zum Begriff der Muße unterhält, die eine Praxis beschreibt, die kontemplativ als eine Betrachtung um ihrer selbst willen vollzogen wird und in diesem Fall die leibliche Involviertheit sowie die sinnliche Anschauung betont. Diese steht nach Merleau-Ponty in einem Konflikt mit der nicht-sinnlichen, auf Erkenntnis gerichteten Betrachtung, wie sie die Philosophie als „strenge Wissenschaft" bestimmt. Nur in Muße und in Freiheit kann nach Merleau-Ponty das (primodiale) Sein geschaut werden. Während dies der Philosophie aufgrund ihrer arbeitsamen Einstellung nur indirekt gelingt – in Form von Kritik und über den Umweg über die Seienden –, wäre die ästhetische Erfahrung selbst näher am produktiven Moment des Müßiggangs. Um dieses produktive Moment aber überhaupt als solches erkennen und um den Raum und die Zeit der Muße folglich als Möglichkeit ontologischer Erörterung nutzen zu können, bedarf es der kritischen Intervention der Philosophie. Die reflexive Tätigkeit des Philosophierens ist so gesehen eine Mitbedingung dafür, die Muße als ästhetischen Raum für die Entwicklung kontemplativen Wissens zu nutzen, auch wenn sie selbst niemals gänzlich müßig sein kann.

Literatur

Arendt, Hannah, *The Human Condition*, Chicago 1958.

Aristoteles, *Nikomachische Ethik*, übers. u. hg. v. Ursula Wolf, Reinbek bei Hamburg 2006.

Bordwell, David, *Narration in the Fiction Film*, Madison 1985.

Carroll, Noël, „The Wheel of Virtue. Art, Literature, and Moral Knowledge", in: *Journal of Aesthetics and Art Criticism* 60 (2002), 3–26.

Chemero, Anthony, *Radical Embodied Cognitive Science*, Cambridge, Mass. 2009.

Figal, Günter, *Gegenständlichkeit. Das Hermeneutische und die Philosophie*, Tübingen 2006.

Fingerhut, Joerg (Hg.), *Philosophie der Verkörperung. Grundlagentexte zu einer aktuellen Debatte*, Berlin 2013.

Gallagher, Shaun, *How the Body Shapes the Mind*, Oxford/New York 2005.

Gaut, Berys, „Art and Knowledge", in: Jerrold Levinson (Hg.), *The Oxford Handbook of Aesthetics*, Oxford 2003, 436–450.

Gibson, John, „Cognitivism and the Arts", in: *Philosophy Compass* 3,4 (2008), 573–589.

Goodman, Nelson, *Ways of Worldmaking*, 7. Aufl., Indianapolis/Cambridge 1978.

Hjort, Mette/Laver, Sue (Hg.), *Emotion and the Arts*, New York 1997.

Hursthouse, Rosalind, „Truth and Representation", in: Oswald Hanfling (Hg.), *Philosophical Aesthetics*, Oxford/Cambridge/Milton Keynes 1992, 239–296.

Husserl, Edmund, *Zur Phänomenologie des inneren Zeitbewusstseins (1893–1917)*, Husserliana, Bd. 10, hg. v. Rudolf Boehm, Den Haag 1966.

Johnson, Galen A. (Hg.), *The Merleau-Ponty Aesthetics Reader. Philosophy and Painting*, Evanston, Ill. 1993.

Kant, Immanuel, *Kritik der Urteilskraft*, Werkausgabe, Bd. 10, hg. v. Wilhelm Weischedel, 20. Aufl., Frankfurt a. M. 1974.

Kieran, Matthew, „Art, Imagination, and the Cultivation of Morals", in: *Journal of Aesthetics and Art Criticism* 54 (1996), 337–351.

Lamarque, Peter/Stein, Haugom Olsen, „Truth", in: *Encyclopedia of Aesthetics*, hg. v. Michael Kelly, Bd. 4, New York 1998, 406–415.

Leavy, Patricia, *Method Meets Art. Arts-Based Research Practice*, New York 2009.

Martin, Norbert, „Muße", in: *Historisches Wörterbuch der Philosophie*, hg. v. Joachim Ritter u. Karlfried Gründer, Bd. 6, Basel 1984, 258–260.

McNiff, Shaun, *Art-Based Research*, London/Philadelphia 1998.

Merleau-Ponty, Maurice, *L'Œil et l'Esprit*, Paris 1964.

Merleau-Ponty, Maurice, *Phänomenologie der Wahrnehmung*, übers. v. Rudolf Boehm (Phänomenologisch-psychologische Forschungen 7), Berlin 1966.

Merleau-Ponty, Maurice, *Die Struktur des Verhaltens* (Phänomenologisch-psychologische Forschungen 13), Berlin/New York 1976.

Merleau-Ponty, Maurice, *Die Prosa der Welt*, hg. v. Claude Lefort, München 1984.

Merleau-Ponty, Maurice, *Das Sichtbare und das Unsichtbare. Gefolgt von Arbeitsnotizen*, übers. v. Regula Giuliani u. Bernhard Waldenfels, hg. v. Claude Lefort, München 1986.

Merleau-Ponty, Maurice, *Die Natur. Aufzeichnungen von Vorlesungen am Collège de France 1956–1960*, übers. v. Mira Köller, hg. v. Dominique Séglard, München 2000.

Merleau-Ponty, Maurice, *Sinn und Nicht-Sinn*, übers. v. Hans-Dieter Gondek (Übergänge 35), München 2000.

Merleau-Ponty, Maurice, *Das Auge und der Geist. Philosophische Essays*, übers. v. Hans Werner Arndt, hg. v. Christian Bermes, Hamburg 2003.

Merleau-Ponty, Maurice, *Das Primat der Wahrnehmung*, hg. v. Lambert Wiesing, Frankfurt a. M. 2003.

Merleau-Ponty, Maurice, *Causerien 1948. Radiovorträge* (Édition questions 2), hg. v. Ignaz Knips, Köln 2006.

Merleau-Ponty, Maurice, *Zeichen*, übers. v. Barbara Schmitz, hg. v. Christian Bermes, 1., komm. und mit einer Einleitung vers. Aufl., Hamburg 2007.

Noë, Alva, *Action in Perception*, Cambridge, Mass./London 2004.

Novitz, David, „Epistemology and Aesthetics", in: *Encyclopedia of Aesthetics*, hg. v. Michael Kelly, Bd. 2, New York 1998, 120–123.

Platon, „Phaidros", in: *Phaidros, Lyrsis, Protagoras, Laches*, Werke, Bd. 1.1, hg. v. Johannes Irmscher, Berlin 1984.

Polanyi, Michael, *The Tacit Dimension* (Anchor book 540), Garden City, N.Y. 1966.

Rupert, Robert D., *Cognitive Systems and the Extended Mind*, Oxford/New York 2009.

Ryle, Gilbert, *The Concept of Mind*, London 1990.

Schiller, Friedrich, *Über die ästhetische Erziehung des Menschen in einer Reihe von Briefen. Mit den Augustenburger Briefen*, hg. v. Klaus L. Berghahn, Stuttgart 2000.

Schmalzried, Lisa Katharin, *Kunst, Fiktion und Moral. Die Relevanz des moralischen Werts eines Kunstwerks*, Münster 2014.

Shapiro, Lawrence A., *Embodied Cognition*, New York 2011.

Stolnitz, Jerome, „On the Cognitive Triviality of Art“, in: *British Journal of Aesthetics* 32 (1992), 191–200.

Thompson, Evan/Varela, Francisco, „Radical Embodiment. Neural Dynamics and Consciousness“, in: *Trends in Cognitive Sciences* 5 (2001), 418–425.

Die handelnde Anschauung und die zeitlich-räumliche Struktur der Muße vom Standpunkt der selbst-gewahren Bestimmung des Nichts Nishidas

Hideki Mine

Am Anfang des *Shōdōka* (証道歌 auf Deutsch: Gesang der Erleuchtung), das der chinesische Zen-Meister Yōka Genkaku (永嘉玄覚Yongjia Xuanjue 665–713) verfasste, steht das folgende Wort: 君不見 絶学無為閑道人不除妄想不求真. Sabine Hübner übersetzt: „Siehst Du nicht jenen gelassenen Menschen des Dao, jenseits von Lernen und Streben? Er vermeidet nicht eitle Gedanken noch sucht er die Wahrheit.“[1] Diese Übersetzung ist sicherlich nicht falsch. Aber ich vermisse darin den tiefen Sinn des Wortes 閑道人 (Kandōnin), der hier in unserem Zusammenhang sehr wichtig ist. 閑 (Kan) bedeutet zum Einen „Muße“, zum Anderen aber auch „Stille“. Deshalb würde ich jetzt diesen Abschnitt dem chinesischen Wort (Kan) getreu wie folgt übersetzen: „Siehst Du nicht den Mann von ‚Muße‘, der den Weg des Buddha erreicht und nichts mehr zu lernen und zu tun hat? Er versucht weder Illusionen zu beseitigen, noch die Wahrheit zu finden.“ Worauf will uns der Zen-Meister mit diesem Wort hinweisen? Meint er etwa, dass wir zu arbeiten aufhören und faulenzen sollen? Das ist sicher nicht gemeint.[2] Wir sollten den Mann von „Muße“ eher so verstehen, dass er den buddhistischen Weg ausgeübt und so das willentliche dualistische Bewusstsein schon verlassen hat, sodass er jenseits von Tun und Nichtstun oder jenseits von Nützlichkeit und Nutzlosigkeit gelassen zu leben vermag. Deshalb habe er nichts mehr zu suchen und könne einfach leben, wie er ist. Es ist nicht schwer zu sehen, dass darin der Hauptgedanke des Māhāyana steckt, d. h. dass die den Geist trübenden Leidenschaften (Klesha) nichts anderes sind als die Erleuchtung (Bodhi). In der Tat folgt dem ersten Wort im *Shōdōka* gleich ein weiteres, das als die Zusammenfassung des ganzen Textes gelten kann, nämlich:

---

[1] Sabine Hübner, *Shinjinmei und Shodoka. Das Löwengebrüll der furchtlosen Lehre. Zwei Ur-Texte des Zen mit Teishō-Kommentaren*, Heidelberg/Leimen 2005, 78.

[2] Auf jeden Fall steht fest, dass wir nach den Worten des Meisters Yōka die Muße nicht so verstehen wie üblich. Die Zeit der Muße dürfen wir als die leere Zeit nicht mehr der Zeit der Arbeit gegenüberstellen. Solch ein dichotomisches Verständnis der Zeit würde uns überhaupt nicht dorthin führen, wo der Mann von „Muße“ steht.

無明実性即仏性 幻化空身即法身, ins Deutsche übersetzt: „Das wahre Wesen unserer Unwissenheit ist die Buddha-Natur und unser Körper der Leerheit und Illusion ist der Dharma-Körper."

Ist das aber wirklich der Grund dafür, dass der Mensch, der die Erleuchtung erreicht hat, weder Illusionen zu beseitigen, noch die Wahrheit zu finden hat? Wenn es keine Unterscheidung zwischen Erleuchtung und Täuschung gäbe und wenn unsere von den Leidenschaften befleckte Seinsart nichts anderes als die Buddha-Natur wäre, warum sollten wir dann den buddhistischen Weg suchen oder die schwierigen Zen-Übungen durchführen? Diese Frage ist berechtigt. Sie hatte nach der Überlieferung Meister Dōgen (道元) veranlasst, den Weg des Zen-Buddhismus zu gehen.[3] Auf diese Frage möchte man für ihn so antworten, dass mit dem Lernen aufzuhören, nicht bedeutet, wirklich damit aufzuhören, sondern nur, den Willen zum Lernen aufzugeben. Das Nichtstun bedeutet gar nicht wirklich, nichts zu tun, sondern zu handeln, ohne in der Begierde nach Ehre oder Reichtum befangen zu sein. Dazu müssten wir doch fleißig die buddhistische Lehre studieren. Wir müssten hart Zen üben, solange wir uns vom eigensüchtigen Willen noch nicht befreit haben. Es fragt sich aber, ob diese Antwort den wahren Sinn des Wortes von Meister Yōka trifft. Auch Dōgen wäre damit nicht zufrieden gewesen. Seine eigene Antwort, die er nach langer Zen-Übung erreichte, war das folgende Wort: „Es ist Täuschung, von uns her die zehntausend Dinge zu beleuchten. Es ist Erwachen, wenn die zehntausend Dinge sich selbst von sich aus erweisen."[4] Hat diese Antwort aber etwas mit der Seinsart des Mannes von „Muße", von dem Meister Yōka redet, zu tun? Wenn das der Fall wäre, dann sollte man den tiefen Sinn der Muße eigentlich von der Dimension her betrachten, die Meister Dōgen eröffnet hat.[5]

Allerdings ist es jetzt nicht unsere Aufgabe, auf die Sache des Zen-Buddhismus tiefer einzugehen. Es genügt hier festzustellen, dass Meister Yōka die ursprüngliche Bedeutung der „Muße" mit der Erforschung des eigentlichen Selbst in eins gedacht hat. Für uns ist wichtiger, eine neue Perspektive zu eröffnen, die

[3] In der Zeit, in der er im Tempel Enryakuji (延暦寺) auf dem Berg Hiei lernte, war er auf den Hauptgedanken der Tendai-Lehre gestoßen, der lautet: 本来本法性天然自性身. Das heißt auf Deutsch: Alle Wesen sind mit der Buddha-Natur versehen. Die Natur und auch die Menschen sind die Gestalten, in die sich der Buddha verwandelt hat. Dōgen hatte dagegen große Zweifel. Ein Lehrer empfahl ihm, Zen-Buddhismus zu lernen, um dieses Problem zu lösen.

[4] Dōgen, *Genjō-kōan* (現成公案) in: *Shōbōgenzō* (正法眼蔵).

[5] Der Schlüssel dazu könnte meines Erachtens nach das folgende Wort des Dōgen sein: „Den Buddha-Weg lernen, heißt, sich selbst lernen. Sich selbst lernen, heißt, sich selbst vergessen. Sich selbst vergessen, heißt, sich von den zehntausend Dingen erweisen lassen. Sich von den zehntausend Dingen erweisen lassen, heißt seinen eigenen Körper und Geist und die der Anderen von sich abfallen lassen" (in „Genjō-Kōan"). Dies entspricht übrigens gerade den Worten, die Dōgen eingefallen waren, als er die Erleuchtung erreicht hatte.

uns hilft, den alltäglichen Standpunkt des zweckorientierten Willens zu verlassen und die „Muße" als das Tun des Nichtstuns geltend zu machen. Einen Anhaltspunkt dafür findet man im Begriff der „handelnden Anschauung" des japanischen Philosophen Nishida Kitarō und dem damit zusammenhängenden Gedanken des „ewigen Jetzt". Denn es ist gerade Nishida, der – auf dem Standpunkt der selbst-gewahren Bestimmung des Nichts – die Seinsart des eigentlichen Selbst vom „Ort des absoluten Nichts" her von Grund auf gedacht und die ursprüngliche geistige Tätigkeit im Tun des Nichtstuns gesehen hat.[6] Nach Nishida ist die handelnde Anschauung eben das typische Tun des Nichtstuns, dessen ausgezeichnetes Beispiel die künstlerische Tätigkeit ist. Durch die Thematisierung der handelnden Anschauung ist nun zu erwarten, dass der wesentliche Zusammenhang der Muße mit der orthaften Selbst-Gewahrung des Nichts ans Licht gebracht werden kann. Damit wird auch die zeitlich-räumliche Dimension der Muße als erfüllte Zeit sichtbar, die durch die Selbstbestimmung des ewigen Jetzt ermöglicht wird. In diesem Sinne widmen sich die Abschnitte 1–3 dieses Textes der Struktur der Zeit in Hinblick auf die orthafte Selbst-Gewahrung des Nichts, während die beiden darauf folgenden sich mit der Möglichkeit der Muße befassen.

1. Die Grundstruktur des Bewusstseins

Wie sieht die Struktur der Zeit aus, wenn man auf dem Standpunkt der Selbst-Gewahrung des Nichts steht? Was ist dabei die Selbst-Gewahrung des Nichts? Was versteht Nishida überhaupt unter der Selbst-Gewahrung?

Nishida sieht die Seinsart unseres Selbst darin, dass „das Selbst sich selbst in sich selbst sieht [spiegelt]".[7] In dieser Formel ist das „in sich selbst" entscheidend. Wie Kant oder Fichte sucht auch Nishida die eigentliche Seinsart des Selbst zwar darin, dass das Selbst sich weiß. Aber im Unterschied zu ihnen denkt er das Wesen des Bewusstseins nicht vom Akt des Ich her, sondern vom Ort her, der den Akt selbst umfasst. Für Nishida ist also das Bewusstsein nicht als das Subjekt, das dem Objekt gegenübersteht, sondern als der Ort, in dem das Subjekt-Objekt-Verhältnis selbst zustande kommt, anzusehen. Das Selbst spiegelt sich selbst

---

[6] Kitarō Zenshū Nishida, *Works in 24 Volumes*, Tōkyō 2002–2009 (Neuedition), Bd. 9, 195. Unter der Sigle *NKZ* wird im Folgenden nach der japanischen Ausgabe von Nishidas sämtlichen Werken zitiert. Vgl. Nishida, *NKZ*, Bd. 5, 146.

[7] Die Formel der Selbst-Gewahrung (*jikaku* 自覚) heißt auf Japanisch: „jiko ga jiko ni oite jiko o miru". „Jiko ga" entspricht auf Deutsch ungefähr dem Satzsubjekt „das Selbst", „jiko o" dem „sich selbst" und „jiko ni oite" dem „in sich selbst". Wenn „jiko ga" oder „jiko o" getrennt von der Formel auftauchen, habe ich sie gegebenenfalls mit „Selbst-qua-Subjekt" oder „Selbst-qua-Objekt" übersetzt.

in sich selbst, aber das spiegelnde Selbst und das Gespiegelte werden wieder in sich selbst gespiegelt, und dies wiederholt sich weiter. Durch diesen unendlichen Prozess der Selbst-Gewahrung bilden sich viele miteinander überlappende Bewusstseinsebenen, in denen das Selbst sich selbst spiegelt.

Nun denken wir gewöhnlich, dass das sehende Selbst (das Ich) und der gesehene Gegenstand voneinander getrennt sind. Dies kommt jedoch daher, dass die Ebene der Repräsentation und die der Selbst-Gewahrung, die im Bewusstsein als wesentliche Momente implizit enthalten waren, sich in der Bewegung der Selbst-Gewahrung voneinander abgespalten haben. Dass die Ebene der Repräsentation und die der Selbst-Gewahrung einander gegenüberstehen, darin liegt die Grundstruktur des Bewusstseins.

Die Ebene der Repräsentation ist die Bewusstseinsebene des Selbst qua Objekt, in die das sehende Selbst seinen Inhalt spiegelt. Sie kann, wenn wir die Terminologie der Phänomenologie benutzen, als die Ebene der noematischen Bestimmung bezeichnet werden. Dagegen ist die Ebene der Selbst-Gewahrung die Bewusstseinsebene des Selbst qua Subjekt, in die das sehende Selbst nicht den gesehenen äußeren Inhalt, sondern direkt seine eigene Tätigkeit spiegelt, und deshalb kann sie die Ebene der noetischen Bestimmung genannt werden.

Die ursprüngliche Bewusstseinsebene heißt die Ebene der Intuition, in die das Selbst seine Tätigkeit und deren Inhalt ohne Trennung in eins spiegelt. Diese Bewegungsform der Selbst-Gewahrung wurde von Nishida früher ‚reine Erfahrung' genannt, weil sie vor der Subjekt-Objekt-Spaltung vollzogen wird. Diese reine Erfahrung soll nun als die Selbstbestimmung der Intuitionsebene gelten. Sie kommt erst dann zustande, wenn die Ebene der Repräsentation und die der Selbst-Gewahrung sich annähern und letztlich eins werden. Auf dieser Ebene der Intuition sind sowohl das Selbst qua Subjekt als auch das Selbst qua Objekt verschwunden, sodass die Ebene des „in sich selbst" als Ebene der Intuition übrig bleibt. Da es auf der Intuitionsebene kein Subjekt der Tätigkeit mehr gibt, sagt Nishida, dass der Ort den Ort selbst bestimmt. Wenn er davon redet, dass das Selbst sieht, indem es Nichts wird, oder dass es ohne das Sehende sieht, meint er dasselbe. Kurz: Die Bewegung der Selbst-Gewahrung ist die unendliche Entwicklung des sehenden Selbst, das sich selbst als das Sehende (d. h. das noetische Moment) und als das Gesehene (d. h. das noematische Moment) spiegelnd *umfasst*. Weil das Selbst dessen Sehen mit dem Gesehenen wieder in sich selbst spiegelt, ist der Prozess der Selbst-Gewahrung unendlich. Wenn solche Selbst-Gewahrung vertieft wird, geht das Selbst im Akt des Sehens auf, sodass das Selbst qua Subjekt und das „in sich selbst" vollständig eins werden. Dies ist eben die Selbst-Gewahrung des absoluten Nichts, die Nishida als die Selbst-Gewahrung des eigentlichen Selbst bezeichnen will.

Anhand dieser Struktur des selbst-gewahren Bewusstseins versucht Nishida, die Beziehungen der verschiedenen Bewusstseinsebenen anzuordnen, um die bisherigen philosophischen Probleme auf dem Standpunkt der Selbst-Gewahrung des Ortes aufzuklären. Was er die „Logik des Ortes“[8] nennt, ist der Versuch, den Zusammenhang der verschiedenen Ebenen der Selbst-Gewahrung zu definieren und zu systematisieren. Damit sollen die vielschichtigen Beziehungen der noetischen und noematischen Bestimmungen des Selbst im ganzen Bereiche des Wissens, Fühlens und Wollens logisch formalisiert werden.

2. Die Entstehung der Zeit im Allgemeinen des Schlusses

Es gilt uns nun zu fragen, wie man mit solch einem Verständnis der Bewusstseinsstruktur die Zeit denken kann. Der Begriff der Zeit ist vieldeutig. Es gibt die objektive messbare Zeit der Natur, die von der Vergangenheit über die Gegenwart zur Zukunft kontinuierlich verläuft, oder die subjektive Zeit, die wir in unserem Bewusstsein erleben. Wie Augustinus sagt, ist die Zeit rätselhaft. Wenn wir daran nicht denken, ist sie selbstverständlich. Wenn wir jedoch darüber nachdenken, was sie eigentlich ist, wissen wir es nicht mehr. Seit Platon und Aristoteles stellt die Zeit für die Philosophie eine der wichtigsten Denkaufgaben dar. Wenn wir uns nur auf die Neuzeit beschränken, gibt es beachtenswerte Versuche wie die Zeitlehre in der transzendentalen Ästhetik Kants oder die phänomenologische Analyse des inneren Zeitbewusstseins bei Husserl oder auch die existenziale Analyse der Zeitlichkeit des Daseins bei Heidegger. Auch Nishida versucht, unter Berücksichtigung der verschiedenen Zeitlehren der europäischen Philosophie vom klassischen Altertum bis zur Neuzeit sich dem Phänomen der Zeit zu nähern. Nun wollen wir auch darauf eingehen. Ein guter Ansatz dazu ist sein Gedanke des „Allgemeinen des Schlusses“.

Diesen Gedanken hat Nishida thematisiert, nicht nur um den Akt des Urteils und des Schlusses, sondern auch um den konkreten Zusammenhang der empirischen Erkenntnis mit dem selbst-gewahren Bewusstsein zu erörtern. Wie das konkrete Allgemeine bei Hegel ist das Allgemeine des Schlusses im Prozess der Selbst-Gewahrung die Instanz, in der die dynamischen Verknüpfungen der vielschichtigen Bewusstseinsebenen stattfinden und dadurch die Selbstbestimmung der konkreten Begriffe im Verhältnis des Besonderen und des Allgemeinen zur Vollendung gebracht wird.

Bekanntlich enthält eine Schlussform wie der Syllogismus in sich den Oberbegriff, den Mittelbegriff und den Unterbegriff als ihre Momente. In einem Syllogismus wie z. B.: „Alle Menschen sind sterblich (Obersatz). Sokrates ist ein Mensch (Untersatz). Sokrates ist sterblich (Schlussfolgerung).“ ist das Prädikat des Obersatzes, „sterblich“, der Oberbegriff und das Subjekt des Untersatzes,

---

[8] Siehe dazu den Aufsatz des Verfassers: Mine Hideki, „Die fundamentale Struktur von Nishidas Logik des Ortes“, in: Gabriele Münnix (Hg.), *Wertetraditionen und Wertekonflikte. Ethik in Zeiten der Globalisierung*, Nordhausen 2013, 173–194.

„Sokrates", der Unterbegriff. Und das Subjekt der Schlussfolgerung und zugleich das Prädikat des Untersatzes, „Mensch", ist der Mittelbegriff. Der Mittelbegriff spielt in der Schlussfolgerung die vermittelnde Rolle, den Unterbegriff und den Oberbegriff zu überbrücken. Nishida bezeichnet jede Ebene, die mit dem Oberbegriff, dem Unterbegriff und dem Mittelbegriff in der Schlussformel jeweils als eine Einheitsebene des Urteils konstituiert wird, jeweils als die Oberbegriffsebene, die Unterbegriffsebene und die Mittelbegriffsebene. Diese Einheitsebenen in der Schlussformel kann man in die verschiedenen Bewusstseinsebenen, nämlich Repräsentations-, Selbstgewahrungs- oder auch Intuitionsebene, einbeziehen. Damit zielt Nishida darauf ab, die Charaktere und Dimensionen der theoretischen Erkenntnis und der praktischen Handlung und nicht zuletzt der ästhetischen Erfahrung ans Licht zu bringen. Ich möchte nun kurz erläutern, wie es sich damit verhält.

Die Grundstruktur des Allgemeinen des Schlusses liegt darin, dass im selbst-gewahren Bewusstsein die Unterbegriffsebene und die Oberbegriffsebene einander gegenüberstehen, während der Mittelbegriffsebene die Bedeutung der die beiden anderen verknüpfenden selbstidentischen Ebene zukommt. Der wichtige Punkt ist dabei, wie sich das Allgemeine des Schlusses zur Zeitform verhält. Nach Nishida ist es so, dass der Inhalt der sinnlichen Erfahrung zuerst auf die Bewusstseinsebene der Repräsentation gespiegelt wird. Aber die gegenwärtigen Inhalte auf der Repräsentationsebene, sei es der Inhalt der Intuition oder der Wahrnehmung, sei es die Vorstellung der Erinnerung oder der Erwartung, verändern sich kontinuierlich im Lauf der Zeit. Wenn im Bewusstseinsfluss mannigfaltige Vorstellungen zustande kommen, werden sie im Allgemeinen des Schlusses jeweils zum Inhalt der Unterbegriffsebene. Diese Ebene des Schlusses ist also der „Ort-Worin", in dem der gegenwärtige Vorstellungsinhalt jeweils gespiegelt wird, sodass der zeitliche Charakter der Unterbegriffsebene als Gegenwart zu bezeichnen ist. Auf der Mittelbegriffsebene aber werden die in der Unterbegriffsebene gespiegelten jeweiligen Vorstellungsinhalte miteinander vermittelt. Deshalb ist der zeitliche Charakter der Mittelbegriffsebene als die unendlich übergehende Zeit zu bezeichnen. Durch die auf der Mittelbegriffsebene stattfindende Vermittlung wird aus den verschiedenen einzelnen Vorstellungen eine allgemeine Vorstellung herausgebildet, die nun auf der Oberbegriffsebene begrifflich aufgefasst werden soll. Die Oberbegriffsebene ist also als diejenige Bewusstseinsebene zu verstehen, in der sich die allgemeinen Begriffe befinden, sodass man den Zeitcharakter der Oberbegriffsebene entweder als Vergangenheit oder als Zukunft bestimmen kann. Die Oberbegriffsebene, auf der die allgemeine Vorstellung noch nicht fest determiniert ist, hat die Bedeutung der Zukunft, während der Oberbegriffsebene, auf der die allgemeinen Vorstellungen begrifflich schon genug determiniert sind, die Bedeutung der Vergangenheit zugesprochen werden soll. Wenn die so geartete Oberbegriffsebene einmal entstanden ist, gelingt es ihr, die Mittelbegriffsebene zu regulieren und dadurch weiter die Vorstellungsinhalte auf der Unterbegriffsebene zu bestimmen. Dadurch bilden sich in dem Allgemeinen des Schlusses verschiedene Urteile oder Schlüsse.

Um den zeitlichen Zusammenhang der Ebenen des Unter-, Ober- und Mittelbegriffes etwas konkreter aufzuzeigen, nehmen wir die wechselnden Farberlebnisse als Beispiel. Die Farbbegriffe Rot, Gelb oder Blau sind schon durch vergangene Farberlebnisse verallgemeinert und festgelegt. Sie befinden sich also auf der bereits bestimmten Oberbegriffsebene. Dagegen sind die jetzt rezipierten Farbempfindungen auf der Unterbegriffsebene anzutreffen. Um zu bestimmen und zu beurteilen, welche Farben diese aufgenommenen Vorstellungen haben, müssen sie im Hinblick auf die bereits bestimmten Farbbegriffe nun auf der Mittelbegriffsebene miteinander verglichen werden und zwar auf die zukünftig herzustellende Oberbegriffsebene hin, auf der sie durch Verallgemeinerung als eine bestimmte Farbe festgestellt werden können. Durch diesen Prozess, der als die sich entwickelnde Selbstbestimmung der auf die Oberbegriffsebene bezogenen Mittelbegriffsebene stattfindet, kommt ein Urteil wie: „Die Farbe dieses Buches ist orange“ zustande.

Der Gedanke des Allgemeinen des Schlusses trägt nicht nur zur Erörterung der Dimension der empirischen Erkenntnis, sondern auch der ästhetischen Erfahrung bei. Damit kann man z. B. den Charakter der reflektierenden im Unterschied zur bestimmenden Urteilskraft bei Kant besser erklären. Bekanntlich ist die bestimmende Urteilskraft dasjenige Vermögen, im Urteil die besonderen Vorstellungen unter den vorgegebenen allgemeinen Begriff zu subsumieren. In diesem Fall ist die Einbildungskraft nur von sekundärer Bedeutung, da sie sich den Anweisungen des Verstandes unterordnen soll. Dasselbe Verhältnis der Erkenntnisvermögen kann man mit Nishida so beschreiben, dass der Verstand über die Einbildungskraft deshalb die Oberhand gewinnt, weil die Mittelbegriffsebene, auf der sich die Einbildungskraft bewegt, von der in der Vergangenheit bereits entstandenen Oberbegriffsebene umfasst und beschränkt ist. Dagegen ist in der reflektierenden Urteilskraft die sich auf der Mittelbegriffsebene bewegende Einbildungskraft mit der Oberbegriffsebene als der Bestimmungsebene des Verstandes nicht verbunden, da die letztere noch nicht zustande gekommen ist. Hier ist es nicht so, dass die bereits entstandene Oberbegriffsebene die Mittelbegriffsebene umfassend reguliert, sondern so, dass die Mittelbegriffsebene, von der herrschenden Oberbegriffsebene unabhängig, ihre Inhalte, der Unterbegriffsebene angemessen, frei entfalten kann. Wenn die Einbildungskraft im spannungsreichen Verhältnis zum Verstand dennoch frei spielt, will die Selbstentfaltung der Mittelbegriffsebene einerseits ihre jeweils gewonnenen noematischen Inhalte auf der Oberbegriffsebene begrifflich bilden, aber andererseits lehnt sie es ab, diese Inhalte mit den in der Vergangenheit hervorgebrachten Begriffen festzulegen. Sie versucht sich ständig von der Zwangskraft der bestehenden Oberbegriffsebene zu befreien und ihre Inhalte auf die zukünftige Oberbegriffsebene hin schöpferisch auszubilden. Wenn durch dieses dialektisch-dynamische Verhältnis zwischen der Mittelbegriffs- und der Oberbegriffsebene die mit der Unterbegriffsebene vereinigte Mittelbegriffsebene die Oberbegriffsebene umfasst, wird die noetische Selbstbestimmung der Einbildungskraft auf der Mittelbegriffsebene sozusagen gereinigt, sodass die das Allgemeine des Schlusses umfassende tiefe Ebene der Intuition zutage gefördert wird. Diese reflektierende Einbildungskraft, die sich auf der Intuitionsebene bewegt, ist nichts anderes als die selbst-gewahre Bestimmung des Selbst, das sieht, indem es Nichts wird. Den Horizont des tiefen Bewusstseins, den dieses Selbst eröffnet hat, nennt Nishida das intelligible Allgemeine. Dies ist als die Dimension anzusehen, in der man von der Idee der Schönheit reden kann.

Übrigens gilt das, was man über die Einbildungskraft in der ästhetischen Erfahrung sagen kann, auch für alle anderen Erfahrungsbereiche. Die Eröffnung der teleologischen Welt der organischen Wesen oder der Wechsel der Paradigmen in der Naturwissenschaft oder die neue Sinnbildung in der geschichtlichen Welt – alle diese werden erst dann möglich sein, wenn die selbst-gewahre Bestimmung des Selbst, welches sieht, indem es Nichts wird, die Tätigkeit der Einbildungskraft anleitet. Man kann sagen, dass in allen Bereichen, in denen schöpferische Gestaltungen stattfinden, die strukturell gleiche reflektierende Einbildungskraft tätig ist. Von Nishida her gesehen ist alles, was den Umschlag von der bestimmenden zur reflektierenden Einbildungskraft ermöglicht und den schöpferischen Prozess der letzteren voranbringt, die Vertiefung der Selbst-Gewahrung, die nun als die Selbstgestaltung des selbst-gewahren Selbst, welches sieht, indem es Nichts wird, zu interpretieren ist. Und das, was sich als die Achse der Bewegung der Selbst-Gewahrung geltend macht, ist gerade das handelnde Selbst.

3. Die Selbstbestimmung des ewigen Jetzt als die selbst-gewahre Bestimmung des Nichts

Wir haben bisher ganz knapp dargestellt, wie die empirische Erkenntnis und die ästhetische Erfahrung vom Standpunkt der Selbst-Gewahrung Nishidas her betrachtet werden können. Vor allem wurde durch die Thematisierung der Zeitstruktur im Allgemeinen des Schlusses gezeigt, wie das Verhältnis zwischen der begrifflichen Erkenntnis und dem Zeitbewusstsein in Betracht gezogen werden kann. Auf dem gewöhnlichen Standpunkt der Erkenntnis, wo die Bewusstseinsebene der Repräsentation und die der Selbst-Gewahrung einander entgegengesetzt sind, stehen die Unterbegriffs- und Oberbegriffsebene in gegensätzlicher Richtung, sodass die auf der Unterbegriffsebene vorgestellten Inhalte entweder im Rahmen der bereits vorhandenen Begriffe bestimmt werden oder auf die in der Zukunft zu bildenden Begriffe hin zu verallgemeinern sind. Hier kann die Gegenwart nur im Zusammenhang mit der Vergangenheit und der Zukunft im Bewusstsein eingeordnet werden. Dies bezieht sich darauf, dass auf dem Standpunkt des vorstellenden Bewusstseins, wo das Subjekt und das Objekt voneinander getrennt sind, das sehende Selbst niemals gesehen werden kann. Wenn das Selbst, das sieht, als etwas gesehen wird, ist dieses Etwas schon das Gesehene geworden und nicht mehr das Sehende selbst. Dies bezieht sich wiederum auf den Widerspruch der Zeit, dass die Zeit nur in der Gegenwart gedacht werden muss, während diese Gegenwart selbst nie gefasst werden kann. Wie Augustinus sagt, verknüpfen wir die Gegenwart durch das Gedächtnis mit der Vergangenheit und beziehen uns durch die Erwartung des Auf-uns-Zukommenden auf die Zukunft. Aber diese Gegenwart selbst, die den Bezug zur Vergangenheit und Zukunft ermöglicht, verschwindet als die Spitze der Zeit im Nu. Dieser Widerspruch der Zeit und der des Selbst sind derselbe wie derjenige, der im Wesen des Selbst verwurzelt ist.

Für Nishida kommt die Zeit als die selbst-gewahre Bestimmung des absoluten Nichts zustande, wie die Selbst-Gewahrung des Selbst, das sieht, indem es Nichts wird, die des eigentlichen Selbst ist. Wenn man die Selbst-Gewahrung des Selbst, das sieht, indem es Nichts wird, auf den Gedanken des Allgemeinen des Schlusses anwendet, kann man sie als jene Bewegung des selbst-gewahren Selbst betrachten, dessen Oberbegriffsebene Nichts wird und damit die Unterbegriffsebene in sich selbst umfasst. Dann schließen sich die bisher diskontinuierlichen Unterbegriffsebenen auf der Mittelbegriffsebene zusammen, sodass die inneren Wahrnehmungen auf der Intuitionsebene lückenlos fortbestehen. Dann tritt die eigentliche Zeit auf, in der die Gegenwart die Gegenwart selbst bestimmt. Dies ist nichts anderes als die „Selbstbestimmung der absoluten Gegenwart", wie sie Nishida nennt. Dort, wo das eigentliche Selbst, das ohne das Sehende sieht, sich selbst weiß, gibt es die Gegenwart, und dort, wo die Gegenwart die Gegenwart selbst bestimmt, gibt es das Selbst.[9] Nach Nishida soll es im Grund des Selbst nichts geben. Wenn etwas das Selbst bestimmen würde, wäre es nicht mehr das Selbst. Er sagt:

> Die absolute Gegenwart, die alle Zeiten in sich selbst einschließt und in dem Sinne determiniert, dass die Gegenwart die Gegenwart selbst bestimmt, kann als die selbst-gewahre Bestimmung des absoluten Nichts angesehen werden, dessen Kreis ohne Umfang überall Mittelpunkte hat. Die auf diese Weise gedachte absolute Gegenwart gilt als das ewige Jetzt, das in jedem Ort beginnt und in jedem Augenblick erneut die unendliche Vergangenheit und die unendliche Zukunft in den einen Punkt hereinziehen kann. So könnte man denken, dass die Zeit als die Selbstbestimmung des ewigen Jetzt zustande kommt.[10]

Diese selbst-gewahre Bestimmung des absoluten Nichts, welche Zeit zustande bringt, hat zwei Seiten.[11] Die eine Seite ist die des absoluten Lebens. Sie hat deshalb eine solche Bedeutung, weil die Selbstbestimmung des absoluten Nichts als

[9] Vgl. Nishida, *NKZ*, Bd. 5, 146.
[10] Nishida, *NKZ*, Bd. 5, 148.
[11] Vgl. Nishida, *NKZ*, Bd. 5, 157.

noetische Bestimmung unzählige Zeiten in sich umfasst, wodurch unendliche Zeiten entstehen. Die noetische Bestimmung des absoluten Nichts, die überall Mittelpunkte hat und in sich den unendlich großen Kreis jeweils bestimmt, kann als die kreishafte Bestimmung des absoluten Nichts bezeichnet werden. Der Mittelpunkt, der durch solch eine Bestimmung zustande kommt, ist nichts anderes als die augenblickliche Zeit, in der das selbst-gewahre Selbst sich selbst bestimmt. Diese Zeit des Augenblicks wird als etwas, was die Ewigkeit berührt, das ewige Jetzt genannt. Im unendlich großen Kreis ist es überall „Jetzt". Dieses ewige Jetzt ist die Augenblicksstätte, in der unzählige Zeiten hervorgebracht werden. Dadurch wird auch der Ort eröffnet, wo der Standpunkt des handelnden Selbst zustande kommt, das, das Ding selbst werdend, sieht und handelt.

Die andere Seite der Selbst-Gewahrung des absoluten Nichts ist die des absoluten Todes. Sie hat deshalb solch einen Charakter, weil sie als noematische Bestimmung des absoluten Nichts die gegenständliche objektive Welt eröffnet, in der das Tatsächliche das Tatsächliche selbst bestimmt. In diesem natürlichen Weltraum werden alle Zeiten negiert und vernichtet. Im Kreis ohne Umfang als dem Ort des absoluten Nichts hat die noetische Bestimmungsebene überall ihren Mittelpunkt, während auf der noematischen Ebene alle Mittelpunkte negiert werden. Diese negative Seite kann als die diskontinuierliche Ebene in der Selbstbestimmung der Gegenwart angesehen werden. Sie macht durch die jeweilige Negation der Zeit den Raum offenbar. Damit wird die objektive Welt der Natur zustande gebracht, in der mannigfaltige Dinge gleichzeitig vorhanden sind.

Die gegenständliche Bestimmung der objektiven Welt darf als die noematische Bestimmung des absoluten Nichts jedoch nur im unendlichen Prozess gedacht werden. Was als die objektive Gegenstandswelt gesehen wird, kann, indem sie sich in sich selbst unendlich spiegelt, die selbst-gewahre Bestimmung des absoluten Nichts berühren. Nach Nishida entsteht die sogenannte „objektive Zeit" in der Berührungsfläche der noetischen und der noematischen Bestimmung des absoluten Nichts.[12]

Die objektive Zeit ist aber nicht die geschichtliche Zeit. Wenn man von der gegenständlichen Bestimmung her die Zeit zu denken versucht, kann man nie zur wahren geschichtlichen Zeit gelangen. Die als die objektive lineare Zeit gedachte geschichtliche Zeit hat keine augenblickliche Gegenwart, sodass sie niemals die Zeit des handelnden Selbst, in der die Gegenwart die Gegenwart selbst bestimmt, erreichen wird. Nishida behauptet, dass unser wahres freies Selbst, das durch seine selbstbestimmende Handlung die schöpferische Dimension der Geschichte eröffnet, durch die kreishafte noetische Bestimmung des absoluten Nichts begründet werden soll, wo „der Ort den Ort selbst unmittelbar bestimmt".[13] In

[12] Vgl. Nishida, *NKZ*, Bd. 5, 151.
[13] Nishida, *NKZ*, Bd. 5, 152.

diesem Sinne kann man sagen, dass die geschichtliche Zeit eben in dem fundiert ist, was die Geschichte transzendiert.

Die selbst-gewahre Bestimmung des absoluten Nichts, die die beiden sich gegenseitig negierend vermittelnden Seiten hat, ist das ewige Jetzt, das in jedem Ort und in jedem Augenblick die unendliche Vergangenheit und Zukunft vernichtet und zugleich erneut die Zeit beginnen lässt. Da die Selbstbestimmung der absoluten Gegenwart als die Affirmation der Negation bzw. als die Kontinuität der Diskontinuität von der das Davor und das Danach voneinander abschneidenden Negation getragen wird, ist sie imstande, immer eine neue Zeit hervorzubringen und die unersetzbare Einmaligkeit der jeweiligen Gegenwart zu bewahren. Hier ist der freie Mensch gegenwärtig, der selbst Nichts ist und sich selbst bestimmt, ohne im vergangenen ‚es war' befangen zu sein.

In diesem Zusammenhang kann man an den „Torweg" des Zarathustra Nietzsches erinnern.[14] Hinsichtlich des Zeitverständnisses gibt es sicher eine gewisse Verwandtschaft zwischen Nishida und Nietzsche. Dies wird deutlicher, wenn man darauf achtet, dass der Gedanke der ewigen Wiederkehr des Gleichen bei Nietzsche mit dem Spielbegriff der Kunst eng verbunden ist. Dieser Aufsatz ist aber nicht der geeignete Ort, um die Beziehung zwischen beiden Philosophen zu untersuchen. An dieser Stelle ist es genug, wenn man nicht außer Acht lässt, dass Nishidas Gedanke des ewigen Jetzt im Zusammenhang mit der leiblichen Handlung in ποίησις und πρᾶξις zu betrachten ist. Und hier ist gerade der Begriff der „handelnden Anschauung" sehr wichtig. Ihr Grundzug besteht nach Nishida darin, dass das Sehen das Wirken und das Wirken das Sehen ist. Dieser Grundzug macht auch den eigentümlichen Charakter des Tuns des Nichtstuns aus. Er kann aber nur dann verstanden werden, wenn aufgeklärt wird, dass die Leiblichkeit darin eine entscheidende Rolle spielt. Dies ist nun in Betracht zu ziehen, und zwar mit der Aussicht darauf, dass die Erhellung der zeitlich-räumlichen Struktur der handelnden Anschauung uns zu einer neuen Möglichkeit der Muße führen wird, die vom Typ des Tuns des Nichtstuns ist. Einen guten Ansatz dazu bietet uns die Betrachtung Fiedlers über die künstlerische Tätigkeit.[15] Nishida hat Fiedler sehr geschätzt und ihn in einem Aufsatz ausführlich behandelt.[16]

---

[14] Vgl. Friedrich Nietzsche, „Vom Gesicht und Rätsel", in: *Also sprach Zarathustra*, Kritische Studienausgabe, Bd. 4, hg. v. Giorgio Colli u. Mazzino Montinari, Berlin/New York 1980, 197–202.

[15] Vgl. Konrad Fiedler, *Schriften zur Kunst*, 2 Bde., hg. v. Gottfried Boehm, 2. Aufl., München 1991.

[16] Vgl. Nishida, *NKZ*, Bd. 9, 236『歴史的形成作用としての芸術的創作』(„Das künstlerische Schaffen als Gestaltungsakt der Geschichte").

4. Die künstlerische Tätigkeit und die handelnde Anschauung

Fiedler versuchte den Charakter der künstlerischen Tätigkeit in Hinblick auf die schöpferische Ausdrucksbewegung herauszustellen. Nach Fiedler ist die wirkliche Welt nicht die Welt außer uns, sondern das geistige Gebilde, das erst im Prozess der Ausdrucksbewegung zu ergreifen ist. In der künstlerischen Tätigkeit ist die Anschauung von vornherein „eine unbefangene, freie Tätigkeit", die keinem jenseits der Anschauung liegenden Zwecke dient.[17] Wenn die Wahrnehmung einen Zweck außerhalb hätte und ihm dienen würde, wäre sie eine Art Werkzeug, das unnötig wird, wenn der Zweck erreicht worden ist. Wichtig ist für den Künstler nur das, was durch die Anschauung zu erfassen ist, also die Gestalt, die erst durch seine Tätigkeit zum Dasein gelangen kann. Die anderen Dinge treten für ihn in den Hintergrund zurück. Unsere gewöhnliche Wahrnehmung und Vorstellung ist nicht selbständig und steht unter der Herrschaft unseres Willens, der die äußere Welt seiner Kontrolle unterwirft. Wenn wir aber die Sichtbarkeit der Dinge isolieren und uns darauf konzentrieren können, verschwindet unser Gegenstandsbewusstsein, das die Dinge als draußen existierend vorstellt, und damit macht sich die Sichtbarkeit selbst als die selbstständige Form geltend.[18]

Hat diese selbständig gewordene Sichtbarkeit aber etwas mit der Leiblichkeit zu tun? Ja, in der Tat. Wenn wir uns mit der ganzen Person in die Sichtbarkeit versetzen und mit dem Gesichtssinn eins werden, dann eröffnet sich dort die Welt der unendlichen Entwicklung der Sichtbarkeit. Dann kommt der Gesichtssinn unmittelbar dazu, sich mit der leiblichen Bewegung zu vereinigen. Man muss sagen, dass der Gesichtssinn, von dem wir im Alltag reden, eigentlich kein vollkommener Gesichtssinn ist. Zur Vollendung bringen wir ihn erst durch die künstlerische Tätigkeit. Dabei ist das Verhältnis von Auge und Hand charakteristisch. Normalerweise stellt man sich vor, dass man etwas, was vorher gesehen wurde, mit der Hand gestaltet. Aber in der künstlerischen Ausdrucksbewegung wird die Tätigkeit der Hand mit der des Auges eins. Das durch das Auge Gesehene dient nicht mehr einem anderen Zweck, sondern ist nur für das Auge selbst zu verwirklichen. Es ist also nicht so, dass die Hand das, was das Auge schon durchgeführt hat, weiterführt, sondern so, dass mit der Hand etwas ganz neues zustande kommt. Gerade dort, wo das Auge seine Tätigkeit beendet, übernimmt die Hand das vom Auge Gesehene und entwickelt es um dessentwillen weiter. Kurz: Nach Fiedler soll die Ausdrucksbewegung, die mit dem Gesichtssinn be-

---

[17] Vgl. Fiedler, *Schriften zur Kunst*, Bd. 1, 28.

[18] Diesen Sachverhalt könnte man mit Nishida so formulieren: Das Selbst geht in die Ebene der Intuition hinein, indem die Spaltung zwischen der Repräsentations- und der Selbst-Gewahrungsebene überwunden wird.

ginnt und sich weiter zur Ausdrucksbewegung der Hand fortsetzt, als ein kontinuierlicher Prozess angesehen werden.[19]

Wenn die neue Bahn für die Entwicklung des wirklichen Bewusstseins einmal geöffnet wird, dann sind für den Künstler die bisher vor ihm ausgebreiteten Dingwahrnehmungen nicht mehr bedeutsam. Es geht ihm nur noch darum, die sichtbare Wirklichkeit als solche darzustellen und auszudrücken, so wie sie sich zeigt. Fiedler sagt:

> Gerade der Künstler wird sich bewußt sein, daß die höhere Entwicklung seines geistig-künstlerischen Lebens erst in dem Augenblicke beginnt, in dem sein Vorstellungsdrang die äußeren Organe seines Körpers in Bewegung setzt, in dem zur Tätigkeit des Auges und des Gehirns die Tätigkeit der Hand hinzutritt. Dann erst betritt er die Bahn, auf der er sich aus Dunkelheit und Beschränkung zu steigender Klarheit und Freiheit emporarbeitet.[20]

Nach Fiedler hat die künstlerische Tätigkeit nicht außer sich ihr Resultat, sondern diese Tätigkeit selbst *ist* das Resultat. Sie ist „keine ununterbrochene fortschreitende, keine unablässig sich steigernde", sondern diejenige Tätigkeit, die sich in jedem Augenblick gleichsam vollendet und im nächsten Augenblick erneut anfängt. Sie gelangt also „im einzelnen Individuum und im einzelnen Augenblick zu ihrem Höhepunkt".[21] Der jeweilige Augenblick der künstlerischen Tätigkeit ist eben die sprunghafte Zeit der Schöpfung. Für das Gewonnene gibt es keine dauerhafte Garantie, weiter zu bestehen. Jedes Moment in der Tätigkeit soll, ohne auf sich zu bestehen, eher verschwinden, um dem folgenden Moment ihren Platz zu übergeben. Deshalb sagt Fiedler: „Nur während sein Geist in Tätigkeit ist, besitzt der Mensch das, wonach er strebt."[22]

Übrigens ist es hier leicht zu sehen, dass Fiedlers Gedanke über die künstlerische Tätigkeit unter dem Einfluss von Wilhelm von Humboldt steht. Die subjektivistische Tendenz in seinem Kunstverständnis ist nicht zu bestreiten. Hier liegt der Grund für Nishidas Kritik an Fiedler. Für Nishida ist das künstlerische Schaffen nicht einseitig vom Standpunkt des bewussten Selbst her nur als die Tätigkeit des einzelnen Künstlers anzusehen, sondern vom Standpunkt der Selbstgestaltung der geschichtlichen Welt her als „ein schöpferisches Element der schöpferischen Welt" zu betrachten.[23] Es ist aber nicht zu übersehen, dass es zwischen dem Gedanken Fiedlers und dem Nishidas viele Gemeinsamkeiten gibt. Man könnte die Darstellung Fiedlers über die künstlerische Tätigkeit geradezu als Erläuterung der handelnden Anschauung und der Selbstbestimmung des ewigen Jetzt Nishidas lesen. In der Tat fand der Gedanke Fiedlers über die

---

[19] Vgl. Fiedler, *Schriften zur Kunst*, Bd. 1, 165.
[20] Fiedler, *Schriften zur Kunst*, Bd. 1, 175.
[21] Fiedler, *Schriften zur Kunst*, Bd. 1, 34 f.
[22] Fiedler, *Schriften zur Kunst*, Bd. 1, 34.
[23] Vgl. Nishida, *NKZ*, Bd. 9, 236.

mit dem Leib verbundene Ausdrucksbewegung des reinen Gesichtssinns die Zustimmung Nishidas.

Wir kommen jedoch zu unserer Frage zurück. Wie verhält sich eine solche Ausdruckstätigkeit, wie Fiedler oder Nishida meint, mit unserem alltäglichen Bewusstsein? Auf welche Weise kann sie uns zum Ursprung des menschlichen Seins führen? Was uns Nishida auf dem Standpunkt der selbst-gewahren Bestimmung des Nichts gezeigt hat, war die Möglichkeit, dass das „Hier und Jetzt" des noetischen selbst-gewahren Selbst, d.h. die ursprüngliche Seinsweise der Selbstbestimmung des ewigen Jetzt, uns den Zugang zur künstlerischen Tätigkeit eröffnet. Kann man umgekehrt von der künstlerischen Tätigkeit her zur Selbst-Gewahrung des eigentlichen Selbst geführt werden?

Die Tätigkeit des Wissens und des Wollens, die unser alltägliches Bewusstsein beherrscht, richtet ihren Anspruch auf die noematische objektive Bestimmung unserer Welt. Dagegen wendet sich unser Gefühl, wenn es von den Interessen für das Dasein der Welt abgetrennt und so gereinigt wird, der noetischen Richtung des Selbst zu, sodass ihm die Bedeutung zukommt, das Wissen und Wollen transzendierend in sich selbst zu umfassen. Das reine Gefühl im Geschmacksurteil oder in der künstlerischen Tätigkeit hat also die Möglichkeit, der Tätigkeit des Wissens oder der Handlung des Willens gegenüber deren Absolutheitsanspruch zu negieren und deren dominierende Einflüsse vom Leben abzuwaschen. Das Subjekt des Wissens und des Willens ist mit dem kausalen oder teleologischen Zusammenhang der Welt verbunden und verliert seine ursprüngliche Offenheit, während die künstlerische Tätigkeit, die in der reinen Ausdrucksbewegung aufgeht, einen Spielraum eröffnet, indem sie die Tätigkeit des Wissens und des Wollens, wenn auch nur für eine Weile, außer Kraft setzen. Das Selbst kann sich, ohne im Wissen und Wollen befangen zu sein, frei bewegen. Deshalb suchten Kant und Schiller im ästhetischen Geschmack oder künstlerischen Spieltrieb die Möglichkeit, das intellektuelle und willentliche Selbst zu überbrücken. Wie Schiller sagt, ist der Mensch „nur da ganz Mensch, wo er spielt".[24]

5. Die Selbst-Gewahrung des expressiven Selbst und der Zeit-Raum der Muße

Durch die Betrachtung der Ausdrucksbewegung Fiedlers ist die Möglichkeit der Muße schon angedeutet. Zum Abschluss möchte ich diese Ausdrucksbewegung mit der selbst-gewahren Bestimmung des Nichts verbinden und den Spielraum des Kunstwerkes wenigstens ansatzweise aufzeigen. Dadurch wird die zeit-

---

[24] Friedrich Schiller, „Über die ästhetische Erziehung des Menschen in einer Reihe von Briefen. Fünfzehnter Brief", in: *Erzählungen. Theoretische Schriften*, Sämtliche Werke, Bd. 5, hg. v. Gerhard Fricke, 3. Aufl., München 1962, 614–619, 617.

lich-räumliche Struktur der Muße ans Licht kommen. Es ist gerade die handelnde Anschauung der künstlerischen Tätigkeit, die den Spielraum der Muße eröffnet. Denn sie ist als das Tun des Nichtstuns nicht im teleologischen Akt des Willens befangen. Der wichtigste Gesichtspunkt dabei ist, wie wir oben gesehen haben, dass die Selbst-Gewahrung des eigentlichen Selbst erst durch die leibliche Handlung des Selbst, welches sieht, indem es Nichts wird, verwirklicht werden kann. Damit ergibt sich die Möglichkeit, den Ursprung der künstlerischen Tätigkeit, welchen Fiedler aufzuzeigen versuchte, als Standpunkt Nishidas erneut aufzunehmen.

Nun ist die Ausdrucksbewegung in der künstlerischen Tätigkeit nicht als derjenige Prozess anzusehen, der wie in der Herstellungsarbeit des Handwerkers nach einem vorher festgelegten Plan auf einen bestimmten Zweck hin vor sich geht. Sie entwickelt sich, wie bei Malern oder Bildhauern, in einem offenen Prozess, in dem sozusagen die Gestalt die Gestalt selbst sucht und schafft. Entscheidend ist hier nur der mit dem Leib verbundene reine Gesichtssinn, der spontan seine Bewegung bestimmt.

Stellen wir uns z.B. eine Szene vor, in der ein Bildhauer eine Marmorstatue herstellt. Es kann sein, dass er vor dem Bearbeiten des Marmors das ganze Werk im Umriss zeichnen will. Dabei taucht in seinem Kopf Verschiedenes auf, wie z.B. traditionelle Stile, eigene künstlerische Aufgaben oder auch die Herstellungsmethoden, die er sich durch langjährige Übung angeeignet hat. Er wird auch den von jetzt an ihn beschäftigenden Arbeitsprozess ungefähr vorzeichnen. Manchmal muss er den thematischen Rahmen, den ihm der Auftraggeber vorgegeben hat, mit einbeziehen. Wenn er aber einmal mit seinem Meißel den Stein zu bearbeiten anfängt, gibt es keine Lücke mehr zwischen der im Kopf vorgezeichneten Konzeption und der Bewegung mit der Hand. Mit den Schlägen des Meißels erscheinen nacheinander verschiedene Gestaltungen des Marmors. Eine Gestalt ruft von sich aus eine andere hervor, wie eine Handbewegung eine andere spontan anleitet. Der jeweilige Härtegrad der Gesteinsoberfläche entscheidet über die Stärke jedes Meißelschlags. Der Künstler hört den subtilen Lauten zu, die durch die Bearbeitung mit dem Werkzeug entstehen. Sie ordnen unmittelbar an, wie er mit dem Meißel schlagen soll. Während seiner Arbeit sieht er ständig das auf dem Stein gespiegelte Licht wie auch Schatten. Er ist sich ihrer aber nicht bewusst. Neue Aufgaben drängen zwar nacheinander auf ihn ein, aber mit der Bewegung der Hand hört er nicht auf. Sie wird nur dann angehalten, wenn sich unlösbare Hindernisse ergeben und eine Änderung der Arbeitsweise notwendig wird. Es ist immer möglich, dass die verfertigte Gestalt ihn zwingt, den ersten Plan zu ändern. Es passiert oft, dass der Marmorstein die Absicht des Künstlers ganz abzulehnen scheint. In der Herstellungsarbeit droht ihm immer die Gefahr, dass sie scheitert. Aber von dieser Verzweiflung erhebt sich der Bildhauer und greift wieder den Meißel. Wenn er sich auf das Werk konzentriert und in der Arbeit aufgeht, ist sein Geist nicht mehr zerstreut. Da spannt sich wieder die Luft um ihn, und die Zeit ist erfüllt, sodass es scheint, als würde sich das Werk von sich aus zur Vollendung bringen. Gerade diese Situation, wo die Gegenwart die Gegenwart selbst bestimmt, ist es, die Nishida als die Selbstbestimmung des ewigen Jetzt bezeichnet hat. Hier kann man nicht mehr sagen, dass die Herstellung in einer vorher bestimmten Richtung auf ein Ziel vor sich geht. In der künstlerischen Tätigkeit ist der teleologische Prozess gar nicht entscheidend. Die Herstellung des Kunstwerkes befindet sich jederzeit sozusagen in der „unvollendeten Vollendung". In diesem Sinne könnte man sagen, dass die künstlerische Tätigkeit, auf die ewige Zukunft abzielend, dennoch immer in der ewigen Gegenwart ist.[25]

Wenn man auf diese Tätigkeit die Formel der Selbst-Gewahrung anwendet, könnte man sagen, dass sie auf derjenigen Intuitionsebene stattfindet, auf der die Ebene der Repräsentation und die der Selbst-Gewahrung nicht getrennt sind. Sie gilt auch als diejenige Handlung, die sich in jenem Allgemeinen des Schlusses bewegt, in dem die Oberbegriffsebene nicht ausgebildet ist und sich die Mittelbegriffsebene, die die Unterbegriffsebene in sich einschließt, spontan entfaltet. Diese Handlung auf der Mittelbegriffsebene bleibt im gewöhnlichen Sinne unbewusst, vollzieht sich aber mit dem klaren Bewusstsein des Selbst, das ohne das Sehende sieht. Wie oben gesehen, handelt es sich hier gar nicht darum, das draußen Stehende in dem inneren Bewusstsein abzubilden oder das innen Gesehene nach außen zu projizieren. Die sinnliche leibliche Tätigkeit produziert erst die Wirklichkeit. Die Wirklichkeit ist nichts anderes als die Schöpfung des Künstlers, und er wird erst im geschaffenen Werk seines eigentlichen Selbst gewahr. Oder zugespitzt gesagt: Dieses Schaffen des Werkes *ist* die Selbst-Gewahrung des Künstlers. Dadurch entsteht das Selbstzeugnis des Künstlers. Das treffendste Beispiel hierfür ist die berühmte Aussage von Paul Klee: „Die Farbe hat mich. [...] ich und die Farbe sind eins. Ich bin Maler."[26]

Dasselbe gilt auch für die Musik. Der Dirigent Celibidache hat einmal gesagt: „Die Musik ist das Sein, das uns transzendiert", und sie wird möglich, „wenn der Klang und meine Affektwelt einander entsprechen. Diese Entsprechung entsteht nur, wenn das, was meine innere Welt berührt, von sich her weiter strukturiert." Er sagt auch: „Die Musik ist außer der Zeit. Wenn man von langen oder kurzen Sätzen redet, ist man schon außer der Musik. Wenn etwas zu laufen anfängt, gibt es keine Zeit im gewöhnlichen Sinne." Gerade solche Zeit, in der die Musik von sich aus entsteht, ist der Augenblick der Selbstbestimmung des ewigen Jetzt. Hier ist die höchste Aktivität zugleich die höchste Passivität. Deswegen sagt Celibidache: „Man tut selbst nichts. Man sieht aber zu, daß nichts dazwischenkommt, was diese Entstehung, diese wunderbare Entstehung, irgendwie hindern könnte.

[25] Vgl. Motomori Kimura, *Bi no purakusisu* (Die ästhetische Praxis), Kyōto 2000, 44. Kimura ist ein Schüler Nishidas.

[26] Paul Klee, *Tagebücher 1898–1918*, hg. v. Wolfgang Kersten, Stuttgart 1988 (Textkrit. Neuedition), 350.

Man will nichts, man läßt es entstehen."[27] Dies ist gerade die Sachlage des Künstlers, der sieht, indem er Nichts wird.

Es ist schon deutlich geworden, worin der strukturelle Unterschied zwischen der mit dem Leib verbundenen künstlerischen Tätigkeit des reinen Gesichts- bzw. Gehörsinns einerseits und der zweckorientierten Handlung des Handwerkers andererseits besteht. Demnach können wir einige Grundmerkmale zusammenfassen: Erstens, was den zeitlichen Charakter betrifft, kommt der künstlerischen Tätigkeit, wo die Gegenwart die Gegenwart selbst bestimmt, der Charakter der diskontinuierlichen Kontinuität und der einmaligen Augenblickhaftigkeit zu, während der Herstellung des Handwerkers in ihrem teleologischen Prozess diese Merkmale nicht zugesprochen werden können. Im vereinheitlichten Mittel-Zweck-Zusammenhang geht jedes Moment in das folgende über, und dessen Bedeutung kann nur vom letzten Zweck her bestimmt werden. In der künstlerischen Tätigkeit, in der das Sehen und die leibliche Bewegung eins sind, ist der Prozess der Bewegung jeweils offen, sodass jeder Augenblick die Zeit der Verwirklichung des Werkes sein kann. Dort, wo der ganze Prozess der Herstellung vom Worumwillen des menschlichen Daseins her bestimmt ist, herrscht der auf ein Ziel gerichtete Wille, der den ganzen Prozess reguliert. Hier gibt es keine Offenheit und Freiheit, in der das Davor und das Danach voneinander geschieden werden können. Anders gesagt: Solange das Worumwillen des Daseins den ganzen Verweisungszusammenhang beherrscht, kann die Bewegung des Selbst, auch wenn sie eine Art der reinen Dauer sein mag, nie zur Selbstbestimmung des ewigen Jetzt werden. Die Herstellung des Handwerkers erweckt, wenn sie konzentriert ausgeführt wird, zwar den Anschein, als ob sie die Selbstbestimmung des ewigen Jetzt sei, kann aber niemals zur Selbst-Gewahrung des eigentlichen Selbst gelangen, welches sieht und handelt, indem es Nichts wird. Dass die Zeit der Herstellung des Handwerkers kontinuierlich ist, das macht also den entscheidenden Unterschied zwischen dieser Tätigkeit und der schöpferischen Tätigkeit der Kunst aus.

Zweitens wird auch in Bezug auf die räumliche Struktur der Unterschied der beiden Tätigkeiten deutlich. Wie Nishida die handelnde Anschauung metaphorisch als jenen unendlich großen Kreis bezeichnet, der überall seinen Mittelpunkt hat, ist auch das Selbst, das die handelnde Anschauung vollzieht, gegen das Außen nicht abgeschlossen. Hier gibt es immer die Möglichkeit, den festgelegten Rahmen zu sprengen. Wenn die Augen und Ohren für den Anspruch des Sehens und des Hörens nicht offen sind, gibt es keine Kunst. Was die leibliche Bewegung des Künstlers jeweils bestimmt, ist gerade diese offene Verhaltung. Dadurch wird der Raum eröffnet, in dem Dinge oder Klänge zusammengehören, einander ansprechen und entsprechen. In der künstlerischen Tätigkeit, in der

[27] Stefan Piendl/Thomas Otto (Hg.), *Stenographische Umarmung. Sergiu Celibidache beim Wort genommenv*, Regensburg 2002, 31.

überall der Mittelpunkt vorhanden ist, hat der Ort, an dem der Künstler sich befindet, kein privilegiertes Zentrum, sodass er selbst zum Spielraum wird, in dem jedes Ding als Ding erscheint, und eines und das andere sich aufeinander beziehen und ineinander spiegeln.[28] Solch ein Spielraum wird aber dort, wo ein vom Worumwillen bestimmter Verweisungszusammenhang besteht, nie eröffnet. Auch wenn der gelernte Handwerker sich auf den jeweiligen Herstellungsprozess sehr konzentriert, sich nicht in jedem Moment der Arbeit das Verfahren bewusst zu machen braucht und in diesem Sinne sich im Zustand der gewissen handelnden Anschauung befindet, bleibt doch sein vom Handlungszweck bestimmter Wille noch übrig, sodass er sich aus dem privilegierten Mittelpunkt des Selbst nicht heraus versetzen kann. Dort dominiert das Worumwillen des Daseins den ganzen Prozess der Bewegung und verhindert, Dinge als Dinge erscheinen zu lassen. Wenn das Selbst sich nicht genug dezentralisiert, um dem Anspruch des Dinges zuzusehen, kommt es weder dazu, dem Ding seinen Spielraum zu geben, noch diesen Raum zu seinem eigentlichen Selbst zu machen. Nur dort, wo die Dinge sich ineinander spiegeln, kommt das Selbst zur wahren Selbst-Gewahrung des absoluten Nichts. Wenn diese Selbst-Gewahrung fehlt, fungiert der Raum, um mit Nishida zu sprechen, nur als die Ebene der Repräsentation, die von der Ebene der Selbst-Gewahrung getrennt ist.

Klee hat einmal geschrieben: „Diesseits bin ich gar nicht faßbar."[29] Der Ort, auf den diese Worte hindeuten, ist gerade die Quelle seines Schaffens. Sie ist der stille Ort der Toten, von woher die Gestalten der Dinge geoffenbart werden. Da der Künstler sich an diesem Ort befindet und ihn zu seinem Selbst macht, entsteht die Selbst-Gewahrung, dass sein Schaffen ein Teil der Schöpfung der Welt sei. Hier am Ort der Weltschöpfung sind Dinge als Dinge einfach da. Dieser Spielraum ist, um es mit den Worten Celibidaches auszudrücken, der Ort, an dem man erleben kann, dass „der Anfang am Ende und das Ende am Anfang" ist. Er sagt auch: „Wir erleben dort die Ewigkeit." Im künstlerischen Spielraum sind Raum und Zeit voneinander nicht getrennt. Hier gibt es nur Zeit-Raum. Er ist auch die Augenblicksstätte, in der das Haiku-Gedicht Bashōs entsteht: „Oh, Stille! in den Stein durchdringen, Stimmen der Zikaden."[30] Mit diesem Haiku werden wir zum Ort des „Geläuts der Stille"[31] geführt. Er ist der Ort der Muße, an dem Bashō zu dem Wort gekommen ist: „Lerne von der Kiefer, was die Kie-

---

[28] Vgl. Günter Figal, „Die Gegenständlichkeit der Dinge", in: Figal, *Kunst. Philosophische Abhandlungen*, Tübingen 2012, 330–340, 339.

[29] Er setzt fort: „Denn ich wohne grad so gut wie bei den Toten, wie bei den Ungeborenen. Etwas näher der Schöpfung als üblich, und noch lange nicht nahe genug." (Paul Klee, *Gedichte*, hg. v. Felix Klee, 2., erw. Aufl., Zürich 1980, 7).

[30] 閑かさや岩にしみ入る蝉の声 (*Shizukasa ya, iwa ni shimiiru, semi no koe*); in: Bashō, 奥の細道 „*Oku no Hosomichi*".

[31] Martin Heidegger, *Unterwegs zur Sprache*, Gesamtausgabe, Bd. 12, hg. v. Friedrich-Wilhelm von Herrmann, Frankfurt a. M. 1985, 27.

fer betrifft, lerne vom Bambus, was den Bambus betrifft!"[32] Von diesem Ort her werden wir vielleicht zur ursprünglichen Offenheit des Selbst geführt, auf die das Wort „Kan" des Kandōnin (Mann von „Muße") hinzeigt.

Nishida sagt, dass die Wahrheit des Māhāyana-Buddhismus darin liege, bis zu dem Grund des Tatsächlichen zu gehen.[33] Dieser Grund weist auf den stillen Ort des Ungrundes hin, den die Selbst-Gewahrung des absoluten Nichts erschließt. Er ist nichts anderes als der Ort der Muße, wo der Übende den das Tatsächliche berührenden Weg geht oder der Künstler ein Ding als Ding erscheinen lässt. Wenn der Zeit-Raum der Muße als der erfüllte Spielraum anzusehen ist, dann kann er als der wahre Ort der Selbst-Gewahrung gelten, wo die Ausdruckstätigkeit Ding und Ding, das Selbst und die Welt einander begegnen lässt.

Ich möchte mit einem Gedicht des chinesischen Dichters Wang Wei (王維) schließen, das den Spielraum der Muße beispielhaft zu Wort kommen lässt.

Die Laube im Bambushain 竹里館

Einsames Sitzen im tiefdunklen Bambushain,
Die Zither schlagend mit trällerndem Gesang.
Um diesen tiefen Wald wissen die Menschen nicht,
Nur der volle Mond kommt mit seinem Leuchten.[34]

獨坐幽篁裏	dú zuò yōu huáng lǐ
弾琴復長嘯	tán qín fù cháng xiào
深林人不知	shēn lín rén bù zhī
明月來相照	míng yuè lái xiāng zhào

Literatur

Fiedler, Konrad, *Schriften zur Kunst*, 2 Bde., hg. v. Gottfried Boehm, 2. Aufl., München 1991.

Figal, Günter, „Die Gegenständlichkeit der Dinge", in: Figal, *Kunst. Philosophische Abhandlungen*, Tübingen 2012, 330–340.

Heidegger, Martin, *Unterwegs zur Sprache*, Gesamtausgabe, Bd. 12, hg. v. Friedrich-Wilhelm von Herrmann, Frankfurt a. M. 1985.

Hübner, Sabine, *Shinjinmei und Shodoka. Das Löwengebrüll der furchtlosen Lehre. Zwei Ur-Texte des Zen mit Teishō-Kommentaren*, Heidelberg/Leimen 2005.

Kimura, Motomori, *Bi no purakusisu* (Die ästhetische Praxis), Kyōto 2000.

Klee, Paul, *Gedichte*, hg. v. Felix Klee, 2., erw. Aufl., Zürich 1980.

Klee, Paul, *Tagebücher 1898–1918*, hg. v. Wolfgang Kersten, Stuttgart 1988 (Textkrit. Neuedition).

---

32 赤冊子 (*Akazōshi*), in: 去来抄 · 三冊子 (*Kyoraishō · Sanzōshi*), Tōkyō 1976, 岩波文庫 Iwanamibunko 30–208–1.

33 Nishida, *NKZ*, Bd. 5, 122.

34 Wang Wei, *Jenseits der weißen Wolken. Die Gedichte des Weisen vom Südgebirge*, hg. u. übers. v. Stephan Schuhmacher, München 2009, 44.

Mine, Hideki, „Die fundamentale Struktur von Nishidas Logik des Ortes“, in: Gabriele Münnix (Hg.), *Wertetraditionen und Wertekonflikte. Ethik in Zeiten der Globalisierung*, Nordhausen 2013, 173–194.

Nietzsche, Friedrich, „Vom Gesicht und Rätsel“, in: *Also sprach Zarathustra*, Kritische Studienausgabe, Bd. 4, hg. v. Giorgio Colli u. Mazzino Montinari, Berlin/New York 1980, 197–202.

Nishida, Kitarō Zenshū, *Works in 24 Volumes*, Tōkyō 2002–2009 (Neuedition).

Piendl, Stefan/Otto, Thomas (Hg.), *Stenographische Umarmung. Sergiu Celibidache beim Wort genommen*, Regensburg 2002.

Schiller, Friedrich, „Über die ästhetische Erziehung des Menschen in einer Reihe von Briefen. Fünfzehnter Brief“, in: *Erzählungen. Theoretische Schriften*, Sämtliche Werke, Bd. 5, hg. v. Gerhard Fricke, 3. Aufl., München 1962, 614–619.

Wei, Wang, *Jenseits der weißen Wolken. Die Gedichte des Weisen vom Südgebirge*, hg. u. übers. v. Stephan Schuhmacher, München 2009.

II. Ästhetische Erfahrung in Räumen der Natur und der Kunst

Der arkadische Chronotopos als Manifestationsform von Muße und die Selbstreflexivität der Dichtung bei Iacopo Sannazaro

Thomas Klinkert

Begreift man Muße als „ästhetisch und räumlich inszenierte Lebensformen einer Freiheit, die in der Zeit nicht der Herrschaft der Zeit unterliegt"[1], dann gilt es, das in dieser Begriffsdefinition implizierte komplexe Verhältnis der Muße zu Raum und Zeit näher zu bestimmen. Der spezifischen räumlich-zeitlichen Dimension der Muße kann man sich annähern, indem man auf reale Räume wie Landhäuser, Gärten, Villen, Grotten, Inseln, Bibliotheken usw. Bezug nimmt.[2] Solche Räume können ein Mußeerleben ermöglichen, bei dem die zeitliche Dimension in den Hintergrund und das räumliche Erleben in den Vordergrund rückt. Man tritt in eine andere Ordnung der Zeiterfahrung ein und befindet sich dabei zugleich auch in einem bestimmten, solcher Zeiterfahrung Vorschub leistenden Raum. Der Raum erweist sich in solchen Fällen als ein Rahmen, welcher einem temporären Heraustreten aus der Zeit des Alltags bzw. einer anderen Qualität zeitlichen Erlebens förderlich ist. Raum und Zeit hängen dergestalt eng zusammen. (Damit soll nicht behauptet werden, dass ein Erleben von Muße nur dann stattfinden könne, wenn ein konkreter dafür eingerichteter räumlich-zeitlicher Rahmen vorhanden sei. Es ist im Gegenteil durchaus auch möglich, Muße in dafür nicht eigens vorgesehenen Räumen zu erfahren.[3] Auch das Lesen eines literarischen Textes etwa, welches im Prinzip an jedem beliebigen Ort möglich ist, kann bekanntlich als mußevoll erlebt werden.)

---

[1] Burkhard Hasebrink/Peter Philipp Riedl, „Einleitung", in: Hasebrink/Riedl, *Muße im kulturellen Wandel. Semantisierungen, Ähnlichkeiten, Umbesetzungen*, Berlin/Boston 2014, 1–11, 3. – Bei der Vorbereitung dieses Aufsatzes wurde ich durch bibliographische Recherchen von Lisa Quaas unterstützt, der ich an dieser Stelle herzlich danken möchte.

[2] Vgl. hierzu die Beiträge im vorliegenden Band.

[3] Zum Spannungsverhältnis zwischen der prinzipiell gegebenen Unabhängigkeit des Mußeerlebens von bestimmten Räumen und der empirisch nachweisbaren Herstellung von mußebegünstigenden Räumen vgl. Günter Figal, „Die Räumlichkeit der Muße", in: Burkhard Hasebrink/Peter Philipp Riedl (Hg.), *Muße im kulturellen Wandel. Semantisierungen, Ähnlichkeiten, Umbesetzungen*, Berlin/Boston 2014, 26–33, 26: „Die Fülle der Einrichtungen für ein der Muße gewidmetes Leben fällt nicht zuletzt auf, weil Muße nicht an besondere Räume gebunden, sondern fast überall möglich ist. Offenbar wird sie jedoch durch besondere Orte und Räume begünstigt."

In der Literatur lässt sich die räumlich-zeitliche Dimension der Muße in signifikanter Verdichtung beobachten, wie ich im Folgenden am Beispiel des arkadischen Chronotopos zeigen möchte. Den Begriff des ‚Chronotopos' übernehme ich von Michail Bachtin. In seiner in den späten Dreißigerjahren des 20. Jahrhunderts entstandenen Untersuchung *Formen der Zeit und des Chronotopos im Roman* führt Bachtin diesen Begriff als Beschreibungskategorie für literarische Texte ein. ‚Chronotopos' ist die Bachtin'sche Übersetzung von „Raum-Zeit", einem in der Mathematik und der Einstein'schen Relativitätstheorie geprägten Begriff, den Bachtin „fast (wenn auch nicht ganz) wie eine Metapher"[4] verwendet. Er versteht unter Chronotopos den „grundlegenden wechselseitigen Zusammenhang der in der Literatur künstlerisch erfaßten Zeit-und-Raum-Beziehungen".[5] Es handelt sich um eine Kategorie, die, so Bachtin, die Untrennbarkeit von Zeit und Raum markiere und sowohl auf der Ebene der Form als auch auf der des Inhalts situiert sei. Der Chronotopos ist Bachtin zufolge in spezifischer Weise an Gattungen geknüpft, das heißt, jede Gattung besitzt einen für sie charakteristischen Chronotopos. Bachtin demonstriert dies unter anderem am Beispiel des hellenistischen Liebesromans, des mittelalterlichen Ritterromans, der Pentalogie von Rabelais und des idyllischen Romans.

In Bezug auf letzteren unterscheidet Bachtin drei Typen: die (pastorale) Liebesidylle, die Idylle der ländlichen und der handwerklichen Arbeit und die Familienidylle.[6] Alle drei Typen seien durch eine enge Kopplung zwischen Handlung und Raum gekennzeichnet. Bachtin spricht gar von einer organischen Verknüpfung zwischen dargestellter Handlung und Raum:

> Das Leben und seine Ereignisse sind organisch an einen Ort – das Heimatland mit all seinen Fleckchen und Winkeln, die vertrauten Berge, Täler und Felder, Flüsse und Wälder, das Vaterhaus – gebunden, mit ihm verwachsen. Das idyllische Leben mit seinen Ereignissen ist nicht zu trennen von diesem konkreten räumlichen Fleckchen, wo die Väter und Vorväter lebten, wo die Kinder und Enkel leben werden.[7]

Dadurch, dass das Personal der Idylle schon seit vielen Generationen an diesem Herkunftsort lebe, erscheine die zeitliche Perspektive als unbegrenzt. Aus der „Einheit des Ortes" resultiere eine „Abschwächung aller Zeitgrenzen"[8]: Die Zeit unterliege dem Modus natürlicher Rhythmen und zyklischer Wiederkehr. Das menschliche Leben und das Leben der Natur würden miteinander fusioniert.

---

4 Michail M. Bachtin, *Chronotopos*, übers. v. Michael Dewey, Frankfurt a. M. 2008, 7.
5 Bachtin, *Chronotopos*, 7.
6 Vgl. Bachtin, *Chronotopos*, 160.
7 Bachtin, *Chronotopos*, 160.
8 Bachtin, *Chronotopos*, 161.

Verwandt mit dem idyllischen ist der arkadische Chronotopos, von dem Bachtin allerdings in der erwähnten Untersuchung nicht explizit handelt.[9] Die von Iacopo Sannazaro im späten 15. Jahrhundert vollzogene Integration bukolischer Gedichte in der Nachfolge von Theokrit und Vergil[10] in einen narrativen Gesamtzusammenhang, welche als Ausgangspunkt für die Gattung des europäischen Schäferromans gewirkt hat[11], kontrastiert die Hirtenwelt Arkadiens mit einer ihr entgegenstehenden Lebenswelt des Erzählers, der aus seiner Welt in die der Hirten hinüberwechselt und damit eine Grenzüberschreitung vollzieht. Maria Corti hat in einer grundlegenden Untersuchung des ‚bukolischen Codes' die charakteristischen Merkmale Arkadiens dargelegt.[12] Demnach ist das Land Arkadien ein ‚bukolisches Eden', ein „mondo innaturale", in dessen Grenzen Gottheiten, literarisch typisierte Hirten und travestierte Zeitgenossen des Dichters (unter ihnen der Dichter selbst als literarische Figur) zusammenleben können und das als antithetisch zur Lebenswelt des Autors und seiner Leser modelliert wird. Das zentrale Merkmal Arkadiens ist seine Abgehobenheit von der Alltagswelt. Die Hirten seien, so Corti, der Alltagslogik entzogen („sottratti alla logica del quotidiano"); ihre Hauptbeschäftigung sei es, zu singen und zu dichten.[13]

Der arkadische Chronotopos lässt sich, so meine These, als literarische Ausprägung einer Mußesituation deuten. Der Zusammenhang von Schäferwelt und

---

9 Zu den Schwierigkeiten der Abgrenzung von Idylle und arkadischer Dichtung (bzw. Schäferpoesie oder Bukolik) vgl. Renate Böschenstein-Schäfer, *Idylle*, 2. Aufl., Stuttgart 1977, 4–7. Im 17. und 18. Jahrhundert etwa wurden die Begriffe „fast unterschiedslos gebraucht" (5). „Es könnte scheinen, als sei die Idylle ein formaler Spezialfall der bukolischen Dichtung; da aber ihre Thematik andererseits weit über die Hirtenwelt hinausreicht, läßt sich das Verhältnis eher im Bild zweier sich überschneidender Sphären erblicken." (5) Klaus Garber sieht dagegen in der Idylle eine Gattung, die im 18. Jahrhundert die ältere Schäferdichtung abgelöst habe (Klaus Garber, „Schäferdichtung", in: *Fischer Lexikon Literatur*, hg. v. Ulfert Ricklefs, Bd. 3, Frankfurt a. M. 1996, 1746–1765, 1746).

10 Als ‚Entdecker' Arkadiens als einer literarischen Landschaft gilt im allgemeinen Vergil, der in den *Bucolica* die Hirtendichtung Theokrits für die römische Literatur adaptiert und mit der Landschaft Arkadien verbunden hat, welche er aus den Schriften des Historikers Polybios kannte. Vgl. hierzu Bruno Snell, „Arkadien, die Entdeckung einer geistigen Landschaft", in: *Antike und Abendland* 1 (1945), 26–41, 26. Zum Verhältnis zwischen Sannazaro und Vergil vgl. Ettore Paratore, „La duplice eredità virgiliana nell'*Arcadia* del Sannazaro", in: Paratore, *Antico e nuovo*, Caltanissetta/Rom 1965, 213–241; Ulrich Töns, „Sannazaros Arcadia. Wirkung und Wandlung der vergilischen Ekloge", in: *Antike und Abendland* 23 (1977), 143–161.

11 Garber („Schäferdichtung", 1754) bezeichnet Sannazaros *Arcadia* als „das meistgelesene und -ausgebeutete pastorale Werk der neueren europäischen Literatur, das seinen Schlüsselcharakter bis ins späte 17. Jahrhundert behauptete". Die Modellhaftigkeit der *Arcadia* liege, so Garber, darin begründet, dass in ihr „der folgenschwere Schritt einer erzählerischen Verknüpfung von *zwölf Eklogen* zu einem *narrativen Kontinuum* vollzogen" worden sei (Garber, „Schäferdichtung", 1754, Kursivierung im Text).

12 Maria Corti, „Il codice bucolico e l'*Arcadia* di Jacobo Sannazaro", in: Corti, *Metodi e fantasmi*, Mailand 1969, 281–304.

13 Corti, „Il codice bucolico e l'*Arcadia*", 286.

Muße wird programmatisch schon in der ersten Ekloge von Vergil markiert: „O Meliboee, deus nobis haec otia fecit".[14] Die bei Vergil beschriebene Situation ist gekennzeichnet durch die Möglichkeit, sich an einem angenehmen, ländlichen Raum im Schutz eines Baumes zurückzulehnen und sich einer künstlerisch-reflexiven Tätigkeit zu widmen. Das Zurücktreten der Zeit und die Dominanz des Räumlichen, welche man als typisches Merkmal der Muße begreifen kann, sind auch in der antiken Bukolik strukturell angelegt.[15] Es besteht somit eine Äquivalenz zwischen Muße als lebensweltlicher Erfahrung und der bukolischen Dichtung als einer literarischen Gattung. Wenngleich schon bei Vergil die bukolische Mußesituation punktuell mit einer wenig angenehmen, ja sogar bedrohlichen Lebenswelt kontrastiert wird[16], ist es doch erst der Schäferroman, welcher die „Darstellung zweier Welten zum gattungskonstituierenden Grundmuster" erhebt.[17] Der Schäferroman integriert strukturell zwei einander entgegengesetzte, zugleich aber konstitutiv aufeinander bezogene Bereiche:

> Nun überschreiten jedoch die Protagonisten des Schäferromans die Grenze zwischen den Welten, und da sie die eine in der anderen gegenwärtig halten, entsteht ein Netz von Beziehbarkeiten. Die Differenz dient folglich nicht der Stabilisierung einer Opposition, sondern erweist sich als Quell der Lesbarkeit einander sich ausschließender semiotischer Systeme. Lesbarkeit entspringt der zwischen den Zeichensystemen herrschenden, gleichzeitig aber zu ihrer Aufhebung drängenden Differenz.[18]

Folgt man Isers Analyse, dann wird klar, dass die für den Schäferroman charakteristische bipolare Raumstruktur in doppelter Weise semantisiert ist: Neben dem Gegensatz von Lebenswelt und arkadischem Zufluchtsraum geht es hier

---

[14] „O Meliboeus, ein Gott hat uns diese Muße beschert." (Publius Vergilius Maro, *Bucolica. Hirtengedichte. Studienausgabe.* Lateinisch/Deutsch, übers. v. Michael von Albrecht, Stuttgart 2001, Erste Ekloge, V. 6, 6 f.) Auch in der Forschung wurde vereinzelt auf den Zusammenhang von arkadischer Welt und Muße hingewiesen, vgl. etwa Hellmuth Petriconi, „Das neue Arkadien", in: *Antike und Abendland* 3 (1948), 187–200, 189.

[15] Vgl. Klaus Garber, „Formen pastoralen Erzählens im frühneuzeitlichen Europa", in: *Internationales Archiv für Sozialgeschichte der deutschen Literatur* 10 (1985), 1–22, 1 f.: „Dem epischen Gesetz der Handlungs-Abfolge in der Zeit setzt [das bukolische Idyll] die für alle nachfolgende Pastoraldichtung konstitutive Vergegenwärtigung des Raumes als Gattungs-Paradigma entgegen. Zeit ist präsent im Modus des Erinnerns und der Hoffnung als erlebte, nicht aber als Kontinuum einer sich fortspinnenden Handlung." Garber weist auch auf das damit unmittelbar zusammenhängende „reflexive Moment der Gattung" hin (2).

[16] So sagt Meliboeus zu Tityrus, dass dieser sich zurücklehnen und sich den Musen widmen könne, während er, Meliboeus, dazu gezwungen sei, „den Heimatboden [zu] verlassen" („nos patriae finis et dulcia linquimus arva", Erste Ekloge, V. 3). Gemäß dem Kommentar von Michael von Albrecht verweist diese Stelle auf die Konfiszierung von Land durch die siegreichen Triumvirn nach der von ihnen gewonnenen Schlacht bei Philippi (Vergilius Maro, *Bucolica*, 7). Die arkadische Muße steht somit in einem bedeutungsvollen Gegensatz zu einer Lebenswelt, die durch existentiell bedrohliche Ereignisse geprägt ist.

[17] Wolfgang Iser, *Das Fiktive und das Imaginäre. Perspektiven literarischer Anthropologie*, Frankfurt a. M. 1993, 93.

[18] Iser, *Das Fiktive und das Imaginäre*, 93 f.

auch und vor allem um die Frage der Lesbarkeit, das heißt, die spezifische Modellierung der Raumopposition führt in den Text eine Metaebene und damit einen Beobachtungsstandpunkt zweiter Ordnung ein, durch den Lesbarkeit ermöglicht wird. Der Schäferroman ist somit eine Gattung, die durch metasemiotische und metapoetische Reflexivität gekennzeichnet ist.[19]

Wenn man nun bedenkt, dass die arkadische Welt alles andere als frei von Spannungen, Dissonanzen, Konflikten und Brüchen ist und somit nicht, wie es häufig der Fall war, gleichzusetzen ist mit einer ungebrochen-naiven Evokation des Goldenen Zeitalters[20], dann wäre der Schäferroman nicht, wie man vermuten möchte, als Evasionsphantasie zu verstehen, sondern als eine „Distanznahme" und damit „als Chance gesteigerter Bewußtheit"[21]. Die dem Schäferroman eingeschriebene gesteigerte Reflexivität komme, so Iser, nicht zuletzt auch darin zum Ausdruck, dass sowohl die erzählte arkadische Welt als auch die miterzählte Lebenswelt jeweils in sich gedoppelt seien:

> [...] die künstliche Schäferwelt verweist gleichzeitig auf einen Idealzustand und auf eine historische Lebenswelt, doch immer so, daß sich die historische Lebenswelt als die Umbesetzung des Idealzustands bricht. Historische Lebenswelt erscheint ebenfalls immer als das, was sie ist, und als das, was sie sein könnte. Daraus folgt, daß die eine Welt nur als Spiegel von Belang ist und die andere, sofern sie sich in diesem bricht. Keine von beiden erschöpft sich in dem, was sie bezeichnet; erst ihr Wechselverhältnis treibt die Dimension des Verweises hervor.[22]

Dies führt Iser zu der These, dass der Schäferroman kraft der ihm konstitutiv eingeschriebenen Grenzüberschreitung eine Veranschaulichung literarischer Fiktionalität sei, „die weder in der künstlichen noch in der historischen Welt zu

---

[19] Die metapoetische Reflexivität ist insofern in der Tradition der bukolischen Dichtung schon vorgeprägt, als Arkadien „Heimat des Hirtengottes Pan [war], der die Syrinx erfunden hatte" (Snell, „Arkadien", 26). Die Hirten agieren auch schon bei Theokrit und Vergil als Dichter. Hinzu kommt, dass bei Vergil „das Kunstwerk in stärkerem Maße eine selbständige Eigenexistenz gewinnt" (31), sich mithin eine Tendenz zur relativen Autonomisierung des poetischen Textes abzeichnet (31). „Dichter und Dichtung" waren konsequenterweise – neben „Regentenlob und Regentenunterweisung, Politik und Sinn der Geschichte" die wichtigsten rekurrenten Themen der Schäferdichtung (Garber, „Schäferdichtung", 1749). Töns, „Sannazaros Arcadia", 159 sagt, dass sich in der *Arcadia* die „lyrische Selbstreflexion des Dichters auf die natürlichste Art entfalten" könne.

[20] Petriconi, „Das neue Arkadien" deutet Sannazaros *Arcadia* in dem Sinne, dass der Autor die Intention gehabt habe, „eine bestimmte Idee oder Vorstellung [zu] realisieren", ein „Wunschbild", nämlich das Goldene Zeitalter (189). Darin liege der eigentliche „Sinn des Schäfertums": „Das goldene Zeitalter, wie Sannazaro es auffaßt, verkörpert die ursprüngliche Idee des Schäfertums [...], und das neue Arkadien ist ein zwar unvollkommenes, aber eben doch ein Abbild dieses goldenen Zeitalters, in dem Liebesfreiheit galt" (191). Allerdings ist, wie Petriconi selbst einräumt, das von Opico in der VI. Ekloge von Sannazaros *Arcadia* explizit evozierte Goldene Zeitalter innerhalb der Fiktion auf Distanz gestellt und koinzidiert nicht mit den auf der Ebene der Diegese herrschenden Verhältnissen.

[21] Iser, *Das Fiktive und das Imaginäre*, 94.

[22] Iser, *Das Fiktive und das Imaginäre*, 95 f.

lokalisieren ist, sondern einen Akt verkörpert, die Welt in der Welt überschreitbar zu machen."[23] Solche Fiktionalität trägt einen historischen Index: Winfried Wehle zufolge vollzieht sich im frühneuzeitlichen ‚Arkadien' „eine richtungsweisende Auseinandersetzung um einen neuen Fiktionsbegriff".[24] Diese neue Auffassung von Fiktionalität resultiere aus einer Umbesetzung der Ebenen des Realen, des Fiktiven und des Imaginären.[25] Eine typisch mittelalterliche Besetzung dieser Konstituenten finde sich, so Wehle, etwa bei Dante, in dessen *Vita nova* das Reale sich „im Sehen und Schauen der Herrin" manifestiere, während das Fiktive dadurch ins Spiel komme, dass sich das Bild der Herrin „im Denken (der memoria) von den sinnenhaften Eindrücken" ablöse und „seinerseits wieder zur Substantia eines inneren Erschaffens [werde], das im visionären ‚Sinnen', in der Kontemplation, zu ihrem innersten Wesen aufsteigt (Ebene des ‚Imaginären')".[26] Das Imaginäre sei im Rahmen dieser Dichtungskonzeption der Ort ei-

---

[23] Iser, *Das Fiktive und das Imaginäre*, 96. Iser bezieht sich auch auf Winfried Wehle, „Arkadien. Eine Kunstwelt", in: Wolf-Dieter Stempel/Karlheinz Stierle (Hg.), *Die Pluralität der Welten. Aspekte der Renaissance in der Romania*, München 1987, 137–165, 160: „Mit Arkadien […] wird das entstehende Bewußtsein von Fiktionalität geradezu thematisiert. Es lehrt, ein Kunstwerk stabil zu seinen eigenen Bedingungen zu sehen und eine Sinnhaftigkeit in erster Linie von ihm selbst zu verlangen."

[24] Wehle, „Arkadien. Eine Kunstwelt", 139. – Dass Fiktionalität eine spezifisch neuzeitliche Kategorie sei, ist auch die These von Hans-Robert Jauß, „Zur historischen Genese der Scheidung von Fiktion und Realität", in: Dieter Henrich/Wolfgang Iser (Hg.), *Funktionen des Fiktiven*, München 1983, 423–431. Allerdings wird in der Forschung auch die Auffassung vertreten, dass der höfische Roman des 12. Jahrhunderts bereits als eine frühe Manifestation von Fiktionsbewusstsein zu betrachten sei; vgl. zu dieser Problematik Hans Ulrich Gumbrecht, „Wie fiktional war der höfische Roman?", in: Dieter Henrich/Wolfgang Iser (Hg.), *Funktionen des Fiktiven*, München 1983, 433–440. Insbesondere Walter Haug hat wiederholt die Auffassung von der Fiktionalität des höfischen Romans vertreten, vgl. Walter Haug, „Die Entdeckung der Fiktionalität", in: Haug, *Die Wahrheit der Fiktion. Studien zur weltlichen und geistlichen Literatur des Mittelalters und der frühen Neuzeit*, Tübingen 2003, 128–144 sowie Walter Haug, „Literaturtheorie und Fiktionsbewußtsein bei Chrétien de Troyes, Thomas von England und Gottfried von Straßburg", in: Ursula Peters/Rainer Warning (Hg.), *Fiktion und Fiktionalität in den Literaturen des Mittelalters*, München 2009, 219–234. Bereits für die Antike wurde die Entstehung eines Fiktionsbewusstseins postuliert; vgl. Wolfgang Rösler, „Die Entdeckung der Fiktionalität in der Antike", in: *Poetica* 12 (1980), 283–319.

[25] Wehle, „Arkadien. Eine Kunstwelt", 139 bezieht sich hier auf Wolfgang Iser, der seinen ternären Fiktionsbegriff, welcher neben dem Fiktiven die Ebenen des Realen und des Imaginären zugrunde legt, erstmals in seinem Aufsatz „Akte des Fingierens oder Was ist das Fiktive im fiktionalen Text?", in: Wolf-Dieter Stempel/Karlheinz Stierle (Hg.), *Funktionen des Fiktiven*, München 1983, 121–151 entwickelt hat. Dieser Beitrag wurde in das oben bereits zitierte, erstmals 1991 erschienene Buch *Das Fiktive und das Imaginäre* aufgenommen. Zu einer genaueren vergleichenden Analyse von Isers ternärem Fiktionskonzept vgl. Thomas Klinkert, „Zum Stellenwert der Imagination und des Imaginären in neueren Fiktionstheorien", in: *Kodikas/Code. Ars Semeiotica* 37,1–2 (2014), 55–67, bes. 59–61. (Behandelt werden die Fiktionstheorien von Iser, Warning und Walton).

[26] Alle Zitate Wehle, „Arkadien. Eine Kunstwelt", 139 f.

ner „allegorische[n] Sinnzuweisung".[27] Die Allegorese aber werde in der frühen Neuzeit fragwürdig. Daher komme es zu einer Neusemantisierung der drei konstitutiven Ebenen: „Die Grenze der Dichtung nach ‚unten' bildet das geschichtlich Wahre (‚Reales'). [...] Die res fictae dagegen [...] greifen nach ‚wunderbaren' Gegenständen [...]. Sie entrücken Spiel und Publikum zur Erfahrung enthusiastischer Erhabenheit (‚imaginäre' Ebene)." Zwischen dem Realen der für historisch wahr geltenden Fakten und dem Imaginären der enthusiastischen Erhabenheit und des Wunderbaren stehe vermittelnd das Fiktive, welches den dionysischen Drang zum Erhabenen „einer strengen Bindung durch die Vernunft des Wahrscheinlichen" unterwerfe.[28] Diese neuartige Konzeption des Fiktiven beschreibt Wehle mit Isers Worten als „Umformulierung formulierter Welt"[29], was im Gegensatz zur bloßen Abbildung oder Wiederholung der Realität steht. Damit es dieser Aufgabe einer „Umformulierung" gerecht werden könne, müsse dem Fiktiven, so Wehle, ein Freiraum zugestanden werden; ihm müsse eine „unmittelbare ‚Zwecklosigkeit'" zugeschrieben werden. Genau diese Aufgabe werde in der frühneuzeitlichen Dichtung bearbeitet, etwa in der Novellistik, die, wie auch die arkadische Dichtung, den traditionellen Kanon sprenge. Um die damit verbundene potentielle Gefährlichkeit der novellistischen Fiktion zu entschärfen, sei der Umgang mit ihr nur in der Muße erlaubt gewesen. Muße, so Wehle, sei „so etwas wie eine grundlegende kulturelle Verhaltensweise, die den Umgang mit Fiktivem regelt. Ihr liegt der Gedanke zugrunde, daß sich jede ernsthafte menschliche Tätigkeit selbst gefährdet, wenn sie sich monomanisch verhärtet. Die Entspannung, die Muße hier schaffen soll, ist deshalb eine Notwendigkeit der geistigen Hygiene."[30]

Vor diesem Hintergrund möchte ich im Folgenden Sannazaros *Arcadia* genauer untersuchen. Ich möchte zeigen, dass die Muße, welche nach Wehles Auffassung der lebensweltliche Rahmen ist, der eine Beschäftigung mit frühneuzeitlicher Fiktionalität ermöglicht, bei Sannazaro auf binnenfiktionaler Ebene dargestellt und reflektiert wird.[31] Muße verstehe ich als Reflexionsdispositiv, welches eine poetologische Selbstbeschreibung literarischer Texte ermöglicht. Konkrete Basis dieses Reflexionsdispositivs ist die sich in Gestalt des arkadischen Chronotopos manifestierende Situation des Rückzugs und der Ausgrenzung aus dem normalen, alltäglichen Lebenszusammenhang. Meine Argumentation besteht

---

[27] Wehle, „Arkadien. Eine Kunstwelt", 140.

[28] Wehle, „Arkadien. Eine Kunstwelt", 140.

[29] Iser, *Das Fiktive und das Imaginäre*, 23.

[30] Wehle, „Arkadien. Eine Kunstwelt", 142.

[31] Wehle selbst überträgt seine These zum Zusammenhang von Fiktion und Muße auf die arkadische Dichtung. Die Hirten, so sagt er, seien „Diener der Musen, Vertreter des Dichters". „Und ihre Muße, die auszufüllen (fast) ihre ganze Arbeit ausmachte, ist in ihr letztlich nicht genau jenes Otium vergegenständlicht, das als eines der Grundmerkmale des Fiktiven zur Geltung gebracht werden konnte?" (Wehle, „Arkadien. Eine Kunstwelt", 159) Allerdings steht dieser Zusammenhang nicht im Mittelpunkt von Wehles Argumentation.

aus vier Teilen: Zunächst geht es um den Zusammenhang zwischen dem Buch *Arcadia* und der Unsterblichkeit der Dichtung und um die damit zusammenhängende Selbstreflexivität dieses Textes. Sodann wird der arkadische Chronotopos in seinen Beziehungen zum *locus amoenus* betrachtet. Im dritten Teil geht es um die anthropologische und ästhetische Dimension der Muße. Abschließend werde ich die Ambivalenz des arkadischen Chronotopos analysieren.

1. Das Buch *Arcadia* und die Unsterblichkeit der Dichtung

Das Buch wurde im Jahr 1504 in Neapel bei Sigismundo Mayr veröffentlicht, nachdem im Jahr 1502 eine vom Verfasser nicht autorisierte Version bei Bernardino da Vercelli in Venedig erschienen war.[32] Iacopo Sannazaro (1457–1530) lebte im Umfeld von Alfonso d'Aragona, Herzog von Kalabrien, und war befreundet mit Federico d'Aragona, dem späteren König von Neapel. Ab 1480 schrieb Sannazaro im Rückgriff auf Theokrit und Vergil Hirtendichtung in italienischer Sprache. Die zunächst einzeln entstandenen Eklogen fügte er später in einen narrativen Rahmen in Prosa ein. Im Widmungsschreiben, welches der Ausgabe von 1504 vorangestellt ist und von dem neapolitanischen Humanisten Pietro Summonte, einem Freund Sannazaros, stammt, wird darauf hingewiesen, dass die Fortuna es darauf abgesehen habe, nicht nur das Glück der Menschen umzustürzen, sondern auch zu zerstören, was menschlicher Fleiß und menschlicher Geist geschaffen hätten, um den Tod zu überwinden: die Dichtung. Während der Autor Sannazaro in Begleitung seines Fürsten in Frankreich gewesen sei, habe die Fortuna dafür gesorgt, dass seine Eklogen in entstellter und verwüsteter Form in einem nicht autorisierten Druck erschienen seien – gemeint ist das 1502 veröffentlichte Buch. Damit sei der Dichter in seiner (potentiellen) Unsterblichkeit angetastet worden:

> Non bastava a questa cieca dea in tante cose il nostro Messer Iacobo Sannazaro avere offeso; ancora ne li suoi scritti, ne le sue opre, ne la sua immortalità lo ha voluto toccare, anzi, insino al vivo trafiggere.[33]

> [Es genügte dieser blinden Göttin nicht, Herrn Iacobo Sannazaro in so vielen Dingen geschadet zu haben; darüber hinaus wollte sie ihn auch noch in seinen Schriften, in seinen Werken, in seiner Unsterblichkeit treffen, ja lebendig durchbohren.][34]

---

[32] Vgl. die diesbezüglichen Hinweise des Herausgebers in Iacopo Sannazaro, *Arcadia*, hg. v. Francesco Erspamer, Mailand 1990, 49 f. Möglicherweise ist schon 1501 ein erster Raubdruck erschienen, von dem allerdings kein Exemplar überliefert ist. Erspamer legt seiner Edition den Text der von Pietro Summonte 1504 herausgebrachten Ausgabe zugrunde.

[33] Sannazaro, *Arcadia*, 49.

[34] Soweit nicht anders vermerkt, stammen die Übersetzungen hier und im Folgenden vom Verfasser des vorliegenden Beitrags.

Außerdem sei die Stadt Neapel, in der der Dichter sein Werk geschaffen habe, um die Ehre gebracht worden, dass dieses Werk auch in ihr als gedrucktes Buch das Licht der Welt erblicke. Um diesen Schaden wiedergutzumachen und das Buch in seiner ursprünglich vom Autor intendierten Gestalt wiederherzustellen, macht Summonte sich anheischig, auf der Grundlage eines vom Autor selbst korrigierten Manuskripts das Werk neu zu veröffentlichen. Entschuldigend verweist der Herausgeber dabei jedoch auf die schlechte Qualität des Druckes, welche durch kriegerische Unruhen bedingt sei.

Schon in der paratextuellen Widmung also, welche gar nicht vom Autor selbst stammt, wird ganz grundlegend über die Funktion von Dichtung reflektiert. Im Mittelpunkt steht ihre Fähigkeit, den Tod zu überwinden („vincere la morte").[35] Durch diese Funktionszuschreibung wird die Dichtung in ein Oppositionsverhältnis zur Fortuna gestellt, die alles umstürze („subvertere")[36] und damit auch die Unsterblichkeit des Dichters, die an sein Werk gekoppelt sei, gefährde. Der Dichter kann nämlich, so lässt sich aus der Argumentation schlussfolgern, nur dann unsterblich werden, wenn sein Werk die von ihm gewünschte Form hat. Das heißt offenbar, dass Unsterblichkeit geknüpft ist an die Intentionalität und den schöpferischen Willen eines Autorsubjekts. Der Autor selbst muss allerdings nicht unbedingt derjenige sein, der das Werk in Druck gibt. Offenbar kann diese Aufgabe auch ein dem Autor wohlwollend Nahestehender übernehmen. Das impliziert, dass Autorschaft nicht nur dazu dient, den Urheber eines Buches zu verewigen, sondern auch eine gemeinschaftsstiftende Dimension besitzt. Ein Werk ist eingebettet in einen Kommunikationszusammenhang mit verschiedenen Partnern (der Autor, sein Freund, die Stadt, die Leser usw.). Dieser Kommunikationszusammenhang garantiert einerseits die Entstehung eines kulturellen Gedächtnisses[37], in dem die bedeutenden Werke und die Erinnerung an ihre Autoren durch Tradierung weiterleben, und er ist andererseits ein kommunikatives Dispositiv sozialer Kohäsion.

Besonders aufschlussreich ist nun, dass Summonte die Herausgabe des Werkes von Sannazaro auf eine in Neapel zum Veröffentlichungszeitpunkt herrschende Situation kriegerischer Auseinandersetzungen und Gefährdungen bezieht und somit das der Dichtung allgemein zugeschriebene Merkmal, den Tod zu überwinden, ganz konkret, gewissermaßen performativ zum Bestandteil der Veröffentlichung des Werkes werden lässt.[38] Indem das Werk als Buch in der

[35] Sannazaro, *Arcadia*, 49.

[36] Sannazaro, *Arcadia*, 49.

[37] Zum Konzept des kulturellen Gedächtnisses vgl. grundlegend Jan Assmann, *Das kulturelle Gedächtnis. Schrift, Erinnerung und politische Identität in frühen Hochkulturen*, 7. Aufl., München 2013.

[38] Der Begriff des Performativen wurde von John L. Austin geprägt; vgl. John L. Austin, *How to Do Things With Words. The William James Lectures Delivered at Harvard University in 1955*, hg. v. J. O. Urmson u. Marina Sbisà, Oxford 1990, wo performative und konstative Sprechakte unterschieden werden. Performativ sind Sprechakte wie „Ich eröffne

durch Kriegswirren bedrohten Stadt Neapel erscheint und sich somit nicht der vom Krieg ausgehenden Zerstörung unterwirft, erweist es sich als stärker denn Krieg, Tod und Vernichtung. Dies zitiert den horazischen Topos des „Exegi monumentum aere perennius" und die damit implizierte zeitüberdauernde Funktion der Dichtung.[39]

Wenn die *Arcadia* auf der Ebene der textexternen Pragmatik, das heißt auf der Ebene der Kommunikation zwischen dem Herausgeber und seinem Publikum, in einen Oppositionsbezug zu negativen, bedrohlichen Erscheinungen wie Fortuna, Krieg und Tod gebracht wird, so wiederholt sich dies auf binnenfiktionaler Ebene, innerhalb der erzählten Handlung. Auch hier ist der semantische Ge-

---

hiermit die Sitzung", das heißt Äußerungen, welche „das, was sie besagen, zugleich vollziehen" (Ekkehard König, „Bausteine einer allgemeinen Theorie des Performativen aus linguistischer Perspektive", in: Klaus W. Hempfer/Jörg Volbers (Hg.), *Theorien des Performativen. Sprache – Wissen – Praxis. Eine kritische Bestandsaufnahme*, Bielefeld 2011, 43–67, 46). Die Übertragung des sprechakttheoretischen Begriffs der Performativität auf andere Bereiche, etwa den des Theaters oder auf soziale Zusammenhänge, wurde in den letzten Jahren intensiv erprobt und erforscht, insbesondere im Rahmen des Berliner SFB ‚Kulturen des Performativen'. Eine kritische Diskussion von Möglichkeiten und Grenzen des Performativitätskonzepts im Zusammenhang mit literarischen Texten bieten Bernd Häsner/Henning S. Hufnagel/Irmgard Maassen u. a., „Text und Performativität", in: Klaus W. Hempfer/Jörg Volbers (Hg.), *Theorien des Performativen. Sprache – Wissen – Praxis. Eine kritische Bestandsaufnahme*, Bielefeld 2011, 69–96. Sehr nützlich ist die Unterscheidung zwischen struktureller und funktionaler Performativität (82 ff.), welche die Verfasser aus früheren Publikationen aus dem Umfeld des SFB ‚Kulturen des Performativen' übernehmen (vgl. insbes. Klaus W. Hempfer/Bernd Häsner/Gernot Michael Müller u. a., „Performativität und *episteme*. Die Dialogisierung des theoretischen Diskurses in der Renaissance-Literatur", in: Erika Fischer-Lichte/Christoph Wulf (Hg.), *Theorien des Performativen*, Berlin 2001, 65–90, 68). Die für den vorliegenden Zusammenhang wichtige strukturelle Performativität „verweist im engeren Sinne auf die Machart eines Textes und bezeichnet die textuellen Strategien und Strukturen, die der Inszenierung von Körperlichkeit, sinnlicher Präsenz oder ereignishaftem Vollzug dienen" (Häsner/Hufnagel/Maassen u. a., „Text und Performativität", 83). Es geht darum, durch bestimmte Textstrategien „Präsenz respektive Kopräsenz, Körperlichkeit und Ereignishaftigkeit im Medium des Textes" (Häsner/Hufnagel/Maassen u. a., „Text und Performativität", 83). zu simulieren. Geeignete Mittel, um dieses Ziel zu erreichen, sind etwa Indexikalisierungsstrategien, das Fingieren von Mündlichkeit, Verfahren der Blicklenkung und Visualisierung, Apostrophierungen des Lesers, Metalepsen. Letztere sind Verfahren, „die erzählende und erzählte Welt als ein Kontinuum präsentieren, in dem unmittelbare Interaktion von Autor, Figur und Leser möglich sein soll" (Häsner/Hufnagel/Maassen u. a., „Text und Performativität", 83). Ebenfalls einschlägig sind Verfahren der Autoreferentialität: „Der Autor bzw. Erzähler reflektiert seinen Schreibakt oder generell die Modi seines Diskurses in dessen Vollzug und konstituiert (oder dekonstruiert) darüber sich selbst als Autor; der Text stellt seine eigene Medialität aus oder er ‚führt vor', wovon er spricht" (84). In diesem Sinne ist auch Sannazaros *Arcadia* ein Text mit performativen Strukturen.

[39] Vgl. hierzu Friedrich Ohly, *Bemerkungen eines Philologen zur Memoria. Münstersche Abschiedsvorlesung vom 10. Februar 1982*, München 1992, 38 ff., 54 ff. – Die der Dichtung in der Renaissance zugeschriebene Unsterblichkeit manifestiert sich etwa auch in Du Bellays Ode *De l'immortalité des poëtes* oder in Ronsards *À sa Muse*.

gensatz Dichtung vs. Tod von zentraler Bedeutung. Pragmatik und Semantik des Buches stehen somit in einem Bezug wechselseitiger Spiegelung zueinander. Im ländlich-arkadischen Raum finden sich der Ich-Erzähler und mehrere Hirten zusammen, um gemeinsam über ihre unglücklichen Liebesgeschichten zu sprechen. Sie kommunizieren miteinander in Prosa und in Versform, das heißt, der Text besteht aus Erzählprosa und zitierter Rede in Form von Hirtendichtung. Damit greift Sannazaro ein Modell auf, welches im Bereich der italienischen Literatur Dante mit der *Vita nova* Ende des 13. Jahrhunderts maßgeblich geprägt hatte: das Prosimetrum.[40] Die damit markierte formale Anknüpfung an die volkssprachliche Dichtungstradition, die sich auch in der Übernahme von zahlreichen Topoi des petrarkischen Liebesdiskurses manifestiert, verbindet sich bei Sannazaro mit der Anknüpfung an die antike Bukolik und deren Transformation.[41] Das Buch *Arcadia* partizipiert somit seinerseits an der Fortschreibung des kulturellen Gedächtnisses und spiegelt diesen Anspruch durch dessen explizite Thematisierung: In den in die Prosaerzählung eingelagerten poetischen Texten werden nicht nur die Gefühle der Liebenden zum Ausdruck gebracht, sondern es wird auch immer wieder über die Funktion der Dichtung, zeitüberdauerndes Andenken zu stiften, nachgedacht. So singt etwa der Hirte Ergasto am Grab des Hirten Androgeo:

Dunque fresche corone / a la tua sacra tomba / e voti di bifolci ognor vedrai, / tal che in ogni stagione, / quasi nova colomba, / per bocche de' pastor volando andrai; / né verrà tempo mai / che 'l tuo bel nome extingua, / mentre serpenti in dumi / saranno, e pesci in fiumi. / Né sol vivrai ne la mia stanca lingua, / ma per pastor diversi / in mille altre sampogne e mille versi.[42]

---

[40] Zu einer allgemeinen Einordnung der *Arcadia* in die Geschichte der Prosa und Poesie mischenden Textsorte vgl. Ulrich Johannes Beil, *Die hybride Gattung. Poesie und Prosa im europäischen Roman von Heliodor bis Goethe*, Würzburg 2010, 159–213. Für Beil markiert Sannazaros *Arcadia* nicht weniger als eine „kopernikanische Wende" (162), insofern durch sie die Ablösung von der Poesie und der Übergang zur Prosa in die Wege geleitet werde. Beil situiert Sannazaros Verbindung von Prosa und Vers vor dem sozio-historischen Hintergrund eines im späten 15. Jahrhundert bedingt durch politische Krisen wegbrechenden höfischen Publikums als Versuch einer Restitution „des verschwundenen Publikums, des höfisch-aristokratischen Umfeldes" (166). Durch die „die Verse in einen narrativen Zusammenhang einbindende Prosa" erzeuge Sannazaro „jenen Kontext von sich aus – literarisch […], dessen ihn die politische Krise beraubt hat" (166). Während das ursprüngliche Anliegen Sannazaros die ‚Rettung' der volkssprachlichen, stark von Petrarca geprägten Liebesdichtung durch ihre Einbettung in einen Prosarahmen gewesen sei, emanzipiere sich die Prosa im Lauf des Werkes zunehmend von der in sie eingelagerten Poesie. – Zum politischen Kontext, in dem die *Arcadia* entstand und auf den sie in allegorischer Form Bezug nimmt, vgl. Marco Santagata, „L'alternativa ‚arcadica' del Sannazaro", in: Santagata, *La lirica aragonese*, Padua 1979, 342–374, bes. 354 ff.

[41] So schreibt Wehle, „Arkadien. Eine Kunstwelt", 147: „Die wirkliche Leistung Sannazaros besteht darin, daß er die antike Formensprache der Bukolik mit der damals höchsten Sprachkultur des Volgare zu verschmelzen wußte." Konkrete Nachweise bezüglich stilistischer Affinitäten der *Arcadia* zu Petrarca finden sich bei Corti, „Il codice bucolico e l'*Arcadia*", 294 ff.

[42] Sannazaro, *Arcadia*, 104 f., Kap. V.

[Daher wirst du frische Kränze / auf deinem heiligen Grab / und ländliche Grabbeigaben stets finden, / sodass du zu jeder Jahreszeit / gleich einer jungen Taube / dank der Rede der Hirten fliegen wirst; / und nie wird die Zeit kommen, / in der dein schöner Name verlischt, / solange Schlangen im Gestrüpp / sein werden und Fische in den Flüssen. / Und du wirst nicht allein kraft meiner müden Zunge leben, / sondern dank verschiedenen Hirten / in tausend anderen Hirtenflöten und tausend Versen.]

Durch Dichtung und Gesang wollen die Hirten das Andenken an den Verstorbenen, der selbst ein Dichter war und den sie als Vater und Meister („nobile padre e maestro")[43] verehren, bewahren, solange Schlangen im Gestrüpp und Fische im Wasser sein werden, mit anderen Worten: solange es Leben auf der Welt geben wird. Die Dichtung kann indes nicht nur den Namen eines Dichters verewigen, sondern auch den einer geliebten Frau. So beschwört der Hirte Galicio den Namen seiner Geliebten Amaranta: „[...] sempre fia noto il nome, / le man, gli occhi e le chiome / di quella che mi fa sí lunga guerra, / per cui quest'aspra amara / vita m'è dolce e cara."[44] Damit ist der Anspruch der Dichtung auf die Überwindung des Todes durch die Bildung eines die Generationen überdauernden kulturellen Gedächtnisses deutlich markiert. Dieser Anspruch wird nicht nur theoretisch formuliert, sondern er kommt auch praktisch darin zum Ausdruck, dass der Name einer Geliebten von einem Hirten in Baumrinden eingeritzt wird.[45] Ebenso wird die von Ergasto am Grab des Androgeo gesungene Canzone von Fronimo sogleich schriftlich fixiert: „Mentre Ergasto cantò la pietosa canzone, Fronimo, sovra tutti i pastori ingegnosissimo, la scrisse in una verde corteccia di faggio; e quella, di molte ghirlande investita, appiccò a un albero che sovra la bianca sepoltura stendeva i rami suoi."[46]

Insofern besteht eine grundlegende Äquivalenz zwischen der textexternen und der textinternen Pragmatik der *Arcadia*. Es handelt sich um ein metapoetisches Buch, welches die gedächtnisstiftende Funktion der Dichtung nicht nur darstellt, sondern diese auch selbst veranschaulicht, ja performativ verkörpert. Der höchst selbstreflexive Umgang mit der intertextuell aufgerufenen Tradition erreicht seinen Höhepunkt im X. Kapitel, in dem die Genealogie der arkadischen Dichtung in Form einer mythologisierenden Ursprungserzählung darge-

---

[43] Sannazaro, *Arcadia*, 100.

[44] Sannazaro, *Arcadia*, 84, Kap. III. – [Stets sei bekannt der Name, / die Hände, die Augen und das Haar / jener, die so lange schon Krieg gegen mich führt, / um deretwillen dieses raue, bittere / Leben mir süß und angenehm ist.]

[45] Dies getan zu haben, berichtet der Hirte Opico in Kap. V: „[...] trovaremo molti alberi nei quali io un tempo [...] con la mia falce scrissi il nome di quella che sovra tutti gli greggi amai" (97) [(...) werden wir viele Bäume sehen, in welche ich einst (...) mit meiner Sichel den Namen jener einritzte, die ich am meisten liebte]. – Er hofft, dass die Götter seiner Geliebten „fama eterna" [ewigen Ruhm] gewähren mögen.

[46] Sannazaro, *Arcadia*, 106, Kap. VI. [Während Ergasto die barmherzige Canzone sang, ritzte Frosino, der einfallsreichste aller Hirten, sie in die grüne Rinde einer Buche ein; diese schmückte er mit vielen Kränzen und befestigte sie an einem Baum, dessen Äste über dem weißen Grab in die Höhe ragten.]

legt wird. Die Hirten betreten, geleitet von einem Priester, einen „sacro bosco“[47], in dem sich eine dem Hirtengott Pan geweihte Höhle befindet. Dort werden an einem Altar zwei Tafeln aus Buchenholz aufbewahrt, auf denen die Gesetze und Regeln des Hirtenlebens („le antiche leggi e gli ammaestramenti de la pastorale vita“)[48] festgehalten sind. Vor der Höhle steht eine hohe Kiefer, an welcher eine Sackpfeife beziehungsweise Hirtenflöte („una grande e bella sampogna“)[49] hängt. Dieses Instrument ist mit solcher Kunstfertigkeit hergestellt worden, dass es alle anderen seiner Art übertrifft; die staunenden Hirten vermuten gar, es sei von göttlicher Hand gemacht worden. Und in der Tat, wie der Priester ihnen erläutert, hat Pan einst selbst, nachdem sich die Nymphe Syrinx seinen liebestollen Nachstellungen durch ihre Verwandlung in Schilfrohr entzogen hatte, die „sampogna“ hergestellt und somit die Frustration seines Begehrens künstlerisch sublimiert.[50] Die von Pan hergestellte Hirtenflöte aber sei später in den Besitz eines „pastore siracusano“[51] (gemeint ist der griechische Dichter Theokrit) übergegangen, der sie seinerseits sterbend einem „mantuano Titiro“[52] (gemeint ist Vergil) vermacht habe. Nachdem Vergil mit seinen Eklogen eine Zeitlang die Wälder erfreut habe, habe er sich anderen, edleren Sujets zugewandt – und die *Georgica* sowie die *Aeneis* gedichtet. Seitdem aber sei die Hirtenflöte verwaist gewesen: „Appresso al quale non venne mai alcuno in queste selve che quella sonare potuto avesse compitamente, posto che molti, da volenteroso ardire spronati, tentato lo abbiano piú volte e tentino tuttavia.“[53] Wenn man nun bedenkt, dass der Ich-Erzähler der *Arcadia*, der ja mit seinem Buch an die antike Schäferdichtung explizit anknüpft und diese durch ihre Integration in einen Prosarahmen grundlegend erneuert, als handelnde Figur selbst Teil jener Gruppe von Hirten ist, die im X. Kapitel in die Arkana der Schäferpoesie eingeweiht werden, dann wird klar, dass der Text an dieser Stelle in mythologischer Einkleidung seine (stilisierte, idealty-

---

[47] Sannazaro, *Arcadia*, 165.

[48] Sannazaro, *Arcadia*, 166.

[49] Sannazaro, *Arcadia*, 168.

[50] „[…] i sospiri si convertirono in dolce suono“ (Sannazaro, *Arcadia*, 168) [die Seufzer verwandelten sich in süßen Klang]. Zu Pan und Syrinx vgl. *Metamorphosen* I, 689–712 (verwendete Ausgabe: Publius Ovidius Naso, *Metamorphosen*. Lateinisch/Deutsch, übers. u. hg. v. Michael von Albrecht, Stuttgart 1994, 54–57). Bei Ovid erscheint die Herstellung der Hirtenflöte durch Pan als Bildung eines Ersatzobjekts und somit als Symbolisierung; wenn Pan schon nicht den Leib der entschwundenen Geliebten in Händen halten kann, so doch wenigstens ihren Namen („nomen tenuisse puellae“, V. 712). Bei Sannazaro dagegen wird der Verlust dadurch kompensiert, dass das Leid in musikalisch-poetischen Klang verwandelt wird, das heißt die Ersatzbildung erscheint als Sublimierung durch Kunst.

[51] Sannazaro, *Arcadia*, 168.

[52] Sannazaro, *Arcadia*, 169. Zur Identifizierung der allegorischen Schäfer als Theokrit und Vergil vgl. den Kommentar von Erspamer, Sannazaro, *Arcadia*, 168 f.

[53] Sannazaro, *Arcadia*, 170. [Seitdem ist nie mehr jemand in diese Wälder vorgedrungen, der jene (Flöte) korrekt hätte spielen können, obgleich es viele gab, die, getrieben von lustvollem Verlangen, es mehrmals versuchten und immer noch versuchen.]

pische) eigene Genese erzählt. Sincero alias Sannazaro stellt sich hier explizit in eine Ahnenreihe, der der Hirtengott Pan und die antiken Dichter Theokrit und Vergil angehören.[54]

2. Der arkadische Chronotopos als *locus amoenus*

Die hier untersuchte Selbstreflexion der Dichtung ist eingebettet in den Rahmen des arkadischen Chronotopos, dessen Merkmale nun etwas genauer betrachtet werden sollen. Zu Beginn des Textes wird der Handlungsraum wie folgt beschrieben:

Giace nella sommità di Partenio, non umile monte de la pastorale Arcadia, un dilettevole piano, di ampiezza non molto spazioso però che il sito del luogo nol consente, ma di minuta e verdissima erbetta sí ripieno che se le lascive pecorelle con gli avidi morsi non vi pascesseno vi si potrebbe di ogni tempo ritrovare verdura. Ove, se io non mi inganno, son forse dodici o quindici alberi, di tanto strana et excessiva bellezza che chiunque li vedesse giudicarebbe che la maestra Natura vi si fusse con sommo diletto studiata in formarli. Li quali, alquanto distanti e in ordine non artificioso disposti, con la loro rarità la naturale bellezza del luogo oltra misura annobiliscono.[55]

[Auf dem Gipfel des Parthenios, eines stolzen Berges in der Hirtenlandschaft Arkadien, befindet sich eine liebliche Ebene, deren Ausdehnung nicht sehr groß ist, weil es die Beschaffenheit des Ortes nicht zulässt, in der aber zartes, saftig grünes Gras so üppig sprießt, dass, wenn nicht die lüsternen Schäflein mit ihren begierigen Bissen dort weideten, zu allen Zeiten Gras an diesem Ort vorhanden wäre. Dort stehen, wenn ich mich nicht täusche, vielleicht zwölf oder fünfzehn Bäume von so ungewöhnlicher und übermäßiger Schönheit, dass, wer auch immer sie sähe, zu dem Urteil käme, dass Meisterin Natur mit höchstem Vergnügen danach bestrebt gewesen sei, sie zu formen. Diese Bäume stehen ein klein wenig entfernt voneinander und bilden eine nicht-künstliche Ordnung; sie veredeln mit ihrer Seltenheit die natürliche Schönheit des Ortes über die Maßen.]

Der arkadische Raum ist ein Raum der Natur, der als angenehm („dilettevole“) und als fruchtbar („di minuta e verdissima erbetta sí ripieno“) dargestellt wird. Es wird auf die Begrenztheit des Ortes hingewiesen: Die Ebene ist nicht sehr ausgedehnt, weil es die Beschaffenheit des Ortes nicht zulässt. Die dort wachsenden Bäume sind von seltsamer und außergewöhnlicher Schönheit. Sie werden gedeutet als Zeichen der Meisterschaft der Natur, wobei die Natur metaphorisch gleichgesetzt wird mit einem Künstler, der die Bäume geformt habe. Dabei entsteht eine Korrespondenz zwischen der Schönheit des Naturraumes („dilettevole piano“) und dem „sommo diletto“, welchen die Natur als Schöpferin empfin-

[54] Zur komplexen Identität des Text-Ichs, das sich in verschiedene, zwischen Realität und Fiktion oszillierende Ich-Instanzen (Sannazaro, Sincero, Ergasto) aufspaltet, vgl. die aufschlussreichen Bemerkungen bei Wehle, „Arkadien. Eine Kunstwelt“, 150–153.

[55] Sannazaro, *Arcadia*, 56.

det, indem sie die Bäume erzeugt. Die Bäume ihrerseits veredeln die natürliche Schönheit des Ortes über die Maßen. Auf der metaphorischen Ebene verschmilzt in diesem Eingangspassus die Schönheit der Natur bereits mit der Schönheit der Kunst, tritt doch die Natur selbst als Künstlerin in Erscheinung. Damit wird von Anfang an deutlich gemacht, dass ein zentraler Gegenstand des Textes die Reflexion über Kunst ist.

Der Ort der Handlung trägt die Merkmale des *locus amoenus*, welchen Ernst Robert Curtius folgendermaßen definiert: „Er ist […] ein schöner, beschatteter Naturausschnitt. Sein Minimum an Ausstattung besteht aus einem Baum (oder mehreren Bäumen), einer Wiese und einem Quell oder Bach. Hinzutreten können Vogelgesang und Blumen.“[56] Von den Bäumen und der Wiese war im obigen Zitat aus Sannazaros *Arcadia* schon die Rede. In der Fortsetzung des Passus werden die Bäume näher bestimmt; genannt werden die Tanne, die Eiche, die Esche, die Platane; sodann wird in mythologisierender Verrätselung („l'albero di che Ercule coronar si solea“)[57] die Pappel erwähnt, außerdem die Kastanie, der Buchsbaum, die Kiefer, die Buche, die Linde, die Tamariske und die Palme. Dann heißt es:

Ma fra tutti nel mezzo, presso un chiaro fonte, sorge verso il cielo un dritto cipresso, veracissimo imitatore de le alte mete, nel quale non che Ciparisso ma, se dir conviensi, esso Apollo non si sdegnarebbe essere transfigurato.[58]

[Aber in der Mitte ragt bei einer klaren Quelle eine Zypresse gerade gen Himmel, die wahrhaft den hohen Säulen nacheifert und in welche sich zu verwandeln nicht nur Cyparissus, sondern auch, wenn man so sagen darf, Apollo wohl nicht verschmähen würde.]

Der zentrale und höchste Baum steht also neben einer Quelle („chiaro fonte“), womit alle notwendigen Merkmale des *locus amoenus* aufgeführt sind. Auch hier ist wiederum die Tendenz zu beobachten, dass Natur und Kultur miteinander verschmelzen. Neben dem Baum, dessen Identität man nur durch den Rekurs auf Herkules erschließen kann, ist an den Hinweis auf Cyparissus zu denken, der sich laut Ovids *Metamorphosen*[59] aus Betrübnis um einen von ihm versehentlich getöteten heiligen Hirsch in eine Zypresse verwandelt hat, um immerfort trauern zu können. Diese Geschichte steht im Kontext der Orpheus-Erzählungen der *Metamorphosen*. Nachdem der thrakische Sänger vergeblich versucht hat, seine verstorbene Frau Eurydike aus der Unterwelt zurückzuholen, lebt er jahrelang allein. Auf einem kahlen Hügel lässt er sich nieder und bewirkt durch seine Musik, dass dort schattenspendende Bäume wachsen. So bietet sich dem Erzähler

---

[56] Ernst Robert Curtius, *Europäische Literatur und lateinisches Mittelalter*, 11. Aufl., Tübingen/Basel 1993, 202.

[57] Sannazaro, *Arcadia*, 57. Laut Erspamers Kommentar ist der Baum, mit dessen Zweigen Herkules sich bekränzte, als er in die Unterwelt hinabstieg, die Pappel.

[58] Sannazaro, *Arcadia*, 57.

[59] Vgl. Ovidius Naso, *Metamorphosen*, X, 106–142.

der *Metamorphosen* der Anlass, diese Bäume katalogartig aufzulisten. Mit dem expliziten Hinweis auf die Verwandlung des Cyparissus und mit der Imitatio des Ovid'schen Baumkataloges bezieht sich Sannazaro auf die *Metamorphosen* und damit auf die wirklichkeitsverändernde Macht der Dichtung, welche dort mit der Orpheussage aufgerufen wird. Auch dies lässt sich in Isers und Wehles Sinn als klare Markierung eines dem Text eingeschriebenen Fiktionalitätsbewusstseins deuten.

Der Handlungsraum ist, wie wir gesehen haben, deutlich begrenzt und damit von der Außenwelt abgehoben. Er ist gekennzeichnet durch Schönheit und Annehmlichkeit. Die in ihm lebenden Schäfer werden vornehmlich in Situationen dargestellt, in denen sie nicht ihrer üblichen Beschäftigung nachgehen, sondern eine Pause einlegen, sich also nicht dem *negotium*, sondern dem *otium* hingeben. Es wurde in der Forschung, insbesondere von Maria Corti, darauf hingewiesen, dass Sannazaros Text strukturell zweigeteilt ist.[60] In den Kapiteln I bis V ist der arkadische Raum durch Statik gekennzeichnet. Die einzelnen Kapitel entfalten eine Reihe von paradigmatischen Situationen, in denen die Hirten in Form von bukolischen Gesängen über ihre unglücklichen Liebesbeziehungen reflektieren und dabei teilweise auch in einen Wettstreit miteinander eintreten. Ein Handlungsfortschritt ist in diesen Kapiteln nicht zu erkennen; der Text ist dominant paradigmatisch organisiert.[61] Daraus resultiere, so Corti, eine besondere, unbestimmte Struktur des Raumes: „[...] non è possibile ricostruire una geografia, sia pure fabulosa, entro cui mettere in precisa relazione topografica questi monti Menalo e Partenio, questi colli verdissimi, e le pianure e i fonti".[62] Der unbestimmten Raumstruktur entspreche, so Corti, eine unbestimmte, mythisch-rituelle Zeitstruktur: „[...] albe, notti, meriggi sono essi pure segnali di un rito, congiunti solo dal canto di un'egloga, da un vago errare per vaghi luoghi".[63]

Ein entscheidender Einschnitt erfolgt im VI. Kapitel, in dem der Ich-Erzähler erstmals seine wahre Identität andeutet, die er dann im VII. Kapitel preisgibt, indem er den anderen Hirten verrät, dass er aus Neapel stammt und aus Lie-

---

60 Vgl. Corti, „Il codice bucolico e l'*Arcadia*", 291 ff.

61 „Non solo nelle prime prose gli accadimenti sono pallidi, le vicende anemiche, ma (e questo è il tratto piú rilevante) le scene vengono accostate orizzontalmente, senza che le leghi una motivazione o causalità interna" (Corti, „Il codice bucolico e l'*Arcadia*", 292). [Nicht nur bleiben die Ereignisse in den ersten Prosakapiteln blass, die Handlung blutleer, sondern (und das ist das wichtigste Merkmal) die Szenen werden horizontal aneinandergereiht, ohne durch eine interne Motivation oder Kausalität miteinander verbunden zu sein.]

62 Corti, „Il codice bucolico e l'*Arcadia*", 292. [(...) es ist unmöglich, eine – sei's auch märchenhafte – Geographie zu rekonstruieren, in deren Rahmen man das präzise topographische Verhältnis dieser Berge Menalos und Parthenios, dieser üppig grünen Hügel, dieser Ebenen und Quellen zueinander bestimmen könnte.]

63 Corti, „Il codice bucolico e l'*Arcadia*", 292. [(...) Sonnenaufgänge, Nächte, Mittage sind ihrerseits nur Zeichen eines Ritus, nur verbunden durch die gesungene Darbietung einer Ekloge, durch das ziellose Umherschweifen durch unbestimmte Räume.]

beskummer nach Arkadien gekommen ist. Mit dieser unerwarteten Wendung stellt der Text eine explizite Verbindung zwischen dem außerhalb der historischen Wirklichkeit angesiedelten mythischen Chronotopos Arkadiens und der sozio-historischen Gegenwart des Autors und seiner Leser her. Durch die Verknüpfung von mythologischer Außerzeitlichkeit und historischer Zeit entsteht eine narrative Dynamik, die eines der wichtigsten innovativen Elemente von Sannazaros Text ist. Erst jetzt – bedingt durch die Konfrontation von mythischer, historischer und erinnerter Zeit, durch das Eindringen des realen Raums in den des mythischen Arkadiens – verwandelt sich die nicht-narrative Hirtendichtung in einen „romanzo pastorale".[64] Die spezifische Raumzeitlichkeit Arkadiens ist bei Sannazaro somit dadurch gekennzeichnet, dass die Geschlossenheit einer aus der Wirklichkeit ausgegrenzten mythischen Welt mit einer geschichtlich linearen Zeitlichkeit konfrontiert wird. Diese Konfrontation zweier Zeit- und Raumordnungen führt zu einer wechselseitigen Beeinflussung: Während einerseits, wie oben gezeigt wurde, der Mythos der arkadischen Dichter- und Hirtenwelt in die historisch konkrete Situation des Autors Eingang findet und dem Autor ermöglicht, zum Nachfolger von Pan, Theokrit und Vergil zu werden, ist andererseits festzustellen, dass die Probleme der Gegenwart, denen der Erzähler sich durch seine Flucht nach Arkadien zu entziehen versucht, ihn in diese Welt verfolgen. Dies wird weiter unten im Zusammenhang mit der Ambivalenz des arkadischen Chronotopos noch genauer gezeigt werden. Die arkadische Welt, so kann man hier vorläufig festhalten, öffnet ihre Grenzen zur historischen Welt, sie wird zum Spiegel und zum Reflexionsmedium, mittels dessen der Dichter Sannazaro seine aktuelle, von Krieg, Leid und Untergang bedrohte Welt betrachten kann.

3. Die anthropologische und ästhetische Dimension der Muße

Beziehen sich die bisherigen Betrachtungen exklusiv auf literarische Texte, soll nun der Blick auf eine anthropologische Fragestellung geöffnet werden. Der zu Beginn der *Arcadia* beschriebene angenehme Naturraum ist ein Ort, an dem die Hirten zusammenkommen, um sich in spielerischen Handlungen zu ergehen (Wettstreit, Bogenschießen, Singen und Musizieren). Hier können die Hirten ihre übliche Tätigkeit (ihr *negotium*) unterbrechen, um sich in den Zustand des *otium* zu begeben. In evolutionsbiologisch-anthropologischer Terminologie kann man sagen: Die Hirten können für begrenzte Zeit vom Funktionsmodus in

[64] Corti, „Il codice bucolico e l'*Arcadia*", 297.

den Organisationsmodus umschalten. Karl Eibl definiert diese Begriffe im Anschluss an John Tooby/Leda Cosmides[65] wie folgt:

> Der Funktionsmodus betrifft die Ausübung der voll ausgebildeten Form einer Anpassung, also z. B. Sprechen, Fliegen, Riechen. Der Organisationsmodus ist eine proximat zweckfreie Betätigung der Anpassung, die jedoch einem ultimaten Zweck dient. Wenn der Vogel scheinbar grundlos die waghalsigsten Flugmanöver vollführt, dann erwirbt er damit im Organisationsmodus ein Können, das ihm im Funktionsmodus die Flucht vor einem Raubfeind oder das Fangen der Beute ermöglicht. Hierher gehört der ganze große Bereich des Spiels, der lustvollen Betätigung von Adaptationen ohne Bezug auf eine reale Zielhandlung.[66]

Den Organisationsmodus bezeichnet Eibl auch als Lustmodus. Alle Formen des Spiels, der (scheinbar) zweckfreien Betätigung, die man um ihrer selbst willen ausübt, fallen in diesen Bereich. Ich schlage vor, dies als eine Manifestationsform von Muße zu interpretieren.

Zu fragen ist nun nach der evolutionären Funktion des Spiels und damit auch der Kunst, die als eine spezialisierte und institutionalisierte Form des Spiels betrachtet werden kann. Welchen Nutzen bringt es den Menschen, wenn sie spielen können, indem sie auf den Lustmodus umschalten? Eibl versucht diese Frage zu beantworten, indem er auf die Opposition Stress vs. Entspannung zurückgreift. Stress bedeutet die

> […] Fähigkeit, bei Gefahr bestimmte Stoffe (namentlich Cortisol, Corticosteron, Adrenalin, Noradrenalin) an das Blut abzugeben, die die letzten Reserven mobilisieren. So werden Blutdruck und Atemfrequenz erhöht, der Herzschlag wird verstärkt, insgesamt wird die Skelettmuskulatur (die man zum Hauen und Rennen braucht) verstärkt durchblutet, Zuckerreserven aus Leber und körpereigenem Eiweiß werden verfügbar gemacht, die Gerinnungsfähigkeit des Blutes steigt an. Das bringt großen Überlebensvorteil.[67]

Der menschliche Organismus ist allerdings nicht dafür gemacht, dauerhaft in diesem überlebenssichernden Zustand zu existieren. Ganz im Gegenteil, der Dauerstress „führt zu starken Einbußen der Lebens- und Fortpflanzungsfähigkeit."[68] Bei Tieren entsteht eine erhöhte Stressbelastung bei hoher Populationsdichte und damit Knappheit von Nahrungsmitteln. Bei Primaten konnte beobachtet werden, dass Stressfaktoren aus den auch dort schon vorhandenen sozialen Hierarchien resultieren. So sind sozial untergeordnete Affen den Schikanen und Angriffen der hierarchisch höherstehenden Tiere ausgesetzt, was bei ihnen zu organischen Schädigungen durch Stress führt.

---

[65] John Tooby/Leda Cosmides, „Does Beauty Build Adapted Minds?", in: *SubStance* 94/95 (2001), 6–25.

[66] Karl Eibl, *Animal Poeta. Bausteine der biologischen Kultur- und Literaturtheorie*, Paderborn 2004, 280.

[67] Eibl, *Animal Poeta*, 311.

[68] Eibl, *Animal Poeta*, 311.

Stärker noch als bei Tieren ist bei den Menschen die Gefahr einer dauerhaften Stresssituation gegeben, insbesondere durch die für Menschen typischen Erscheinungen wie Reflexion, Erinnerung, Planung und Sprache. Der Mensch kann sich das Unheil und die Gefahr, die vielleicht zum aktuellen Zeitpunkt gar nicht drohen, sprachlich vergegenwärtigen und sie dadurch als stressauslösende, symbolisch vergegenwärtigte Realität evozieren. Dies macht es für Menschen besonders wichtig, Gegenstrategien zu entwickeln, um Stress durch Entspannung zu konterkarieren:

> Wer die besseren Methoden zur Bewältigung von Dauerstress hat, hat via Immunsystem und sexuelle Aktivität einen direkten Überlebens- und Fortpflanzungsvorteil und wird seine Bewältigungsmethoden vermehrt weitergeben können. Fürs Überleben entscheidend ist also nicht nur die ‚technische' Ausrüstung, sondern auch die psychische Bewältigungskapazität, die Fähigkeit zur Entspannung (Relaxation) in einem hervorgehobenen Sinn.[69]

Wie nun kann der Mensch diese für ihn überlebensnotwendige Entspannung befördern? Eibl nennt drei Faktoren, die hilfreich sein können: Glück, Sicherheit und Lust. Für unseren Zusammenhang ist vor allem die Lust von Bedeutung. Der Lustmodus zeichnet sich dadurch aus, dass eine bestimmte Aktivität, die einen ultimaten Zweck haben kann, nicht in dem Bewusstsein des ultimaten Zwecks ausgeübt wird, sondern um ihrer selbst willen, weil sie eben Lust erzeugt. Wir lesen nicht deshalb einen spannenden Roman, weil wir der Überzeugung sind, dass dies unsere Denkfähigkeit durch Anregung der Synapsen steigert, sondern weil es uns ganz einfach Spaß macht, den Roman zu lesen, weil wir ästhetisches Vergnügen dabei empfinden. Und indem wir dieses Vergnügen empfinden, haben wir weniger Stress, es entspannt uns. Insofern hat der Lustmodus eine doppelte Funktion: zum einen selbstverständlich die Funktion der Einübung von Fähigkeiten, die ultimaten Zwecken dienen können (wenn ich täglich aus Spaß zehn Kilometer laufe, dann kann ich auch im Ernstfall den Feinden davonrennen, selbst wenn der Erwerb dieser Fähigkeit beim täglichen Waldlauf gar nicht mein primäres Ziel war), zum anderen die Funktion der Stressbewältigung. Diese Stressbewältigung setzt voraus, dass ein Freiraum existiert, in dem Aktivitäten möglich sind, die aus dem zweckhaft orientierten Lebenszusammenhang ausgegliedert sind. Diese Freiräume haben, so meine These, etwas zu tun mit dem, was wir als Muße bezeichnen. Wenn die Argumentation von Karl Eibl richtig ist, das heißt, wenn Kunst anknüpft an grundlegende Dispositionen des Menschen, die er im Lustmodus realisiert, dann lässt sich die Entstehung von Kunst nicht ohne dasjenige Phänomen verstehen, welches wir als Muße bezeichnen. Muße ist in diesem Sinn aus anthropologischer Sicht eine wichtige Ermöglichungsbedingung von Kunst.

---

[69] Eibl, *Animal Poeta*, 314.

Zugleich aber ist Muße auch analog dem ästhetischen Erleben, insofern in beiden Fällen ein Element der Selbstzweckhaftigkeit erkennbar ist. Günter Figal hat in einem am 16. April 2013 an der Universität Freiburg gehaltenen Vortrag zum Thema „Dimensionen der Muße. Ein neuer Freiburger Sonderforschungsbereich zum Thema ‚Muße'" eine Reihe von Bedingungen genannt, die aus seiner Sicht konstitutiv sind für die Bedeutung des Begriffs Muße. Einige dieser Bedingungen möchte ich hier nennen: Muße, so Figal, definiere sich durch Freiheit von sachfremden Aspekten des Tuns. Sie sei im Sinne von Aristoteles ein erfülltes Tun. Sie führe zu Gelassenheit, einem Sich-Einlassen auf eine Sache. Sie habe das Merkmal des Kontemplativen (gr. θεωρία). Muße sei dadurch gekennzeichnet, dass sie nicht erzwungen werden könne; sie könne nicht durch den Willen herbeigeführt werden und sei auch nicht willensbestimmt. Obschon Muße nicht erzwungen werden könne, sei es doch möglich, Bedingungen zu schaffen, um Muße-Zustände zu ermöglichen. Als Beispiel dafür nannte Figal japanische Gärten, die so angelegt seien, dass man sie nur auf bestimmten Wegen durchschreiten könne, wobei die Wege nicht instrumentell dazu dienten, den Garten nur zu durchqueren, sondern es gehe darum, den Garten um seiner selbst willen wahrzunehmen. Ein wichtiges Merkmal der Muße ist demnach das Merkmal der Selbstbezüglichkeit. Man ist in der Muße, um in der Muße zu sein. Um noch einmal ein von Figal verwendetes Beispiel aus der japanischen Kultur zu zitieren: Man trinkt Tee, um Tee zu trinken, nicht etwa um seinen Durst zu löschen. Muße hat etwas Selbstzweckhaftes, was aber nicht heißt, dass andere Zwecke damit ausgeschlossen wären.

Wenn man nun eine bekannte Definition von Kunst mit dieser Auffassung zusammenbringt, dann ergibt sich ein Brückenschlag vom allgemeinen Begriff der Muße hin zum Bereich der Kunst und Literatur. Ich beziehe mich auf die Russischen Formalisten, denen zufolge das Literarische eines literarischen Textes darin besteht, dass die Sprache „dem unmittelbaren Zusammenhang mit der Praxis"[70] entrissen werde. Wenn sprachliche Zeichen nicht mehr unmittelbar praktisch verwendet werden, so hat dies zur Folge, dass „in den Mittelpunkt des Interesses die Komposition des Sprachzeichens"[71] rückt. Roman Jakobson hat dies in seinem berühmt gewordenen, 1960 erschienenen Aufsatz *Linguistics and Poetics*[72] ganz ähnlich dargestellt. Die poetische oder ästhetische Funktion der

---

[70] Jan Mukařovský, „Die poetische Benennung und die ästhetische Funktion der Sprache", in: Mukařovský, *Kapitel aus der Poetik*, Frankfurt a. M. 1967, 44–54, 48. Dieser erstmals 1938 erschienene Beitrag des Prager Strukturalisten Mukařovský formuliert eine Position, die schon bei den Russischen Formalisten nachweisbar ist, etwa beim frühen Roman Jakobson; vgl. dessen 1934 entstandene Studie „Was ist Poesie", in: *Poetik. Ausgewählte Aufsätze 1921–1971*, hg. v. Elmar Holenstein, Frankfurt a. M. 1979, 67–82.

[71] Mukařovský, „Die poetische Benennung und die ästhetische Funktion der Sprache", 48.

[72] Roman Jakobson, „Linguistics and Poetics", in: *Poetry of Grammar and Grammar of Poetry*, Selected Writings, Bd. 3, hg. v. Stephen Rudy, Den Haag/Paris/New York 1981, 18–51.

Sprache sei die Einstellung auf die Form der Botschaft um ihrer selbst willen. Diese poetische Funktion lenkt also die Aufmerksamkeit des Rezipienten auf die formalen Besonderheiten der sprachlichen Botschaft. Man betrachtet einen künstlerisch geformten Text nicht in erster Linie als informationshaltige Mitteilung, sondern als in besonderer Weise geformtes Sprachmaterial. Dies ist nicht dahingehend misszuverstehen, dass die anderen Funktionen der Sprache (referentielle Funktion, appellative Funktion, emotive Funktion, phatische Funktion, metasprachliche Funktion) ausgeschaltet würden. Es handelt sich vielmehr um eine Dominantenbildung, das heißt, dass die poetische Funktion – und damit die Betrachtung der sprachlichen Verfasstheit des Textes um seiner selbst willen – im Vordergrund steht, während die anderen Sprachfunktionen hinter der dominanten ästhetischen Sprachfunktion zurücktreten. Im Hinblick auf die Selbstbezüglichkeit der Muße kann man folgende Analogie erkennen: So wie in einer Mußesituation das Leben außerhalb der Muße nicht aufhört zu existieren, sondern lediglich zurücktritt, während das Erleben des Mußeraumes und der Mußesituation als eine Erfahrung der Freiheit, der Erfülltheit usw. in den Vordergrund rückt, verhält es sich auch in der Kunst und Literatur, wo die poetische Funktion die anderen instrumentellen Funktionen überlagert und in den Hintergrund schiebt. Muße und ästhetisches Erleben haben demnach eine grundlegende Gemeinsamkeit.

4. Die Ambivalenz des arkadischen Chronotopos

Insofern nimmt es nicht wunder, dass in literarischen Texten häufig Mußesituationen modelliert werden, die als Freiraum und Ermöglichungsbedingung für die Reflexion über Kunst und für die Kommunikation mittels Kunst fungieren. Dies ist, wie wir bereits gesehen haben, auch in Sannazaros *Arcadia* der Fall, der wir uns nun noch einmal abschließend zuwenden wollen. Vor dem Hintergrund spielerischer Betätigungen im Lustmodus vollzieht sich in diesem Text eine Kommunikation der Hirten über Liebesschmerz und Liebesleid. Der „diletto“ des *locus amoenus* wird hier konterkariert vom Leid und von der Klage der unglücklich liebenden Hirten. Medium dieser Kommunikation ist die bukolische Dichtung.

Teil dieser Gemeinschaft ist auch, wie oben bereits erwähnt wurde, der Ich-Erzähler Sannazaro, der als Hirte den Namen Sincero angenommen hat. Als man ihn fragt, weshalb es ihn nach Arkadien verschlagen habe, antwortet er unter Seufzern, dass er aus Neapel stamme, einer „famosa e nobilissima città, e di arme e di lettere felice forse quanto alcuna altra che al mondo ne sia“.[73] Er berichtet von den politischen Geschicken der Stadt, die vom Glück ins Unglück

---

[73] Sannazaro, *Arcadia*, 117, Kap. VII [einer berühmten und sehr vornehmen Stadt, die

gestürzt worden sei; dies verweist auf den äußeren Rahmen des Buches *Arcadia* zurück, wo von den Wechselfällen der Fortuna im Zusammenhang mit der Stadt Neapel bereits einmal die Rede war. Sodann berichtet der Ich-Erzähler, wie er selbst sich im Alter von acht Jahren in ein wunderschönes Mädchen verliebt habe und wie seine Liebe im Laufe der Jahre immer stärker geworden sei und er immer mehr Aufwand betreiben musste, um diese Liebe verborgen zu halten. Dies habe dazu geführt, dass er von starker Melancholie ergriffen worden und unter Schlaflosigkeit und Appetitlosigkeit leidend mehr einem Toten als einem lebendigen Menschen ähnlich geworden sei. Da die Geliebte keinerlei Anzeichen einer Gegenliebe an den Tag gelegt habe, habe sich sein Zustand schließlich so sehr verschlechtert, dass er beschlossen habe zu sterben. Die Überlegung jedoch, auf welche Art er sein Leben beenden solle, ob durch den Strick, durch Gift oder durch ein Schwert, habe ihn von diesem Vorhaben wieder abgeschreckt, und er habe stattdessen beschlossen, die Flucht zu ergreifen, Neapel und sein Vaterhaus zu verlassen und sich an einen anderen Ort zu begeben, nämlich in den Fluchtraum Arkadien, in dem er seine Liebe habe vergessen wollen. Entgegen dieser Hoffnung jedoch gelingt es ihm in der Einsamkeit Arkadiens nicht, seine Gedanken von der Geliebten abzuwenden, sondern alles, was er sieht und hört, wird ihm zum Erinnerungszeichen für die Geliebte:

Io non veggio né monte né selva alcuna, che tuttavia non mi persuada di doverlavi ritrovare, quantunque a pensarlo mi paia impossibile. Niuna fiera né ucello né ramo vi sento movere, ch'io non mi gire paventoso per mirare se fusse dessa in queste parti venuta ad intendere la misera vita ch'io sostegno per lei. Similmente niuna altra cosa vedere vi posso, che prima non mi sia cagione di rimembrarmi con più fervore e sollicitudine di lei. E mi pare che le concave grotte, i fonti, le valli, i monti, con tutte le selve la chiamino, e gli alti arbusti risoneno sempre il nome di lei. Tra i quali alcuna volta trovandomi io, e mirando i fronzuti olmi circondati da le pampinose viti, mi corre amaramente ne l'animo con angoscia incomportabile, quanto sia lo stato mio difforme da quello degli insensati alberi, i quali, da le care viti amati, dimorano continuamente con quelle in graziosi abracciari; et io per tanto spazio di cielo, per tanta longinquità di terra, per tanti seni di mare dal mio desio dilungato, in continuo dolore e lacrime mi consumo.[74]

[Bei jedem Berg und jedem Wald, den ich erblicke, scheint es mir, als müsste ich sie (sc. die Geliebte) dort wiederfinden, obwohl es mir bei genauerem Nachdenken als unmöglich erscheint. Wann immer ich die Bewegung eines wilden Tieres oder eines Vogels oder eines Astes wahrnehme, wende ich angstvoll meinen Blick, um festzustellen, ob sie in jene Gegend gekommen ist, um das elende Leben, welches ich um ihretwillen ertragen muss, in Augenschein zu nehmen. Gleichfalls kann ich keine andere Sache dort erblicken, die mir nicht sofort zum Anlass würde, dass ich mich mit größter Inbrunst und Aufmerksamkeit an sie erinnerte. Und es will mir scheinen, dass die Höhlen, die Quellen, die Täler, die Berge zusammen mit allen Wäldern nach ihr rufen und dass die

---

die Kriegskunst wie auch die Gelehrsamkeit wohl besser als jede andere auf dieser Welt pflegte].

[74] Sannazaro, *Arcadia*, 121 f.

hohen Büsche immer ihren Namen säuseln. Als ich einst unter diesen Büschen verweilte und die von üppigen Weinreben umrankten belaubten Ulmen erblickte, wurde mir auf bittere Weise und mit unerträglicher Angst bewusst, wie sehr sich mein Zustand von dem der törichten Bäume unterscheidet, welche von den teuren Weinreben geliebt werden und mit diesen in einer immerwährenden anmutigen Umarmung verbunden sind. Ich dagegen bin durch einen so großen Abschnitt des Himmels, durch eine so große Strecke der Erde, durch so viele Meeresbuchten vom Ziel meines Verlangens getrennt, dass ich mich in dauerhaftem Schmerz und in Tränen verzehre.]

Der vermeintliche Rückzugsraum wird somit also zum Echoraum für den Liebenden. Alle Elemente der Natur verwandeln sich in Zeichen, die ihn metonymisch auf die Geliebte verweisen, beziehungsweise in solche, die ihm durch Kontrastwirkung verdeutlichen, wie weit die Geliebte doch tatsächlich von ihm entfernt ist. Die arkadische Natur ist somit für Sincero ein negativer Korrespondenzraum, ein *locus horridus*. Sie wird einer radikalen Umcodierung unterworfen; niemand, so sagt Sincero verzweifelt, könne in Arkadien glücklich sein, weder ein eingewanderter Städter wie er noch die dort lebenden Tiere („appena mi si lascia credere che le selvatiche bestie vi possano con diletto dimorare").[75] Die einzig mögliche schmerzlindernde Tätigkeit ist an diesem *locus horridus* offenbar die des Dichtens. Zum Trost sagt ihm der Hirte Carino, indem er Sincero eine Hirtenflöte überreicht, er werde nun im höheren Stil als bisher singen und sich dadurch die Hoffnung auf ewigen Ruhm erwerben. Damit wird eine weitere Funktion der Dichtung benannt: Sie soll nicht nur den Namen des Dichters und der von ihm besungenen Geliebten verewigen, also am kulturellen Gedächtnis partizipieren, sondern sie hat auch die Funktion, lebensweltliche Defizite zu kompensieren, persönlichen Schmerz in ästhetischen Genuss zu transformieren. Bereits hier wird somit das im oben untersuchten X. Kapitel der *Arcadia* thematisierte Sublimationsmodell der Kunst artikuliert, wenngleich in indirekter und impliziter Form.

Die arkadische Konstellation impliziert, wie man zusammenfassend sagen kann, die räumliche Versetzung eines Städters in einen ländlichen Zufluchtsraum, der durch die topischen Merkmale des angenehmen Raumes (*locus amoenus*) gekennzeichnet ist. Raumsemantisch steht das ländliche Arkadien, welches von umherziehenden Hirten bevölkert ist, in Opposition zum städtischen Raum, aus dem der Ich-Erzähler stammt. Zeitlich zeichnet sich Arkadien durch eine doppelte Differenz aus: Es handelt sich für den Ich-Erzähler um einen Aufenthalt von zeitlich begrenzter Dauer; außerdem ist die in Arkadien herrschende Zeit durch die Suspension der Alltagshandlungen gekennzeichnet. Der arkadische Chronotopos ermöglicht die Produktion poetischer Texte. Die Hirten klagen in Versform und mittels des Gesanges ihr Liebesleid. Damit führt der arkadische

[75] Sannazaro, *Arcadia*, 121.

Chronotopos die Produktion von Dichtung, die Reflexion über die Funktion der Dichtung und das Leid, aus dem diese Dichtung entsteht, zusammen. Der Gegensatz zwischen Arkadien und Alltagswelt wird auf diese Weise dekonstruiert, denn wie wir gesehen haben, erweist sich der Fluchtraum als Gedächtnisraum, in dem alles zum Zeichen für die unglückliche Liebe des Erzählers wird, einer Liebe, der er ja gerade zu entfliehen versucht. Raum und Zeit verschmelzen somit zu einer Einheit. Die dichterische Kreativität wird einerseits durch die mußeaffinen Qualitäten des arkadischen Chronotopos ermöglicht, andererseits wird auch darauf hingewiesen, dass Dichtung durch Leid erkauft wird beziehungsweise aus dem Leid heraus entsteht. Insofern das Leid seinen Ursprung im städtischen Herkunftsraum hat und den Erzähler im ländlichen Fluchtraum einholt, zeigt sich die dialektische Verbundenheit der oppositiven Räume miteinander. Die Dichtung benötigt zwar als Ermöglichungsraum einen Chronotopos der Muße, doch ist sie als solche rückgebunden an die Verhältnisse, die im Chronotopos der Nicht-Muße herrschen.

Literatur

Assmann, Jan, *Das kulturelle Gedächtnis. Schrift, Erinnerung und politische Identität in frühen Hochkulturen*, 7. Aufl., München 2013.

Austin, John L., *How to Do Things With Words. The William James Lectures Delivered at Harvard University in 1955*, hg. v. J. O. Urmson u. Marina Sbisà, Oxford 1990.

Bachtin, Michail M., *Chronotopos*, übers. v. Michael Dewey, Frankfurt a. M. 2008.

Beil, Ulrich Johannes, *Die hybride Gattung. Poesie und Prosa im europäischen Roman von Heliodor bis Goethe*, Würzburg 2010.

Böschenstein-Schäfer, Renate, *Idylle*, 2. Aufl., Stuttgart 1977.

Corti, Maria, „Il codice bucolico e l'*Arcadia* di Jacobo Sannazaro", in: Corti, *Metodi e fantasmi*, Mailand 1969, 281–304.

Curtius, Ernst Robert, *Europäische Literatur und lateinisches Mittelalter*, 11. Aufl., Tübingen/Basel 1993.

Eibl, Karl, *Animal Poeta. Bausteine der biologischen Kultur- und Literaturtheorie*, Paderborn 2004.

Figal, Günter, „Die Räumlichkeit der Muße", in: Burkhard Hasebrink/Peter Philipp Riedl (Hg.), *Muße im kulturellen Wandel. Semantisierungen, Ähnlichkeiten, Umbesetzungen*, Berlin/Boston 2014, 26–33.

Garber, Klaus, „Formen pastoralen Erzählens im frühneuzeitlichen Europa", in: *Internationales Archiv für Sozialgeschichte der deutschen Literatur* 10 (1985), 1–22.

Garber, Klaus, „Schäferdichtung", in: *Fischer Lexikon Literatur*, hg. v. Ulfert Ricklefs, Bd. 3, Frankfurt a. M. 1996, 1746–1765.

Gumbrecht, Hans Ulrich, „Wie fiktional war der höfische Roman?", in: Dieter Henrich/Wolfgang Iser (Hg.), *Funktionen des Fiktiven*, München 1983, 433–440.

Hasebrink, Burkhard/Riedl, Peter Philipp, „Einleitung", in: Hasebrink/Riedl, *Muße im kulturellen Wandel. Semantisierungen, Ähnlichkeiten, Umbesetzungen*, Berlin/Boston 2014, 1–11.

Häsner, Bernd/Hufnagel, Henning S./Maassen, Irmgard u. a., „Text und Performativität", in: Klaus W. Hempfer/Jörg Volbers (Hg.), *Theorien des Performativen. Sprache – Wissen – Praxis. Eine kritische Bestandsaufnahme*, Bielefeld 2011, 69–96.

Haug, Walter, „Die Entdeckung der Fiktionalität", in: Haug, *Die Wahrheit der Fiktion. Studien zur weltlichen und geistlichen Literatur des Mittelalters und der frühen Neuzeit*, Tübingen 2003, 128–144.

Haug, Walter, „Literaturtheorie und Fiktionsbewußtsein bei Chrétien de Troyes, Thomas von England und Gottfried von Straßburg", in: Ursula Peters/Rainer Warning (Hg.), *Fiktion und Fiktionalität in den Literaturen des Mittelalters*, München 2009, 219–234.

Hempfer, Klaus W./Häsner, Bernd/Müller, Gernot Michael u. a., „Performativität und *episteme*. Die Dialogisierung des theoretischen Diskurses in der Renaissance-Literatur", in: Erika Fischer-Lichte/Christoph Wulf (Hg.), *Theorien des Performativen*, Berlin 2001, 65–90.

Iser, Wolfgang, „Akte des Fingierens oder Was ist das Fiktive im fiktionalen Text?", in: Wolf-Dieter Stempel/Karlheinz Stierle (Hg.), *Funktionen des Fiktiven*, München 1983, 121–151.

Iser, Wolfgang, *Das Fiktive und das Imaginäre. Perspektiven literarischer Anthropologie*, Frankfurt a. M. 1993.

Jakobson, Roman, „Was ist Poesie", in: *Poetik. Ausgewählte Aufsätze 1921–1971*, hg. v. Elmar Holenstein, Frankfurt a. M. 1979, 67–82.

Jakobson, Roman, „Linguistics and Poetics", in: *Poetry of Grammar and Grammar of Poetry*, Selected Writings, Bd. 3, hg. v. Stephen Rudy, Den Haag/Paris/New York 1981, 18–51.

Jauß, Hans-Robert, „Zur historischen Genese der Scheidung von Fiktion und Realität", in: Dieter Henrich/Wolfgang Iser (Hg.), *Funktionen des Fiktiven*, München 1983, 423–431.

Klinkert, Thomas, „Zum Stellenwert der Imagination und des Imaginären in neueren Fiktionstheorien", in: *Kodikas/Code. Ars Semeiotica* 37,1–2 (2014), 55–67.

König, Ekkehard, „Bausteine einer allgemeinen Theorie des Performativen aus linguistischer Perspektive", in: Klaus W. Hempfer/Jörg Volbers (Hg.), *Theorien des Performativen. Sprache – Wissen – Praxis. Eine kritische Bestandsaufnahme*, Bielefeld 2011, 43–67.

Mukařovský, Jan, „Die poetische Benennung und die ästhetische Funktion der Sprache", in: Mukařovský, *Kapitel aus der Poetik*, Frankfurt a. M. 1967, 44–54.

Ohly, Friedrich, *Bemerkungen eines Philologen zur Memoria. Münstersche Abschiedsvorlesung vom 10. Februar 1982*, München 1992.

Ovidius Naso, Publius, *Metamorphosen*. Lateinisch/Deutsch, übers. u. hg. v. Michael von Albrecht, Stuttgart 1994.

Paratore, Ettore, „La duplice eredità virgiliana nell'*Arcadia* del Sannazaro", in: Paratore, *Antico e nuovo*, Caltanissetta/Rom 1965, 213–241.

Petriconi, Hellmuth, „Das neue Arkadien", in: *Antike und Abendland* 3 (1948), 187–200.

Rösler, Wolfgang, „Die Entdeckung der Fiktionalität in der Antike", in: *Poetica* 12 (1980), 283–319.

Sannazaro, Iacopo, *Arcadia*, hg. v. Francesco Erspamer, Mailand 1990.

Santagata, Marco, „L'alternativa ‚arcadica' del Sannazaro", in: Santagata, *La lirica aragonese*, Padua 1979, 342–374.

Snell, Bruno, „Arkadien, die Entdeckung einer geistigen Landschaft“, in: *Antike und Abendland* 1 (1945), 26–41.
Töns, Ulrich, „Sannazaros Arcadia. Wirkung und Wandlung der vergilischen Ekloge“, in: *Antike und Abendland* 23 (1977), 143–161.
Tooby, John/Cosmides, Leda, „Does Beauty Build Adapted Minds?“, in: *SubStance* 94/95 (2001), 6–25.
Vergilius Maro, Publius, *Bucolica. Hirtengedichte. Studienausgabe.* Lateinisch/Deutsch, übers. v. Michael von Albrecht, Stuttgart 2001.
Wehle, Winfried, „Arkadien. Eine Kunstwelt“, in: Wolf-Dieter Stempel/Karlheinz Stierle (Hg.), *Die Pluralität der Welten. Aspekte der Renaissance in der Romania*, München 1987, 137–165.

Muße im Gehen – Handke, Stifter, Thomas Mann

Antonia Egel

Für H. G. – im Frei-Raum der Muße

Beim ausgiebigen Wandern kann man an einen Punkt gelangen, an dem nur noch das Gehen ist. Eine eigentümliche Ruhe stellt sich dadurch ein, dass Kraft und Konzentration sich allein darauf richten, einen Fuß vor den anderen zu setzen, nicht an irgendein Ankommen zu denken noch an die Länge der Strecke, die zu bewältigen ist, noch an Hunger oder Durst, Gehen ohne Zeit. Ist das eine Erfahrung von Muße? So fragten wir uns in den Schweizer Bergen – den Gastgebern am verborgenen Ort sei hier Dank gesagt für die Ermöglichung solchen Fragens! – Was ist Muße im Gehen? So befragten wir die Literatur inmitten der Felsen in Alta Badia – Antworten und durch sie provozierte neue Fragen seien hier als ein vorläufiges Ergebnis gesammelt.[1]

Muße, so können wir philosophisch lernen und nachlesen, ist ein räumliches Phänomen.[2] Neben „Konzepten" und „Figuren" der Muße sind die „Räume" der Muße, näher untersucht, ein Schlüssel zu dem, was Muße ist oder sein kann.[3] Inwiefern ist aber die durchwanderte oder durchstreifte, die eingehegte oder wilde, die liebliche oder die bedrohliche Natur ein Muße-Raum und unter welchen Umständen? Was von dieser Natur kommt in den Blick, wenn das Sein in ihr eine Erfahrung von Muße ist? Wie ist dieser eigentümliche Zustand, ganz im Außen und konzentriert auf etwas, das nicht man selbst ist, zu sein und gerade dies als ein Bei-sich-sein zu erfahren, genauer zu beschreiben?

---

[1] Ich danke meinem lieben Mann Günter Figal, sowie Tobias Keiling und allen Mitgliedern der Arbeitsgruppe 6 „Muße und Gelassenheit" auf der Sommerakademie der Studienstiftung des deutschen Volkes in La Villa 2014 für das gesellige Teilen der Fragen, der Antworten und der neuen Fragen. Außerdem geht mein Dank an meine Salzburger Kollegin Uta Degner und an die Kollegen Norbert Christian Wolf und Armin Eidherr, sowie an die Teilnehmerinnen und Teilnehmer der Lehrveranstaltung „Textanalyse" im Sommersemester 2015, für anregende Gespräche, Fragen, Antworten und nicht zuletzt das gemeinsame „Gehen" durch den „großen Wald" am Südrand von Salzburg. Auch diesen Weg ging ich zuerst mit meinem Mann.

[2] Günter Figal, „Die Räumlichkeit der Muße", in: Burkhard Hasebrink/Peter Philipp Riedl (Hg.), *Muße im kulturellen Wandel. Semantisierungen, Ähnlichkeiten, Umbesetzungen*, Berlin/Boston 2014, 26–33.

[3] Vgl. SFB 1015, „Muße. Konzepte – Räume – Figuren" (05.10.2015), https://www.sfb1015.uni-freiburg.de (abgerufen am 20.10.2015).

Peter Handke, Adalbert Stifter und Thomas Mann haben in miteinander korrespondierenden Texten verschiedene Antworten auf diese Frage gesucht – gehen wir diesen Antworten nach und fragen wir uns also, wie Gehen und Muße zusammengehören.

1. „Das gleichmäßige Gehen war schon der Tanz". Peter Handke, *Die Lehre der Sainte-Victoire*

Wenn sich jemand aufmacht, um die Wege nachzugehen, die ein Maler gegangen ist, der daraus Jahrhundertwerke gemacht hat, so hat dieser Jemand Muße. Wer kann sich schon, eingespannt ins Alltagsarbeitsleben, eine solche Reise zum Zwecke der Kontemplation leisten? Für den Schriftsteller, der sich auf diesen Weg macht, eine Schule des Sehens zu durchlaufen, an den Bildern, mehr noch an der Natur, die die Bilder inspiriert hat, ist *dies*, Muße haben, die Arbeit selbst.

> Ich ging dann bewußt langsam weiter, fast immer mit gesenktem Kopf, jede gesuchte Ferne vermeidend. – In der Dämmerung blickte ich, nur aus den Augenwinkeln, in einen Seitenweg hinein. – Ich weiß jetzt nicht mehr, ob ich überhaupt stehengeblieben bin; ich bin wohl ohne anzuhalten weiter; doch im Zustand der Ruhe und Freude; neu durchdrungen von meinem guten Recht, zu schreiben; neu überzeugt von Schrift und Erzählung.[4] […] Nein, es war nicht die Qual; es war die Arbeit.[5]

Dem auf den ersten Blick unscheinbaren Satz „Ich weiß jetzt nicht mehr, ob ich überhaupt stehengeblieben bin" kommt im ganzen Textgefüge eine entscheidende Bedeutung zu. Mit diesem Satz zeigt sich das Gehen, das durch den ganzen Text hindurch thematisiert wird, als ein *absichtsloses* Gehen. Damit hat der Erzähler im Gehen unversehens einen Zustand erreicht, den er von Anfang an sucht: das absichtslose ins Schreiben und Erzählen Geraten, die „Daseinsform" von „Ruhe und Freude"[6] als ein „erleichternder, erheiternder, verwegener Sollensmoment des Schreibens"[7]. Der Erzähler, der sich aufmacht, das Außerordentliche der Inspiration zu finden, in einem Moment (*nunc stans*)[8], wird von dieser Inspiration unversehens eingeholt, im alltäglichsten Tun, dem Gehen.[9]

---

[4] Peter Handke, *Die Lehre der Sainte-Victoire*, Frankfurt a. M. 1984, 56–57.

[5] Handke, *Lehre*, 58.

[6] Handke, *Lehre*, 56.

[7] Handke, *Lehre*, 58.

[8] Vgl. Handke, *Lehre*, 9.

[9] Zum Zusammenhang von „Spazieren" und „Erzählen" und der Einordnung in die literarische Tradition siehe den Überblick bei Ulrike Weymann, *Intermediale Grenzgänge.* Das Gespräch der drei Gehenden *von Peter Weiss,* Gehen *von Thomas Bernhard und* Die Lehre der Sainte-Victoire *von Peter Handke*, Heidelberg 2007, 9–22. Ferner Claudia Albes, *Der Spaziergang als Erzählmodell*, Tübingen/Basel 1999 und Angelika Wellmann, *Der Spaziergang. Stationen eines poetischen Codes*, Würzburg 1991, bezogen auf Handke, im Vergleich mit Beckett, nebst einer kulturgeschichtlichen Einordung: Gaby Hartel, *„Punkt in*

Die Beschreibung Handkes legt einerseits bewusste Aufmerksamkeit darauf. In der Achtsamkeit auf das Gehen kommt das Gehen zu Bewusstsein: „ich ging bewußt langsam weiter". Andererseits lenkt er die Aufmerksamkeit zugleich darauf, dass man darüber in ein völliges Vergessen dessen gerät, was man gerade tut. Gesteigerte Achtsamkeit auf das, was man tut, geht mit dem mühelosen, selbstverständlichen Tun einher. Aufmerksamkeit auf etwas und Selbstvergessenheit sind eins.

Diese scheinbar paradoxe Figur taucht in unterschiedlichen Facetten im Text auf. Die in sich bewegte Ruhe, in der sich der Erzähler am Ende des Textes wiederfindet, sein „*nunc stans*"[10] findet, das er sogleich wieder flieht („zurück zu den heutigen Menschen; zurück in die Stadt")[11], bereitet sich zum Beispiel im *Wechselspiel* von Gehen und Stehenbleiben vor.

Unschlüssig war ich zunächst ein bißchen auf der leeren Straße dahingegangen. (Es gab von dort keinen Bus zurück nach Aix). Aber dann war es entschieden, den Weg bis Puyloubier fortzusetzen. Kein Auto auf der Strecke. Eine Stille, in der jedes einzelne Geräusch sich wie ein gesprochenes Wort anhörte. Ein allgemeines leichtes Sausen. Ich ging, immer angesichts des Berges; blieb manchmal unwillkürlich stehen. In einer trogförmigen Kammscharte, wo der Himmel besonders blau war, sah ich den idealen Paß.[12]

Im zunächst „unwillkürlichen" Stehenbleiben wird das gerade noch unaufmerksame, „unschlüssige" Gehen in die Aufmerksamkeit gehoben. Sogleich wird es aber in die Selbstverständlichkeit zurückgenommen, indem die betrachtende Aufmerksamkeit auf das, was der Gehende sieht und hört, gerichtet wird. In der hörbaren Stille, den Berg im Blick, geht das Gehen „entschieden", aber unwillkürlich weiter, denn mit einem Mal wird der gangbare Weg – der „ideale Paß" – wie von alleine sichtbar. Nun aber verliert sich der Gehende ganz in der Betrachtung: Die „trockenen Hochwiesen", die „Schneckenhäuser", Sonne, Wind und Felsen werden je eigens gewürdigt. Schließlich dreht sich das gewohnte Verhältnis der Bewegung gar um: nicht der Wanderer durchzieht die Gegend, sondern der Stehengebliebene sieht die Landschaft an sich vorbeiziehen: „Die Halme des Wegrands zogen vorbei in einem majestätischen Flug."[13] An dieser Stelle wird, ähnlich wie an der eingangs erwähnten, das Langsamgehen hervorgehoben und näher ausgeführt.

Ich ging bewußt langsam, im Weiß des Berges. Was war? Nichts geschah. Und es brauchte auch nichts zu geschehen. Befreit von Erwartung war ich, fern von jedem Rausch. Das gleichmäßige Gehen war schon der Tanz. Der ganz ausgedehnte Körper, der ich war, wurde von den eigenen Schritten befördert wie von einer Sänfte. Dieser gehend Tan-

---

Bewegung: Schreiben und Gehen bei Beckett und Handke. Eine Skizze", in: Jan Wilm/Mark Nixon (Hg.), *Samuel Beckett und die deutsche Literatur*, Bielefeld 2013, 157–166.

10 Handke, *Lehre*, 9.

11 Handke, *Lehre*, 109.

12 Handke, *Lehre*, 41.

13 Handke, *Lehre*, 41.

zende war ich-zum-Beispiel und drückte „Die Daseinsform der Ausdehnung und die Idee dieser Daseinsform", die gemäß dem Philosophen „ein und dasselbe Ding sind, doch auf zweierlei Art ausgedrückt werden", in dieser vollkommenen Stunde *gleicherart* aus – Regel des Spiels *und* Spiel der Regel, wie einst der Gehende mit der flatternden Hose in Oberösterreich. Ja, da wußte ich auch selber, „wer ich bin" – und fühlte als Folge noch ein unbestimmtes Soll. Das Werk des Philosophen war ja eine Ethik gewesen.[14]

In dieser Passage wird das absichtslose Gehen ganz und gar thematisch. Die Füße tun nichts, schon gar nichts Anstrengendes, sie tragen wie eine „Sänfte". Jedoch ist das auch hier wieder scheinbar paradox: Denn die Absichtslosigkeit verdankt sich einer besonderen Achtsamkeit: „ich ging bewußt langsam im Weiß des Berges". Der Gehende achtet auf seine Schritte und im nächsten Moment nicht mehr auf sie, sondern nur noch auf die „Farbe" des Berges, auf das „Weiß des Berges". Das „Weiß des Berges" ist eine Anspielung auf Stifters *Bergkristall*, die Erzählung, die die *Lehre* von Anfang an bestimmt[15], die „trockenen Hochwiesen"[16] kommen bei Stifter fast wörtlich vor, die Betrachtung des Kleinen und Unscheinbaren nimmt denn auch in der oben zitierten Passage aus Handkes Text besonderen Raum ein: Wiesen, Grashalme, Schneckenhäuser, und dann: das „Weiß des Berges". Ist es bei Stifter und in wörtlicher Übernahme von Stifter auch bei Thomas Mann der Schnee, der als „weiße Finsternis"[17] beschrieben wird, so ist es hier das Weiß des sommerlichen Kalksteins, das den Hintergrund für das bildet, was der Wanderer in der *Lehre* wahrnimmt. Das Weiß als Nichtfarbe steht sozusagen am Anfang aller Farbwahrnehmung und ist so gesehen eine Art „Finsternis", hier einfach das „Weiß", in das sich der gehend Sehende ganz und gar hineinbegibt. Hier ist ein Freiraum des Unbestimmten: „befreit von Erwartung [...] und fern von jedem Rausch" findet sich der Erzähler in einem klaren Rausch. Der Tanz, mit Nietzsche genommen das Sinnbild des dionysischen Rausches, stellt sich im gelassenen Gehen als das Gehen selbst ein: „Das gleichmäßige Gehen war schon der Tanz". Die Suche nach dem Außerordentlichen, dem Erlebnis, jenseits der Zeit und jenseits der Menschen zeigt sich zwar als zeitloser Moment, aber ganz und gar unekstatisch, es ist die „vollkommene

---

14 Handke, *Lehre*, 41–42.

15 Vgl. Handke, *Lehre*, 9.

16 Handke, *Lehre*, 41. Zu Stifter vgl. unten 125, siehe auch Adalbert Stifter, „Bergkristall", in: Stifter, *Bunte Steine und Erzählungen*, 10. Aufl., Düsseldorf 2006 [Vollständiger Text nach der Erstausgabe von 1853 (*Bunte Steine*) und den jeweiligen Erstdrucken (*Erzählungen*). Mit einem Nachwort und einer Auswahlbibliographie von Uwe Japp sowie Anmerkungen und einer Zeittafel von Karl Pörnbacher], 159–210, bes. 178: „Er [Konrad] führte sie oft über den Wald hinaus, sie betrachteten dann den dürren Rasen und die kleinen Sträucher der Heidekräuter."

17 Stifter, „Bergkristall", 189, Thomas Mann, *Der Zauberberg*, 16. Aufl., Frankfurt a. M. 2004, 646: „das war kein Schneefall mehr, das war ein Chaos von weißer Finsternis" und 660: „weil er [Hans Castorp] nichts sah vor weißer Verfinsterung". Auch Handke zitiert diese Stelle aus Stifters *Bergkristall*, anders als Thomas Mann nennt er aber auch seine Quelle (Vgl. Handke, *Lehre*, 59).

Stunde", in der der Erzähler weiß, „wer ich bin". In diesem Sinne wird auch das „Dahingehen"[18], das Schlendern und Vorsichhingehen betont. Dieses gelassene Gehen, das an die Stelle des Tanzes als eines rauschhaften Außerordentlichen tritt, wird allerdings im Laufe des Textes immer punktuell, meistens unerwartet, erreicht. Das Gehen findet sich als Gehen, Laufen, Springen, Verirren[19], wird unterbrochen, allemal vom kontemplativen Stehenbleiben, bis es einfach nurmehr Gehen ist. Dann ist der Erzähler „von der Schönheit umgeben"[20], absichtsloses Gehen und müheloses Schreiben verschmelzen zu einer Tätigkeit, die so unwahrscheinlich ist, dass der Erzähler selber darüber lacht[21].

Die Schule des Sehens, die Handke in der *Lehre der Sainte-Victoire* durchläuft und durchlaufend beschreibt, ist, so sollte deutlich geworden sein, so viel Schule des Sehens wie Schule des Gehens.[22] Gehen, Stehenbleiben, Sehen und wieder Gehen sind der Motor dieses Textes, der sich als ein „Auftragswerk" ausgibt. Der Auftraggeber ist die Sainte-Victoire selbst. Diese Erkenntnis, die in den geschriebenen Text mündet, muss sich der Erzähler dieses Textes allerdings buchstäblich ergehen. Versuchte man nun, die schon genannten Weisen des Gehens durch diesen kurzen, dichten Text hindurch zu verfolgen, man käme schnell an die Grenze der Beschreibung, wenn man sie als einen Prozess beschreiben wollte, etwa so, dass der Erzähler zuerst unbeholfen, dann sicherer und schließlich unabsichtlich ginge, so wie er die Farben als Kind nicht unterscheiden kann und dann, in einem Moment, im *nunc stans*, alle Farben auf einmal zu sehen fähig ist. Zwar wird hier ein biographisches Nacheinander erzählt, jedoch im Modus der Gleichzeitigkeit. Erreicht wird dies durch zahlreiche Rückblenden, Vorgriffe und wiederholtes Erzählen von gleichen oder ähnlichen Momenten. Das wiederholte Aufsuchen der Gegend Cézannes allein schon zeigt die Wiederholung als Strukturmoment der Erzählung an. Im ersten Satz ist das mit der erneuten Lektüre bereits gelesener Texte schon thematisch und der Schluss der Erzählung, der den Gang durch den kleinen Morzger Wald, den „große[n] Wald" der Erzählung beschreibt, führt das Prinzip der kreisförmigen Struktur explizit vor Augen: Der Wald fängt sich zu drehen an, der Weg geht nicht geradeaus und hat kein Ziel.[23]

Der Wald mitten in einer Siedlung am Südrand von Salzburg erscheint damit als ein Sonderraum, der dem Sonderraum der Erzählung, die sich beständig im Kreis dreht, entspricht:

> Das Zeichen des Waldbeginns (neben den Hochsitzen) sind die Haselnußsträucher, mit ihren dem kleinsten Wind nachwehenden gelben Kätzchen, dicht-parallel fallende feine Striche, wie Regen auf Schemazeichnungen. Der Baumbestand selber erscheint als dunk-

---

18 Handke, *Lehre*, 24, 35.
19 Handke, *Lehre*, 52.
20 Handke, *Lehre*, 52.
21 Handke, *Lehre*, 91.
22 Vgl. dazu Weymann, *Intermediale Grenzgänge*, 156–248.
23 Vgl. Handke, *Lehre*, 99, 77–93: das Kapitel „Der Hügel der Kreisel".

ler, in sich verzahnter Fichtenforst, dessen Einzelteile – und damit das Ganze – sich gleich zu drehen anfangen werden.[24]

In diesem Sonderraum verliert sich der Wanderer gänzlich. Ist die Beschreibung des Weges bis zum Waldrand eindeutig, so verliert sich die gebahnte Spur im Wald. Hier ist nicht ein ‚erst das und dann das' zu vermerken, sondern die vielen, zu vielen verschiedenen Jahreszeiten zurückgelegten Wege durch den kleinen Wald[25] machen aus diesem ein riesiges, sich drehendes Gelände, in dem die Richtungen sich so lange verändern, bis nur noch ein Raum- und gar kein Zeitgefühl mehr vorhanden ist. Solcherart ins „Märchen" versetzt[26], kann für den Gehenden auch das ganze Universum mit allen seinen möglichen Farben in einem unscheinbaren Holzstoß, der sich vor den Augen zu drehen beginnt, erscheinen, dann ist es aber auch Zeit zurückzukehren aus dem Wald „zu den Menschen".

An der Schwelle zwischen dem Wald und dem Dorf, wo im Weg neu die Steine der Römerstraße leuchten, wieder ein Holzstoß, zugedeckt mit einer Plastikplane. Der rechteckige Stapel mit den gesägten Kreisen ist das einzige Helle vor einem dämmrigen Hintergrund. Man richtet sich davor auf und betrachtet ihn, bis nur noch die Farben da sind: die Formen folgen. Es sind auf den Betrachter gerichtete Läufe, die aber im einzelnen jeweils woanders hinzielen. Ausatmen. Bei einem bestimmten Blick, äußerste Versunkenheit und äußerste Aufmerksamkeit, dunkeln die Zwischenräume im Holz, und es fängt in dem Stapel zu kreisen an. Zuerst gleicht er einem aufgeschnittenen Malachit. Dann erscheinen die Zahlen der Farbentest-Tafeln. Dann wird es auf ihm Nacht und wieder Tag. Mit der Zeit das Zittern der Einzeller; ein unbekanntes Sonnensystem; eine steinerne Mauer in Babylon. Es wird der umfassende Flug, mit gebündelten Düsenstrahlen; und schließlich, in einem einmaligen Flimmern, offenbaren die Farben quer über den ganzen Holzstoß die Fußspur des ersten Menschen.

Dann einatmen und weg vom Wald. Zurück zu den heutigen Menschen; zurück in die Stadt; zurück zu den Plätzen und Brücken; zurück zu den Kais und Passagen; zurück zu den Glocken und Geschäften; zurück zu Goldglanz und Faltenwurf. Zu Hause das Augenpaar?[27]

---

[24] Handke, *Lehre*, 99.

[25] In der Beschreibung dominiert zwar Winterliches (Kälte, Schnee, Schneesturm) und Vorfrühlingshaftes („Nachwinter", die „gelben Kätzchen" des Haselstrauchs), was zu der Entstehungszeit des Textes passt („Geschrieben im Winter und Frühjahr 1980, in Salzburg"), jedoch zweimal wird der Wechsel der Jahreszeiten eigens betont: „Der Hohlweg, in den zu jeder Jahreszeit die Herbstblätter einschweben" und „Der Gesang [der Vögel] wechselt mit den Jahreszeiten". Wenn die Kinder „barfuß" durch den Wald gehen und das Grün der Wiesen betont wird, ist wohl doch auch an den Sommer zu denken.

[26] Mit dem Motto, das dem Text vorangestellt ist, ist der magische Spazierraum, wie er in Goethes *Märchen* gestaltet ist, schon angesprochen und nicht zuletzt die „irrlichternden weißen Wölkchen zwischen den Bäumen" (Handke, *Lehre*, 104) machen diesen Assoziationsraum am Ende der Erzählung wieder auf.

[27] Handke, *Lehre*, 108–109.

Das Gelingen des Gehens also als Vorbote des gelingenden Schreibens oder Erzählens, das Gelingen der absichtslosen Wahrnehmung der Welt[28] ist in diesem Text in eigentümlicher Gleichzeitigkeit dargestellt: Der Text selbst ist in seiner ganzen Länge, wenn man es dann noch so nennen mag, ein *nunc stans*.

Betrachtet man nun die Weisen des Gehens, wie sie in dem Text beschrieben werden, muss man dieser Gleichzeitigkeit Rechnung tragen. Der Erzähler, der zugleich der Gehende ist, bleibt auf seinen Wanderungen immer wieder stehen. Das Stehenbleiben und Innehalten lenkt die Aufmerksamkeit auf das Gehen. Wer geht, der geht einfach. Stehenbleibend macht sich der Erzähler erst klar, dass er geht oder gegangen ist. Wird das Gehen gehend selbst reflektiert, so kommt in der Unterbrechung dieses gleichmäßigen Ganges in Ruhe in den Blick, was den Gehenden umgibt.

Stehengeblieben ist die Wahrnehmung als *nunc stans* möglich: Die früher so schwer zu unterscheidenden Farben zeigen sich plötzlich alle auf einmal. Stehengeblieben, wird aus der plötzlichen Betrachtung unversehens eine Erzählung: Davon handelt eigentlich der ganze Text. Erzählt wird von der Aufhebung der Zeit. Die „Einheit zwischen meiner ältesten Vergangenheit und der Gegenwart“[29] wird hergestellt, die im Motto enthaltene Erinnerung an „nichts und alles“[30] wird so eingeholt. Eingeholt wird dies im erzählenden Gehen, im gehenden Erzählen. Innehalten ist ein Ruhemoment mitten in der Bewegung, der Unterschied zwischen Gehen und stehender Betrachtung hebt sich auf. Gegen Ende des Textes ist dem gehenden Erzähler schließlich gar nicht mehr klar, ob er geht oder steht. Das ist Ausdruck der Unabsichtlichkeit, der Unwillkürlichkeit: „Ich ging, immer angesichts des Berges; blieb manchmal unwillkürlich stehen“[31], dies steigert sich zum schon zitierten Satz: „Ich weiß jetzt nicht mehr, ob ich überhaupt stehengeblieben bin“[32] und wird schließlich ein Gehen, dessen vordergründige Aktivität überhaupt nicht mehr sichtbar ist: „eine Ruhe, die absichtslos weiterführt“[33].

Erzählt wird die Geschichte von einem, der als Kind Schwierigkeiten hatte, Farben zu unterscheiden, und der auf den Spuren Cézannes plötzlich in den Farben zu Hause ist, im Reich eines Malers umhergeht. (Das Reich eines Malers sind die Farben, wenn man mit Reich ein Herrschaftsgebilde meint, in dem man Souverän ist. Zugleich ist das Reich eines Malers jener reale Raum, in dem er sich bewegt hat und in dem sich jetzt der Erzähler bewegt.) Erzählt wird aber auch

---

[28] Vgl. Handke, *Lehre*, 100: „Das Schwellengefühl ist eine Ruhe, die absichtslos weiterführt.“

[29] Handke, *Lehre*, 10.

[30] Handke, *Lehre*, 7.

[31] Handke, *Lehre*, 40–41.

[32] Handke, *Lehre*, 56.

[33] Handke, *Lehre*, 100.

die Geschichte von diesem, der zweimal auf den Spuren Cézannes unterwegs ist und sich dabei an ein Schlüsselmoment im Leben erinnert, die Erkenntnis, ein lebenslang Schreibender zu sein, die durch das Cézanne-Erlebnis aktualisiert wird. Erzählt wird dies von einer Erzählgegenwart aus, die am Schluss des Textes erreicht ist. Der Wald am Südrand von Salzburg ist das Reich des Erzählers, in diesem Unzuhause-Zuhause gelingt das gehende Schreiben, das schreibende Gehen. Damit aber sind beschriebene Gegenwart und erschriebene Vergangenheit in ein zeitloses Gefilde geraten: im erzählenden Gehen wird ein Raum erkundet, die Zeit ist so lange hin- und hergedreht, bis sie gar nicht mehr zu unterscheiden ist: Der Wald beginnt sich zu drehen.

Dieses erzählte *nunc stans* kommt schon zu Beginn der Erzählung deutlich zum Ausdruck: „Einmal bin ich dann in den Farben zu Hause gewesen [...] ich war stehengeblieben auf einer Hügelkuppe der Route Paul Cézanne".[34] Der im Folgenden ausgefaltete Gegenstand der Erzählung, nämlich eben dieses In-den-Farben-zu-Hause sein wird hier exponiert und sogleich durch eine Analepse, in der das farbenschwache Kind beschrieben wird, scheinbar unterbrochen. Der Faden wird erst nach zwei weiteren Seiten wieder aufgenommen und durch einen „Vorgriff" in die Erzählgegenwart gleichsam der Zeit enthoben:

> Vor kurzem stand ich im Schnee auf dem Untersberggipfel. Knapp über mir, fast zum Angreifen, schwebte im Wind eine Rabenkrähe. Ich sah das wie ins Inbild eines Vogels gehörende Gelb der an den Körper gezogenen Krallen; das Goldbraun der von der Sonne schimmernden Flügel; das Blau des Himmels. – Zu dritt ergab das die Bahnen einer weiten luftigen Fläche, die ich im selben Augenblick als dreifarbige Fahne empfand. Durch sie sind aber die stofflichen Fahnen, die bisher den Anblick meist nur verhängt hatten, zumindest etwas Betrachtbares geworden; denn in meiner Phantasie steht ihre friedliche Ursache.[35]

Die unerhörte Begebenheit, dass einer, der, wie er meinte und gesagt bekam, die Farben nicht unterscheiden konnte, an einer unscheinbaren Krähe in der Luft, die zum Weiß des Schnees zunächst nichts als den schwarzen Gegenpart bildet, so viele Farben auf einmal zu sehen im Stande ist und sie meisterlich beschreiben kann, diese unerhörte Begebenheit hat eine Voraussetzung: das Stehen im Schnee. Die weiße Fläche, das Weiß, vor dem sich Farben zeigen können, verweist auch auf das weiße Blatt für den ersten Strich oder das erste Wort der Beschreibung von etwas, die leere Fläche als Hintergrund für die zu zeichnenden, zu beschreibenden Gegenstände.

Gehen und Stehenbleiben im Wechsel ist offenbar eine Tätigkeit in Muße, denn diese Tätigkeit ermöglicht Betrachtung in eminenter Weise: In dieser im Text mehrfach beschriebenen Betrachtung wird das Unscheinbare zugelassen,

---

[34] Handke, *Lehre*, 9–10.
[35] Handke, *Lehre*, 11.

damit etwas erscheinen (sich zeigen) kann.[36] Immer ist bei diesen Beschreibungen der Schnee und wenn nicht er, dann das „Weiß" des Berges im Spiel.

Es gab, bevor ich auf Cézanne traf (und nach Edward Hopper), schon einen anderen Maler, der mich von bloßen Meinungen zu den Bildern abbrachte, und sie als Beispiele betrachten und als Werke verehren lehrte.

Ich las zu der Zeit die Beschreibung eines deutschen Dorfs im 19. Jahrhundert, von einem schwäbischen Bauern, der ein Dichter geworden war. Er wollte jedem kleinlichen Anschauen des Menschen fernstehen und nannte seine Gedichte Evangelien der Natur, geschrieben von deren Leser. (Mir wiederum, seinem Leser, kommen hier beim Anblick eines bestimmten fernen Schneefelds, das sich im Sonnendunst oft nur durch einen kleinen Glanz vom Himmel unterscheidet, seine Verkündigungen nah: ‚Dein ist Alles, dein die Himmel selbst, und selbst die Sterne, wenn du Glanz hast für den Glanz der Ferne.')[37]

Wieder muss man sich neu klarmachen, dass der Farbenrausch dieses Textes auf den Spuren der Malerei ausgeht von einem Nichtunterscheidenkönnen. Hier allerdings wird die feinste Nuance zwischen Schneefeld und Sonnenlicht beschrieben. Hier werden Hintergründe zu Gegenständen, zu Erscheinungen, kommen selbst in den Blick. Dieser Leser der Natur gibt sich zu erkennen als Leser von Christian Wagner, die Lektüre der Natur ist gebrochene, vermittelte Lektüre der Natur, sie ist aber darin Lektüre der Natur. Indem der Erzähler diese Lektüre an seine Leser weitergibt, ergibt sich in dieser Vermittlung für ihn ein Wiedergewinnen dieser Lektüre, aus der er sein „Recht [...] zu schreiben"[38] ableitet. So geschult, werden für ihn die Dinge des Alltags zu „Gegenständen" (Das Café „an der Salzach", zum Beispiel, Busse und Passagiere, ein „Möwenschwarm"[39]). Im Gehen erwandert sich der Erzähler die Grundhaltung der Betrachtung. Dann erscheint Cézannes Berg mitten im Sommer wie das oben beschriebene Schneefeld in Salzburg: „mehr ein Lichtglanz als Farbe"[40], das grenzt freilich an ein „Wunder", denn Licht sieht man nicht, Licht ermöglicht die Farben, ist aber nicht selbst Farbe. Die Möglichkeit von Farbe als Farbe zu sehen ermöglicht erst das Farbensehen (zumindest das Farbenbeschreiben). Auf die beschriebene, gehende Weise also hätte sich der Erzähler, Muße habend, in die Möglichkeit geschrieben, Möglichkeiten zu beschreiben. Nur konsequent wird der Berg auf diese Weise fast zur „Himmelserscheinung"[41]: Himmel und Erde werden ununterscheidbar, müssen also auch nicht mehr verglichen werden.[42]

---

[36] Zum Begriff Unscheinbarkeit in diesem, die Erscheinung ermöglichenden Sinne, siehe Günter Figal, *Unscheinbarkeit. Der Raum der Phänomenologie*, Tübingen 2015.

[37] Handke, *Lehre*, 25.

[38] Handke, *Lehre*, 54.

[39] Handke, *Lehre*, 38.

[40] Handke, *Lehre*, 37.

[41] Handke, *Lehre*, 37.

[42] „Denk nicht immer Himmelsvergleiche bei der Schönheit – sondern sieh die Erde." (Handke, *Lehre*, 56)

So ununterscheidbar und dadurch erst zu unterscheiden werden in der Erzählung auch Ich und Welt oder Innen und Außen:

Die Farbe des Bodens ist jedenfalls das an dem Vorfall Nachwirkende. Wenn ich den Augenblick jetzt suche, stehe ich nicht mehr als der Jugendliche davor, sondern finde mich zeitlos, ohne Umriß, als mein Wunsch-Ich ganz in dem Rotbraun drin, als einer Klarheit, durch die ich mich und auch den ehemaligen Soldaten verstehen kann. (Zu Stifters ersten Erinnerungen gehörten die dunklen Flecken in ihm. Später wußte er, ‚daß es Wälder gewesen sind, die außerhalb waren'. Jetzt öffnen mir seine Erzählungen immer wieder farbige Stellen in gleichwelchen Wäldern.)[43]

Diese *unio* von Beschriebenem und Beschreibendem ist auch genau das Moment, das die eigentümliche Zeitlosigkeit des lange erzählten *nunc stans* ausmacht:

Da (nicht ‚plötzlich') stand mir die Welt offen. ‚Da' wurde auch woanders. Die Welt war ein festes tragendes Erdreich. Die Zeit steht ewig und täglich. Das Offene kann, immer wieder, auch ich sein. Ich kann die Verschlossenheit wegwollen. Ich soll beständig so ruhig in der Welt draußen (in den Farben und Formen) sein. Die Schuld trifft mich dann, wenn ich, in Gefahr, mich zu verschließen, nicht die auf Lebenszeit mögliche Geistesgegenwart will.[44]

Etwas wird erfahren: die Welt, das Offene. Diese Erfahrung führt zu der Aufhebung der Grenze zwischen Ich und Welt. Das Ich findet sich vielmehr als Teil dieses Offenen wieder, mit dem es auch die „Plätze" tauschen kann. Dass „Da" und „woanders" zugleich und dasselbe sein können, könnte nun zu Verunsicherung und dem Gefühl der Bodenlosigkeit führen, doch das Gegenteil ist der Fall, die „Welt" wird als „tragendes Erdreich" erfahren (der Heidegger-Leser Handke[45]

---

[43] Handke, *Lehre*, 12–13. „Nur außen, bei den Tagesfarben, *bin* ich." (Handke, *Lehre*, 22) Vgl. auch: „dazu ein Schweigen, mit dem das gewöhnliche Ich rein Niemand wurde und ich, mit einem Ruck der Verwandlung, mehr als bloß unsichtbar: *der Schriftsteller.*" (Handke, *Lehre*, 57) Hermann Lenz und Georges-Arthur Goldschmidt haben für dieses Bei-sich-im-Außen-Sein jeweils unterschiedliche und jeweils schöne Worte gefunden: „Dabei werden Augenblicks-Erfahrungen durch eine meditative Art der Beschreibung zu Innenbildern, die sich vertiefen. So entsteht eine Bilderfolge traumwandlerisch aufgenommener Wahrnehmungen" (Hermann Lenz, „Überwindung der Einsamkeit", in: Jale Melzer-Tükel/Gerhard Melzer (Hg.), *Peter Handke. Arbeit am Glück*, Königstein i. Taunus 1985, 25–31, 27); „Das Ich, das hier schreibt, zielt auf die denkbar genaueste Raumerfassung. Die Anstrengung Handkes ist auf die Erledigung jeglichen Ichinhalts aus. [...] Kein Schriftsteller steht der Introspektion so fern wie Handke, denn worum es ihm geht, ist die punktartige, körperliche ‚Stehmitte' im Raum, dieses eigentlich inhaltslose Existenzgefühl, welches Ausgangspunkt der Raumerfahrung überhaupt ist und damit auch die Wiederauferstehung der Weltlichkeit als Epos." (Georges-Arthur Goldschmidt, „Raumglück?", in: Jale Melzer-Tükel/Gerhard Melzer (Hg.), *Peter Handke. Die Arbeit am Glück*, Königstein im Taunus 1985, 75–81, 75)

[44] Handke, *Lehre*, 20.

[45] Vgl. Ulrich von Bülow, „Raum Zeit Sprache. Peter Handke liest Martin Heidegger", in: Günter Figal/Ulrich Raulff (Hg.), *Heidegger und die Literatur*, Frankfurt a.M. 2012, 131–156.

scheint gar nichts vom „Streit" zwischen „Welt" und „Erde" zu halten[46], wenn die „Welt" selbst „tragende Erde" werden kann). Aus dieser besonderen Welterfahrung folgt eine Gewissheit der Zeitlosigkeit (die Zeit steht). Daraus wieder folgt ein Können, ein Wollenkönnen („die Verschlossenheit wegwollen"), das wiederum zeitigt ein Sollen, den Imperativ des Schreibens, dessen Voraussetzung das voraussetzungslose Hinsehen (Geistesgegenwart) ist.

Die beschriebene Aufmerksamkeit, die durch die Übung des Gehens, Stehenbleibens, wieder Gehens, Sehens, Innehaltens, sich Erinnerns zum ‚dauernden Besitz' gemacht werden soll, wird an anderer Stelle in einer eigentümlichen Mischung beschrieben: „geistesgegenwärtig und tagträumend"[47], das ist wahrlich eine besondere Art der Aufmerksamkeit. Eine Art der Aufmerksamkeit, die sowohl in Stifters *Bergkristall* als auch in Manns *Zauberberg* thematisch ist.

Hier im Text Handkes hilft diese eingeübte Aufmerksamkeit, die Angst vor dem vermeintlichen Feind zu überwinden. Auch ihn gilt es mit wacher Aufmerksamkeit zu beschreiben, um an ihm vorbeizukommen. Das in vieler Hinsicht problematische Kapitel „Der Sprung des Wolfs"[48] ist in unserem Zusammenhang von Interesse, da auch hier das Gehen thematisiert wird: „Stumm, wie ich war, fiel mir auch das Gehen schwer."[49]

Die Begegnung mit dem als bedrohlich wahrgenommenen Hund, nach eigenem Eingeständnis des Erzählers auch ungezügelter Hass, ist die dunkle Rückseite der heiteren, gelassenen, mußevollen Durchwanderung der schönen Natur. Alles Gesehene scheint zu nichts zu werden, wenn das hasserfüllte, „kriegsmäßige Starren"[50] aus Angst Raum greift im Ich. Dann ist kein Reden mehr, kein Erzählen mehr möglich und auch nicht das Gehen.

Die Episode ist deshalb wichtig, weil die sonnige Beschreibung der in Muße ergangenen und wahrgenommenen Welt mit all ihren überraschenden Stimmigkeiten auch bei Handke – ähnlich wie im Schnee-Traum Hans Castorps – nicht ohne ihr Gegenteil da wäre.

Das berühmte „sanfte Gesetz", von dem Stifter in der Vorrede zu *Bunte Steine* spricht, das Handke aufnimmt und zitiert, ist, wie Handke wieder an einem Bild Cézannes ausführt, ein Tanz, der „eine lebensgefährliche Bedrohung" abwehrt. So erklärt er sich auch die Tatsache, dass „Stifters Erzählungen fast regelmäßig

---

46 Martin Heidegger, „Der Ursprung des Kunstwerkes", in: *Holzwege*, Gesamtausgabe, Bd. 5, hg. v. Friedrich-Wilhelm von Herrmann, Frankfurt a. M. 1977, 1–74, bes. 35.

47 Handke, *Lehre*, 46.

48 Handke, *Lehre*, 43–50. Siehe dazu, insbesondere zur problematischen Zeichnung Reich-Ranickis, Norbert Christian Wolf, „Autonomie und/oder Aufmerksamkeit? Am Beispiel der medialen Erregungen um Peter Handke, mit einem Seitenblick auf Marcel Reich-Ranicki", in: Markus Joch (Hg.), *Mediale Erregungen? Autonomie und Aufmerksamkeit im Literatur- und Kulturbetrieb der Gegenwart*, Tübingen 2009, 45–63, 56–57.

49 Handke, *Lehre*, 48–49.

50 Handke, *Lehre*, 49.

zu Katastrophen ausarten".[51] „Das gleichmäßige Gehen war schon der Tanz"[52] erhält dann nochmal eine andere Bedeutung. „Worum es geht, nicht nur ihm, dem Maler, und nicht nur jetzt mir, einem Schriftsteller"[53], ist nicht wenig und nicht nebensächlich. Es geht um den Tanz des Lebens vor dem nicht wegzudichtenden Hintergrund Tod. Gelingt dieser „Tanz" im „gleichmäßigen Gehen", so gelingt er im Alltäglichsten des Tuns. Muße ist die Weise, *dies* einzuüben.

2. „Von da an saßen die Kinder, und schauten". Adalbert Stifter, *Bergkristall*

Führt Handke in der *Lehre der Sainte-Victoire* die Suche nach einem Zustand der „Ruhe und Freude" vor, die zur Beschreibung des kreativen Muße-Zustandes gerät, zeigt Stifter in *Bergkristall*, wie die kontemplative Haltung, mit der Kinder von Natur aus der Welt begegnen, ihr Muße-Modus, im rechten Moment aktiviert, ihnen auf die unwahrscheinlichste Weise das Leben rettet.

Den Kindern in Stifters Erzählung liegt es fern, sich Gedanken darüber zu machen, wie sie gehen, sie gehen eben. Zwar haben sie ein Ziel, das Haus der Großeltern im anderen Tal, das sie auch nach etwas mehr als zwei Wegstunden erreichen (obwohl der Weg eigentlich drei Wegstunden lang ist)[54] einerseits und das Heimatdorf Gschaid auf dem Rückweg andererseits. Jedoch ihr Gehen ist alles andere als zielgerichtet. Auf dem Hinweg betrachten sie vielmehr ausführlich die umgefallene Unglückssäule, gewöhnlich gehen sie mal rechts, mal links vom Weg ab um die Gegend zu erkunden, gelangen rechtzeitig, wie im Tagtraum, wieder auf ihren Weg und kommen bei der Großmutter an. Die mütterlichen Ratschläge sind gerade spielend vergessen, da folgen die großmütterlichen: Kaum angekommen, werden die Kinder zur Eile getrieben (von der sie so offensichtlich keinen Begriff haben), so ostentativ, dass an Muße und Betrachtung auch nicht im Entferntesten zu denken ist. Der Gegensatz zwischen dieser Anleitung zur Zielstrebigkeit und Effizienz und dem zeitlosen Dahingehen der Kinder im erst freundlichen und dann bedrohlichen Winterwald könnte nicht größer sein.

---

[51] Handke, *Lehre*, 59.

[52] Handke, *Lehre*, 41.

[53] Handke, *Lehre*, 60.

[54] Vgl. Stifter, „Bergkristall", 169: „obwohl nur drei Wegstunden zwischen den beiden Tälern liegen" und 180–181: „nach Verlauf einer Stunde [...] waren sie auf der Höhe angekommen" und „Abermal nach einer Stunde wichen die dunklen Wälder zurück [...] und nach kurzem liefen sie auf den Wiesen in das Millsdorfer Tal hinab". Die altertümliche Beschreibung der Entfernung durch „Wegstunden" nimmt auch Handke in der *Lehre* auf: „kaum eine Wegstunde entfernt steht er [der Wald], vom Stadtgebiet aus gesehen, doch schon in einer leichten Fernbläue" (Handke, *Lehre*, 95). In einem Text, der das Gehen thematisiert, ist diese Art der Streckenmessung ja nur folgerichtig.

Dabei scheint die Anleitung zur Eile bei den Kindern gerade zu ausgeprägtem Muße-Verhalten zu führen: sie halten sich immer wieder auf, sie spielen, sie erzählen.[55] Nicht zuletzt der Betrachtung kommt ein zentraler Stellenwert zu. Indem die Kinder sich etwas, das auf dem Wege liegt, ausführlich anschauen, werden sie scheinbar aufgehalten, sie bewegen sich zumindest nicht zielstrebig und vergessen die Zeit.[56] Das ist ein Merkmal der Muße. Als mußevoll ist die Weise der Kinder zu sein auch durch die Signalwörter Vergnügen[57], Stille, Ruhe und Freude gekennzeichnet[58].

Die ausgeprägte Lust an der Betrachtung teilen die Kinder mit jener wie am Rande erwähnten Figur im Text, die einen Hinweis auf ihren Erzähler gibt: „Ein einsamer Fußreisender", der als einer der wenigen Fremden in Gschaid auftaucht und die Berge, das Dorf, die Menschen „betrachtet".[59] Vielleicht auch, um ihre Geschichten, die zur Ehre des Berges vorgetragenen ‚Lügen'[60], zu hören und niederzuschreiben[61]?

Wenn dieser Erzähler identisch oder jedenfalls nah verwandt ist mit der Erzählstimme in Vorrede und Einleitung zu *Bunte Steine*, dann liebt er es, im „Freien herum(zu)schweifen"[62], zu sammeln, zu spielen, zur Freude von sich und seinen Lesern „Spielereien" zu betreiben[63], indem er die „gewöhnlichen und alltäglichen in Unzahl wiederkehrenden Handlungen der Menschen"[64], das Unscheinbare könnte man auch sagen, beobachtet und versuchsweise niederschreibt um ‚denen Lesern' eine „vergnügte Stunde" zu machen[65].

---

55 Stifter, „Bergkristall", 177–178.

56 Stifter, „Bergkristall", 180–181.

57 Stifter, „Bergkristall", 181.

58 Stifter, „Bergkristall", 184–185.

59 Stifter, „Bergkristall", 164.

60 Vgl. Stifter, „Bergkristall", 165.

61 Er wäre dann dem „Maler" verwandt, der all das „in seine Mappe zeichnet" (Stifter, „Bergkristall", 164). Dies legt der „Verfasser" in der Einleitung selbst nahe: „Dieser Sammelgeist ist noch immer nicht von mir gewichen. Nicht nur trage ich noch heut zu Tage buchstäblich [!] Steine in der Tasche nach Hause, um sie zu zeichnen oder zu malen, und ihre Abbilder dann weiter zu verwenden, sondern ich lege ja auch hier eine Sammlung von allerlei Spielereien und Kram für die Jugend an" (Adalbert Stifter, „Bunte Steine", in: Stifter, *Bunte Steine und Erzählungen*, 10. Aufl., Düsseldorf 2006 [Vollständiger Text nach der Erstausgabe von 1853 (*Bunte Steine*) und den jeweiligen Erstdrucken (*Erzählungen*). Mit einem Nachwort und einer Auswahlbibliographie von Uwe Japp sowie Anmerkungen und einer Zeittafel von Karl Pörnbacher], 7–307, 16).

62 Stifter, „Bunte Steine", 15.

63 Stifter, „Bunte Steine", 7, 16.

64 Stifter, „Bunte Steine", 11.

65 Stifter, „Bunte Steine", 7. Das romantisch inspirierte Gespräch mit dem Leser nimmt auch der Erzähler in Handkes *Lehre* in ganz ähnlicher Weise und in Anlehnung an Stifter auf. Heißt es bei Stifter, er wolle „gleichgesinnten Freunden eine vergnügte Stunde" machen, liest man bei Handke vom „verborgenen Volk" der Leser (Handke, *Lehre*, 57–58).

Die gesammelten Kleinodien, die Erzählungen in *Bunte Steine*, bietet der „Verfasser" seinen Lesern explizit zur „Betrachtung" dar.[66] Von hier aus kann man die Verwandtschaft dieser Erzählerstimme mit der aus *Bergkristall* noch einmal verständlich machen. Betrachtung ist die bevorzugte Tätigkeit des „einsamen Fußreisenden", sie ist die bevorzugte Tätigkeit der Kinder und sie bestimmt auch das Leben im Dorf allzumal in den Wintermonaten.

In *Bergkristall* nun ist der „Berg der Gegenstand der Betrachtung der Bewohner" und damit der Gegenstand der „Geschichten", die man sich in Muße-Stunden, zum Beispiel am Weihnachtsabend erzählt.[67] Das Weihnachtsfest erscheint, wie überhaupt das Leben aus der Perspektive der Kinder oder des kindhaft betrachtenden Erzählers, als ein Muße-Fest:

> Wenn dann der folgende Tag, der Christtag kömmt [...] und wenn nachmittags oder gegen den Abend hin Freunde und Bekannte kommen, auf den Stühlen und Bänken herum sitzen, mit einander reden, und behaglich durch die Fenster in die Wintergegend hinaus schauen können [...]. Hierauf vergeht der lange Winter, es kömmt der Frühling und der unendlich dauernde Sommer – und wenn die Mutter wieder vom Heiligen Christe erzählt, daß nun bald sein Festtag sein wird, und daß er auch diesmal herab kommen werde, ist es den Kindern, als sei seit seinem letzten Erscheinen eine ewige Zeit vergangen und als liege die damalige Freude in einer weiten nebelgrauen Ferne.[68]

Es folgt bekanntlich die so unheimliche wie unwahrscheinliche Geschichte einer Weihnachtsnacht, und der oben erwähnte Christtag nach der überstandenen Heiligen Nacht ist ein Muße-Tag, schöner, als alle zuvor:

> In dem Wirtshause in Gschaid war es an diesem Abende lebhafter als je. Alle, die nicht in der Kirche gewesen waren, waren jetzt dort, und die andern auch. Jeder erzählte, was er gesehen und gehört, was er getan, was er geraten, und was für Begegnisse und Gefahren er erlebt hat.[69]

Was würde aus der Geselligkeit, wenn sich nicht etwas ereignet hätte, oder wenn sich, vielleicht, etwas hätte so oder so ähnlich ereignen können, darüber man dann sprechen kann?[70]

Zum Beispiel die Geschichte der beiden Kinder, die über den „Hals" zur Großmutter wandern, wie schon oft und auf dem Rückweg vom Schnee in die Irre geleitet werden, auf wundersame Weise die Nacht überleben und am nächsten Tag von den Suchtrupps aus dem Dorf auch noch gefunden und heimgeführt werden? Die beteiligten Personen tauschen sich hinterher über das aus, was sie dabei erlebt haben, in welcher Weise jeder am Geschehen aktiv beteiligt war. Was die

---

[66] Stifter, „Bunte Steine", 16.

[67] Stifter, „Bergkristall", 164.

[68] Stifter, „Bergkristall", 163.

[69] Stifter, „Bergkristall", 210.

[70] Siehe dazu: Martin Swales, „Homeliness and Otherness. Reflections on Stifter's *Bergkristall*", in: Charlotte Woodford/Benedict Schofield (Hg.), *The German Bestseller in the Late Nineteenth Century*, Rochester, N.Y. 2012, 115–125, 118–119.

Kinder auf dem „Zauberpalast“[71], wie der Berg auch genannt wird, erlebt haben, wie sie die Nacht überstanden haben, das interessiert die Menschen, zu denen sie zurückgekehrt sind, kaum. Auf die Nachricht der kleinen Sanna, sie habe „heute nachts, als wir auf dem Berge saßen, den Heiligen Christ gesehen“, reagiert ihre Mutter mit den gesicherten Konventionen des Festes: „er hat dir auch Gaben gesendet, die du bald bekommen wirst.“[72]

Was also ist in der Nacht auf dem Berg geschehen, wie haben die Kinder eine Nacht im ewigen Eis überleben können? Die vielzitierte und vielinterpretierte Stelle im Text lautet:

> so würden sie den Schlaf nicht haben überwinden können, dessen verführende Süßigkeit alle Gründe überwiegt, wenn nicht die Natur in ihrer Größe ihnen beigestanden wäre, und in ihrem Innern eine Kraft aufgerufen hätte, welche im Stande war, dem Schlafe zu widerstehen.[73]

Trotz des Kaffees, den die Kinder getrunken haben, der sie zunächst wach, dann aber umso müder gemacht hat, trotz der Gewissheit, nicht schlafen zu dürfen, sind die Kinder dem tödlichen Schlaf im Eis nahe, als hier die „Natur“ eingreift. Die Kraft, die im „Innern“ der Kinder aufgerufen wird, ist die in ihrem natürlichen Muße-Verhalten immer schon eingeübte Kraft der Betrachtung und der aufmerksamen Wahrnehmung. Dass diese Kraft „aufgerufen“ wird, besagt ja, dass sie in den Kindern da ist und also aktualisiert wird. Die schlaftrunkene Aufmerksamkeit, geradezu eine Überwachheit, der Zustand, den Handke „geistesgegenwärtig tagträumend“[74] nennt, kann aber nur aufgerufen werden, weil sich etwas der Betrachtung darbietet: Die Natur „in ihrer Größe“ bietet allen Sinnen der müden Kinder ein Schauspiel, das das Schlafbedürfnis vergessen macht: Das Eis kracht (die Ohren sind gefordert) und „auch für die Augen begann sich etwas zu entwickeln“, Nordlicht ist zu sehen, sodann die Sterne und sodann die Morgendämmerung.[75] Der Text beschreibt diese Naturerscheinungen aus der Perspektive der Kinder derart detailliert, differenziert und facettenreich, dass die Aufmerksamkeit des Lesers ganz weg von der drohenden Gefahr des Erfrierens gelenkt wird und ganz hin zu dem die Kinder in ihren Bann ziehenden Naturschauspiel.[76] So wird nachvollziehbar, dass die Kinder darüber vergessen zu schlafen und die Nacht bis zum Sonnenaufgang überleben. Die „Kraft“ der Betrachtung – nicht gleichzusetzen mit der Phantasie! –, die Fähigkeit, sich ganz

---

71 Stifter, „Bergkristall“, 165.
72 Stifter, „Bergkristall“, 210.
73 Stifter, „Bergkristall“, 200.
74 Handke, *Lehre*, 46.
75 Stifter, „Bergkristall“, 200.
76 Gaby Hartel findet für diesen Mitvollzug der Geschichte (an einem anderen Beispiel) die folgenden, schönen Worte: „Wir, die mitgehenden, zuschauenden Leser, befinden uns also wie der Autor in einem sinnlich wie ästhetisch empfundenen ‚smooth space‘.“ (Hartel, *„Punkt in Bewegung“*, 161)

und gar auf etwas zu richten, das nicht man selbst ist, rettet, so unwahrscheinlich es realiter sein mag, so möglich in der Erzählung, das Leben.

Die hier lebensrettende Betrachtung üben die Kinder gehend ein. Das Gehen, so konstitutiv es für die Erzählung ist, wird zwar nicht in gleicher Weise thematisch wie in Handkes *Die Lehre der Sainte-Victoire*. Anders als der Schriftsteller dort, der sich in ein absichtsloses Gehen erst hineinschreiben muss, beschreibt *Bergkristall* das Gehen der Kinder naturgemäß als ein unreflektiertes Gehen. Dennoch ist es aufschlussreich, sich die Weisen des Gehens unter dem Aspekt der Muße-Fähigkeit, die sich in der bedrohlichen Situation als zeitaufhebend-lebenerrettend aktualisieren lässt, genauer in den Blick zu nehmen.

Der Weg, den die Kinder später nehmen, wird zunächst allgemein beschrieben („man geht"…)[77], von dem Weg, auf dem sie sich später verirren, etwa heißt es, dass man hier „nicht leicht irren kann", weil man „immer in einer Rinne gleichsam wie in einem ausgerundeten Graben" geht[78]. Die Gegend, in die die Kinder schließlich geraten, wird genau beschrieben. Auch wird betont, dass die Kinder den Weg ausgesprochen gut kennen, weil sie ihn schon oft zurückgelegt haben. Der Weg der Kinder wird sodann zunächst auch allgemein beschrieben. Gewöhnlicher Weise läuft der Weg der Kinder nach einem bestimmten Muster ab, in das die Muße im Gehen eingebaut ist. So gehen sie „an schönen Tagen […] allgemach über die Erhöhung hinan, und kamen, ehe der Mittag eingetreten war, auf den offenen Wiesen auf der anderen Seite gegen Millsdorf hinunter".[79] Und hier wird wie nebenbei die Sinnenwachheit der Kinder beschrieben, die sie im Schnee angesichts des krachenden Eises und des leuchtenden Himmels aktualisieren können:

> Konrad zeigte Sanna die Wiesen, die dem Großvater gehörten, dann gingen sie durch seine Felder, auf denen er ihr die Getreidearten erklärte, dann sahen sie auf Stangen unter dem Vorsprunge des Daches die langen Tücher zum Trocknen herab hängen, die sich im Winde schlängelten oder närrische Gesichter machten, dann hörten sie seine Walkmühle und seinen Lohstampf, die er an seinem Bache für Tuchmacher und Gerber angelegt hatte, dann bogen sie noch um eine Ecke der Felder und gingen im kurzen durch die Hintertür in den Garten der Färberei, wo sie von der Großmutter empfangen wurden.[80]

Das Wie-von-alleine-Gehen, wie von alleine den Weg Finden, hier das eine und dort das andere Wahrnehmen, ohne an das Ziel, das man dennoch erreicht, zu denken, wird nun jäh gewendet. Von der Großmutter werden die Kinder ‚geführt', sie ‚lässt' sie dies und jenes tun, ‚lässt' anderes nicht zu, die Kinder ‚dürfen' das eine oder das andere, „wenn es nur nicht unschicklich oder verboten war".[81] In dieses Korsett des Tuns fügt sich das oben schon erwähnte Antreiben zur Eile

[77] Stifter, „Bergkristall", 167.
[78] Stifter, „Bergkristall", 167.
[79] Stifter, „Bergkristall", 176.
[80] Stifter, „Bergkristall", 176.
[81] Stifter, „Bergkristall", 177.

direkt ein. Die Erzählung verknüpft das ausgeprägte Muße-Verhalten der Kinder auf dem Rückweg gar kausal mit dem Eile-Gebot der Großmutter:

Weil die Großmutter die Kinder immer schon vor der Zeit zum Fortgehen drängte, damit sie nicht zu spät nach Hause kämen, so erzielte sie hiedurch, daß die Kinder gerade auf dem Wege bald an dieser bald an jener Stelle sich aufhielten. Sie saßen gerne an dem Haselnußgehege, das auf dem Halse ist, und schlugen mit Steinen Nüsse auf, oder spielten, wenn keine Nüsse waren, mit Blättern oder mit Hölzlein oder mit den weichen braunen Zöpfchen, die im ersten Frühjahre von den Zweigen der Nadelbäume herab fielen. Manchmal erzählte Konrad dem Schwesterchen Geschichten, oder wenn sie zu der roten Unglückssäule kamen, führte er sie ein Stück auf dem Seitenwege links gegen die Höhen hinan, und sagte ihr, daß man da auf den Schneeberg gelange [...] er führte sie oft über den Wald hinaus, sie betrachteten dann den dürren Rasen und die kleinen Sträucher und Heidekräuter; aber er führte sie wieder zurück, und brachte sie immer vor der Abenddämmerung nach Hause, was ihm stets Lob eintrug.[82]

Sitzen, Nüsse aufschlagen, mit Blättern, ‚Hölzlein' oder Trieben spielen, Geschichten erzählen, vom Weg abschweifen, um Gras und Sträucher zu betrachten, die in der Ebene nicht wachsen: all das sind nicht zielgerichtete, scheinbar sinnlose Tätigkeiten, von denen der Pädagoge weiß, dass sie nicht sinnlos sind, und von denen der Leser der Erzählung weiß, dass sie diejenigen Tätigkeiten sind, die die Kraft der Betrachtung in der Eisnacht erst wachrufen können. Das hier allgemein beschriebene schweifende Gehen der Kinder, das sie dennoch rechtzeitig an ihr jeweiliges Ziel gelangen lässt, wiederholt sich nun kunstvoll in anderer Richtung an jenem dann genau und im Einzelnen beschriebenen Gang am Heiligen Abend. Die Mutter spricht imperativisch, als kennte sie die Gewohnheiten ihrer Kinder auf dem Weg:

so müsset ihr bei Zeiten fort gehen, ihr müsset an keinem Platze stehen bleiben [...] so müsset ihr gleich wieder umkehren, und nach Hause trachten; denn die Tage sind jetzt sehr kurz, und die Sonne geht gar bald unter.[83]

Die Wortwahl könnte nicht deutlicher zielgerichtet sein (bei Zeiten fortgehen, nicht stehen bleiben, gleich umkehren und nach Hause trachten). Die Kinder aber „hüpften" der Mutter davon, „gingen schleunig längs des Dorfplatzes hinab, und dann durch die Häusergasse und endlich zwischen den Planken der Obstgärten in das Freie hinaus"[84], sie gehen dann ferner „leicht fort", sie „gingen" und „schauten"[85], dann, vielleicht, weil das Schauen doch wieder aufgehalten hat, „liefen sie [...] fort" und verlassen, „nach der Natur der Kinder" den „glatten Pfad" und gehen stattdessen auf dem Eis in den Radfurchen und freuen sich an dem Bild auf der umgefallenen „Unglückssäule"[86]:

---

[82] Stifter, „Bergkristall", 178.
[83] Stifter, „Bergkristall", 179.
[84] Stifter, „Bergkristall", 179.
[85] Stifter, „Bergkristall", 180.
[86] Stifter, „Bergkristall", 180.

aber da sie einmal lag, so machte es ihnen Freude, daß sie das Bild und die Schrift so nahe betrachten konnten, wie es sonst nie der Fall gewesen war. Als sie alles – den Korb mit den Semmeln, die bleichen Hände des Bäckers, seine geschlossenen Augen, seinen grauen Rock und die umstehenden Tannen – betrachtet hatten, gingen sie wieder weiter.[87]

Schon wieder betrachten die Kinder (das Wort taucht sogar zweimal auf), rein zu ihrer Freude etwas und halten sich darüber auf. Sie betrachten freilich aus der Nähe, was sie so nah zuvor nie gesehen haben, den Tod des Bäckers, an den das Mahnmal erinnert.

Die Unwillkürlichkeit, mit der die Kinder wie im Traum den Weg in der rechten Zeit zurücklegen, wird auch in anderer Hinsicht beschrieben. Wie von alleine nämlich gelangen sie nach Millsdorf. Nicht sie sind aktiv und legen einen Weg zurück, sondern nach „einer Stunde wichen die dunklen Wälder zu beiden Seiten zurück [...] einzelne Eichen und Gebüschgruppen empfingen sie, geleiteten sie weiter".[88] Der Weg scheint sich von alleine zu bahnen für die ankommenden Kinder. Ihr „sehr großes Vergnügen" an den „Eistäfelchen", die das Mühlrad auf den Weg befördert hat, wird von der entgegenkommenden Großmutter unterbrochen, die sie, wie schon beschrieben, ins Haus „führte" und im gleichen imperativischen Ton wie die Mutter sogleich wieder zur Eile treibt: „heute müßt ihr bald fort [...] darum müßt ihr euch sputen"[89], sie geht „geschäftig hin und her" und macht einen gravierenden Erziehungsfehler, indem sie den Kindern sagt, was sie alles nicht tun sollen: „habe acht, daß du nicht frierst, erhitze dich nicht; und daß ihr nicht über die Wiesen hinauf und unter den Bäumen lauft"[90].

Vor so vielen Gefahren gewarnt, kommt den Kindern nicht in den Sinn, dass der unmittelbar nach ihrem Aufbruch einsetzende „äußerst langsame" Schneefall eine Gefahr sein könnte. Vielmehr gehen sie „freudiger fort", in den Wald „hinein", sie betrachten den gefrorenen Boden, der sich anders zeigt als sonst, und die „mit Flocken beschwert[en]" Grashalme.[91] Es ist Sanna, die gewöhnlich immer nur „ja Konrad" sagt, die zuerst die Sorge äußert, es könnte vielleicht überall schneien, und in der Folge ihre „Schritte verdoppelte", um mit denen des „dahinschreitenden Knaben" mitzuhalten.[92] Erstmals ist hier von einem bewussten, zielgerichteten Gehen die Rede. Sie gehen dann „rüstig" weiter, nur, um sich am Neuschnee dann doch wieder zu freuen, auf denselben zu treten (weniger zielgerichtet) und in ihm zu waten.[93] In diesem nichtsnutzigen sich Freuen am Schnee tritt „Ruhe" ein, als wäre „der ganze Wald gleichsam ausgestorben"[94],

[87] Stifter, „Bergkristall", 181.
[88] Stifter, „Bergkristall", 181.
[89] Stifter, „Bergkristall", 181.
[90] Stifter, „Bergkristall", 182.
[91] Stifter, „Bergkristall", 183.
[92] Stifter, „Bergkristall", 184.
[93] Stifter, „Bergkristall", 184.
[94] Stifter, „Bergkristall", 184.

die Kinder beginnen nach geraumer Zeit den Schnee zu ‚furchen' und das „Gehen" wird „beschwerlicher"[95]. Jetzt erst richtet sich die Aufmerksamkeit auf die Selbstverständlichkeit des Gehens selbst. „Sie gingen fort" tritt ab da gehäuft auf. „Wir gehen immer auf dem Wege fort" wird ostinat wiederholt und schließlich steht das Vorankommen ganz im Mittelpunkt: „sie gingen sehr schleunig".[96] Über dem nun sehr zielgerichteten und beschleunigten Gehen verlieren die Kinder allerdings das Gefühl für die Richtung, es ist der falsche Weg. Unterdessen geht auch das Zeitgefühl, das die Kinder sonst, bei aller Verlorenheit an die Betrachtung, immer noch rechtzeitig ans Ziel gebracht hatte, verloren.[97] Sie wiederholen die Eile-Imperative der Großmutter („wir müssen uns sputen")[98], sie „streben" mit „eilenden Füßlein" und irren dabei gefährlich[99].

Der Versuch der Orientierung durch die gewohnte Betrachtung gelingt nicht mehr, weil es in der „weiße[n] Finsternis"[100] nichts zu erblicken gibt[101] und mitten im „stummen Schütten"[102] auch nichts zu hören ist.[103]

Das Gehen gerät nun zum Klettern und Kriechen[104], nachdem die Kinder ein Dach gefunden haben, besteht ihr Tun aus „sitzen", „stehen" und „herumgehen"[105]. Die schon beschriebene Rettung kommt, indem sie wieder etwas hören und sehen können. Das Ziel und die Eile, vor allem aber der Schnee hatten sie von jeder Möglichkeit der Betrachtung, vom Außen abgeschnitten. „Von da an saßen die Kinder, und schauten"[106] markiert den Beginn jener betrachtenden Haltung, den den Kindern natürlichen Muße-Modus, der ihnen endlich das Leben rettet.

3. „gelassen abseits". Thomas Mann, *Schnee*

Thomas Mann gibt sich, wie auch Handke, umstandslos als Stifter-Leser zu erkennen.[107]

---

95 Stifter, „Bergkristall", 185.

96 Stifter, „Bergkristall", 186: „Die Kinder gingen fort. Sie duckten die Köpfe dichter in ihre Kleider, und gingen fort. […] Wir gehen immer auf dem Wege fort, der Wege geht zwischen den Bäumen, und wenn er zu dem Platze der Unglückssäule kömmt, dann wird er abwärts gehen, wir gehen auf ihm fort."

97 Stifter, „Bergkristall", 186–187.

98 Stifter, „Bergkristall", 187.

99 Stifter, „Bergkristall", 188.

100 Stifter, „Bergkristall", 189.

101 Stifter, „Bergkristall", 187.

102 Stifter, „Bergkristall", 187.

103 Stifter, „Bergkristall", 188.

104 Stifter, „Bergkristall", 194.

105 Stifter, „Bergkristall", 195.

106 Stifter, „Bergkristall", 196.

107 Vgl. Uwe Japp, „Nachwort", in: Adalbert Stifter, *Bunte Steine und Erzählungen*,

Seine explizit auf Stifter bezogenen Äußerungen haben bislang allerdings nahezu übersehen machen, wie eng das berühmte Schnee-Kapitel im *Zauberberg* an dem Irrweg der Stifter-Kinder entlang konzipiert ist. Ist hier in genauer Analogie von der „Weiße[n] Verfinsterung“[108], der „Totenstille“[109], der „Weiße[n] Finsternis“[110] die Rede, so ist bis ins Vokabular hinein im *Zauberberg* ein Stifter-Schüler am Werk. Ob gar der Titel *Der Zauberberg* von Stifters Beschreibung des Schneeberges herrührt, sei dahingestellt und zugleich nahegelegt:

Wenn man die Jahresgeschichte des Berges sieht, so sind im Winter die zwei Zacken seines Gipfels, die sie Hörner heißen, schneeweiß, und stehen, wenn sie an hellen Tagen sichtbar sind, blendend in der finstern Bläue der Luft; alle Bergfelder, die um diese Gipfel herum lagern, sind dann weiß; alle Abhänge sind so; selbst die steilrechten Wände, die die Bewohner Mauern heißen, sind mit einem angeflogenen weißen Reife bedeckt, und mit zartem Eise wie mit einem Firnisse belegt, so daß die ganze Masse wie ein Zauberpalast aus dem bereiften Grau der Wälderlast emporragt, welche schwer um ihre Füße herum ausgebreitet ist.[111]

Der Erzähler im *Zauberberg* beschreibt seinen Schneeberg *in situ* und nicht, wie in der zitierten Stelle aus *Bergkristall*, vom Tal aus:

Statt der Sonne jedoch gab es Schnee, Schnee in Massen, so kolossal viel Schnee, wie Hans Castorp in seinem Leben noch nicht gesehen. […] Sie [die Schneefälle] waren monströs und maßlos, erfüllten das Gemüt mit dem Bewußtsein der Abenteuerlichkeit und Exzentrität dieser Sphäre. Es schneite Tag für Tag und die Nächte hindurch, dünn oder in dichtem Gestöber, aber es schneite. Die wenigen gangbar gehaltenen Wege erschienen hohlwegartig, mit übermannshohen Schneewänden zu beiden Seiten, alabasternene Tafelflächen, die in ihrem körnig kristallischen Geflimmer angenehm zu sehen waren.[112]

Wie die Kinder in *Bergkristall*, so verirrt sich Hans Castorp im Schnee, der ihn blind und taub macht; wie diese, gerät er in eine überwache Müdigkeit, ausgelöst durch ein scheinbar stärkendes Getränk. In dieser Müdigkeit sieht er alle möglichen Erstaunlichkeiten, die ihn vom Schlaf abhalten, und findet den Heimweg, nachdem der Schneefall aufgehört hat. Ist das Muster für diese Irrfahrt im Schnee also deutlich, so gilt es umso mehr, genau hinzusehen, was das Schnee-Kapitel im *Zauberberg* und der Schnee-Abschnitt in *Bergkristall*, bezogen auf die Frage nach Muße im Gehen, gemeinsam haben und was beide Texte zugleich voneinander unterscheidet.

---

10. Aufl., Düsseldorf 2006, 773–802 sowie Michael Neumann, *Thomas Mann. Der Zauberberg. Kommentar*, Große kommentierte Frankfurter Ausgabe, Bd. 5.1, hg. v. Heinrich Detering u. a., Frankfurt a. M. 2002, 304–305.

108 Mann, *Zauberberg*, 660.

109 Mann, *Zauberberg*, 650, vgl. auch 654.

110 Mann, *Zauberberg*, 646.

111 Stifter, „Bergkristall“, 165–166. Vgl. zu diesen Analogien auch Neumann, *Kommentar*, GKFA 5.1, 304–307.

112 Mann, *Zauberberg*, 643–644.

Von Anfang an: Hans Castorp findet sich, wie bekannt, unfreiwillig in einem der Muße verschriebenen Raum – dem Kurhotel –, aus dem er, anders als geplant, nicht mehr herausfindet (zweimal reißt er aus: einmal in den Schnee und einmal in den Krieg).

Man sollte diesen Mußeraum Kurhotel genau betrachten, um zu verstehen, was Castorp flieht und wohin er gerät.

Der „Mußeraum" Kurhotel ist durch und durch von der aus der Arbeitswelt stammenden Effizienz her organisiert. Das geht – in der Parodie – so weit, dass das Wetter „Verpflichtungen" hat, denen es nicht nachkommt[113], was die „Oberleitung" dazu anhält, für den „Fehlbetrag an echtem Himmelslicht" „Aushilfe und Schadenersatz" durch einen „Apparat für ‚künstliche Höhensonne'" zu sorgen.[114] Der Winter wird an seinen „Leistungen" gemessen[115], dem entsprechen die „Tröstungs*ansprüche*" der unheilbar Kranken, die einen „Pakt" geschlossen haben, der ihnen „gegen den Verzicht auf Freuden und Plagen des Flachland-Menschentums ein zwar lebloses, aber ganz leichtes und vergnügliches Leben verbriefte, – sorglos bis zur Aufhebung der Zeit und vollkommen günstig"[116].

Entpflichtung, Zeitlosigkeit, Leichtigkeit, Sorglosigkeit. Wichtige Bedingungen für Muße scheinen erfüllt; aber selbst die ‚contemplatio', das Liegen und Schauen, ist durch Effizienz charakterisiert: „Gewöhnlich hörte es auf zu schneien um diese Stunde, gleichsam um einen Überblick über das *Erreichte* zu gewähren, ja, diesem *Zweck* schienen auch die wenigen eingestreuten Sonnentage zu dienen."[117]

Aus dieser verordneten Langeweile also drängt es Hans Castorp hinaus, in den Schnee. Der Weg, den er sich sucht, liest sich wie eine Parodie auf die Schneewanderung der Kinder in Stifters *Bergkristall.* So selbstverständlich wie das Gehen in der Natur für die Kinder dort ist, so unselbstverständlich ist für Hans Castorp jede Bewegung außerhalb des Berghofs und dann schon gar die Bewegung im Schnee. Dem Gehen wird entsprechend viel Platz in der Beschreibung der Szenerie eingeräumt. Von der Mühseligkeit der Fortbewegung im Neuschnee ist immer wieder die Rede[118], im Gegensatz zum angefrorenen Schnee, auf dem „es sich leichter und angenehmer […] als auf Parkett […] genauso leicht wie auf dem […] federnden Sandboden am Saume des Meeres [ging]". Die dichten Schneefälle führen dazu, dass die „Möglichkeit der Bewegung im Freien kärglich verengt" ist.[119] Nun sind wir in einem Kurort und natürlich sind die

---

113 Mann, *Zauberberg*, 641.
114 Mann, *Zauberberg*, 642.
115 Mann, *Zauberberg*, 643.
116 Mann, *Zauberberg*, 642–643 (Hervorhebung A. E.).
117 Mann, *Zauberberg*, 645 (Hervorhebung A. E.).
118 Mann, *Zauberberg*, 645–646.
119 Mann, *Zauberberg*, 646.

Wege für die Gäste geebnet. Diese Wege allerdings münden „rasch ins Unzugängliche“ und sind außerdem, weil der Gäste viele, der gebahnten Wege aber wenige sind, „dicht begangen“ und „den Fußgängern [...] stolperten die Rodelfahrer an die Beine“.[120] Von Hans Castorp heißt es angesichts dessen: „Dieser Promenaden war Hans Castorp nun übersatt.“[121] Spazierengehen, und schon gar das beschriebene, ist also nicht, was er sucht.

Im Gegensatz zu den Kindern bei Stifter nun, die von Kindesbeinen an lernen, auf ihren Füßen „tüchtig [zu] werden“[122], ist für den „unbewehrte[n] und unbeschwingte[n] Fußgänger“[123] Hans Castorp nichts auszurichten; er braucht ein technisches, hermeneutisches Hilfsmittel und kauft sich für sein „ausschweifendes Vorhaben“[124] „stehenden Fußes [...] diese gesegneten Utensilien“[125], nämlich „Schneeschuhe“[126], im Text außerdem „Flügelschuhe“[127], „Schlittschuhe“, „lange, biegsame Sohlen“[128], „Hölzer“[129], „Ski“[130], „Fußbretter“[131] und „lange Pantoffeln“[132] genannt.

Mit Hilfe also dieser Schneeschuhe erlangt Hans Castorp eine „Beweglichkeit“, die ihn vor den anderen Berghofbewohnern auszeichnet. Settembrini, selbst „mit gekreuzten Beinen“ am Rande stehend, beneidet ihn vielleicht nicht gerade darum, nimmt aber doch enthusiastischen Anteil an Castorps „Gewandtheitsfortschritten“, ohne selbst in der Lage zu sein, sich in vergleichbarerer Weise zu bewegen.[133] Castorp seinerseits erweitert allmählich seinen „Umkreis“[134] und gleitet eines Tages aus dem Gesichtsfeld Settembrinis, hinein in den unzugänglichen Schnee.

Bei seinem zunehmend irrenden Weg in den Schnee wird nun das Gehen weiter thematisch und zwar in auffälliger Weise innerhalb von Passivkonstruktionen: Hans Castorp fährt weder eine bestimmte, vorher ausgemachte Route, noch macht er einen Zeitplan, er hat kein Ziel vor Augen, nur das, hinauszugelangen aus der beengten Atmosphäre, Ausschweifen eben. Es scheinen die Ski zu sein, die die Richtung vorgeben. So „trugen ihn die [...] biegsamen Sohlen in allerlei

120 Mann, *Zauberberg*, 647.
121 Mann, *Zauberberg*, 647.
122 Stifter, „Bergkristall“, 176.
123 Mann, *Zauberberg*, 647.
124 Mann, *Zauberberg*, 648.
125 Mann, *Zauberberg*, 647.
126 Mann, *Zauberberg*, 649.
127 Mann, *Zauberberg*, 649.
128 Mann, *Zauberberg*, 650.
129 Mann, *Zauberberg*, 650.
130 Mann, *Zauberberg*, 649.
131 Mann, *Zauberberg*, 656.
132 Mann, *Zauberberg*, 659.
133 Mann, *Zauberberg*, 649–650.
134 Mann, *Zauberberg*, 650.

Richtung“[135], er „ließ sich auch mit seinen Hölzern von der Drahtseilbahn [noch ein technisches Hilfsmittel] zur Schatzalp steil aufheben und trieb sich gemächlich dort oben [...] herum“[136]. Ziellosigkeit und Gemächlichkeit zeichnen diese Fortbewegung aus. Der Ausbruch aus der überregulierten „Muße“-Kur gilt einer wahrhaft müßigen Bewegungsweise ohne jede Vorgabe. Ein Blick auf die Weisen des Gehens durch das ganze Schnee-Kapitel gibt darüber weiter Auskunft. Hans Castorp „stöckelt höher und höher“, auf Wegen, die scheinbar „nirgends hinführten“, er ‚schiebt sich empor', „schob sich weiter“[137], „fuhr plötzlich ab [...] überließ sich dem Gefälle“, fährt „unversehens“ in eine Schlucht, nun ist er gar nicht mehr Herr der Bewegung: „Es ging abwärts“. Castorps Weg heißt denn hier auch im Wagner-Ton „weglose Fahrt“.[138] Unwillkürlich erreicht Hans Castorp in „schneller Fahrt“ sein Zwischenziel, die „schneebeladenen Tannen“.[139] An diesem Haltepunkt raucht er „ausruhend eine Zigarette“ und vergewissert sich der Uhrzeit.[140] Seine „Fußbretter“[141] ‚tragen ihn' weiter, er stößt sich ab, schlurft fort, fährt am Waldrand entlang und treibt sich, „steigend und gleitend, ziellos und gemächlich weiter in dem toten Gelände umher“[142]. Sein „freies Schweifen“[143], „bald rechts, bald links“ sich ‚hindurchschiebend'[144], „vor ihm [...] kein Weg, [...] hinter ihm keiner“, empfindet er als Befreiung. „Von der Bevormundung der Wegzeichen“ hat er sich „absichtlich freigemacht“.[145]

Hier nun zum ersten Mal kommt paradoxerweise eine gewisse Zielgerichtetheit ins Spiel, Hans Castorp „strebt“ plötzlich „tiefer“ in die Unwegsamkeit[146], in die totenstille Schneelandschaft, nachdem „er es heimlich bisher geradezu darauf angelegt hatte, sich um die Orientierung zu bringen und zu vergessen, in welcher Richtung Tal und Ortschaft lagen“[147]. So ‚flieht' er jetzt bewusst weiter. Das Sichentladen von jahrelang unterdrücktem Lebens- oder Todeswunsch[148] findet seinen Ausdruck in einer kurzen Episode des aktiven Vorankommens (er strebt[149], fährt zu[150], nimmt den nächsten Berg in Angriff)[151], das freilich

---

135 Mann, *Zauberberg*, 650.
136 Mann, *Zauberberg*, 650–651.
137 Mann, *Zauberberg*, 654.
138 Mann, *Zauberberg*, 655.
139 Mann, *Zauberberg*, 655.
140 Mann, *Zauberberg*, 655–656.
141 Mann, *Zauberberg*, 656.
142 Mann, *Zauberberg*, 657.
143 Mann, *Zauberberg*, 657.
144 Mann, *Zauberberg*, 658.
145 Mann, *Zauberberg*, 657.
146 Mann, *Zauberberg*, 658.
147 Mann, *Zauberberg*, 658.
148 Vgl. Mann, *Zauberberg*, 659.
149 Mann, *Zauberberg*, 658.
150 Mann, *Zauberberg*, 659.
151 Mann, *Zauberberg*, 660.

in umso größere Schwierigkeiten hineingerät. Der Wind – der in Stifters *Bergkristall* auf wundersame Weise ausbleibt[152] – macht das Vorankommen nahezu unmöglich. Es scheint fast so zu sein, dass Hans Castorp, der sich bis dahin zügellos und willenlos von seinen Ski hat leiten lassen, in dem Augenblick, in dem er mit Willen voranstrebt, von der Natur einen Riegel vorgeschoben bekommt.

Er ließ ihn [den Schober] liegen, suchte über die Halde hin, wo der Schuppen stand, seinen Rückweg. Aber ein Weg war ja nicht vorhanden; eine Richtung zu halten, die ungefähre Richtung nach Hause, ins Tal, war weit mehr Glücks- als Verstandessache, da man allenfalls die Hand vor Augen, aber nicht einmal bis zu den Spitzen der Schneeschuhe sah; und hätte man auch besser gesehen, so wären doch immer noch ausgiebige Vorkehrungen getroffen gewesen, ein Vorwärtskommen aufs äußerste zu erschweren: das Gesicht voll Schnee, den Sturm als Widersacher, der die Atmung zerstörte, sie abschnitt, das Aufnehmen von Luft wie den Aushauch verhinderte und jeden Augenblick zu schnappender Abkehr zwang, – da sollte dieser und jener vorwärts kommen, Hans Castorp oder ein anderer, Stärkerer, – man blieb stehen, schnappte, drückte sich blinzelnd das Wasser aus den Wimpern, klopfte den Harnisch von Schnee herunter, der sich einem auf die Frontseite gelegt hatte, und empfand es als unvernünftige Zumutung, unter solchen Umständen vorwärts zu kommen.[153]

Das unter diesen Umständen dennoch erzwungene Fortkommen wird als ‚von der Stelle kommen'[154] und als „falsches Fortkommen"[155] bezeichnet. Je heftiger Castorp vorankommen *will*, desto verirrter wird sein Weg. Ganz ähnlich wie die Kinder bei Stifter, die in dem Moment, wo sie die Richtung *suchen*, dieselbe verfehlen. Allerdings können die Kinder, unter anderem weil kein Wind weht, so lange gehen, bis sie einen sicheren Unterschlupf gefunden haben, nicht so Hans Castorp.

Die „erprobte Nutzlosigkeit" der Anstrengung allerdings führt zur völligen Aufgabe des Willens, von nun an geht Castorp nicht mehr, es geht „mit ihm" – bergab zum Beispiel.[156]

Nachdem der junge Mann wieder an der berühmten Hütte angekommen und also „wie es im Buche steht" im Kreis gegangen ist, wird er sich des „reinsten nichtsnutzigen Unsinn[s]" bewusst, den er „getrieben" hat[157], und daran knüpft sich die berühmte Reflexion über das Umkommen.

---

[152] Stifter, „Bergkristall", 209: „‚Und knie nieder, und danke Gott auf den Knien, mein Schwiegersohn' fuhr der Färber fort, ‚daß kein Wind gegangen ist. Hundert Jahre werden wieder vergehen, daß ein so wunderbarer Schneefall niederfällt, und daß er gerade niederfällt, wie nasse Schnüre von einer Stange hängen. Wäre ein Wind gegangen, so wären die Kinder verloren gewesen'". Zwischen dem Erstdruck der ersten Fassung von *Bergkristall* und der Entstehungszeit von Thomas Manns *Zauberberg* waren noch keine hundert Jahre vergangen.

[153] Mann, *Zauberberg*, 661.

[154] Mann, *Zauberberg*, 661.

[155] Mann, *Zauberberg*, 662.

[156] Mann, *Zauberberg*, 665.

[157] Mann, *Zauberberg*, 666.

Der Aufbau dieser Reflexion ist aufschlussreich. Sie setzt ein mit den Worten: „Aber so ging es, […], man lief im Kreise herum."[158] Das Gehen, bewusst gesucht und mit Freude betrieben, wird nun zum gänzlich anonymen Geschehen und als allgemeine Beschreibung für den ‚Lauf der Dinge' genutzt: „Aber so ging es." Dem „Umkommen"[159] und ‚Herumirren' kommt nun abgesehen von der falschen Verwendung von Umkommen (= Sterben) für Herumkommen und der damit verbundenen Doppeldeutigkeit eine entscheidende Bedeutung für das Thema der Muße zu. In parodistischer Übertreibung schildert Thomas Mann im Schnee-Kapitel die Priorisierung der Räumlichkeit als Bedingung für Muße. Hans Castorp ist dermaßen in seine Geschäfte und dann in das Geschäft der Erholung verstrickt, dass ihm die Muße als räumliche Erfahrung, die die Zeit vergessen macht, erst in der Extremsituation und durch die widrigen Umstände des Wetters erzwungen, widerfährt.

„Umkommen" ist in diesem Sinne ein Zwischenwort. Castorp wundert sich über das Wort, das er „nicht so ganz klar im Kopfe" gefunden hat, und darüber, dass er „doch in seiner Art ein richtiges Wort" findet[160], ein Wort, das das ziellose Im-Kreis-Gehen beschreibt, das Schweifen „von der Hütte zur Hütte"[161], das Herumtreiben, Unfug-Treiben als menschliches Äquivalent zum Schneetreiben – die Uhr ist längst stehengeblieben, oder, man kann es nicht mehr überprüfen, die Zeit in *epoché* gesetzt, vertrödelt, sie spielt keine Rolle mehr. In diese zeitlose „Mischung aus Müdigkeit und Aufregung"[162], in diese halbberückte und doch in ihrer Art ‚richtige' Verfassung nun fällt der Traum ein. Ein vorgestelltes Bild zwar, aber *etwas*, zahlreich vervielfältigt, bietet sich der Betrachtung dar und hilft Hans Castorp zu überleben. Wie bei Stifter und wie bei Handke ist es letztlich ein Farbenrausch fürs Auge. Castorp wird „des Schauens nicht satt"[163] und begibt sich vollkommen in eine kontemplative Haltung demgegenüber, das er sieht, nicht ohne sich zu fragen, ob ihm dies auch „erlaubt sei"[164]. Die „Weite", in der Gestalten „sich regten" und „ruhten", „Paare [sich] ergingen"[165], auch die Rückseite dieser heiteren Gelassenheit des Lebens, die Grausamkeit und Mordlust,

---

[158] Mann, *Zauberberg*, 666.

[159] Mann, *Zauberberg*, 667.

[160] Mann, *Zauberberg*, 667.

[161] Mann, *Zauberberg*, 667. „Von der Hütte zur Hütte" kann man geradezu als Parodie auf die Schlussstrophe von *Hyperions Schicksalslied* lesen: „Doch uns ist gegeben / Auf keiner Stätte zu ruhn, / Es schwinden, es fallen / Die leidenden Menschen / Blindlings von einer / Stunde zur andern, / wie Wasser von Klippe / Zu Klippe geworfen, / Jahr lang ins Ungewisse hinab." (Friedrich Hölderlin, *Sämtliche Gedichte*, hg. v. Jochen Schmidt, Frankfurt a.M. 2005, 207).

[162] Mann, *Zauberberg*, 664.

[163] Mann, *Zauberberg*, 675.

[164] Mann, *Zauberberg*, 675.

[165] Mann, *Zauberberg*, 672–673.

betrachtet Castorp als ein ruhender Beobachter seiner eigenen Phantasien. Denn dass er all das „selbst gemacht“ hat, daran hat er, „erwacht“, keinen Zweifel.[166]

Castorp sieht einen Beobachter, der „gelassen abseits“[167] steht und betrachtet darin sich. „Das lebendige Klima der Lebendigen“, das Wimmelbild des Lebens, könnte man auch sagen, mit „weit geöffnetem Herzen“ betrachtend, schaut und belauscht er die „Weite“[168], in der sich das „Blutmahl“[169] ereignet.

Diese Phantasie hat aber dennoch dem Geist etwas für die Betrachtung geboten und ihn so, während der Leib in Bälde erfroren wäre, in eigentümlicher Mischung aus Überwachheit und bleierner Müdigkeit wachgehalten. Ob die dabei gewonnene und gleich wieder vergessene Einsicht, dass „der Mensch um der Güte und Liebe Willen dem Tode keine Herrschaft einräumen [soll] über seine Gedanken“[170] im Regierungsleben Castorps, wäre er nicht in die Schlacht gestürzt, Früchte getragen hätte, wer weiß es. Das poetische Postulat „deutlich geträumt und gut regiert“[171] sollte allemal Anlass sein, der Muße im Leben so viel Platz zu lassen, dass nicht erst Sturm und Krieg kommen müssen, um sie zu erzwingen.

Literatur

Albes, Claudia, *Der Spaziergang als Erzählmodell*, Tübingen/Basel 1999.

Bülow, Ulrich von, „Raum Zeit Sprache. Peter Handke liest Martin Heidegger“, in: Günter Figal/Ulrich Raulff (Hg.), *Heidegger und die Literatur*, Frankfurt a. M. 2012, 131–156.

Figal, Günter, „Die Räumlichkeit der Muße“, in: Burkhard Hasebrink/Peter Philipp Riedl (Hg.), *Muße im kulturellen Wandel. Semantisierungen, Ähnlichkeiten, Umbesetzungen*, Berlin/Boston 2014, 26–33.

Figal, Günter, *Unscheinbarkeit. Der Raum der Phänomenologie*, Tübingen 2015.

Goldschmidt, Georges-Arthur, „Raumglück?“, in: Jale Melzer-Tükel/Gerhard Melzer (Hg.), *Peter Handke. Die Arbeit am Glück*, Königstein i. Taunus 1985, 75–81.

Handke, Peter, *Die Lehre der Sainte-Victoire*, Frankfurt a. M. 1984.

Hartel, Gaby, „*Punkt in Bewegung*: Schreiben und Gehen bei Beckett und Handke. Eine Skizze“, in: Jan Wilm/Mark Nixon (Hg.), *Samuel Beckett und die deutsche Literatur*, Bielefeld 2013, 157–166.

Heidegger, Martin, „Der Ursprung des Kunstwerkes“, in: *Holzwege*, Gesamtausgabe, Bd. 5, hg. v. Friedrich-Wilhelm von Herrmann, Frankfurt a. M. 1977, 1–74.

Hölderlin, Friedrich, *Sämtliche Gedichte*, hg. v. Jochen Schmidt, Frankfurt a. M. 2005.

Japp, Uwe, „Nachwort“, in: Adalbert Stifter, *Bunte Steine und Erzählungen*, 10. Aufl., Düsseldorf 2006.

---

[166] Mann, *Zauberberg*, 677.
[167] Mann, *Zauberberg*, 675.
[168] Mann, *Zauberberg*, 675.
[169] Mann, *Zauberberg*, 679.
[170] Mann, *Zauberberg*, 679.
[171] Mann, *Zauberberg*, 679.

Lenz, Hermann, „Überwindung der Einsamkeit", in: Jale Melzer-Tükel/Gerhard Melzer (Hg.), *Peter Handke. Arbeit am Glück*, Königstein i. Taunus 1985, 25–31.

Mann, Thomas, *Der Zauberberg*, 16. Aufl., Frankfurt a.M. 2004.

Neumann, Michael, *Thomas Mann. Der Zauberberg. Kommentar*, Große kommentierte Frankfurter Ausgabe, Bd. 5.1, hg. v. Heinrich Detering u.a., Frankfurt a.M. 2002.

SFB 1015, „Muße. Konzepte – Räume – Figuren" (05.10.2015), https://www.sfb1015.uni-freiburg.de (abgerufen am 20.10.2015).

Stifter, Adalbert, „Bergkristall", in: Stifter, *Bunte Steine und Erzählungen*, 10. Aufl., Düsseldorf 2006 (Vollständiger Text nach der Erstausgabe von 1853 [*Bunte Steine*] und den jeweiligen Erstdrucken [*Erzählungen*]. Mit einem Nachwort und einer Auswahlbibliographie von Uwe Japp sowie Anmerkungen und einer Zeittafel von Karl Pörnbacher), 159–210.

Stifter, Adalbert, „Bunte Steine", in: Stifter, *Bunte Steine und Erzählungen*, 10. Aufl., Düsseldorf 2006 (Vollständiger Text nach der Erstausgabe von 1853 [*Bunte Steine*] und den jeweiligen Erstdrucken [*Erzählungen*]. Mit einem Nachwort und einer Auswahlbibliographie von Uwe Japp sowie Anmerkungen und einer Zeittafel von Karl Pörnbacher), 7–307.

Swales, Martin, „Homeliness and Otherness. Reflections on Stifter's *Bergkristall*", in: Charlotte Woodford/Benedict Schofield (Hg.), *The German Bestseller in the Late Nineteenth Century*, Rochester, N.Y. 2012, 115–125.

Wellmann, Angelika, *Der Spaziergang. Stationen eines poetischen Codes*, Würzburg 1991.

Weymann, Ulrike, *Intermediale Grenzgänge.* Das Gespräch der drei Gehenden *von Peter Weiss,* Gehen *von Thomas Bernhard und* Die Lehre der Sainte-Victoire *von Peter Handke*, Heidelberg 2007.

Wolf, Norbert Christian, „Autonomie und/oder Aufmerksamkeit? Am Beispiel der medialen Erregungen um Peter Handke, mit einem Seitenblick auf Marcel Reich-Ranicki", in: Markus Joch (Hg.), *Mediale Erregungen? Autonomie und Aufmerksamkeit im Literatur- und Kulturbetrieb der Gegenwart*, Tübingen 2009, 45–63.

Grot(t)eske Thesen?

Gedanken über den Zusammenhang von Muße und frühneuzeitlicher Kunstbetrachtung

Hans W. Hubert

Für Birgit

Es ist wohl kein Geheimnis, dass die professionelle wissenschaftliche Beschäftigung mit Kunst in aller Regel wenig mit Muße zu tun hat. Das ist schade: denn am Anfang des Studiums war zumeist das Gegenteil der Fall. Zeit stand einst im Magisterstudium reichlicher zur Verfügung als in den modernen, durchmodularisierten B.A.- und M.A.-Studiengängen, und damit standen auch die zwanglose Beschäftigung der Studierenden mit Kunst sowie das aus sich selbst hervorgehende und zunächst oftmals ziellose Interesse an ihr stärker im Vordergrund als heute, wo allenthalben nach Nutzanwendungen gefragt wird. Es waren also ideale Voraussetzungen für das *Schauen* als solches, für das *sehende Sehen* (Max Imdahl) und für das vertiefte Nachdenken über Kunst, also für besinnliche Kontemplation.[1]

Seit Hans Beltings Buch *Bild und Kult. Eine Geschichte des Bildes vor dem Zeitalter der Kunst* (1990) gilt die Erkenntnis, dass der ästhetisch wertschätzende und reflektierende Umgang mit Bildwerken als *Kunst* vor allem ein mit der Frühen Neuzeit aufkommendes Phänomen ist, dass es eine Geschichte des Sehens und der Kunstbetrachtung gibt und dass mit dieser auch die theoretische Reflexion über Kunst verbunden ist. Dagegen hatte Kunst im Mittelalter vorzugsweise andere Aufgaben zu erfüllen, als Seh- und Gedankenlust zu befriedigen. Beltings Differenzmarkierung soll im Folgenden um einen Aspekt ergänzt werden, der

---

[1] Zum Begriff „Sehendes Sehen" siehe: Max Imdahl, „Cézanne – Bracque – Picasso. Zum Verhältnis zwischen Bildautonomie und Gegenstandssehen", in: *Reflexion – Theorie – Methode*, Gesammelte Schriften, Bd. 3, hg. v. Gottfried Boehm, Frankfurt a. M. 1996, 300–380; Max Imdahl, *Giotto – Arenafresken. Ikonographie, Ikonologie, Ikonik*, München 1980. Zur kritischen Auseinandersetzung damit: Werner Hofmann, „Sehendes Sehen", in: *Merkur* 50,12 (1996), 1145–1151; Raphael Rosenberg, „Ikonik und Geschichte. Zur Frage der historischen Angemessenheit von Max Imdahls Kunstbetrachtung", in: *ART-Dok. Publikationsplattform Kunstgeschichte* (1996), http://archiv.ub.uni-heidelberg.de/artdok/193/(abgerufen am 17.10.2015); Charles H. Carman, *Leon Battista Alberti and Nicholas Cusanus. Towards an epistemology of vision for Italian Renaissance art and culture*, Farnham 2014.

im Zentrum des Sonderforschungsbereichs 1015 *Muße. Konzepte, Räume, Figuren* steht und der für eine kunstgeschichtliche Arbeit, die sich für das Wechselverhältnis von Kunstbetrachtung, Kunstgespräch und Kunstverständnis interessiert, von Bedeutung sein könnte. Es ist die Frage, was eigentlich bei einer vornehmlich ästhetisch geleiteten Kunstbetrachtung geschieht und wie diese im Kanon ethisch-moralischer Vorstellungen verortet wurde. Kurz: Es geht um kontextualisierte Antworten auf Fragen nach dem Zusammenhang frühneuzeitlicher Kunstbetrachtung und Muße. Dazu soll zunächst das Schauen als solches behandelt werden:

1. Schaulust, Raum-Zeit-Erfahrung und Muße

Menschen haben schon immer Berge von mäßiger Höhe bezwungen. Aber nur wenn eine Besteigung historisch überliefert oder gar literarisch verarbeitet wurde, hat sie Eingang in die Kulturgeschichte des Bergsteigens gefunden. Eine herausragende Stellung nimmt deshalb Francesco Petrarcas mutmaßlicher Aufstieg auf den Mont Ventoux im April 1336 ein.[2] Der in den provenzalischen Voralpen Südfrankreichs gelegene ‚windige Berg' mit einer Höhe von 1912 Metern gehört allerdings keineswegs zu den Riesen der europäischen Gebirgslandschaft. Petrarcas Leistung wirkt noch weniger sensationell, wenn man bedenkt, dass Bonifacio Rotario d'Asti schon wenig später, im Jahre 1358, die als Votum für seine Befreiung aus türkischer Gefangenschaft gelobte Besteigung des mit 3538 Metern erheblich höheren Rocciamelone in den Grajischen Alpen im Susa-Tal absolvierte.[3] Doch ist es Petrarcas literarische Inszenierung der Besteigung des Mont Ventoux in einem Brief an seinen Lehrer Francesco Dionigi aus Borgo San Sepolcro, welcher das Ereignis seine Berühmtheit als vermeintlicher Markstein in der Geschichte des Alpinismus verdankt.[4] Mit Petrarcas Unternehmung wird darüber hinaus ein „neues Natur- und Weltbewußtsein, eine Weltergriffenheit, ja eine Weltverfallenheit" diagnostiziert[5], da er die Mühsal des Aufstiegs

[2] Wahrscheinlich ist der angebliche Zeitpunkt der Besteigung im 32. Lebensjahr Petrarcas eine Stilisierung nach Augustinus; ob sie überhaupt stattgefunden hat, ist umstritten, in unserem Zusammenhang jedoch unbedeutend; siehe hierzu: Giuseppe Bellanovich, „Petrarca und der Ventoux", in: *Petrarca*, hg. v. August Buck, Darmstadt 1976, 444–463; Michael O'Connell, „Authority and the Truth of Experience in Petrarch's *Ascent of Mount Ventoux*", in: *Philological Quarterly* 62 (1983), 507–520.

[3] Peter Grupp, *Faszination Berg. Die Geschichte des Alpinismus*, Köln/Weimar/Wien 2008, 25.

[4] Publiziert in den *Familiarium rerum libri IV*. Zitate nach der Ausgabe: Francesco Petrarca, *Le Familiari*, Bd. 1: Introduzione e libri I–IV, Edizione nazionale delle opere di Francesco Petrarca, Bd. 10, hg. v. Vittorio Rossi, Florenz 1968 (Nachdr. d. Ausg. v. 1933).

[5] Kurt Steinmann, „Nachwort", in: Francesco Petrarca, *Die Besteigung des Mont Ventoux*, Lateinisch/Deutsch, Stuttgart 1995, 39–67, 40.

allein aus *Schaulust* auf sich genommen haben will: *sola videndi insignem loci altitudinem cupiditate ductus, ascendi.*[6] Als er nach manchem Irrweg bei dem beschwerlichen Aufstieg schließlich sehlustig auf dem Gipfelplateau anlangte, war er völlig überwältigt von der erhebenden Aussicht. Die Wolkenbänke zu seinen Füßen verbargen ihm die Sicht auf den Weg, den er hinaufgestiegen war, sowie auch im übertragenen Sinn den Blick auf seine eigene Gegenwart. Einem „vor Staunen Betäubten gleich" stand Petrarca da (*stupenti simili steti*). In dieser gedankenverlorenen Stimmung stiegen ihm vor seinem inneren Auge die berühmten Berge Athos und Olymp auf, und es befiel ihn ein Gefühl der Nostalgie. Auge und Herz wandte er sehnsüchtig nach seinem geliebten Vaterland Italien, d. h. vom Mont Ventoux aus blickte er genau nach Osten. Weitere Gedanken wühlten seine Seele auf, wobei Petrarca erlebte, wie er unbeabsichtigt vom Modus der Raumerfahrung zu dem der Zeiterfahrung wechselte (*nova cogitatio a locis ad tempora traduxit*). In die Richtung blickend, in der der Tag anbricht und symbolisch gesprochen der Lebensweg beginnt, traten ihm in seiner Selbstbeschau sein Studium in Bologna, das er zehn Jahre zuvor beendet hatte, andere Ereignisse und manche Sorgen der Vergangenheit nun so stark in Erinnerung, dass er sogar vergaß, aus welchem Grund er überhaupt an diesen besonderen Ort gelangt war. Erst das erneute Schauen, diesmal in die entgegengesetzte Richtung, nach Westen, in die Abendsonne, machte ihm seinen Standort wieder bewusst und holte ihn aus seiner Zeitverlorenheit in die Gegenwart zurück, galt es doch, noch vor Einbruch der Dunkelheit an den Abstieg zu denken. Petrarca inszeniert sich auf dem Gipfel des Mont Ventoux also räumlich und zeitlich als an einem Wendepunkt befindlich. Dem beschwerlichen Aufstieg, bei dem Petrarca nach seinen Schilderungen zunächst verschiedene Um- und Abwege unternommen hatte, entspricht seine von manchen Irrwegen bestimmte Jugend in Italien. Auf dem Gipfel erfolgt die Rückschau hierauf und schließlich, mit der Wendung nach Westen, der Blick in die Zukunft, d. h. auf seinen weiteren Lebensweg.

Dabei, so Petrarca weiter, sei sein Blick noch einmal über die nahe und ferne Landschaft geschweift und habe in ihm ein religiöses Gefühl geweckt, weshalb er zu seiner Taschenausgabe von Augustinus' *Bekenntnissen* gegriffen habe, um darin willkürlich eine Seite aufzuschlagen. Prompt habe er dabei jene Stelle erwischt (*Confessiones*, 10,8,15), in welcher der Kirchenlehrer beklagt, wie die Menschen bei der Bewunderung der Höhen der Berge und der Natur sich selbst verlieren (*relinquunt se ipsos*). Augustinus' unverhoffte Mahnung trifft Petrarca im Herzen und macht ihn nachdenklich. Er beginnt den Abstieg deshalb in sich selbst versunken und wie er buchstäblich schreibt „mit nach innen gekehrten Augen" (*in me ipsum interiores oculos reflexi*), dabei in stummen Gedanken die Lehren des heiligen Augustinus und des heiligen Antonius bedenkend.

---

[6] Es ist bekannt, dass Petrarca mit diesem Ausdruck einen antiken Topos nach Livius, *Ab urbe condita*, 40,21,2–4 u. 22,4–6 bemühte.

Petrarcas literarische Selbstinszenierung seiner Bergbesteigung und seiner Seherfahrung auf dem Gipfel wird zum Topos biographischer Selbsterfahrung und Umkehr. Der bezwungene Sonderort versetzt Petrarca zwar in eine Ausnahmestimmung, diese erschöpft sich aber keineswegs in Sehlust oder einem Gefühl der Befreiung, sondern sein Sehen wird zu einem inneren Schauen und gerät somit zur Reflexion über sein bisheriges sowie zukünftiges Dasein gepaart mit einem Gefühl der Gefährdung seines Seelenheils.[7] Die nach außen gerichtete Naturschau und die nach innen gerichtete Selbstschau in Muße machen Petrarca auf dem Berggipfel zu einem religiös Bekehrten. Der Vergleich mit der Größe der menschlichen Seele, die Petrarca mit Augustinus dort oben erst richtig bewusst wird, lässt ihm das ‚Naturwunder' Berg nun nichtig und auch im physischen Sinne klein erscheinen. Die Rückkehr tritt er als neuer Mensch an.[8] Das Naturerlebnis wird in Petrarcas literarischer Selbstinszenierung also anagogisch ausgedeutet; der Aufstieg zum Gipfel wird zu einem Aufstieg der Seele zu Gott.[9]

2. Kontemplation als Muße

Schon bei Petrarca verbindet sich also äußeres Sehen mit der Schau nach innen. Dabei wird die gesehene Landschaft vor allem Anlass zur Reflexion über nicht Sichtbares. Sie wird also zu einem Impuls für eine unbestimmte Form der Muße, welche konventionelle Raum-Zeit-Erfahrungen außer Kraft setzt und welche die Zeit in dem Schwebezustand von Dehnen und Voranschreiten „verräumlicht".[10] Im Falle des Briefes Petrarcas wird sogar dessen eigener Lebensweg mit seinem Wendepunkt auf dem Gipfel räumlich und zeitlich verortet, nämlich einerseits als geographische Blickachse von Ost nach West, und andererseits, diese überlagernd, als zeitliche Lebensachse zwischen den Polen Bologna und Mont Ventoux für die Jugend und Reife sowie zwischen den Polen Mont Ventoux und Frankreich für die Reife und den Lebensabend.

---

[7] Steinmann, „Nachwort", 40, 49.

[8] Simone Schröder, „Sinngebungsmodelle autobiographischer Texte. Francesco Petrarcas *Die Besteigung des Mont Ventoux* und Jack Kerouacs *Alone on a Mountaintop*", in: Ulrike Weimann/Andreas Martin Widmann/Simone Schröder (Hg.), *Odysseus, Passagiere. Über Selbstbestimmung und Determination in Literatur, Medien und Alltag*, Würzburg 2011, 39–54.

[9] Stefan Matuschek, *Über das Staunen. Eine ideengeschichtliche Analyse*, Tübingen 1991, 101–116.

[10] Zum Konzept von „Muße und Verräumlichung" siehe Günter Figal, „Die Räumlichkeit der Muße", in: Burkhard Hasebrink/Peter Philipp Riedl (Hg.), *Muße im kulturellen Wandel. Semantisierungen, Ähnlichkeiten, Umbesetzungen*, Berlin/Boston 2014, 26–33; *Muße. Konzepte, Räume, Figuren. Antrag auf Einrichtung und Förderung des Sonderforschungsbereiches 1015*, Freiburg 2012, 17–19.

Ein Jahrhundert nach Petrarca widmete sich Giovanni Pico (Conte) della Mirandola in seiner *Oratio* [*de hominis dignitate*] ausführlich dem Problem der Kontemplation. Diese 1485/86 entstandene, aber erst 1496 posthum veröffentlichte Schrift behandelt die Würde des Menschen und dessen Stellung im Universum. Pico gab dem Thema einen metaphysischen Rahmen, indem er der menschlichen Seele eine privilegierte Stellung im Zentrum der universalen Hierarchie zuwies und sie zum Bindeglied zwischen der intelligiblen und der körperlichen Welt machte.[11] Vor allem aber sprach er dem Menschen die Fähigkeit zu, sich moralisch und geistig selbst zu bestimmen.[12] Mit dieser Freiheit ausgestattet, kann sich der Mensch nach Pico innerhalb der drei als „palladische Ordnung" apostrophierten Welten frei auf- und abbewegen. Diese drei Welten bestehen aus der irdischen Welt oder Elementarwelt, der engelsgleichen Welt und schließlich der himmlischen bzw. göttlichen Welt. Ihnen ordnete Pico die obersten drei der neun Engelschöre zu, nämlich in aufsteigender Folge die Thronen (Elementarwelt), die Cherubim (Engelswelt) und die Seraphim (Himmelswelt). In diesem System verortet Pico nun die „Muße des Schauens" oder „Muße des Betrachtens" (*otium contemplandi*) auf der vorletzten Stufe, d. h. in der Engelswelt der Cherubim. Der für uns zentrale Passus in der *Oratio* lautet:

> Wenn wir uns aber vom täglichen Leben zurückziehen und im Kunstwerk den Künstler, im Künstler das Kunstwerk betrachten und wenn wir so in der Muße des Betrachtens gleichsam tätig sind, dann werden wir von allen Seiten vom Glanze der Cherubim erstrahlen. Wenn wir aber in der Liebe allein für jenen großen Künstler selbst entbrennen werden, dann werden wir von seinem verzehrenden Feuer plötzlich gleich den Seraphim in Flammen erglühen.[13]

Einschränkend muss allerdings gleich angefügt werden, dass es bei Pico nicht um *Kunst*betrachtung geht, wie die deutsche Übersetzung suggeriert, sondern allgemeiner um *Werk*betrachtung, wie der lateinische Originaltext unschwer zu erkennen gibt:

> *Si ab actionibus feriati, in opificio opificem, in opifice opificium meditantes, in contemplandi ocio* [sic] *negociabimur, luce Cherubica undique corruscabimus. Si charitate ipsum opificem solum ardebimus, illius igne, qui edax est, in Saraphicam effigiem repente flammabimur.*[14]

---

[11] Paul Oskar Kristeller, *Acht Philosophen der italienischen Renaissance: Petrarca, Valla, Ficino, Pico, Pomponazzi, Telesio, Patrizi, Bruno*, Weinheim 1986, 57.

[12] Zur aktuellen Debatte der freien Selbstbestimmung siehe: Joachim Bauer, *Selbststeuerung. Die Wiederentdeckung des freien Willens*, München 2015.

[13] Giovanni Pico della Mirandola, *Über die Würde des Menschen*, übers. v. Herbert Werner Rüssel, Zürich 1992, 16.

[14] Giovanni Pico della Mirandola, *De hominis dignitate/Über die Würde des Menschen*. Lateinisch/Deutsch, übers. v. Norbert Baumgarten, hg. v. August Buck, Hamburg 1990, 10/12.

Das Werk, um das es Pico geht, ist zudem kein Artefakt, sondern es geht um das Schöpfungswerk Gottes, das es mittels der Philosophie zu ergründen und zu verstehen gilt. *Otium contemplandi* ist bei ihm also in erster Linie Muße zur Welterkenntnis. Sie dient folglich der Bildung des Geistes und der Erkenntnis der Wahrheit.[15] Sein Philosophieren beruhigt die inneren Kämpfe, die, „Bürgerkriegen der Seele gleich", in ihm wüten (*gravia et intestina domi habemus et plus quam civilia bella*), und es führt ihn zu innerer Ruhe.[16] Picos Philosophieren ist aber auch von den Musen inspiriert und durchdrungen. Es trägt ihn dort, wo es die Theologie berührt, in die letzte und höchste Sphäre der Seraphim, d.h. zu Gott.[17]

Muße (*otium contemplandi*) ist bei Pico die Voraussetzung zum Philosophieren und zur Welterkenntnis. Die gleiche Voraussetzung wird aber schon bei Petrarca im 14. und bei anderen Humanisten im 15. Jahrhundert nicht nur für die Schöpfungswelt Gottes, sondern auch für die Schöpfungswelt des Menschen und das heißt tatsächlich für Artefakte, für Kunstwerke, in Anspruch genommen. Für Petrarca sind beispielsweise Standbilder bedeutender Männer Ansporn, über deren Tugend nachzudenken und deren Beispiel zu folgen.[18] Doch obwohl er für ästhetische Erfahrungen ausgesprochen sensibel ist, steht Petrarca ihnen im Kern noch ablehnend gegenüber, wie sein Traktat *De remediis utriusque fortunae* belegt.[19] Ganz anders erfreut sich dagegen sein Freund, der gelehrte Mediziner Giovanni Dondi aus Padua bei seinem Rombesuch im Jahre 1375 an den antiken Ruinen. Er beginnt sie zu vermessen und vergleicht seine Resultate mit den Angaben in Vitruvs Traktat über die antike Baukunst. Die Begegnung mit den künstlerischen Überresten des Altertums in Gestalt von Statuen und Bauwerken spielte bei der positiven Neubewertung der *voluptas oculorum* eine entscheidende Rolle, wobei man sich auch begrifflich auf Seneca und Tacitus beziehen konnte, die der negativ konnotierten *voluptas* eine positiv besetzte *voluptas honesta* gegenübergestellt hatten.[20] In der philosophischen De-

[15] Pico della Mirandola, *De hominis dignitate*, 34/35.

[16] Pico della Mirandola, *De hominis dignitate*, 18/19.

[17] Pico della Mirandola, *De hominis dignitate*, 25/26.

[18] Siehe hierzu: Werner Raith, *Die Macht des Bildes. Ein humanistisches Problem bei Gianfrancesco Pico della Mirandola*, München 1967, bes. 26–30.

[19] Wolfgang Liebenwein, „Honesta Voluptas. Zur Archäologie des Genießens", in: Andreas Beyer (Hg.), *Hülle und Fülle. Festschrift für Tilmann Buddensieg*, Alfter 1993, 337–358. Zur traditionellen Abwertung der Augenlust (*voluptas oculorum*) siehe: Dieter Groh, *Schöpfung im Widerspruch. Deutungen der Natur und des Menschen von der Genesis bis zur Reformation*, Frankfurt a.M. 2003, 292–300.

[20] Zu der im Zusammenhang der Neugierde negativ bewerteten *concupiscientia oculorum* siehe: Klaus Krüger, „Einleitung", in: Krüger, *Curiositas. Welterfahrung und ästhetische Neugierde in Mittelalter und früher Neuzeit*, Göttingen 2002, 9–18. Zum Genuss der Betrachtung und des Studiums der antiken Architektur siehe: Hubertus Günther, *Das Studium der antiken Architektur in den Zeichnungen der Hochrenaissance*, Tübingen 1988, bes. 13–65. Zur antiken Skulptur: Liebenwein, „Honesta Voluptas", 337–358.

batte hierüber spielte Lorenzo Vallas 1431 abgeschlossener Traktat *De voluptate* die entscheidende Rolle, denn hierin werden Lust und Genuss, welche die Sinne anregen, zu einer Art Lebensmaxime erhoben. Die Betrachtung von Körpern beiderlei Geschlechts in Gestalt von Bildnissen wird dabei gelobt[21], also die Sinnesstimulierung durch Kunstwerke gepriesen, was Valla mit Cicero und Quintilian legitimieren konnte, da diese die Wirkung der bildenden Kunst auf die Sinne des Betrachters mit der Wirkung der Rede auf die Zuhörer verglichen hatten.

3. Alberti: Muße, Kunstbetrachtung und Philosophie

Der Humanist, Kunsttheoretiker und Künstler Leon Battista Alberti hat schon in seinem 1435/1436 publizierten Malereitraktat versucht, den Kunstgenuss (*voluptas/delectatio*) und die emotionale Wirkungsweise der Malerei zu legitimieren.[22] Dies geschah zum einen durch den objektivierenden Blick auf die Welt, mittels der erstmalig erläuterten, geometrisch fundierten (Zentral-)Perspektive, die fortan eine wissenschaftliche Grundlage für die Bildkonstruktion bot, welche mit Alberti als ein „Blick durch ein Fenster auf die Welt" verstanden wurde.[23] Zum anderen aber wurden durch den Rückgriff auf antike Rhetoriklehren die mittels Affektübertragung hervorgerufenen seelischen Gemütsbewegungen als eine zentrale Aufgabe der Malerei formuliert, und zwar nicht allein im Kontext von religiöser Kunst und auch unabhängig von moralischen oder didaktischen Motivationen und intellektueller Wertschätzung.[24] Auch zielt Alberti auf eine soziale Aufwertung der Malkunst und Malpraxis, wenn er behauptet, sie sei kein Handwerk, sondern sie sei nach Hermes Trismegistos wie die Bildhauerei zusammen mit der Religion (!) entstanden. Überdies hätten sogar Herrscher wie Philosophen gemalt und seien mit ihren eigenen Bildwerken berühmt gewor-

---

[21] Laurentius Valla, *De voluptate sive de vero bono/Über die Lust oder vom wahren Guten*. Lateinisch/Deutsch, übers. v. Peter Michael Schenkel, Paderborn 2004, 70/71.

[22] Leon Battista Alberti, *Das Standbild – Die Malkunst – Grundlagen der Malerei/De Statua – De Pictura – Elementa Picturae*, übers. v. Oskar Bätschmann u. Christoph Schäublin, Darmstadt 2000.

[23] Hierzu jüngst nochmal: Gerd Blum, *Fenestra prospectiva. Architektonisch inszenierte Ausblicke: Alberti, Palladio, Agucchi* (Studien aus dem Warburg-Haus XV), Berlin 2015; Gerd Blum, „*Fenestra prospectiva* – Das Fenster als symbolische Form bei Leon Battista Alberti und im Herzogspalast von Urbino", in: Joachim Poeschke/Candida Syndikus (Hg.), *Leon Battista Alberti. Humanist, Kunsttheoretiker, Architekt. Akten des internationalen Kongresses Münster* (Beiträge zur Kunstgeschichte des Mittelalters und der Renaissance 10), Heidelberg 2008, 77–122.

[24] Frank Zöllner, „Die kunsttheoretische und literarische Legitimierung von Affektübertragung und Kunstgenuß in Leon Battista Albertis *De pictura*", in: *Georges-Bloch-Jahrbuch des Kunstgeschichtlichen Seminars der Universität Zürich* 4 (1997), 23–39. Zu dem ganzen Komplex siehe: John Hendrix/Charles H. Carman (Hg.), *Renaissance Theories of Vision*, Farnham 2010; Carman, *Leon Battista Alberti and Nicholas Cusanus*.

den.[25] Später wird Leonardo da Vinci sogar die erkenntnistheoretische These aufstellen, die Malerei sei die bessere und wahrhaftigere Art von Philosophie.[26]

Sehen als optische Wahrnehmung, Schauen als reflektive Haltung und Malen als Abbild oder Darstellung des Gesehenen oder des Geschauten werden im 15. Jahrhundert zu eng miteinander verknüpften Kategorien, die nicht zuletzt zu einer generellen Aufwertung des Kunstschaffens und seiner erkenntnistheoretischen Möglichkeiten führen.[27] Abgesehen davon wird auch der Zusammenhang von Praktiken des Kunstschaffens und des Kunstbetrachtens mit der Muße immer wieder betont. Dass man Muße benötige, um (literarische, bildkünstlerische oder bauliche) Werke zu konzipieren und herzustellen, ist eine so selbstverständliche Einsicht, dass sie nur selten ausdrücklich formuliert wird.[28] Immerhin erfährt man aber von Alberti, dass ihn das Malen mit solcher Lust (*voluptas*) packte, dass er – ähnlich wie Petrarca auf dem Mont Ventoux – darüber die Zeit völlig vergaß. Ebenso selbstverständlich war auch, dass man Muße benötige, um Bildwerke zu betrachten, zu studieren, zu kontemplieren und sie angemessen zu verstehen. Wiederum ist es Alberti, der die Anmut und den Liebreiz (*gratia et amoenitas*) beschreibt, die sich beim Betrachten von Gemälden einstellen, und der betont, dass die Bildinhalte sogar im Stande seien, die Seele zu fesseln (*animos tenet*).[29]

Analog zu diesen rezeptionsästhetischen Aussagen über den Bildgenuss lobt Alberti das Vergnügen und die Freude, welche das Betrachten von Bauwerken und ihren Details vermittelt. Dabei betont er, dass es überhaupt nur den Architekten und ihrem guten Bauen zu danken sei, dass wir neben unseren Geschäften auch unsere Mußezeit (*otium*) mit Wohlbehagen, unbeschwert und in Gesundheit würdevoll verbringen könnten.[30] Das Verhältnis von Muße und Kunst wird also schon im 15. Jahrhundert als ein vielschichtiges begriffen: Einerseits bedürfen die Künstler der Muße und der Ruhe, um ihre Tätigkeit auszuüben, andererseits erfordert die Betrachtung und Beschäftigung mit den Werken vom Rezipienten ihrerseits Ruhe und Muße. Als drittes schließlich ermöglichen und

---

[25] Alberti, *Das Standbild/De Statua*, 236/237 bzw. 238/239, 240/241.

[26] Wolfgang Welsch, „Das Zeichen des Spiegels. Platons philosophische Kritik der Kunst und Leonardo da Vincis künstlerische Überholung der Philosophie“, in: *Philosophisches Jahrbuch* 90 (1983), 230–245.

[27] Gianfrancesco Pico reflektiert die verschiedenen Arten von Bildern, ihre Wirkung auf die Seele und ihre epistemische Bedeutung; siehe hierzu: Raith, *Die Macht des Bildes*, bes. 44–66.

[28] Z. B. fordert Gianfrancesco della Mirandola, der Neffe von Giovanni Pico und Herausgeber vieler Schriften seines Onkels, grundsätzlich Muße und Ruhe (*otium atque quietem*) für die Abfassung von Werken; Giovanni Pico della Mirandola, *De imaginatione/Über die Vorstellung*. Lateinisch/Deutsch, hg. v. Eckhard Keßler, München 1984, 66.

[29] Alberti, *Das Standbild/De Statua*, 244/245.

[30] Leon Battista Alberti, *L'Architettura; De re aedificatoria*, Testo latino e traduzione a cura di Giovanni Orlandi, 2 Bde., hg. v. Paolo Portoghesi, Mailand 1966, 12/13, 14/15, 850/851.

stimulieren Kunstwerke Muße, sei es, indem sie den baulichen Rahmen für Mußehandlungen geben, sei es, dass sie zur ästhetisch intellektuellen Auseinandersetzung mit sich einladen und denjenigen, der sich darauf einlässt, von seiner alltäglichen Beschäftigung, vom *neg-otium* also, ablenken.

War in der philosophischen Debatte mit Lorenzo Valla der sinnliche Genuss in Gänze positiv bewertet worden, so differenzierte das kunsttheoretische Schrifttum mit Alberti und anderen die *voluptas honesta* nach Kunstgattungen aus. Marsilio Ficino konnte dann in seiner *Theologia Platonica* von 1469–1474 die ästhetische Vollkommenheit der Werke von Malern, Bildhauern, Konstrukteuren und Architekten ganz generell rühmen, und mit den Neo-Platonikern war der positiv verstandene Genuss schließlich endgültig im Geistesleben etabliert.

Lassen wir die Baukunst außer Acht und fragen nach der Malerei. Hinsichtlich der Tafelmalerei und der Wanddekoration schwebte Alberti vor allem die als höchste angesehene Gattung vor, d.h. eine Historienmalerei mit sakralem oder profanem Inhalt, die religiöse, ethische oder moralische Werte vermitteln konnte.

> Eine gute Malerei – denn es heißt eine Wand zu schänden, wenn man schlecht malt – werde ich nicht mit geringerem Vergnügen (*voluptas*) betrachten, als ich eine gute Geschichte lesen werde. Maler sind ja beide: jener malt mit Worten, dieser lehrt mit dem Pinsel; alles übrige ist beiden gleich und gemeinsam. Beide müssen hervorragend begabt und unglaublich sorgfältig sein. Doch möchte ich in den Tempeln sowohl an der Wand als auch am Fußboden nichts haben, das nicht reinste philosophische Weisheit atmet.[31]

Albertis Forderung geht mit der Praxis der Malerei seiner eigenen Zeit konform. Was der 1472 gestorbene Alberti jedoch noch nicht durch eigene Anschauung kannte und was daher auch nicht Thema seiner Abhandlungen sein konnte, war die antike Wandmalerei. Sie wurde erst nach seinem Tod wiederentdeckt und dann begeistert nachgeahmt. Um diese Art der Wandmalerei wird es im Folgenden gehen.

4. Antike Wandmalerei: *Le grottesche* – die Groteske – das Groteske

Wollten Künstler der Renaissance Wandflächen, Gewölbe oder Decken ausschmücken, so stellte sich für sie zunächst die Frage, wie dies eigentlich in der Antike gemacht wurde, da die Kunst des Altertums seit Beginn des 15. Jahrhunderts zum allgemein gültigen Paradigma erhoben worden war. Es galt deshalb, diese in dem berühmten Dreischritt von *imitatio – aemulatio – superatio* nachzu-

---

[31] Alberti, *L'Architettura*, 608/609. Übersetzung in Anlehnung an: Leon Battista Alberti, *Zehn Bücher über die Baukunst*, übers. v. Max Theuer, Wien 1912, 381.

ahmen, sich anzuverwandeln und sie zu übertreffen. Während antike Bauruinen und Statuen zum Studium allenthalben zur Verfügung standen, kannte man antike Wanddekorationen allerdings nur in Form von Mosaikbildern bzw. Marmorinkrustationen. Ornamente konnte man immerhin auch an antiken Bauwerken, Reliefs, Skulpturen oder Gemmen studieren. Von der Tafel- und der Wandmalerei des Altertums wusste man dagegen nur aus schriftlichen Quellen. Eine konkrete anschauliche Vorstellung war aus diesen jedoch nicht zu gewinnen.

Dies änderte sich schlagartig, als um 1480 Reste der *domus aurea* entdeckt wurden.[32] Das Goldene Haus ist der berühmt-berüchtigte Palast des Kaisers Nero, der nach dem Brand Roms im Jahre 64 n. Chr. am Abhang des Celius-Hügels in der Senke zwischen Palatin und Kapitol errichtet worden war. Mit ca. 80–100 ha Größe übertraf er sämtliche Kaiserpaläste, ähnelte jedoch mehr einem ausgedehnten Landgut als einem Palastbau. Sueton schreibt hierzu:

> Die ganze Anlage war so groß, dass sie drei Portiken von einer Meile Länge und einen künstlichen See umfasste, der fast ein Meer war, umgeben von Häusern, so groß wie Städte. Dazu kamen Villen mit Feldern, Weinbergen und Weiden, Wälder voller wilder und zahmer Tiere aller Arten. Einige Teile des Hauses waren vollständig vergoldet und mit Gemmen und Muscheln geschmückt. In den Speisesälen gab es bewegliche Decken aus Elfenbein, durch die Blumen herabgeworfen und Parfüm versprengt werden konnte. Der wichtigste von ihnen war kreisrund und bewegte sich bei Tag und bei Nacht ständig, wie die Erde. Die Bäder wurden mit Meer- und Schwefelwasser gespeist. Als Nero nach Abschluss der Bauarbeiten das Haus einweihte, zeigte er sich sehr zufrieden und sagte, dass er jetzt endlich in einem Haus wohne, das eines Menschen würdig sei.[33]

Der Palast des schon in der römischen Antike als größenwahnsinnig verspotteten Nero wurde nach dessen Tod zerstört und der künstliche See mit dem Kolosseum überbaut. Auf diese Weise gaben die flavischen Kaiser den Römern ihre Stadt, die Nero ihnen mit seiner Villa genommen hatte, symbolisch zurück. Später wurden für das Volk auf dem Gelände noch die Thermen des Titus und des Trajan errichtet. Hierfür wurden Teile von Neros Palast als Substruktionen benötigt und deshalb die Zugänge vermauert. Im Laufe der Zeit wurde die verschlossene Anlage unter dem steigenden Bodenniveau der Stadt begraben und geriet in Vergessenheit. Als sich die in Rom arbeitenden Künstler dann in den 1480er Jahren von oben an Seilen in die dunklen Räume der *domus aurea* herabließen, entdeckten sie dort im Schein der Fackeln ein riesiges unterirdisches Labyrinth aus Hohlräumen, in denen sich die kaiserzeitlichen Wandmalereien licht- und klimageschützt hervorragend erhalten hatten, sodass sie sich bei ihrer

---

[32] Nicole Dacos, *La découverte de la Domus Aurea et la formation des grotesques à la Renaissance* (Studies of the Warburg Institute 31), London 1969; Alessandra Zamperini, *Le grottesche. Il sogno della pittura nella decorazione parietale*, Verona 2013, 80–119.

[33] Sueton, *De vita XII caesarum*, *Nero*, 31; Sueton, *Leben des Claudius und Nero*, hg. v. Wilhelm Kierdorf, Paderborn 1992 (Textausgabe mit Einleitung, kritischem Apparat und Kommentar).

Entdeckung ausgesprochen frischfarbig präsentierten. Man wusste aus Plinius' *Naturgeschichte* (35, 37), dass die Wände der *domus aurea* angeblich von einem Maler mit dem Namen Fabullus bemalt worden waren, der sich seiner Aufgabe mit einer solchen Leidenschaft gewidmet haben soll, dass das „Goldene Haus zum Gefängnis seiner Kunst geworden sei". Diese Überlieferung musste den Renaissance-Künstlern in zweifacher Weise eindrücklich erschienen sein: Erstens, weil sie in dem Höhlenlabyrinth auf eine völlig neuartige Malerei trafen, die ausgesprochen „fabulös" wirkte (*fabula* = Gerede, Geschwätz, Fabel, Unterhaltung) und somit gemäß dem Konzept von *nomen est omen*[34] bestens zum Namen ihres angeblichen Urhebers Fabullus passte, und zweitens, weil die Entdeckung der Bilder wie eine Befreiung aus ihrer fast eineinhalbtausendjährigen „Gefangenschaft" wirkte. Da diese Malereien unterirdisch in vermeintlichen Höhlen, ital. *grotte*, aufgefunden wurden, wurde der Begriff auf diesen Dekorationstypus übertragen: *pittura a grottesche*, ein Terminus, der 1495 erstmalig nachgewiesen ist, bedeutet zunächst nichts anderes als „Höhlenmalerei". Der Florentiner Bildhauer und Bronzegießer Benvenuto Cellini schrieb in seiner zwischen 1557–1566 entstandenen Autobiographie darüber:

> Solche Arbeiten werden von den Unkundigen Grotesken genannt, welche Benennung sich von den Neueren herschreibt, indem die aufmerksamen Künstler in Rom in manchen unterirdischen Höhlen dergleichen Zieraten fanden, weil diese Orte ehemals als Zimmer, Stuben, Studien, Säle und sonst gebraucht wurden, nun aber, da durch den Ruin so großer Gebäude jene Teile in die Tiefe gekommen sind, gleichsam Höhlen zu sein scheinen, welche in Rom Grotten genannt werden; daher denn, wie gesagt, der Name Grotesken sich ableitet. Die Benennung aber ist nicht eigentlich.[35]

Das Charakteristische dieser antiken Wandmalerei sind die zahllosen kleinformatig gemalten Figürchen, Gegenstände und Gebilde, die meist symmetrisch angeordnet locker über zum Teil sehr große Flächen verstreut sind. Darunter sind Dinge wie Springbrunnen, Fackeln, Perlenschnüre und Blütenketten, ägyptische Motive, seltsam unwirkliche Vögel und geflügelte Wesen, Ziegen, gehörnte Männer, Putti, Eroten, fliegende Figuren, Drachen, Meeresungeheuer, Masken, angekettete Satyrn, schwebende Figuren und Gegenstände, jede Art von Mischgebilden, Karyatiden, Fruchtkörbe, Girlanden, vegetabilisierte Kandelaber, Opfervasen, Tierschädel, Chimären, undefinierbare Monsterwesen, Kentauren, Pferde mit Schlangenhinterteilen und vieles andere mehr.[36] Außerdem sind kleine Landschaftsgemälde, *Trompe-l'œil*-Architekturen sowie andere einfalls-

---

[34] Gisla Gniech, „*Nomen atque omen* oder *Name ist Schall und Rauch...?*", in: Friedhelm Debus/Wilfried Seibicke (Hg.), *Reader zur Namenkunde*, Bd. 2: Anthroponymie, Hildesheim/New York 1989, 397–410.

[35] Benvenuto Cellini, *Leben des Benvenuto Cellini, florentinischen Goldschmieds und Bildhauers von ihm selbst geschrieben*, hg. v. Johann Wolfgang von Goethe, Frankfurt a. M. 1981 (mit einem Nachwort v. Harald Keller), 65.

[36] Zu der breiten Motivik siehe: André Chastel, *Die Groteske. Streifzug durch eine zügel-*

reiche bauliche Gebilde zu sehen. Da viele der hybriden Phantasiewesen und -gebilde närrisch, bizarr, absurd, komisch und drollig aussehen, bzw. Handlungen vollziehen oder in szenischen Kontexten erscheinen, die dem Betrachter so anmuten, wurde die toponyme Bezeichnung *le grottesche* dann aber als semantisches Charakteristikum verstanden und schon von den Renaissance-Künstlern auf die abstrusen szenischen Darstellungen, auf die sonderbaren Erfindungen und auf den spezifischen Charakter der Ornamentdekoration übertragen. Somit wurde der neuzeitliche Begriff ‚grotesk' geprägt, der ausgehend von den Malereien Eingang in die europäischen Sprachen gefunden hat und in der Literaturtheorie seit dem 16. Jahrhundert eine wichtige Rolle spielt.[37] Außerdem hatten die Künstler erkannt, dass es sich um eine Malerei für Profanräume handelte, darunter vor allem Räume, die wir als ‚klassische' Mußeorte bezeichnen können, wie Studierzimmer (*studioli*), kleine Zimmer, Loggien und Ambulatorien (Gänge, Wandelhallen).

Neben den phantasievoll erfundenen Einzelmotiven sind als weiteres Charakteristikum der Groteske die komplexen, große Wand- und Gewölbeflächen vereinheitlichenden Dekorationssysteme zu nennen, in welche kleine Gemälde in der Art fingierter Tafelbilder eingepasst sind. Etwas Vergleichbares hatte man bis dato nicht gekannt. Ausgeführt sind die Grotesken sowohl in Freskomalerei als auch in Stuck. Sie kommen in vermischten oder nach Gattungen getrennten Formen vor. Zumeist zeichnen sie sich durch einen hellen Grund aus, über den sich in Form von Simsen und Rahmungen eine komplexe geometrische Struktur legt, die im Ganzen auf Symmetrie angelegt ist (Abb. 1).[38] Narrative Szenen und die Bilderwelt der Mythologie und Geschichte kommen zwar vor, sind aber keineswegs dominant; im Gegenteil: Es gibt Räume, die ausschließlich mit reinen Dekormalereien versehen sind. Räume dieser Art werden von Archäologen zumeist nach der Art des Ornamentstils bezeichnet, andere nach den Hauptmotiven der Bilder. Bei diesem Beispiel des Vierten Pompejanischen Stils besteht das System aus feingliedrigen architektonischen Elementen, wie es sie in der realen Baukunst allerdings nicht gegeben hat. Das unterstreicht, dass es bei dieser Malerei nicht so sehr um Nachahmung (*mimesis*), sondern um kunstvolle

---

lose Malerei, Berlin 1997; Philippe Morel, *Les grotesques. Les figures de l'imaginaire dans la peinture italienne de la fin de la Renaissance*, Paris 1997, bes. 23–35.

[37] Zu diesem Prozess: Dorothea Scholl, *Von den „Grottesken" zum Grotesken. Die Konstituierung einer Poetik des Grotesken in der italienischen Renaissance*, Münster 2004; Geoffrey Galt Harpham, *On the grotesque. Strategies of contradiction in art and literature*, Princeton, N.J. 1982; Wolfgang Kayser, *Das Groteske, seine Gestaltung in Malerei und Dichtung*, Reinbek bei Hamburg 1957.

[38] Zur antiken Wandmalerei: Harald Mielsch, *Römische Wandmalerei*, Darmstadt 2001; Ida Baldassarre/Angela Pontrandolfo/Agnes Rouveret u. a., *Römische Malerei. Vom Hellenismus bis zur Spätantike*, Köln 2002; Donatella Mazzoleni/Umberto Pappalardo/Luciano Romano (Hg.), *Pompejanische Wandmalerei. Architektur und illusionistische Dekoration*, München 2005.

Erfindung ging. Die damit demonstrierte künstlerische Freiheit (*licentia*) manifestiert sich in allerlei Phantasiewesen, die in das Dekorationssystem eingestreut sind. Der Erfindungsreichtum und Kunstcharakter dieser Malereien wird gleich daneben durch ornithologisch korrekt dargestellte Vögel ästhetisch kontrastiert und gesteigert. Zoomorphe Wesen, Blattmaskengesichter, Blütengirlanden und hängende Vasen bereichern außerdem das Bild. Der Illusionismus wird betont, indem innerhalb der mit Säulchen eingerahmten Aedikulen ein Ausblick auf andere, weiter hinten befindliche Architekturen vorgetäuscht wird.

Besonders ausgefallen sind die in dieses System eingestreuten fingierten Tafelbilder mit zugehörigem Rahmen, die Veduten von Städten und Landschaften zeigen (Abb. 2). Solche Sujets waren in der Renaissance als autonome Bildgattung noch nicht bekannt. Aber hier konnten die Künstler auf einmal Phantasieveduten bestaunen, die im positiven Sinne ‚orts- und geschichtslos' waren, weil sie nicht versuchten, einen konkreten geographischen Platz oder eine bestimmte Begebenheit zu schildern. Die Figuren sind nicht identifizierbar, d.h. sie bleiben ‚namenlose' Staffage. Sie vollziehen eigentlich auch keine Handlungen im erzählerischen oder gar dramatischen Sinne. Raum und Zeit spielen in diesen Szenerien keinerlei Rolle – sie scheinen vielmehr wie aufgehoben. Obendrein bedienten sich die antiken Künstler gelegentlich einer wirklichkeitsfremden Farbmalerei. In unserem Beispiel besteht die Szenerie nur aus Blau- und Brauntönen und wirkt damit selbst für heutige Betrachter noch unerhört modern. Auch die Farbgebung betont somit den Kunstcharakter dieser fingierten Tafelgemälde.

Mit ihrer Entdeckung trat die antike Wandmalerei als eine zentrale künstlerische Gattung neu und machtvoll in das Gesichtsfeld der Künstler und Auftraggeber. Dem Erstaunen und der Freude über die Entdeckung haftete aber auch ein negativer Beigeschmack an, da die neuartige Malerei in der Villa desjenigen Kaisers gefunden worden war, der wie kein anderer für Verschwendungssucht, moralische Dekadenz und Christenfeindschaft stand. Zudem hatte ausgerechnet der augusteische Architekturtheoretiker Vitruv – eigentlich *die* autoritative Quelle in Fragen antiker Kunst – den Stil dieser Wandmalereien abgelehnt. Er bemängelte unter anderem, dass es die gemalten Dinge „nicht gibt, noch geben kann, noch jemals gegeben hat".[39] Mehr noch: Vitruv verurteilte sowohl die Phantasie der Künstler, die diese Werke hervorgebracht hatten, als auch die Kunstkritiker, die sie positiv beurteilten.

---

[39] Vitruv, VII, 5, 3–7, Vitruvii, *De architectura libri decem*; Vitruv, *Zehn Bücher über Architektur*, übers. v. Curt Fensterbusch, Darmstadt 1976, 333/335.

5. Die Groteske in der Renaissance

Die Rezeption der Groteskenmalerei war zunächst also verhalten, meist wurden nur einzelne Motive nachgeahmt und in Dekorationsflächen eingebettet.[40] Dies änderte sich bald nach 1500 radikal, denn mit der Hochrenaissance gelangte diese Spielart eines *stile all'antica* in Rom zu ihrer größten Blüte. Man übernahm ungeachtet möglicher Vorbehalte nun nicht mehr nur einzelne Elemente, sondern imitierte das gesamte Dekorationssystem. Bemerkenswert ist dabei vor allem, dass sich diese neuartigen *pitture a grottesche* nicht etwa in Privathäusern römischer Adliger befinden, sondern im päpstlichen Palast, also an einer in der Wahrnehmung der römischen und internationalen Öffentlichkeit denkbar exponierten Stelle. Es waren Raffael und seine Schule, darunter Giulio Romano, Giovan Francesco Penni, Giovanni da Udine, Perino del Vaga und Polidoro da Caravaggio, die ab 1515 nach Entwürfen des Meisters zunächst das Appartamento des engen Papstvertrauten und Kardinals Bernardo Dovizi da Bibbiena und ab 1517 die päpstlichen Loggien am Damasushof in diesem Stil ausmalten.[41]

Bernardo Dovizi da Bibbiena (1470–1520) war ein bedeutender Schriftsteller und wurde von dem mit ihm befreundeten Leo X. 1513 zum Kardinal ernannt. Er machte eine steile Karriere als Sekretär des Papstes, Generalschatzmeister und Protonotar und erhielt ein Appartamento im dritten Geschoss des vatikanischen Palastes. Dieses beherbergte Wohn- und Amtsräume, zudem gab es eine Aussichtsloggia, eine Aussichtsterrasse mit Privatkapelle und – ganz ungewöhnlich – ein mit Warmluft beheizbares, fest installiertes Badezimmer (*stufetta*).[42] Zwischen 1516 und 1517 wurden die Räume von Raffaels Werkstatt ausgemalt.[43] Erhalten sind die Dekorationen in der Loggetta und im Warmbaderaum, der sich direkt an das Schlafzimmer des Kardinals anschloss. Die Loggetta besteht aus einem langen, ursprünglich offenen, nach Südwesten ausgerichteten Raum von etwa 15,74 m Länge und 3,12 m Breite (Abb. 3). Er ist durch große Fenster alternierend mit breiten Wandabschnitten rhythmisiert. In die 4,64 m hohe Tonnenwölbung schneiden Stichkappen ein. Der gesamte Raum ist in antiker Manier

---

[40] Zu diesem Thema: Dacos, *La découverte de la Domus Aurea*; Zamperini, *Le grottesche*, 90–119.

[41] Nicole Dacos, „La Loggetta du Cardinal Bibbiena. Décor à l'antique et rôle de l'atelier", in: Dacos, *Raffaello a Roma. Il convegno del 1983*, Rom 1986, 225–236; Nicole Dacos, *Le Logge di Raffaello. Maestro e bottega di fronte all'antico*, Rom 1986 (2. Aufl. 1986); Nicole Dacos, *Raffael im Vatikan. Die päpstlichen Loggien neu entdeckt*, Stuttgart 2008.

[42] Deoclecio Redig de Campos, „La Stufetta del Cardinal Bibbiena in Vaticano e il suo restauro", in: *Römisches Jahrbuch für Kunstgeschichte* 20 (1983), 221–240.

[43] Dacos, „La Loggetta du Cardinal Bibbiena. Décor à l'antique et rôle de l'atelier"; Jutta Allekotte, *Orte der Muße und Repräsentation. Zu Ausstattung und Funktion römischer Loggien (1470–1527)*, Bonn 2011 (Diss.: http://hss.ulb.uni-bonn.de/2011/2706/2706.htm), 318–322.

durch die Dekorationsform vereinheitlicht. Das Vorbild der Malereien in einem Korridor der *domus aurea* ist unverkennbar (Abb. 1). Über der mit fingierten Marmorinkrustationen und Atlanten-Statuetten bemalten Sockelzone erheben sich alternierend hohe rundbogige Wandfelder und niedrigere, mit einem Sims abgeschlossene rechteckige Zonen, die in ihrer Mitte fingierte Nischen mit Personifikationen der vier Jahreszeiten als gemalte Standbilder aufweisen. An den Schmalseiten befinden sich eine antikische Tänzerin bzw. Putten, die in der Schmiede des Vulkans herumtollen. Gegenüber den Fenstern sind auf die Wand gemalte Täfelchen mit Episoden aus dem Wettstreit zwischen Apoll und Marsyas zu sehen. Im Übrigen ist die weißgrundige Loggia mit zahllosen Figürchen aus der Motivwelt der Grotesken und mit mythologischen Szenen ausgestaltet, die zusammen mit Tieren sowie Darstellungen berühmter Statuen locker über die Wände verstreut sind. Der allgegenwärtige Kreislauf des Jahres, Bildungswissen in Form von gemalten Standbildern sowie Probleme der literarischen Gattungstheorie (Apoll/Marsyas) sind hier unaufdringlich miteinander verbunden und weisen die Loggetta als einen für kultivierte Unterhaltungen bestimmten Raum aus. Der helle Grund mit der feinteiligen und feingliedrigen Malerei erzeugt eine freundlich lockere Grundstimmung von großer Unbestimmtheit. Biblische Szenen oder religiöse Symbole fehlen.

Im Badezimmer des Kardinals wird der antikische Charakter noch deutlicher (Abb. 4). Es ist ein kleiner, etwa quadratischer Raum (2,52 m Seitenlänge) mit Kreuzgratwölbung, der mit Stuck und Fresken ausgeschmückt ist und in dem man sich eine mobile Wanne vorzustellen hat. Auf der Ost- bzw. Westseite befinden sich Fenster und Tür. Die beiden anderen Wände sind in der Sockelzone mit einer Maskenfratze geschmückt und weisen darüber je eine Nische auf. In diesen dürften kleinformatige Venusstatuen gestanden haben. Aus einer der beiden Masken konnte Wasser in den Raum geleitet werden. Die Wanddekoration mit rotem Grund, fein gezeichneten illusionistischen Architekturelementen und zartgliedrigen Figuren entspricht dem Dritten Pompejanischen Stil. Jeweils neben Tür, Fenster bzw. Nische sind in den Sockeln geflügelte Eroten oder Putten auf Wägelchen, die von Schildkröten, Schnecken, Drachen und Schmetterlingen gezogen werden. Darüber sind in Augenhöhe Bildfelder an die Wand gemalt, die Venusdarstellungen zeigen. Deutlich erkennbar ist der erotische Ton der Dekoration, der zur Zeit der Hochrenaissance in einem Baderaum offenbar unproblematisch erschien – selbst wenn es der eines Kardinals war. Die Groteskenmalerei ermöglichte, je nach Auswahl der Bildmotive, klare inhaltliche Akzentuierungen, wodurch die Dekoration der jeweiligen Funktion und Nutzung des Raumes angepasst werden konnte. Die nackten Figuren, die erotischen Szenen und die lockere Verteilung der Bildmotive in der Gewölbezone evozieren eine Stimmung, die mit ihren Allusionen auf die vier Elemente und auf die Reinigung von Körper und Seele aufs Treffendste der Erholung entspricht, die hier stattfinden sollte.[44]

Kurz darauf malte das Team für Papst Leo X. die etwa 68 m lange und 4,6 m breite Loggia im zweiten Obergeschoss des Vatikanpalastes aus (Abb. 5). Auf einer Seite sind in den Wandfeldern von Aedikulen gerahmte Fenster und Türen untergebracht, auf der anderen öffnete sich die Loggia mit Bogenstellungen nach Südosten (heute verglast) auf einen hier ehemals gelegenen, abgeschirmten Garten mit einem Brunnen (heute zum Cortile di San Damaso umgebaut). Sie bot einen spektakulären Ausblick auf die Stadt Rom und auf die Albaner Berge in der Ferne, bevor Sixtus V. seinen Palastkubus davor errichten ließ und die Sicht empfindlich einschränkte. Da die Loggia stärker architektonisch-plastisch ausgestaltet ist als die Loggetta Bibbiena, gibt es hier keine größeren Wandflächen. Manche der Fensteraedikulen sind nur fingiert, so dass auf die Fläche der Scheinöffnung Ausblicke auf Phantasielandschaften mit Vögeln gemalt wurden (Abb. 6). Ansonsten konzentriert sich die Groteskendekoration auf die Pilasterspiegel und die schmalen seitlichen Rahmenstreifen. Hier sind variantenreich geschmückte, kandelaberartig aufwachsende Gebilde zu bestaunen, die mit ihren zahllosen kleinen Figuren und Elementen wie Altären und Tempietti Nahsichtigkeit geradezu einfordern (Abb. 7). Greife, wundersame Tiergebilde und Putti bevölkern in symmetrischer Anordnung die Wandfelder und fordern den Besucher zu einer eingehenden Betrachtung auf. Wer sich ihnen in Ruhe widmet, wird neben Phantasiewesen auch erstaunlich naturalistisch gemalte Pflanzen und Tiere erkennen, darunter Fische und Tintenfische (Sepien) in natürlicher Größe. Bildthemen aus der biblischen Historie sind zwar vorhanden, aber entweder in die Felder des Spiegelgewölbes versetzt oder als bronzefarbene monochrome Felder in der Sockelzone untergebracht, d.h. sie sind dem direkten Blick des Betrachters entzogen, werden an diesem Ort also wie Parerga behandelt und als „Nebenszenen" an die Ränder des Loggienraumes verdrängt.

Die Fresken galten als die schönste Malerei, die man seinerzeit überhaupt sehen konnte.[45] Die neben den Türen und Fenstern herabhängenden Fruchtgirlanden sollten den Wohlstand des leoninischen Zeitalters verheißen (Abb. 6). Man kann sich trotz ihres schlechten Erhaltungszustandes noch heute das Aufsehen vorstellen, welches diese beispiellos moderne Dekorationsmalerei erregt hat, zu-

---

[44] Heikki Malme, „La stufetta del Cardinal Bibbiena e l'iconografia dei suoi affreschi principali", in: Bruno Contardi (Hg.), *Quando gli dei si spogliano. Il bagno di Clemente VII a Castel Sant'Angelo e le altre stufe romane del primo Cinquecento*, Rom 1984, 34–50; Arnold Nesselrath, „L'antico vissuto. La stufetta del cardinal Bibbiena", in: Guido Beltramini/Davide Gasparotto/Adolfo Tura (Hg.), *Pietro Bembo e l'invenzione del Rinascimento*, Venedig 2013, 284–291; Henry Dietrich Fernández, „A secret space for a secret keeper. Cardinal Bibbiena at the Vatican Palace", in: Timothy McCall/Sean E Roberts/Giancarlo Fiorenza (Hg.), *Visual cultures of secrecy in early modern Europe*, Kirksville 2013, 149–161.

[45] Das Lob in einem Brief von Baldassare Castiglione an Isabella d'Este (16. Juni 1519); Pierluigi De Vecchi, *Raffael*, München 2002, 296.

mal sie in ihrem Zusammenklang mit Architektur und Skulptur als einzigartige Wiedergeburt antiken Raumschmucks galt. Ein Nachhall dieser Begeisterung ist in den zahlreichen Zeichnungen und Stichen nach Raffaels Erfindungen zu spüren, die schon bald einsetzten. Besonders zu erwähnen sind hierunter die um 1555 von Giovan Battista Armenini und anderen Künstlern sorgfältig angefertigten Aquarellkopien, die in einem Album gesammelt wurden, das für Mitglieder der Fugger-Familie bestimmt war.[46] Ihren Höhepunkt erfuhr die Bewunderung in den getreuen baulichen Kopien der Loggien mitsamt ihrer Malerei und ihrem Stuck im Maßstab eins zu eins in der Eremitage in St. Petersburg in den Jahren von 1778 bis 1787 und ab 1835, etwas verkleinert, in der École des Beaux-Arts in Paris.[47]

Die von außerhalb des Palastes kommenden Besucher mussten einen langen Weg zurücklegen, bis sie in der Loggia mit ihrem spektakulären Ausblick ankamen. Man musste durch die Stadt auf die andere Tiberseite, dann über den Petersplatz zum Eingang und dort an den patrouillierenden Palastwachen vorbei laufen, um im Inneren der Residenz über verschiedene Rampen, Stiegen, Höfe und Räume nach oben zunächst ins Zeremonialgeschoss zu gelangen und um dann noch eine Etage höher zu steigen, wo das Wohnappartamento des regierenden Papstes lag. Je nachdem, welcher Weg genommen wurde, konnte das für den Besucher vom Haupteingang der Papstresidenz immerhin noch eine Länge von über 350 m und einen Höhenunterschied von über 70 m bedeuten. Wer es eilig hatte, kam oben außer Atem an und war froh, wenn er verschnaufen und Zeit gewinnen konnte, auch um seine Gedanken bezüglich des beim Papst vorzutragenden Anliegens zu ordnen. Aber wie bei Petrarca auf dem Gipfel des Mont Ventoux wurde der mentale Modus der Zielgerichtetheit entweder durch die wunderbare Aussicht auf die Stadt, den Tiber und die Albaner Berge oder aber durch den Genuss der spektakulären Wanddekorationen der Loggia gestört. Der Ort forderte vom Besucher auch seinen ästhetischen Tribut.

6. Die Groteske und ihre Betrachter

Jutta Allekotte hat überzeugend dargelegt, dass die Raffael-Loggia im zweiten Obergeschoss des Palastes kein öffentlicher Korridor war, sondern zum päpstlichen Appartamento gehörte und polyfunktional genutzt wurde. Dies bedeutete, dass nur ein stark eingeschränkter Personenkreis Zugang zu dieser Räumlichkeit und ihren Dekorationen hatte. Neben dem Papst und seinen Vertrauten gehörten die wichtigsten Kardinäle und Botschafter, Advokaten und Prokuratoren

---

[46] Wien, Österreichische Nationalbibliothek, Cod. Min. 33; *Raffaello in Vaticano*, Ausstellungskatalog, Mailand 1984, 208–220.

[47] Dacos, *Raffael im Vatikan*, 306–329.

dazu. Sie mussten beispielsweise in der Loggia warten, um zum geheimen Konsistorium vorgelassen zu werden. Funktional verband die Loggia die aus dem Zeremonialgeschoss mit Sixtinischer Kapelle und den großen repräsentativen Empfangssälen (Sala Regia, Sala Ducale) heraufführende Reittreppe mit den Privaträumen des Papstes sowie mit dem langen Korridor des Belvederehofes, der zur berühmten Skulpturensammlung im Cortile und zur Villa di Belvedere führte. Daneben diente sie zum gemeinschaftlichen Lustwandeln und Genießen des Ausblicks. Außerdem wurden hier informelle Audienzen, aber auch Festessen abgehalten. Die Loggia ist also Ausdruck einer sublimierten Lebenskultur, deren doppeltem Charakter als Ort der Muße und als Ort der Repräsentation die Lage und Ausstattung aufs Beste Rechnung tragen.[48] Diese doppelte Aufgabe erklärt vermutlich auch, warum die Dekorationsform der Loggia von derjenigen der nahegelegenen Stanzen so eklatant abweicht.

Die Stanzen, also jene berühmte, ebenfalls von Raffael und seiner Werkstatt ausgemalte Enfilade von mittelgroßen Räumen an der Nordseite des Papstpalastes, wurden vor allem für politische, juristische und liturgische Akte genutzt, zu denen, je nach Anlass, ein mehr oder weniger großer Personenkreis zugelassen war. Folglich demonstrieren Raffaels Fresken hier in bildmächtiger Weise das komplexe Herrschaftsverständnis des Papsttums.[49] In der Sala di Costantino, dem größten und direkt neben der Loggia gelegenen Raum, sind die Hauptfelder mit archäologisch genau rekonstruierten Historiengemälden geschmückt, die den Sieg des Christentums über das Heidentum durch Konstantins Schlacht an der Milvischen Brücke verbildlichen, bzw. die Übertragung der temporalen Gewalt an die Päpste durch die sogenannte Konstantinische Schenkung schildern (Abb. 8). Grotesken kommen hier nur in ganz untergeordneter Bedeutung vor: im Fußbodenmosaik, in den gemalten Bordüren und Schabracken sowie in den untergeordneten Bildfeldern.

Genau umgekehrt ist es in der Raffael-Loggia und ebenso im Appartamento Bibbiena. Haupt- und Nebensächliches sind hier gegenüber der üblichen Anordnung vertauscht. Für den Betrachter ergibt sich somit eine ganz anders geartete Anmutungsqualität: Biblische Historien sind nur in den kleinen Feldern der Gewölbe zu finden, während die Augen vor allem die mit Grotesken übersäten Wände wahrnehmen (Abb. 5, 6 und 7). Die Kardinäle, Diplomaten, Angehörigen der Kurie und gelegentlich auch Künstler, die zu dem ausgesuchten, aber dennoch recht umfänglichen Personenkreis gehörten, der zu diesen Räumlichkeiten Zugang hatte, konnten, während sie hier warteten, speisten oder flanierten, ihre Zeit damit verbringen, das sinnfreie Treiben der kleinen Eroten und der anderen Figürchen zu studieren. Sie konnten sich an den gelungenen Darstellun-

---

[48] Allekotte, *Orte der Muße und Repräsentation*, 16–32, 71–88, 275–283.

[49] Julian Kliemann/Michael Rohlmann, *Wandmalerei in Italien. Die Zeit der Hochrenaissance und des Manierismus 1510–1600*, München 2004, 124–181.

gen absonderlicher Vögel oder Fische erfreuen, in den dichten Ranken einzelne versteckte Figuren oder Tiere um die Wette suchen oder sich an den spielenden Putti und den absurd gestalteten Monstern erquicken. Die Groteskenmalerei, die John Ruskin, einer der wichtigsten Vertreter der Arts-and-Crafts-Bewegung, 1853 als „an elaborate and luscious form of nonsense" brandmarkte[50], wurde von den Zeitgenossen Raffaels als Anlass zu geselliger Unterhaltung, zu Zeitvertreib und Heiterkeit geschätzt; aber: Sie bot keine Erbauung und Belehrung.

Dennoch traf diese Art der Wanddekoration den Geschmack der Zeit, denn sie verbreitete sich zum Teil auch durch Stichvorlagen befördert schnell in ganz Europa. Einige aus der Fülle des Materials herausgegriffene italienische Beispiele sollen eine Idee davon geben, wie sich die Motivvielfalt entwickelte und wie einzelne Elemente gelegentlich sogar wandfüllende Größe annahmen und auf diese Weise mit der herkömmlichen Historienmalerei konkurrieren konnten.

Im Palazzo Vitelli a Sant'Egidio in Città di Castello bieten die um 1570 in der Eingangszone geschaffenen Fresken des Giovanni Antonio Paganino schöne Exempla für manieristische Figuren mit gelängten Proportionen und gedrehten Körperbewegungen (Abb. 9).[51] Inhaltlich wird eine absurde körperliche Schmerzzufügung vorgeführt. Ein durch die Luft schwingender, blond gelockter Jüngling hält eine überdimensionierte Kneifzange in den Händen, die ihm scheinbar den nötigen Halt für sein Turnen verleiht. Doch bohrt sich die Zange in die weit heruntergebogene Nase der hässlichen Fratze eines Alten, die, obgleich sie nur reglose Maske zu sein scheint, mit Lebenssäften erfüllt ist, die aus der Wunde über das Fresko spritzen. Dieser Lesart schiebt sich eine zweite, homoerotisch konnotierte unter, sobald man die lange Nase als einen kraftlos herunterhängenden Phallus versteht. Eindeutig ist die Szene allerdings nicht, sie bleibt in der Schwebe.

Klarer, drastischer und vulgärer geht es in Giovanni Alloris bekannter Szene von 1581 aus dem vasarianischen Korridor der Uffizien zu (Abb. 10).[52] Dem Betrachter, der sich die Zeit nimmt, mit einem zur Decke gerichteten Blick die zahllosen Gewölbeeinheiten nach den Bildmotiven abzusuchen, wird in einer Ecke über die frivole Szene staunen, in der ein geiler Satyr seinen mit einem dicken Pfropfen versehenen Pfeil auf das entblößte Gesäß eines alten, bereitwillig vor ihm liegenden Mannes richtet.

Wiederum im Palazzo Vitelli a Sant'Egidio (*Stanza della Fama*, um 1574) hat Giovanni Antonio Paganino eine ganze Szenerie von scheinbar aufeinander be-

---

50 John Ruskin, *The stones of Venice*, Bd. 3: *The Fall* (London 1853), New York 2007, 136.

51 Julian Kliemann, „Prospero Fontana und Mitarbeiter im Palazzo Vitelli a S. Egidio in Città di Castello. Dokumente und Zeichnungen", in: *Mitteilungen des Kunsthistorischen Institutes in Florenz* 31 (1987), 177–194.

52 Simona Lecchini Giovannoni, *Alessandro Allori*, Turin 1991 (Kat. Nr. 83), 156f; Anna Maria Bernacchioni (Hg.), *Alessandro Pieroni dall'Impruneta e i pittori della Loggia degli Uffizi*, Florenz 2012.

zogen handelnden Personen ausgebreitet (Abb. 11). Bei eingehender Betrachtung erweist sich ihr Tun jedoch als kompletter Unsinn: In der Mitte ist ein großes Ei in prekärem Gleichgewicht auf eine Art Mobile aus Rädern gestellt. Daraus erhebt sich ein schwarz gekleideter Mann mit Barett, welcher die wunderbare Fähigkeit besitzt, Rauchwolken mit seinen Händen greifen und bündeln zu können. Von beiden Seiten laufen auf einem klitzekleinen Arkadengang, der auf Wolken schwebt, Männer auf die Zentralfigur zu, so als ob sie sich auf ein Grillfest freuten, denn sie bringen gerupftes Geflügel auf Spießen mit. Allein: Es gibt nur Rauch, kein Feuer. Da hilft es wenig, dass auf der rechten Seite des Bildes auch ein Fackelträger dabei ist, denn der Mann hinter ihm hat statt des nötigen Brennholzes einen Ballen Heu geschultert, der bei Entzündung schnell verpufft. Die narrative Absurdität wird auf der anderen Seite weitergesponnen, wenn ein hoffnungsvoll mit Drehspießen regelrecht bewaffneter Mann von einem zweiten begleitet wird, welcher einen schweren Kahn mit weiterem Proviant schultert. Dieser ist aber nicht voller Fische, wie der Gegenstand vermuten lassen würde, sondern voller lebendigem Federvieh, welches jedoch, anstatt sich grillen zu lassen, gleich schnatternd das Weite suchen wird. Es ist ein verrücktes Spiel von Vor-Täuschung und Ent-Täuschung, welches hier mit jedem Betrachter getrieben wird, der versucht, erzählerische Inhalte zu entschlüsseln. Die Darstellung führt ihn in die Irre, denn sie erzeugt keinen tieferen Sinn. Die Bilder im *Saal des Ruhmes* künden wider Erwarten nicht von großen Taten, sondern konterkarieren die Raumbezeichnung und unterhalten stattdessen auf amüsante Weise.

In Cesare Bagliones Fresko von 1588 im Salone der Rocca Meli Lupi (Soragna) wird unter anderem die Logik der Schwere und des Lastens ad absurdum geführt (Abb. 12). Zwei Boote stehen mit einem kandelaberartigen Figurenbrunnen im Wasser, hängen aber zugleich an den mit Ketten geschmückten Hälsen zweier Gänse. Diese, obwohl mitten im Flug, scheinen wie festgefroren, so können auf ihren Köpfen und Schwänzen weibliche steinerne Statuen stehen. Die Figuren tragen an Stangen Zahnräder, auf denen es sich wiederum weitere weibliche vergoldete Standbilder barfuß unbequem gemacht haben. Sie ragen in eine sonderbare Bekrönung hinein, welche sie einerseits zu halten scheinen, von der sie andererseits aber selbst ein Teil sind. Das ganze Gebilde wirkt wie eine Mischung aus Tischbrunnen, Tischaufsatz und Tischuhr, bleibt aber letztlich irreal.

Besonders schön gemalt sind Cesare Bagliones Grotesken in der *Sala degli acrobati* im Castello di Torrechiara (Abb. 13). Trotz des querformatigen Bildfeldes mit einer ernst anmutenden Kampfszene und trotz der Bedeutung, die das mythologische Figurenpersonal in Gestalt eines heroischen Herkules und einer verführerischen Venus beansprucht, zieht aber doch das Zentralfeld mit den zwölf nackten Akrobaten die Aufmerksamkeit auf sich. Sie vollbringen mit ihren Turnreifen eine beachtliche, wenngleich sinnfreie Meisterleistung: den Kampf mit dem Gleichgewicht, mit der Bewegungskoordination und mit dem Körperkrampf in komplizierten Posen. Behilflich sind ihnen dabei eine Reihe von Löwen, deren potentielle Gefährlichkeit durch die etwas trottelige Darstellung visuell gebändigt scheint.

Es handelt sich bei dieser Groteske nicht um eine kleinformatige Szene, wie bei so vielen anderen, sondern um das namensgebende Hauptbild des Saales. Über einem Kamin angebracht, kann sich die Szene nicht nur neben den vielen anderen auf allen Wänden verstreuten Bildern behaupten, sondern auch gegenüber dem Fries unter der Decke, der alternierend mythologische Figuren und Landschaftsszenen zeigt, sowie gegenüber den großen Wappenkartuschen, die als dynastische Elemente inhaltlich bedeutungsvoll in den Bildraum ragen. Hier haben wir also den seltenen Fall, dass Grotesken in einem großen und wichtigen Saal eines Raumgefüges in ein monumentales Format transformiert sind und somit den Platz einnehmen, der gewöhnlich bedeutungsschwerer Historienmalerei zukommt. Wie Chastel treffend formuliert hat, handelt es sich bei den Grotesken um

> eine vertikale Welt, die durch das graphische Spiel bestimmt wird, ohne Dichte und Gewicht, eine Mischung von Strenge und Unbeständigkeit, die an den Traum erinnert. In dieser wunderbar gegliederten linearen Leere kommen halb pflanzliche, halb tierische Formen sowie ‚namenlose' Gestalten zum Vorschein und verbinden sich gemäß der anmutigen oder verquälten Bewegung des Ornaments. Daraus entsteht ein doppeltes Gefühl der Befreiung, hinsichtlich der konkreten Ausdehnung, wo die Schwere herrscht, und hinsichtlich der Ordnung dieser Welt, welche die Unterscheidung der Wesen bestimmt. Ein reines Erzeugnis der Einbildungskraft, wobei sich die Phantasien verdichten, von einer zugleich verdächtigen und flüchtigen Lebenskraft, die im Einzelnen klar erotisiert erscheint. Der Bereich des Grotesken ist mithin ziemlich genau das Gegenteil von der Darstellung, deren Normen durch die ‚perspektivische' Ansicht des Raumes und durch die Unterscheidung und Charakterisierung der Arten definiert werden.[53]

Neben der Negation von Räumlichkeit und der Negation der Schwerkraft – sämtliche Konstrukte und Gerüste, die als Träger der komplexen Szenerien auftreten, sind aus ausgedünnten Substanzen gewonnen, die schon im 16. Jahrhundert als „Luftschlösser" (*castelli in aria*) bezeichnet wurden – wären vor allem noch die Negation aller realen Größenverhältnisse und die Negation von Handlungslogik im engeren Sinne anzuführen. Jeder Versuch, das Gesehene einleuchtend zu beschreiben, muss scheitern, womit diese Bilder auch die Erkenntnis- und Deutungsfähigkeit in ihrem Grundsatz in Frage stellen. Die Verunsicherung, die hierdurch eintritt, wird durch die „schamlose Vermehrung des Hybriden" (André Chastel) gesteigert. So fragt man sich: Welche der gemalten Mischwesen und Monstren gibt es tatsächlich, welche sind nur fremdartige Erfindungen des Künstlers und welche fremden künstlerischen Erfindungen kommen den Betrachtern als persönliche Traumfiguren sogar überraschend bekannt vor? Neben der Vermischung von Gegenständen und Wesen wäre auch die Vermischung der Gattungen zu nennen: Architektur, Stuck, Relief und Malerei spielen in der Gro-

---

[53] Chastel, *Die Groteske*, 22 f.

teske in ungewohnter Weise zusammen. Innerhalb der Malerei erfolgt die Vermengung der Modi: naturalistisch gemalte Bilder stehen neben monochromen. Mit dem weitgehenden Verzicht auf ereignishafte Darstellungen und erzähllogische Handlungen wird auch die Zeit, als eine die Bilderzählung strukturierende Kategorie, bis zu einem hohen Grade außer Kraft gesetzt.[54] Die Groteskenmalerei erscheint mehr als jede andere Malerei als ein Tableau, als ein gleichzeitiges Überall von Figürchen, kleinen Szenen und Ornamenten, die sich auf kein konkret denkbares Vorher, Jetzt oder Nachher beziehen lassen. Sie ist *der* Ort des zeitlos Imaginären.

7. Grot(t)eske Thesen?

Zum Abschluss seien mit Blick auf das Thema *Schauen und Muße* drei Thesen formuliert.

1. Zunächst ist zu vergegenwärtigen, dass eine der wesentlichen Neuerungen der Groteskenmalerei in der Möglichkeit bestand, die herkömmlichen bildlichen Verhältnisse zu invertieren und die Umkehrung von Wichtigem und Unwichtigem visuell zu propagieren. Dies geschah natürlich nicht immer vollständig und nicht immer in gleicher Konsequenz. Aber der Vergleich zwischen Raffaels Stanzen und seinen Loggien verdeutlicht die im Ganzen höchst unterschiedlichen bildlichen Verhältnisse. In den Stanzen führen die Wandgemälde biblische, mythologische oder geschichtliche Historien vor Augen, empfehlen *uomini illustri* als Tugendexempla zur Nachahmung oder bringen in Gestalt von Allegorien theologische Wahrheiten nahe. Es sind also ‚große' Themen mit ethisch-moralischer Bedeutung und appellativem Charakter. Sie verherrlichen und legitimieren das Papsttum in seiner geschichtlich gewachsenen Stellung. Die Bildfelder breiten sich fast völlig flächendeckend über die Wände aus und werden nur in der Sockelzone, an den Rändern und in den Gewölben durch Dekormalereien, darunter auch Grotesken, gerahmt.

Bei den Grotesken in den Loggien und anderswo ist es umgekehrt: Das Nebensächliche und damit zugleich das Nicht-Thematische breitet sich als Hauptsache auf den Wänden aus. Die Sinn vermittelnden (z. B. biblischen) Szenen werden dagegen in die Gewölbezone verdrängt, wenn sie überhaupt auftreten. Statt Belehrung durch bedeutungsschwere Sujets erfolgt vornehmlich vergnügliche Unterhaltung durch weitgehend ‚themenlose' Dekoration und ‚sinnfreies' Treiben der namen- und identitätslosen Figuren.

[54] Zur Bedeutung von Zeit in der (modernen) Kunst siehe: Hannelore Paflik/Michel Baudson, *Das Phänomen Zeit in Kunst und Wissenschaft*, Weinheim 1987; Hannelore Paflik-Huber, *Kunst und Zeit. Zeitmodelle in der Gegenwartskunst*, München 1997.

Mit dieser visuellen Invertierung von Haupt- und Nebensächlichem in der Groteskenmalerei ändern sich auch das Sehverhalten und die Betrachtungsweisen der Rezipienten fundamental. Um die großformatigen Historien und Allegorien der Stanzen zu verstehen, sind profunde ikonographische, theologische und historische Kenntnisse erforderlich. Die Grotesken kommen dagegen weitestgehend ohne dieses Bildungswissen aus.

Die Betrachtung der Historiengemälde erfolgt gewöhnlich mit einem gehörigen räumlichen Abstand, um den Überblick zu behalten und die Handlungsdynamiken der zum Teil figurenreichen Szenen zu entschlüsseln. Grotesken erfordern dagegen oftmals nahsichtiges Schauen, denn nur dann kann man die vergleichsweise kleinformatigen, manchmal sogar geradezu miniaturhaften Figuren und Gegenstände sowie ihr Zusammenspiel erkennen und die virtuose Malweise schätzen.

Bei der Historienmalerei wird man durch eingehende Betrachtung belehrt und bereichert. Bei der Groteske stellt sich diese Art der Erfahrung kaum ein; im Gegenteil: Ganz gleich, wie lange man die Erfindungen betrachtet und sie sich einzuprägen sucht, man wird ihnen kaum einen positiven ‚Sinn' abringen können. Sie bleiben rätselhaft und phantastisch. Deshalb wirkt eine genaue sprachliche Beschreibung der Grotesken zumeist unbefriedigend, liegt doch ihr besonderer Charme gerade im absurden Spiel des Visuellen.

2. Die Groteskenmalerei ist vornehmlich in solchen Räumen zu finden, die man als ‚klassische' Mußeorte bezeichnen kann. Wie mutmaßlich schon in der Antike wird die Groteske auch in ihrer Rezeption seit dem 16. Jahrhundert zu einer Dekorationsmalerei hauptsächlich für Profanräume. Man findet sie vor allem in Loggien, in Rückzugsräumen wie *studioli*, privaten *camerae* und den *cubicula* sowie in Bädern und in Grotten. Sehr viel seltener sind sie in den großen repräsentativen Sälen oder in Sakralräumen anzutreffen, und wenn, dann in zumeist untergeordneter Position. Erst mit der Aufwertung der Groteske in der Kunsttheorie im fortgeschrittenen 16. Jahrhundert wird sie dann gelegentlich auch zum bildlichen Hauptthema von repräsentativen Sälen, ohne dabei jedoch ihre wesentlichen Charakteristika einzubüßen.

3. Die Groteske ist eine Malerei, die eine spezifische ästhetische Erfahrung hervorruft, welche eine Affinität zu einer bestimmten Form von Muße besitzt. Die Bildwelt der Groteskenmalerei drängt sich nicht auf. Aufgrund ihrer Kleinteiligkeit nimmt man sie bei Distanzbetrachtung ‚nur' als ‚nebensächliches' Ornament wahr. Will man ihre Motive eingehender betrachten, muss man nahe an die Malerei herantreten und dabei seinen festen Standpunkt im Raum aufgeben. Dabei zerrinnt sogleich der Überblick für die Dekoration im Ganzen. Man verliert sich im Detail. Das Auge wird durch die zahllosen verschiedenen Erfindungen angezogen, aber kaum hat es ein Motiv fixiert, wird es vom nächsten gleich wieder abgelenkt. Es springt deshalb von Figürchen zu Figürchen und von Szenerie

zu Szenerie – dabei Halt suchend, ohne ihn zu finden. So wandert das Auge die großen Flächen buchstäblich ab, ohne jedoch an ein Ziel zu gelangen. Der sich durch den Raum bewegende Besucher stellt bei dieser Schau fest, dass die vielen Motive keinen zusammenhängenden Sinn ergeben, dass sie frei nebeneinander stehen, dass sie keine Erzählungen vortragen und dass sie sinnvolle Ausdeutungen kaum zulassen. Sie berühren die wirkliche Welt gewissermaßen nur punktuell und lassen den Betrachter in einer spezifischen Weise im Unbestimmten. Die Szenen befriedigen die Schaulust nicht durch Einsicht in das Dargestellte, sondern befeuern sie kontinuierlich weiter, um den Betrachter am Ende seiner Bemühungen um ein Bildverständnis dennoch ins Vage zurückfallen zu lassen.

Abgesehen davon, dass die Betrachtung von Kunst und das Reden über Kunst, wie eingangs dargelegt, in der Renaissance ohnehin als Mußeübungen angesehen wurden, stimuliert die Groteskenmalerei in ihrer Sinnoffenheit hierzu in besonderer Weise. Es ist aber weniger die philosophische Muße, die durch die Bilder evoziert wird, als eine Muße der geselligen Unterhaltung, eine Muße des *serio ludere*. Bei dem Streifzug der Augen durch die „zügellose Malerei" (André Chastel) finden auch das Erotische und das Frivole, das Scherzhafte und die Karikatur, die Ironie und die Parodie ihren Ort. Der Betrachter kann mit dieser Art der Malerei eine Muße erfahren, die durch intendierte Zerstreuung und durch Sinnfreiheit gekennzeichnet ist.

Literatur

Alberti, Leon Battista, *Zehn Bücher über die Baukunst*, übers. v. Max Theuer, Wien 1912.

Alberti, Leon Battista, *L'Architettura; De re aedificatoria*, Testo latino e traduzione a cura di Giovanni Orlandi, 2 Bde., hg. v. Paolo Portoghesi, Mailand 1966.

Alberti, Leon Battista, *Das Standbild – Die Malkunst – Grundlagen der Malerei/De Statua – De Pictura – Elementa Picturae*, übers. v. Oskar Bätschmann u. Christoph Schäublin, Darmstadt 2000.

Allekotte, Jutta, *Orte der Muße und Repräsentation. Zu Ausstattung und Funktion römischer Loggien (1470–1527)*, Bonn 2011 (Diss.: http://hss.ulb.uni-bonn.de/2011/2706/2706.htm).

Baldassarre, Ida/Pontrandolfo, Angela/Rouveret, Agnes u. a., *Römische Malerei. Vom Hellenismus bis zur Spätantike*, Köln 2002.

Bauer, Joachim, *Selbststeuerung. Die Wiederentdeckung des freien Willens*, München 2015.

Bellanovich, Giuseppe, „Petrarca und der Ventoux", in: Bellanovich, *Petrarca*, hg. v. August Buck, Darmstadt 1976, 444–463.

Bernacchioni, Anna Maria (Hg.), *Alessandro Pieroni dall'Impruneta e i pittori della Loggia degli Uffizi*, Florenz 2012.

Blum, Gerd, „*Fenestra prospectiva* – Das Fenster als symbolische Form bei Leon Battista Alberti und im Herzogspalast von Urbino", in: Joachim Poeschke/Candida Syndikus (Hg.), *Leon Battista Alberti. Humanist, Kunsttheoretiker, Architekt. Akten des interna-*

tionalen Kongresses Münster (Beiträge zur Kunstgeschichte des Mittelalters und der Renaissance 10), Heidelberg 2008, 77–122.

Blum, Gerd, *Fenestra prospectiva. Architektonisch inszenierte Ausblicke: Alberti, Palladio, Agucchi* (Studien aus dem Warburg-Haus XV), Berlin 2015.

Campos, Deoclecio Redig De, „La Stufetta del Cardinal Bibbiena in Vaticano e il suo restauro", in: *Römisches Jahrbuch für Kunstgeschichte* 20 (1983), 221–240.

Carman, Charles H., *Leon Battista Alberti and Nicholas Cusanus. Towards an epistemology of vision for Italian Renaissance art and culture*, Farnham 2014.

Cellini, Benvenuto, *Leben des Benvenuto Cellini, florentinischen Goldschmieds und Bildhauers von ihm selbst geschrieben*, hg. v. Johann Wolfgang von Goethe, Frankfurt a. M. 1981 (mit einem Nachwort v. Harald Keller).

Chastel, André, *Die Groteske. Streifzug durch eine zügellose Malerei*, Berlin 1997.

Dacos, Nicole, *La découverte de la Domus Aurea et la formation des grotesques à la Renaissance* (Studies of the Warburg Institute 31), London 1969.

Dacos, Nicole, „La Loggetta du Cardinal Bibbiena. Décor à l'antique et rôle de l'atelier", in: Dacos, *Raffaello a Roma. Il convegno del 1983*, Rom 1986, 225–236.

Dacos, Nicole, *Le Logge di Raffaello. Maestro e bottega di fronte all'antico*, Rom 1986 (2. Aufl. 1986).

Dacos, Nicole, *Raffael im Vatikan. Die päpstlichen Loggien neu entdeckt*, Stuttgart 2008.

De Vecchi, Pierluigi, *Raffael*, München 2002.

Fernández, Henry Dietrich, „A secret space for a secret keeper. Cardinal Bibbiena at the Vatican Palace", in: Timothy McCall/Sean E Roberts/Giancarlo Fiorenza (Hg.), *Visual cultures of secrecy in early modern Europe*, Kirksville 2013, 149–161.

Figal, Günter, „Die Räumlichkeit der Muße", in: Burkhard Hasebrink/Peter Philipp Riedl (Hg.), *Muße im kulturellen Wandel. Semantisierungen, Ähnlichkeiten, Umbesetzungen*, Berlin/Boston 2014, 26–33.

Garroni, Giovanni/Roca, Augusto/Bozza, Stefano, *Raffaello in Vaticano*, Ausstellungskatalog, Mailand 1984.

Giovannoni, Simona Lecchini, *Alessandro Allori*, Turin 1991 (Kat. Nr. 83).

Gniech, Gisla, „*Nomen atque omen* oder *Name ist Schall und Rauch...?*", in: Friedhelm Debus/Wilfried Seibicke (Hg.), *Reader zur Namenkunde*, Bd. 2: Anthroponymie, Hildesheim/New York 1989, 397–410.

Groh, Dieter, *Schöpfung im Widerspruch. Deutungen der Natur und des Menschen von der Genesis bis zur Reformation*, Frankfurt a. M. 2003.

Grupp, Peter, *Faszination Berg. Die Geschichte des Alpinismus*, Köln/Weimar/Wien 2008.

Günther, Hubertus, *Das Studium der antiken Architektur in den Zeichnungen der Hochrenaissance*, Tübingen 1988.

Harpham, Geoffrey Galt, *On the grotesque. Strategies of contradiction in art and literature*, Princeton, N.J. 1982.

Hendrix, John/Carman, Charles H. (Hg.), *Renaissance Theories of Vision*, Farnham 2010.

Hofmann, Werner, „Sehendes Sehen", in: *Merkur* 50,12 (1996), 1145–1151.

Imdahl, Max, *Giotto – Arenafresken. Ikonographie, Ikonologie, Ikonik*, München 1980.

Imdahl, Max, „Cézanne – Bracque – Picasso. Zum Verhältnis zwischen Bildautonomie und Gegenstandssehen", in: *Reflexion – Theorie – Methode*, Gesammelte Schriften, Bd. 3, hg. v. Gottfried Boehm, Frankfurt a. M. 1996, 300–380.

Kayser, Wolfgang, *Das Groteske, seine Gestaltung in Malerei und Dichtung*, Reinbek bei Hamburg 1957.

Kliemann, Julian, „Prospero Fontana und Mitarbeiter im Palazzo Vitelli a S. Egidio in Città di Castello. Dokumente und Zeichnungen", in: *Mitteilungen des Kunsthistorischen Institues in Florenz* 31 (1987), 177–194.

Kliemann, Julian/Rohlmann, Michael, *Wandmalerei in Italien. Die Zeit der Hochrenaissance und des Manierismus 1510–1600*, München 2004.

Kristeller, Paul Oskar, *Acht Philosophen der italienischen Renaissance: Petrarca, Valla, Ficino, Pico, Pomponazzi, Telesio, Patrizi, Bruno*, Weinheim 1986.

Krüger, Klaus, „Einleitung", in: Krüger, *Curiositas. Welterfahrung und ästhetische Neugierde in Mittelalter und früher Neuzeit*, Göttingen 2002.

Liebenwein, Wolfgang, „Honesta Voluptas. Zur Archäologie des Genießens", in: Andreas Beyer (Hg.), *Hülle und Fülle. Festschrift für Tilmann Buddensieg*, Alfter 1993, 337–358.

Malme, Heikki, „La stufetta del Cardinal Bibbiena e l'iconografia dei suoi affreschi principali", in: Bruno Contardi (Hg.), *Quando gli dei si spogliano. Il bagno di Clemente VII a Castel Sant'Angelo e le altre stufe romane del primo Cinquecento*, Rom 1984, 34–50.

Matuschek, Stefan, *Über das Staunen. Eine ideengeschichtliche Analyse*, Tübingen 1991.

Mazzoleni, Donatella/Pappalardo, Umberto/Romano, Luciano (Hg.), *Pompejanische Wandmalerei. Architektur und illusionistische Dekoration*, München 2005.

Mielsch, Harald, *Römische Wandmalerei*, Darmstadt 2001.

Morel, Philippe, *Les grotesques. Les figures de l'imaginaire dans la peinture italienne de la fin de la Renaissance*, Paris 1997.

Nesselrath, Arnold, „L'antico vissuto. La stufetta del cardinal Bibbiena", in: Guido Beltramini/Davide Gasparotto/Adolfo Tura (Hg.), *Pietro Bembo e l'invenzione del Rinascimento*, Venedig 2013, 284–291.

O'Connell, Michael, „Authority and the Truth of Experience in Petrarch's *Ascent of Mount Ventoux*", in: *Philological Quarterly* 62 (1983), 507–520.

Paflik, Hannelore/Baudson, Michel, *Das Phänomen Zeit in Kunst und Wissenschaft*, Weinheim 1987.

Paflik-Huber, Hannelore, *Kunst und Zeit. Zeitmodelle in der Gegenwartskunst*, München 1997.

Petrarca, Francesco, *Le Familiari*, Bd. 1: Introduzione e libri I–IV, Edizione nazionale delle opere di Francesco Petrarca, Bd. 10, hg. v. Vittorio Rossi, Florenz 1968 (Nachdr. d. Ausg. v. 1933).

Pico della Mirandola, Giovanni, *De imaginatione/Über die Vorstellung*. Lateinisch/Deutsch, hg. v. Eckhard Keßler, München 1984.

Pico della Mirandola, Giovanni, *De hominis dignitate/Über die Würde des Menschen*. Lateinisch/Deutsch, übers. v. Norbert Baumgarten, hg. v. August Buck, Hamburg 1990.

Pico della Mirandola, Giovanni, *Über die Würde des Menschen*, übers. v. Herbert Werner Rüssel, Zürich 1992.

Raith, Werner, *Die Macht des Bildes. Ein humanistisches Problem bei Gianfrancesco Pico della Mirandola*, München 1967.

Rosenberg, Raphael, „Ikonik und Geschichte. Zur Frage der historischen Angemessenheit von Max Imdahls Kunstbetrachtung", in: *ART-Dok. Publikationsplattform Kunstgeschichte* (1996), http://archiv.ub.uni-heidelberg.de/artdok/193/(abgerufen am 17.10.2015).

Ruskin, John, *The stones of Venice*, Bd. 3: *The Fall* (London 1853), New York 2007.

Scholl, Dorothea, *Von den „Grottesken" zum Grotesken. Die Konstituierung einer Poetik des Grotesken in der italienischen Renaissance*, Münster 2004.

Schröder, Simone, „Francesco Petrarcas *Die Besteigung des Mont Ventoux* und Jack Kerouacs *Alone on a Mountaintop*", in: Ulrike Weimann/Andreas Martin Widmann/Simone Schröder (Hg.), *Odysseus, Passagiere. Über Selbstbestimmung und Determination in Literatur, Medien und Alltag*, Würzburg 2011, 39–54.

Steinmann, Kurt, „Nachwort", in: Steinmann, Francesco Petrarca, *Die Besteigung des Mont Ventoux*, lateinisch/deutsch, Stuttgart 1995, 39–67.

Sueton, *Leben des Claudius und Nero*, hg. v. Wilhelm Kierdorf, Paderborn 1992 (Textausgabe mit Einleitung, kritischem Apparat und Kommentar).

Valla, Laurentius, *De voluptate sive de vero bono/Über die Lust oder vom wahren Guten*. Lateinisch/Deutsch, übers. v. Peter Michael Schenkel, Paderborn 2004.

Vitruv, *Zehn Bücher über Architektur*, übers. v. Curt Fensterbusch, Darmstadt 1976.

Welsch, Wolfgang, „Das Zeichen des Spiegels. Platons philosophische Kritik der Kunst und Leonardo da Vincis künstlerische Überholung der Philosophie", in: *Philosophisches Jahrbuch* 90 (1983), 230–245.

Zamperini, Alessandra, *Le grottesche. Il sogno della pittura nella decorazione parietale*, Verona 2013.

Zöllner, Frank, „Die kunsttheoretische und literarische Legitimierung von Affektübertragung und Kunstgenuß in Leon Battista Albertis *De pictura*", in: *Georges-Bloch-Jahrbuch des Kunstgeschichtlichen Seminars der Universität Zürich* 4 (1997), 23–39.

Muße. Konzepte, Räume, Figuren. Antrag auf Einrichtung und Förderung des Sonderforschungsbereiches 1015, Freiburg 2012.

Abb. 1: Groteskenmalerei (*pittura a grottesche*) im Vierten Pompejanischen Stil, Rom, Domus aurea, um 60 n. Chr. (Quelle: Irene Iacopi, *Domus Aurea*, Mailand 1999, 83).

Abb. 2: Fiktives Landschaftsgemälde mit Rahmen innerhalb eines größeren Dekorationszusammenhanges der *domus aurea* in Rom, um 60 n. Chr. (Quelle: Ida Baldassarre/Angela Pontrandolfo/Agnes Rouveret u.a., *Römische Malerei. Vom Hellenismus bis zur Spätantike*, Köln 2002, 227).

Abb. 3: Loggetta des Kardinals Bibbiena, zwischen 1518–17 von Raffael und seiner Schule nach dem Vorbild der Fresken in der *domus aurea* ausgemalt, Rom, Vatikanpalast (Quelle: Konrad Oberhuber, *Raffaello. L'opera pittorica*, Mailand 1999, 186).

Abb. 4: Badezimmer (*stufetta*) des Kardinals Bibbiena, zwischen 1518–17 von Raffael und seiner Schule ausgemalt, Rom, Vatikanpalast. (Quelle: Pierluigi De Vecchi, *Raffael*, München 2002, 295).

Abb. 5: Loggia am Damasushof im zweiten Obergeschoss des Vatikanpalastes, um 1517–19 von Raffael und seiner Schule ausgemalt, Rom, Vatikanpalast (Quelle: Nicole Dacos, *Raffael im Vatikan. Die päpstlichen Loggien neu entdeckt*, Stuttgart 2008, 15).

Abb. 6: Loggia am Damasushof, Blindes Fenster mit fingiertem Landschaftsausblick (Quelle: Konrad Oberhuber, *Raffaello. L'opera pittorica*, Mailand 1999, 187).

Abb. 7: Loggia am Damasushof, Details mit Fruchtgirlanden
(Quelle: Nicole Dacos, *Raffael im Vatikan. Die päpstlichen Loggien neu entdeckt*, Stuttgart 2008, 42).

Abb. 8: Raffael (Entwürfe) und Werkstatt, Sala di Costantino, 1520–1524, Rom, Vatikanpalast (Quelle: Loren Partridge, *Renaissance in Rom. Die Kunst der Päpste und Kardinäle*, Köln 1996, 153).

Abb. 9: Giovanni Antonio Paganino, Sala im Palazzo Vitelli a Sant'Egidio in Città di Castello, um 1570 (Quelle: http://www.wga.hu/html_m/p/paganino/grotesqu.html [abgerufen am 11.03.2016]).

Abb. 10: Giovanni Allori, Szene aus dem Ostkorridor der Uffizien (3. Obergeschoss), Feld 25: Erotische Burleske mit einem bogenschießenden Satyr, 1581 (Quelle: Hans W. Hubert).

Abb. 11: Giovanni Antonio Paganino, Stanza della Fama, Palazzo Vitelli a Sant'Egidio, um 1571–73 (Quelle: Alessandra Zamperini, *Le Grottesche. Il sogno della pittura nella decorazione parietale*, Verona 2013, 172).

Abb. 12: Cesare Baglione, Fresko im Salone der Rocca Meli Lupi (Soragna), um 1588 (Quelle: http://a137.idata.over-blog.com/708x867/2/24/40/32/Mardi-07-Juin/Cesare-BAGLIONE-Grotesques-c1588.jpg [abgerufen am 11.03.2016]).

Abb. 13: Cesare Baglione, namensgebende Hauptszene der *Sala degli acrobati*, Castello di Torrechiara, um 1584–86 (Quelle: Hans W. Hubert).

III. Muße und gebaute Räume

Die Frucht der Muße oder Montaigne im Turm

Zur Genese der *Essais* als Auto(r)entwurf*

Angelika Corbineau-Hoffmann

Nach der Raum-Zeitlichkeit der Muße zu fragen bedeutet für die kommenden Überlegungen den Gang in ein anderes Land und eine vergangene Epoche. Zur Zeit der Renaissance, schon an der Schwelle zum Barock, verfolgt Michel Eyquem, Sieur de Montaigne, in der Abgeschiedenheit seines Schlosses ein literarisches Projekt, das sowohl seiner Thematik als auch seiner Form nach Neues wagt: Er schreibt die drei Bücher seiner *Essais*.[1] Deren Gegenstand, sagt Montaigne im Vorwort, sei er selbst, der Zweck nur ein häuslicher und privater.[2] Diese ungewöhnliche, auf kein literarisches Vorbild rückführbare Thematik einer reflektierenden Selbstdarstellung tritt in einer Form auf, für die ebenfalls kein vorgängiges Paradigma zu finden ist. Dantes Verlegenheit vergleichbar, seinem Hauptwerk einen Namen zu geben, findet auch Montaigne, wie der Autor der *Commedia* wegen der Neuheit des Beginnens zu besonderen Entscheidungen genötigt, eine eigenwillige Benennung für sein Unterfangen: ‚Essais', Versuche. Diese Bezeichnung benutzt er fortan, um das Werk insgesamt zu benennen, während dessen einzelne Teile nicht ‚essais', sondern ‚Kapitel' heißen. Dies zeugt von einer klaren Konzeption im Hinblick auf das Werk als Ganzes. Dass Montaigne mit den drei Büchern seiner *Essais* eine neue literarisch-philosophische Gattung begründen sollte, dürfte er kaum intendiert und noch weniger geahnt haben.

Es ist eine zu immer erneuten Versuchen der Selbsterkundung ansetzende, auf intensiven Lektüren der antiken Klassiker beruhende Lese- und Schreiberfahrung[3], welche dieses seinerzeit und bis heute singuläre Werk hervorbringt. Dazu bedurfte es innerer, aber auch in demselben Maße äußerer Voraussetzungen. Um die *Essais* schreiben zu können, schuf sich Montaigne spezifische räumliche und

---

* Da ich diesen Aufsatz am Beginn meines Ruhestandes schrieb, widme ich ihn, zur Erinnerung an viele Jahre harmonischer Zusammenarbeit, der Kollegin und den Kollegen aus dem Institut für Klassische Philologie und Komparatistik der Universität Leipzig.

[1] Im Folgenden zitiert nach der Ausgabe Michel de Montaigne, *Essais*, 2 Bde., hg. v. Maurice Rat, Paris 1962; unter Angabe des Bandes und der Seitenzahl.

[2] Montaigne, *Essais*, I, unpag.

[3] In der „Beziehung auf Erfahrung" sieht Adorno eine konstitutive Bedingung des Essays generell; vgl. Theodor W. Adorno, „Der Essay als Form", in: *Noten zur Literatur*, Gesammelte Schriften, Bd. 11, hg. v. Rolf Tiedemann, 3. Aufl., Frankfurt a. M. 1990, 9–33, 18.

zeitliche Bedingungen, deren Eigenart sich im Folgenden herauskristallisieren soll. Sie konvergieren, nicht anders als zahlreiche Einsichten der *Essais* selbst, im zentralen Begriff des *loisir.*

Muße als Lebens-,Form' (wenn nicht dieser Begriff die für ein Leben in Muße unabdingbare Freiheit allzu sehr einengt) ist, generell und unabhängig von Montaigne, an bestimmte Voraussetzungen gebunden. Damit Muße sich entfalten und in der Folge jene kreativen Prozesse initiieren kann, die aus kulturwissenschaftlicher Perspektive das besondere Interesse an ‚müßigen' Geisteszuständen begründen, erfordert sie einen ihr gemäßen Raum und ein möglichst großes Maß an frei verfügbarer Zeit.

Der die vorliegende Publikation prägende Leitgedanke einer Raumzeitlichkeit der Muße lässt sich konkretisieren unter Rückgriff auf eine Konzeption, die zwar ohne Bezug zu dieser Thematik entstand, aber leicht auf sie Anwendung finden kann: Foucaults Heterotopie.[4] Als „espaces" oder „lieux *autres*"[5] bezeichnet, entspringen die Heterotopien der Idee eines grundsätzlich heterogenen Raumes, welcher sie im Übrigen auch ihre Bezeichnung verdanken. Räume im Raum sind von dem größeren Ganzen abgegrenzt (wie, mit einem Beispiel Foucaults, Seniorenheime) oder diesem gegenüber ausgegrenzt: Foucault nennt hier zur Veranschaulichung psychiatrische Kliniken oder Gefängnisse.[6] Gleich ob Ab- oder Ausgrenzung: Die Räume der Muße, so könnte eine erste Hypothese lauten, bedürfen einer Grenzziehung, um sie von den übrigen Räumen zu unterscheiden und gleichsam vor ihnen zu schützen, denn die Muße ist störanfällig und lebt von ihrer Differenzqualität. Mit dem Rückzug in einen umgrenzten Raum geht bei dem Mußewilligen auch die Absicht einher, hier frei über die Zeit verfügen, sie als ‚seine' gestalten zu können. Scheinbar jenseits systematischer Erfordernisse schließt Foucaults Heterotopie-Modell auch den Gedanken einer spezifischen Zeit-Gestaltung mit ein, die eine analoge Bezeichnung trägt: Heterochronie. Es mag dem unklaren Status des Foucault'schen Textes geschuldet sein[7], dass dem temporalen Schwesterkonzept der Heterotopie in der Darstellung nur wenig Raum zur Verfügung steht: Foucault erläutert die Heterochronie einerseits am Beispiel von Museum und Bibliothek, die er im Zeichen einer intendierten Dehnung der Zeit interpretiert; andererseits nennt er die auf kurze Zeitspannen beschränkten Jahrmärkte und Feriendörfer[8], denen eine längere Dauer jeglichen Reiz entziehen müsste.

---

[4] Michel Foucault, „Des espaces autres", in: *Dits et écrits*, Bd. 4, hg. v. Daniel Defert u. François Ewald, Paris 1994, 752–762 (Herv. A.C.-H.).

[5] Foucault, „Des espaces autres", 756.

[6] Foucault, „Des espaces autres", 757.

[7] Foucault verweigerte lange Zeit die Publikation des 1967 entstandenen Vortrags; erst 1984 stimmte er einer Veröffentlichung zu (vgl. Foucault, „Des espaces autres", 752).

[8] Foucault, „Des espaces autres", 759.

Obwohl die Darlegungen Foucaults zu Heterotopie und Heterochronie nicht durchweg die wünschenswerte konzeptionelle Präzision aufweisen, sind sie, vielleicht gerade wegen ihres in gewisser Weise unklaren und vorläufigen Charakters, auf die Muße übertragbar. Die entsprechende Hypothese lautet: Zeit und Raum der Muße lassen sich in einem ersten Schritt analog zu den beiden Foucault'schen Kategorien bestimmen. Vor diesem Hintergrund wäre der Raum der Muße ein *espace autre*, von anderer, gegenüber den gewohnten Räumen ausgezeichneter (Eigen-)Art, ausgegrenzt und abgeschlossen, verkapselt wie eine Monade, ebenso schützenswert wie *de facto* geschützt und, nicht zuletzt, kaum minder geheimnisvoll als jene Heterotopoi, zu welchen der Zutritt verboten oder nur ausnahmsweise erlaubt ist. Und die Zeit, die Heterochronie? Sie steht nicht im Zeichen des üblichen, so geregelten wie regulären Verlaufs, auf den man keinen Einfluss nimmt, sondern erfährt eine individuelle Bestimmung und in deren Folge eine Bedeutungszuweisung: Die Heterochronie, gleich ob sie ausgedehnt oder eingeschränkt ist, steht in engem, ja geradezu als Begründungsakt fungierendem Zusammenhang mit jenen Institutionen, deren Sinn sich aus ihr speist – kein Museum ohne intendierte Ewigkeit, kein Fest ohne zeitliche Begrenzung, aus dem es überhaupt erst seine Feierlichkeit bezieht. Kaum anders als die Heterochronie, folgt auch die Muße einem eigenen Zeitplan, indem sie kaum je ein ganzes Leben umfasst, sondern nur einen kurz- oder längerfristig angelegten Teil von ihm. So gönnte sich Cicero immer nur begrenzte Zeitspannen für sein *otium* in Tusculum, bevor er nach Rom zurückkehrte, um dort seine *negotia* wiederaufzunehmen.[9] Anders Ovid: Sein Exil in Tomae war ihm auf schmerzhafte Weise langfristig oktroyiert, gleichsam eine Muße wider Willen[10], die jedoch eines seiner bedeutendsten Werke hervorbrachte, die drei Bücher der *Tristien*, welche, bemerkenswertes Faktum, den Ort des Exils hinter sich lassen, konkret: den Weg nach Rom finden sollen.[11] Ebenso wie der Raum bestimmt auch die Zeit in entscheidender Weise über die Früchte der Muße: Ohne den ‚Rahmen' von Heterotopie und Heterochronie kann kein ‚Bild' entstehen.

[9] Die auf ‚Muße' und ähnliche Begriffe bezogenen Passagen aus seinen Werken werden behandelt in der Arbeit von Marianne Kretschmar, *Otium, studia litterarum, Philosophie und βίος θεωρητικός im Leben und Denken Ciceros*, Leipzig 1938 (Diss.).

[10] Ovid selbst will diese Situation freilich nicht als Muße gelten lassen: „carmina secessum scribentis et otia quaerunt; / me mare, me venti, me fera iactat hiems." [„Dichtungen fordern des Schreibenden einsame, stille Besinnung: / mir wird das Meer, wird der Sturm, mir wird der Winter zur Pein."] *Tristium* I, 1, 41 f. Zitiert nach: Publius Ovidius Naso, *Briefe aus der Verbannung. Tristia. Epistulae ex Ponto.* Lateinisch/Deutsch, hg. v. Wilhelm Willige, Darmstadt 1995, 4 f.

[11] So heißt es gleich zu Anfang: „Parve – nec invideo – sine me, liber, ibis in urbem: / ei mihi, quod domino non licet ire tuo!" [„Ohne mich gehst du, mein Büchlein, zur Stadt, und ich will es dir gönnen. / Weh mir! Ist deinem Herrn doch diese Reise versagt."] Ovidius Naso, *Briefe aus der Verbannung*, I, 1, 1–2, 2 f. In III, 1 spricht gar das Buch selbst von seiner Reise nach Rom!

Der Versuch, Foucaults Konzepte auf die Muße anzuwenden, erwies sich zwar in einem ersten Schritt als erfolgreich, muss aber weitere Überlegungen generieren, damit die Rahmenbedingungen der Muße genauer erfasst werden können. Im Sinne dieser Zielsetzung reicht es kaum aus, den Raum negativ (als Abgrenzung oder Abschirmung) und die Zeit neutral (als lange oder kurze Dauer) zu bestimmen, bleiben doch auf diese Weise beide leer. Die Begrenzung von Raum und Zeit erlaubt noch keine Aussage darüber, wie diese beiden Grundkategorien der Muße intrinsisch beschaffen sind; die Unbestimmtheit, die ihnen bei Foucault eignet, dürfte für ihre Nutzung in konkreten, interpretatorisch gefügten Zusammenhängen kaum hinreichend sein. Sollen sie am Beispiel Montaignes und möglicherweise auch darüber hinaus Modellfunktion übernehmen, muss dieses ‚Modell' durch Feinarbeit allererst passgerecht gemacht werden: Wie ist der abgegrenzte Raum der Muße in seinem Innern beschaffen, wie wird die ihr gewidmete Zeit genutzt und vor allem erlebt?

Bei Montaigne gibt es einen Entschluss zur Muße, über dessen Bedingungen wir recht gut informiert sind. Im Jahr 1571 zog sich Montaigne von seinen Aufgaben als Parlamentsrat in Bordeaux zurück und lebte fortan in einem Turm seines Schlosses. Diesen Vorgang, den man heute als Idee eines Aussteigers bezeichnen würde, hielt er an der Wand seines neben der Bibliothek gelegenen Kabinetts fest[12], gleichsam festgeschrieben für alle Zeiten:

> À l'âge de trente-huit ans, la veille des calendes de mars, anniversaire de sa naissance, Michel de Montaigne, depuis longtemps déjà ennuyé de la servitude de la Cour du Parlement et des charges publiques, mais se sentant encore alerte, vient se reposer sur le sein des doctes Vierges dans la paix et la sécurité; il y franchira les jours qui lui restent à vivre. Et pensant que le destin lui permettra de parfaire cette habitation, il voue ces douces retraites paternelles à sa liberté, à sa tranquillité et à ses loisirs.[13]

Der Text, von deutlich informierend-dokumentarischem Charakter, endet mit dem Wort „loisir", Muße, platziert am Schluss einer Aufzählung, die man als Klimax verstehen möchte. Am Vortag seines 38. Geburtstags, den Montaigne nach antiker Weise unter Hinweis auf die Kalenden des März bestimmt, ruhe er sich, von der „servitude" und den „charges" seiner öffentlichen Ämter zunehmend ermüdet und ihrer überdrüssig, in den Armen der gelehrten Jungfrauen (gemeint sind die Musen) in Frieden und Sicherheit aus; dort werde er die Tage zubringen, die ihm noch zu leben bleiben. Diese süßen väterlichen Rückzugsräume widme er seiner Freiheit, seiner Ruhe und seiner Muße.

---

[12] Raymond Esclapez weist darauf hin, dass solche Inschriften zu jener Zeit üblich, ja geradezu *à la mode* waren. Vgl. Raymond Esclapez, „L'oisiveté créatrice dans *Les Essais*. Persistance et épanouissement d'un thème", in: Claude Blum (Hg.), *Montaigne et les „Essais" 1588–1988. Actes du congrès de Paris (janvier 1988)*, Paris 1990, 25–39, 25, Anm. 1.

[13] Montaigne, *Essais*, VI (der Text wurde lateinisch verfasst).

Maurice Rat weist in seiner Einleitung zu der Ausgabe, nach der wir zitieren, darauf hin, dass diese Inschrift keineswegs als vollständiger „adieu au monde" zu verstehen sei[14]; vielmehr habe Montaigne auch nach dem Rückzug im Kreis seiner Familie gelebt und nicht wenige Besuche empfangen. Handelt es sich mithin um eine Selbstinszenierung mit Tendenz zur Fiktion? Nicht ganz, denn tatsächlich bildet jener Rückzug in einen Zustand der Ruhe und Muße das Hauptanliegen Montaignes, dessen Ernsthaftigkeit nicht zuletzt die drei Bücher seiner *Essais* bekunden – sowohl elementar durch ihre Existenz als auch vielfach durch ihre Inhalte, auf die noch einzugehen sein wird. Trotzdem wäre im Weiteren zu bedenken, ob nicht das Werk Montaignes auch Züge einer Selbststilisierung trägt insofern, als das ‚Ich' der *Essais* und sein Lebensraum im Zeichen einer künstlich-künstlerischen Konstruktion, nicht zuletzt ausgehend vom Schreibprojekt selbst, entstanden sind; von einem fiktionalen Ansatz ist dies allerdings grundsätzlich zu unterscheiden.[15]

Doch zurück zum Augenblick des Rückzugs: Die oben angeführte Inschrift scheint alle Informationen zu liefern, die zum Verständnis von Montaignes Schritt in die Existenz eines ‚Privatiers' nötig sind. Es ist vom Zeitpunkt des Rückzugs die Rede, von dessen Grund und von dem Ort, an dem Montaigne die ihm verbleibende Lebenszeit zu verbringen gedenkt. Der Unterschied von *otium* und *negotium*, von öffentlichen Aufgaben und privaten Studien, bestimmt den Grundduktus des Textes. Und doch bleibt die Frage bestehen, ob jene Begründungen vollständig und für unsere weiteren Überlegungen hinreichend sind oder ob sich nicht hinter ihnen noch ein anderer Grund für Montaignes Entschluss, nunmehr ein Privatmann zu sein, verbirgt. Um diesen Grund aufzuspüren und, davon ausgehend, zu verstehen, welche Bedeutung dem genannten *otium* und seinen Rahmenbedingungen zukommt, wird es einiger Denk- und Argumentationsschritte bedürfen. Die Kernthese lautet, dass die *Essais* von Montaigne die unmittelbare Folge jenes Entschlusses zur Muße sind; diese ermöglicht zunächst das Studium der alten Texte, dessen Exzerpte das Basismaterial bilden für die sich immer stärker und ausgreifender artikulierenden eigenen Gedanken, die wiederum das Schreiben als ihr Ausdrucksmedium – oder: die Form des Essays als ‚Aufschreibesystem'[16] im Sinne jenes „mettre en rolle" generieren, von dem

[14] Montaigne, *Essais*, VI.

[15] Versteht man Fiktionen mit Goodman als Konstruktionen eigener Welten (vgl. Nelson Goodman, *Ways of Worldmaking*, Indianapolis 2008) jenseits der Empirie, sind davon solche Verfahrensweisen zu unterscheiden, die, wie etwa bei Montaigne, ausgehend von bestimmten Entscheidungen das Ich und/oder seine Lebensräume umgestalten. Selbst wenn unserer These zufolge das ‚Ich' der *Essais* aus diesen erst hervorgeht, statt ihnen vorgelagert zu sein, handelt es sich dabei nicht um eine Setzung im Sinne des ‚Als-ob', sondern um den konkret-realen Vorgang einer Identitätsgewinnung durch den Schreibprozess. Es ist freilich hinzuzufügen, dass die hier angesprochene Problemstellung weiterer Überlegungen bedürfte, als es im gegebenen Rahmen möglich ist.

[16] Wir übernehmen die Formulierung und das Konzept Friedrich Kittlers (Friedrich

das Kapitel über den Müßiggang spricht.[17] Auch sei, so die zweite These, für dieses so innovative Schreiben ein neues, gegenüber dem bekannten grundlegend *anderes* Ich nötig gewesen; es wird zu fragen sein, ob dieses in Analogie zu Heterotopie und Heterochronie, so wie Foucault sie verstanden hatte, nachgezeichnet und interpretiert werden kann. Jenes neue Ich bildet das Zentrum all jener Akte der *écriture*, die in ihrer Gesamtheit die drei Bücher der *Essais* ausmachen. Kurz, aus dem *loisir* entsteht ein Werk als Begründungsakt einer Gattung, das ein anderes Ich Montaignes als das bis dahin bekannte zu seiner Voraussetzung hat. Angesichts der Rückzugsthematik darf vermutet werden, dass dieses neue Ich gegenüber dem öffentlichen nunmehr ein privates ist, ganz so, wie Montaigne im Vorwort Ziel und Zweck seiner *Essais* bestimmt.

Von den zahlreichen in der Inschrift genannten Aspekten bedarf vor allem einer des Kommentars: Wenn von den „douces retraites paternelles" die Rede ist, sind speziell jene Anbauten gemeint, die nach den Plänen von Montaignes Vater dem Besitztum hinzugefügt wurden. 1552 hatte Pierre Eyquem das Renaissanceschloss mit einer Befestigungsmauer versehen lassen, an deren Eckpunkten sich jeweils ein Turm befindet. Ein solcher Ausbau ist zu jener Zeit ungewöhnlich, denn die Tendenz führt in die entgegengesetzte Richtung: Zahlreiche mittelalterliche Burgen wurden im Stil der Renaissance erweitert oder umgebaut; dies betraf zum Beispiel Blois, das Stammschloss von Charles d'Orléans, oder das Schloss von Amboise, vor dessen Terrasse der Vater von Agrippa d'Aubigné seinen noch minderjährigen Sohn beschwor, die dort gehängten Protestanten zu rächen.[18] In der Formulierung „douces retraites paternelles" bezieht sich Montaigne ausdrücklich auf seinen Vater, mit dem er sich eng verbunden fühlte.[19] Nach dessen Tod im Jahre 1568 wurde Michel Eyquem nun seinerseits Sieur de Montaigne und gelangte in den Besitz eines reichen Erbes, das ihm ein Leben in Muße ermöglichte. Den größeren der beiden Ecktürme ließ er als Raum für seine Muße herrichten: Bereits vorher war das Untergeschoss als Kapelle genutzt worden; darüber, im ersten Stock, befand sich fortan das Schlafzimmer Montaignes, ganz oben schließlich, neben einem kleinen Kabinett, ein Bibliotheks- und Arbeitszimmer mit einem herrlichen Rundblick in die umgebende Landschaft. Hier entstanden während der einundzwanzig Jahre Lebenszeit, die Montaigne noch beschieden waren, die *Essais*.

Die Wahl des Raumes verweist auf den verstorbenen Vater, die Ausgestaltung der Bibliothek auf Montaignes besten Freund. Die Bücher, deren eine Bi-

Kittler, *Aufschreibesysteme 1800/1900*, München 2003), können aber im gegebenen Zusammenhang nur auf die Problematik der *écriture* der *Essais* hinweisen, ohne ihr nachzugehen.

[17] Vgl. unten 188 f.

[18] Vgl. Agrippa D'Aubigné, „Sa vie à ses enfants", in: *Œuvres*, hg. v. Henri Weber, Paris 1969, 381–463, 385 f.

[19] Montaigne spricht von ihm als dem „meilleur père qui fut oncques" (Montaigne, *Essais*, I, LXXI [De l'amitié]).

bliothek bedarf, stammen zum größten Teil nicht von Montaigne selbst, sondern sind das Erbe von Étienne de la Boétie, der im Jahr 1564 verstorben war. Eine der Wände des ebenfalls auf der Bibliotheksebene befindlichen kleinen Kabinetts trug eine später entfernte lateinische Inschrift, die uns in folgendem Wortlaut überliefert ist:

Michel de Montaigne, privé de l'ami le plus tendre, le plus cher et le plus intime, du compagnon le meilleur, le plus savant, le plus agréable et le plus parfait qu'ait vu nostre siècle, voulant consacrer le souvenir du mutuel amour qui les unissait l'un à l'autre par un témoignage particulier de sa reconnaissance et ne pouvant le faire de manière plus expressive, a voué à cette mémoire tout ce savant appareil d'étude, qui fait ses délices.[20]

[Michel de Montaigne, der den zärtlichsten, liebsten und engsten Freund, den besten, gelehrtesten, angenehmsten und vollkommensten Gefährten verlor, den unser Zeitalter kannte, wollte dem Gedenken an die wechselseitige Liebe, die beide verband, ein besonderes Zeugnis seiner Dankbarkeit weihen und konnte dies auf nicht ausdrücklichere Weise tun, als diesem Gedächtnis diese gelehrte Studienausrüstung zu widmen, die seine höchste Freude (sein Entzücken) ausmacht.]

Hier wird der Gedanke entwickelt, dass der Turm auch ein posthumes Monument der Verbundenheit mit La Boétie sein soll. Montaigne vergegenwärtigt den Freund und Gefährten in nicht weniger als sieben preisenden Epitheta, und der Gedächtnisraum selbst wird durch die emphatische Formulierung hervorgehoben, er sei Montaignes Entzücken („délices"). Im Turm bleibt die Erinnerung an den Freund ebenso gegenwärtig wie jene an den Vater. Montaigne ist hier nicht allein, sondern vom Gedenken an jene beiden Menschen umgeben, die ihm am nächsten standen. Bildet mithin deren Gegenwart *post mortem* das tragende Fundament der *Essais*, so stehen auch sie, wie Montaigne im Vorwort ausführt, im Zeichen der endenden Lebenszeit und sind gewissermaßen *sub specie aeternitatis* verfasst.[21] Vater und Freund sind auch in einem Dokument verbunden, das weiteren Aufschluss gibt über die enge Verflechtung von Leben und Tod, von Einsamkeit und Gemeinschaft, aus deren Erfahrung die in den *Essais* niedergelegte Selbsterfahrung Montaignes hervorgeht: einem langen Brief Montaignes an seinen Vater über das Sterben von Etienne de La Boétie.[22] Dieses Dokument, von

---

[20] Zit. nach: Donald Frame, *Montaigne. Une vie, une œuvre. 1533–1592*, übers. v. Jean-Claude Arnould, Nathalie Dauvois u. Patricia Eichel, Paris 1994, 90. [Die nicht in einer Übersetzung verfügbaren Texte Montaignes werde ich, möglichst wortgetreu, ins Deutsche übertragen.]

[21] Der Essay ist als Form in besonderer Weise geeignet, die Möglichkeit einzubeziehen, er könnte nicht beendet werden. „Seiner Form", schreibt Adorno, „ist die eigene Relativierung immanent: er muß sich so fügen, als ob er immer und stets abbrechen könnte." (vgl. Adorno, „Der Essay als Form", 24 f.)

[22] Der Text findet sich in gekürzter Form in Montaigne, *Essais*, II, 585–599. Wie eine Fußnote ausweist (Montaigne, *Essais*, II, 681), wurde er erst 1571 unter dem Titel *Discours sur la mort de feu M. de la Boëtie* publiziert. M. Rat äußert Zweifel daran, dass der Brief tatsächlich in direkter zeitlicher Nähe zum Tod von La Boétie (1563) verfasst wurde. Vielmehr

eher nüchtern-berichtendem als elegischem Charakter, birgt den Stoff für weitere Aufschlüsse darüber, warum sich Montaigne aus dem Berufsleben zurückzog und als Raum der Muße just das beschriebene Turmzimmer wählte. Es lohnt sich deshalb, auf diesen Bericht einen genauen Blick zu werfen.

Als der Advokat im Zimmer des Sterbenden erscheint, um das Testament auszufertigen, besteht La Boétie darauf, es selbst zu schreiben; er brauche dafür nur „un peu de loysir“, etwas Muße oder: ein wenig Zeit für sich selbst. Diese Konnotation von „Zeitspanne“ im Begriff der Muße taucht kurz danach noch einmal auf, wenn La Boétie betont: „il ne falloit pas grand loysir à mourir.“[23] Auch das Sterben umfasst demnach eine zwar kurze, aber selbstbestimmte Zeit. Dieser von La Boétie gelegten Spur folgend, wird man auf den spezifisch temporalen Charakter der Muße bei Montaigne verwiesen: Sie ist selbstbestimmte, aber auch auf das Ende verweisende Zeit. Und noch ein weiterer Aspekt des Berichts von Montaigne steht in konzisem Zusammenhang mit unserer Fragestellung – es ist, so viel sei vorausgeschickt, eine der rätselhaftesten Passagen des gesamten Textes:

> Lors, entre aultres choses, il se print à me prier et reprier, avecques une extreme affection, de luy donner une place. De sorte que j'eus peur que son jugement fust esbranlé: mesme que luy ayant bien doulcement remontré qu'il se laissoit emporter au mal [...] il [...] redoubla encores plus fort: ‚Mon frère! mon frère! me refusez vous doncques une place?‘[24]

> [Da begann er, unter anderem, damit, mich immer wieder mit höchster Zuneigung zu bitten, ihm einen Ort zu geben, so dass ich befürchtete, seine Urteilskraft könnte erschüttert sein, und obwohl ich ihm sanft vorgehalten hatte, er gebe sich dem Leiden hin (...), wiederholte er noch lauter: ‚Mein Bruder, mein Bruder, verweigert ihr mir also einen Ort?‘]

Auf Montaignes Einlassung hin, dass jeder, der einen Körper besitzt, auch einen Ort habe, entgegnet La Boétie: „j'en ay; mais ce n'est pas celuy qu'il me fault.“[25] In der Stunde seines Todes wünscht sich La Boétie die freie Zeit der Muße und einen ihm gemäßen Ort, ohne dass er zu diesem Näheres ausführte. Für jenen anderen, der sich in der Szene ankündigt, den Ort der Transzendenz, kann Montaigne sicher nicht Sorge tragen, für einen Ort der Erinnerung freilich schon. Ginge es La Boétie mithin um einen Raum für sein Fortbestehen in dieser Welt? Auf die Schlüssigkeit einer solchen Lesart weist eine Passage hin, die in ihrer Bedeutung für die späteren *Essais* Montaignes kaum zu überschätzen ist:

---

sei es denkbar, dass er erst im Hinblick auf die Veröffentlichung der *Essais* geschrieben oder vielleicht auch nur überarbeitet wurde. Trifft Rats Vermutung zu, vergrößert sich die Nähe dieses Textes zu den *Essais*.

[23] Beide Stellen: Montaigne, *Essais*, II, 593.

[24] Montaigne, *Essais*, II, 599.

[25] Montaigne, *Essais*, II, 599.

Il m'interrompit pour me prier [...] de montrer [...] que les discours que nous avions tenus ensemble pendant nostre santé, nous ne les portions pas seulement en la bouche, mais engravez bien avant au cœur et en l'ame, pour les mettre en execution aux premieres occasions qui s'offriroient; ajdoustant que c'estoit la vraye practique de nos estudes et de la philosophie.[26]

[Er unterbrach mich und bat mich (...) zu zeigen (...), dass wir die Gespräche, die wir zu Zeiten, als wir gesund waren, führten, nicht nur im Munde trugen, sondern schon vorher im Herzen und in der Seele eingraviert hatten, um sie bei nächster sich bietender Gelegenheit in Handeln zu übersetzen. Und er fügte hinzu, dass eben dies die wahre Praxis unserer Studien und der Philosophie sei.]

Die wahre Praxis der gemeinsamen Gespräche und Studien besteht also darin, diese in Ausübung zu bringen oder, mit anderen Worten, all das in die Tat umzusetzen, was dem Herzen und der Seele seinerzeit eingeschrieben war. Es gilt, die innere Schrift nach außen zu projizieren, das nur Gedankliche dem konkreten Handeln nutzbar zu machen. Vor diesem Hintergrund wäre das Legat La Boéties nicht nur die Bibliothek, sondern auch die Bitte an den Freund, der gemeinsamen Zeit des Studiums und der Philosophie ein Denkmal *in litteris* zu setzen. Wenn an mehreren Stellen des Berichts La Boétie Gedanken formuliert wie jenen von der „inconstance des choses humaines"[27] [Unbeständigkeit der menschlichen Dinge] oder jenen anderen, das menschliche Leben sei nur Dunst und Nichtigkeit[28], ist die mentale Welt der *Essais* unmittelbar angesprochen. Die Unsicherheit aller menschlichen Dinge bildet sowohl den gedanklichen Grundduktus der *Essais* als auch die Basis ihrer fundamentalen Unabschließbarkeit, und der Überzeugung von der *vanitas* widmet Montaigne ein ganzes, mit Ausnahme der Sebundus-Apologie sogar das längste Kapitel seiner Bücher.[29] Hier ist trotz der biblischen Quelle des *vanitas*-Gedankens[30] die Transzendenz weithin ausgeschaltet, der Mensch auf sich selbst zurückgeworfen in einer Welt, der alle Festigkeit und Gewissheit abgeht und die nur einer unsteten, immer prekären Gedankenbewegung so etwas wie Annäherung erlaubt. Es war Jean Starobinski, der die innere und äußere Ungewissheit in seiner Monographie *Montaigne en mouvement*[31] untersuchte. Diese Bewegung verweist im Duktus ihrer nie zur Ruhe kommenden Gedanken schon auf eine spätere Epoche, jene des Barock – auch sie bestimmt von der Idee (oder besser: der Erfahrung) konstanten Wandels

[26] Montaigne, *Essais*, II, 592.

[27] Montaigne, *Essais*, II, 592.

[28] Montaigne, *Essais*, II, 590. Schon in diesem Zusammenhang findet sich eine Aussage La Boéties über die „instabilité et inconstance des choses humaines" (589 f.)

[29] Montaigne, *Essais*, II, 381–446.

[30] Er entstammt Kohelet (Prediger Salomos) 1. Vgl. hierzu Angelika Corbineau-Hoffmann, „*Vanitas* – ein Beispiel für die Relevanz der Ideengeschichte im Hinblick auf Kunst und Literatur des Barock", in: Michel Henri Kowalewicz (Hg.), *Formen der Ideengeschichte*, Münster 2014, 153–170.

[31] Jean Starobinski, *Montaigne en mouvement*. Édition revue et complétée, Paris 1993.

sowie vom Tod und den letzten Dingen.[32] Für Montaigne bedeuten der Verlust des Vaters und vor allem der Tod des Freundes La Boétie einen Einschnitt in sein Leben. Ihrem konzeptionellen Ansatz nach sind die drei Bücher der *Essais* Dialoge, die mangels ihres entscheidenden Gesprächspartners, des Freundes La Boétie, Montaigne dazu bringen (oder zwingen), eine Art Selbstgespräch zu führen oder in einen Dialog mit den Büchern einzutreten – aus dem gesprochenen und gehörten Wort wird ein gelesenes und geschriebenes. Die Bücher im Turm alimentieren jene drei Bände der *Essais*, deren Initialimpuls man kaum anders wird denken können denn als einen Versuch, das Andenken des Freundes in Gedanken und Schrift lebendig zu erhalten, als ein Experiment der *memoria*. Es passt in dieses Bild, dass Montaigne nach dem Tod La Boéties dessen Schriften publiziert und eine von ihnen, die Übersetzung von Plutarchs Trostschrift an seine Frau, 1570 der eigenen Ehefrau widmet, nachdem das erste Kind, „une fille longuement attendue"[33], soeben im Kindesalter verstorben war[34]. Bei dieser Zueignung der Trostschrift Plutarchs ist der Übersetzer sicherlich ebenfalls gegenwärtig, von dessen hinterlassenen Papieren Montaigne kurz zuvor gesagt hatte, sei seien „le plus favory meuble des miens"[35] [von meiner beweglichen Habe das mir Werteste], und diese Einschätzung dürfte selbst dann noch gültig sein, als Montaigne seine *Essais* veröffentlicht hat.

All diese Überlegungen können helfen, sowohl den Grund für Montaignes Entschluss zum *loisir* als auch den Charakter des Turmes als Heterotopos zu erfassen – Heterotopos von besonderer Art, denn dem Turm eignet traditionell auch die symbolische Valenz einer Hinwendung zum Transzendenten. Beide, der Turm und die Muße, sind durch die Funktion eines *memento mori* miteinander verbunden. Im Vorwort (*Au lecteur*) zu seinen *Essais* spricht Montaigne von der Zeit, die ihm noch zu leben bleibt, und stellt sein Werk als Hinterlassenschaft für die Familie und die Freunde dar:

> Je l'ay voué [le livre] à la commodité particuliere de mes parens et amis: à ce que m'ayant perdu (ce qu'ils ont à faire bien tost) ils y puissent retrouver aucuns traits de mes conditions et humeurs, et que par ce moyen ils nourrissent plus entiere et plus vifve la connoissance qu'ils ont eu de moy.[36]

---

[32] Ein Epochenbild des Barock enthält die klassische Studie von Jean Rousset, *La littérature de l'âge baroque en France. Circé et le Paon*, Paris 1953, vgl. bes. Teil II: „La vie en mouvement".

[33] Montaigne, *Essais*, II, 611.

[34] Von den insgesamt fünf Töchtern des Paares sollte nur eine, Léonor (* 1571), am Leben bleiben. Ihr ist es zu verdanken, dass sich die Linie derer zu Montaigne bis heute fortgesetzt hat.

[35] Montaigne, *Essais*, II, 611.

[36] Montaigne, *Essais*, I, 1 (unpag.).

[Es (das Buch) ist vielmehr meinen Angehörigen und Freunden zum persönlichen Gebrauch gewidmet, damit sie, wenn sie mich verloren haben (was bald der Fall sein wird), darin einige meiner Wesenszüge und Lebensumstände wiederfinden und so die Kenntnis, die sie von mir hatten, zu einem anschaulicheren Bild vervollständigt bewahren können.][37]

Das Buch erweist sich so, zumindest der Intention nach, ebenfalls als ein Monument, aber in Form einer von der Person als Individuum geprägten Schrift, die zu hinterlassen weder dem Vater noch dem Freund beschieden war. Hierzu passt perfekt die individuelle Ausgestaltung des Montaigne'schen Mußeraumes. Die Bibliothek, von karger Anmutung wie die meisten Interieurs der Renaissance, umfasst neben Schreibtisch und Stuhl einen Buchbestand von ca. tausend Bänden und wurde berühmt durch jene Inschriften auf den Deckenbalken, die, oftmals übermalt und durch neue ersetzt, die Schrift in den Raum tragen. Der Autor der *Essais* sitzt gleichsam unter einem Bücherhimmel. Dieser halbrunde Raum von etwa 13 Metern Länge auf seiner geraden Seite – jenseits der Wendeltreppe befand sich noch ein kleines Kabinett – ist der Entstehungsort jener drei Bücher, an denen Montaigne über eine Zeitspanne von 21 Jahren bis zu seinem Tode arbeitete, sie dabei immer wieder einer Revision unterziehend. Er ist ein Raum der Erinnerung, aber zugleich Ort der Gegenwart des Schreibens, die ihrerseits schon, so jedenfalls empfindet es offenbar der Autor, entschlossen auf ihr Ende zutreibt. Der Turm ist voller Gedanken – fremder, schon niedergelegt in einer für die damalige Zeit großen Zahl von Büchern, und eigener, noch hervorzubringen durch den Schreibprozess der *Essais*. Nach dem Vorbild jener beiden Menschen, die Montaigne in hohem Maße als Individuen wahrgenommen hatte und die sein Leben prägten, gestaltet er nun die eigene Individualität im steten Prozess einer Selbsterforschung, für deren Lektüre und Verstehen dem Vorwort zufolge eben das erforderlich ist, was ihren Grund bildete: *loisir*. Zwar sagt Montaigne am Ende des Vorwortes: „Ainsi, lecteur, je suis moy-mesmes la matiere de mon livre: ce n'est pas raison que tu employes ton loisir à un subject si frivole et si vain"[38], doch man lasse sich nicht täuschen: Die hier offenkundige Ironie bekräftigt die Bedeutung des Buches und mit ihr, ganz unironisch, die Wichtigkeit der Muße. Auf Seiten des Autors und des Lesers gleichermaßen ist *loisir* der Prägestempel der *Essais*. Deren erstes Buch, so sieht es die Forschung, entstand 1571 bis 1574[39], d. h. zeitnah zum Rückzug Montaignes von seinen Ämtern und zu seinem Einzug in den Turm. Unter diesen frühen *Essais* befindet sich ein Ka-

---

[37] Michel de Montaigne, *Essais*, übers. v. Hans Stilett, Frankfurt a. M. 1998, 5.

[38] Montaigne, *Essais*, I, 1 (unpag.) – [Ich selber, Leser, bin also der Inhalt meines Buchs: Es gibt keinen vernünftigen Grund, daß du deine Muße auf einen so unbedeutenden, so nichtigen Gegenstand verwendest.] (Montaigne, *Essais*, übers. v. Stilett, 5)

[39] Von den 94 Essais der beiden ersten Bücher ist zumindest die Hälfte zwischen 1571 und 1574 entstanden, „au moins pour l'essentiel" (Frame, *Montaigne*, 155).

pitel, das sich schon durch seinen Titel als einschlägig für unsere Thematik erweist: *De l'oisiveté*.[40]

Der Text zeigt, ganz ungewöhnlich für Montaigne, eine klare Gliederung und besteht aus zwei Teilen. Deren erster reicht bis zu einem Martial-Zitat, das Montaigne zuvor übersetzt hatte, der zweite beginnt mit „Dernierement que je me retiray chez moy" [als ich mich kürzlich in mein Zuhause zurückzog][41] und bezieht sich mithin unmittelbar auf Ausgangspunkt und Beginn der Textredaktion. *De l'oisiveté* ist nicht nur durch die Zweiteilung geprägt, sondern auch durch die Gegensätze zwischen den beiden Teilen. Während der erste Abschnitt Allgemeines zum Thema Müßiggang enthält, bezieht sich der zweite auf Montaigne selbst und beginnt mit dem Hinweis auf jene Entscheidung, die wir schon als Initialimpuls der *Essais* ausgemacht hatten. In Ruhe und allein will er den Rest seines Lebens verbringen, und es scheint keinen größeren Vorteil für seinen Geist zu geben, als ihn in aller Muße sich selbst zu überlassen, damit er innehalte und in sich selbst ruhe. Dies könne der Geist, so hofft der Autor, von nun an umso leichter tun, als er mit der Zeit stabiler und reifer geworden sei. Aber Montaigne findet, und hier folgt das Lukan-Zitat, demzufolge die Muße den Geist sich nach allen Richtungen verlieren lasse[42], er findet also, dass der Geist, ganz anders als erwartet, sich verhalte wie ein durchgegangenes Pferd und hundert Mal mehr Aufhebens von sich selbst mache, als er anderen Aufmerksamkeit zukommen lasse. Damit nicht genug: Der Geist bringe so viele Chimären und aufgehäufte Monstren der Fantasie hervor, ohne Ordnung und Absicht, dass Montaigne, um deren Unsinnigkeit und Fremdartigkeit nach Belieben betrachten zu können, begonnen habe, sie ordentlich aufzuzeichnen in der Hoffnung, dem Geist auf diese Weise und mit der Zeit Scham vor sich selber einzugeben.

Diese Paraphrase von *De l'oisiveté* sollte den Gang des Diskurses nachvollziehbar machen, denn der genannte Essay speist sich nicht nur aus seinem Thema, sondern auch aus dessen spezifischer Gestaltung: Diese ist von vielschichtiger Kontextualisierung und nicht zuletzt von einem Subtext begleitet, dessen Freilegung die eigentliche Aufgabe der Analyse bildet.[43] Die Übersetzung ist nicht selten so etwas wie die Feuerprobe eines Textes; im Falle des letztes Satzes von *De l'oisiveté* sollte sie eine Vorstellung davon vermitteln, wie komplex sich sein Auf-

[40] Vgl. Montaigne, *Essais* I, 28–30. Eine sehr schlüssige Interpretation widmete Karin Westerwelle diesem Essay im Hinblick auf die Bedeutung der Imagination; vgl. Karin Westerwelle, *Montaigne. Die Imagination und die Kunst des Essays*, München 2002, 365–372. Hier sind auch die anderen wichtigen Positionen der Forschung zum Verständnis dieses Textes berücksichtigt, jene von Starobinski, Mathieu-Castellani und Garavini.

[41] Montaigne, *Essais*, I, 29.

[42] „variam semper dant otia mentem" (*Pharsalos* IV, 704.)

[43] Unterlässt man eine solche sekundäre Analyse, bleibt man dem Primärsinn verhaftet: so z. B. Starobinski, wenn er schreibt: „Il a cherché secours dans l'acte d'écrire, dans le livre à faire." (Starobinski, *Montaigne en mouvement*, 55). Demgegenüber ist unsere Position, dass der Schreibakt nicht die Phantasien bändigt, sondern sich aus ihnen alimentiert.

bau gestaltet: Behandelt man mit einer solchen sprachlichen Sorgfalt das bloß Unsinnige, das noch dazu in der Aufzeichnung niedergelegt und konserviert wird? Es entsteht der Eindruck, wir hätten es jenseits der Textoberfläche mit einem kryptischen Subtext zu tun, dessen Entschlüsselung uns aufgegeben ist. Dass der Geist schließlich Scham vor den eigenen schimärischen Produkten entwickeln könnte, dürfte eine ihrerseits schimärische Hoffnung sein und gewiss nicht Montaignes Ernst. Allzu existenziell nämlich ist der autobiographische Kontext dieser Äußerung angelegt, umfasst er doch den von Montaigne vielfach kommentierten Rückzug ins *otium*. Auch die leicht bemerkbare Tatsache, dass an dieser Stelle metatextuell jenes Schreiben zur Sprache kommt, aus welchem die *Essais* hervorgehen werden, unterstreicht den vom Autor ironisch umspielten Ernst. Montaigne setzt sich hier mit aller Deutlichkeit als schreibendes Subjekt in Szene, aber komödiantisch verkleidet als eine Person, die den eigenen Geist zur Raison ruft.

Die aus dem Müßiggang geborenen Phantasmata erfahren ihre scheinbare Abwertung einerseits durch ihren eigenen Charakter, andererseits aber aus dem Kontext, hatte doch der erste Teil des Essays mit folgenden Beobachtungen begonnen: Lässt man fruchtbaren Böden ihre ‚Muße', produzieren sie unmäßig viele Arten von wilden und unnützen Gewächsen. Um solche Böden zu kultivieren, muss man sie mit Sämereien versorgen, die zu unserem Nutzen sind. Ähnlich verhält es sich mit der Fruchtbarkeit der Frauen: Ohne fremde Samen bringen sie statt einer guten und nützlichen Generation nur unförmige Fleischstücke zur Welt.[44] Genauso wie in diesen beiden Beispielen sei es um den Geist bestellt. Wenn man die Gedanken nicht mit festgelegten Themen befasse, bewegten sie sich auf dem Felde der Vorstellungen regellos nach allen Richtungen und brächten in ihrer Wildheit nur Wahnideen und Träumereien hervor. Kurz: Hat die Seele kein klares Ziel, verliert sie sich, denn, wie man sagt, ist nirgends, wer überall ist. Und dies letztere wird mit einem Martial-Zitat untermauert, das Montaigne soeben paraphrasiert hatte: *Quisquis ubique habitat, Maxime, nusquam habitat.*[45]

Es dürfte keine Frage sein, dass die Einsicht Martials auch auf den Rückzug Montaignes in das Turmzimmer Anwendung finden kann. Statt sich gleichsam im Raum zu zerstreuen und in der Folge nirgendwo mehr zu sein, braucht der Mensch einen festen Ort: Montaigne hat ihn gefunden. Dieser Ort wird mit den Überlegungen von *De l'oisiveté* die Heimstatt schweifender, in sich kreisender Gedanken. Es folgt aus dieser spezifischen Gedankenbewegung, dass sie in der Quasi-Rundform des Turmes den ihr gemäßen Ort gefunden haben, der ihre Dynamik sowohl ermöglicht als auch begrenzt, indem er ihren Kreis gleichsam absteckt. Der Heterotopos ‚Turm' bildet durch seine räumliche Abgrenzung und

---

[44] Dieser Gedanke könnte, wie der Kommentar suggeriert, von Plutarch stammen (vgl. Montaigne, *Essais*, I, 687, Anm. 83).

[45] *Epigrammata* VII, 73.

Fixierung das Gegengewicht zu den ungerichteten Aktivitäten der Imagination, die nunmehr zwar noch ihr Thema, nicht mehr aber ihren Ort verlassen können.

Damit sind die Betrachtungen von *De l'oisiveté* wieder dort angekommen, wo sie begonnen hatten, bei Montaigne zu Hause. Für die im Titel aufgestellte These, Montaignes *Essais* seien die Frucht der Muße, liefert dieser Essay freilich eine denkbar schlechte Ausgangsbasis. Wie man es auch dreht und wendet: Ein Lob der Muße enthält er nicht. Aber könnte *De l'oisiveté* nicht eine paradoxe Umkehr von Abwertung des Müßiggangs in Hochschätzung vollziehen und das nach üblicher Anschauung Negative paradox ins Positive wenden? Beispiele für ein solches Umdenken im Zeichen der Paradoxie besitzen wir mit der *Docta ignorantia* des Cusanus (1440) und der *Laus stultitiae* des Erasmus (1511); und was die Bewertung des Imaginären anbelangt, ist an die französische Romanliteratur zu erinnern, die, zeitnah zu Montaigne und diesem bekannt, die ungeheuerlichen Phantasien des François Rabelais hervorbrachte.[46]

Unterhalb der Äußerungen Montaignes über die Monstren des Müßiggangs (oder oberhalb, wenn man die hier hörbare Ironie als Metaebene auffasst) enthält *De l'oisiveté* einen kryptischen Text, in dem sich indes, statt im Phänotext, nach unserer Auffassung die eigentliche Bedeutung der Muße herauskristallisiert. Eine genauere Betrachtung der von Montaigne benutzten Begriffe kann darüber Aufschluss geben. Im ersten Teil des Essays fallen Worte wie „tenir en office", „assubjectir", „embesoigner", „brider" und „contreindre", die allesamt eine Vorstellung von Unterwerfung und Einschränkung hervorrufen; das Negativbild der Muße ist einheitlich und in sich schlüssig. Im Hinblick auf die Sprachverwendung handelt es sich mithin keineswegs um ein ungezügeltes Wuchern, sondern um eine isotopisch geregelte Aktion: Ebenso wie schon bei der klaren Gliederung des Kapitels konstatiert man die Nicht-Übereinstimmung von Thema und Diskurs.

Thema des Essays ist freilich nicht allein das freie Wachstum; es gilt vielmehr auch – sogar vorrangig, wie der Text suggeriert –, diesem Einhalt zu gebieten. Dabei wird die Nützlichkeit der Kultur gegen die Freiheit der Natur in Anschlag gebracht; die von Montaigne beschriebenen Zügelungen des ungeordneten Wachstums erfolgen aus Gründen der Nützlichkeit – schließlich sollen die Felder essbare Früchte hervorbringen, die Frauen gesunde Nachkommen gebären. So weit, so schlüssig. Doch als der Bereich der lebendigen Natur per Analogie auf die Aktionen des Geistes übertragen wird, kommt es sowohl im Diskurs als auch in der Argumentation zu einem Bruch: Unterschwellig wird nämlich die Frage virulent, ob ein solcher Analogieschluss logisch nachvollziehbar und der Sache nach statthaft ist. Kann und sollte, mit anderen Worten, auch der Geist je-

[46] Die fünf Bände von *Gargantua* und *Pantagruel* erschienen 1532–1564. Dass Montaigne Rabelais las, belegt Pierre Villey, *Les sources et l'évolution des Essais de Montaigne*, 2 Bde., Paris 1908, Bd. 1, 204.

nen pragmatischen Notwendigkeiten unterworfen und an ihnen gemessen werden, welche für den Bereich der Natur angemessen sind (oder, aus heutiger ‚ökologischer' Sicht, angemessen zu sein scheinen)? Der Text enthält jenseits seiner bereits genannten Zweiteilung einen internen logischen Bruch just an der Stelle, welche die Analogie von Geist und Natur zu etablieren sucht. Das Zitat aus Vergils *Aeneis* ist in diesem Zusammenhang höchst aufschlussreich, denn es fügt sich nicht den Aussageintentionen des Kontextes bei Montaigne:

> Sicut aquae tremulum labris ubi lumen ahenis
> Sole repercussum, aut radiantis imagine Lunae
> Omnia pervolitat latè loca, jámque sub auras
> Erigitur, summique ferit laquearia tecti.[47]

Dass sich, wie die Textstelle sagt, das Licht nach allen Seiten zerstreut, muss man nicht für ein Übel halten; dass der menschliche Geist neben den rationalen auch phantastische Seiten hat, ebenso wenig. Die Analogie von Geist und Natur wird mithin auf einer anderen Ebene situiert, als die Argumentation bis dahin hatte vermuten lassen. Der in den beiden Teilen des Essays erstellte Gegensatz von Natur und Kultur lässt zwar, auf einer ersten Ebene der Argumentation, die Kultur als höherrangig erscheinen, zeigt aber in einer tieferen Schicht deutliche Sympathien für das naturhaft-freie Wuchern der Gedanken im Zustand der Muße. Dennoch behält der Essay *De l'oisiveté* einen kritischen Unterton gegenüber seinem Thema; die hier entfaltete Position ist alles andere als uneingeschränkt positiv. Den Grund dafür nennt dieser frühe Essay nicht; ihn zu finden bedarf es eines Blickes nach vorn auf einen der späten Essays: *De trois commerces*.

Hier nimmt Montaigne den Gedanken aus der Frühzeit seiner *Essais* wieder auf, demzufolge der Geist, lässt man ihm seine Freiheit, phantastisch wuchert und wilde Imaginationsbilder hervorbringt. Eine Passage vom Anfang des Textes verdient es, wegen ihrer Verwandtschaft mit *De l'oisiveté* hierhergesetzt und ausführlich kommentiert zu werden:

> La vie est un mouvement inegal, irregulier et multiforme. Ce n'est pas estre amy de soy et moins encore maistre, c'est en estre esclave, de se suivre incessamment et estre si pris à ses inclinations qu'on n'en puisse fourvoyer, qu'on ne les puisse tordre. Je le dy à cette heure, pour ne me pouvoir facilement despestrer de l'importunité de mon ame, en ce qu'elle ne sçait communément s'amuser sinon où elle s'empeche, ny s'employer que bandée et entiere. Pour leger subject qu'on luy donne, elle le grossit volontiers et l'estire jusques au poinct où elle ait à s'y embesongner de toute sa force. Son oysifveté m'est à cette cause une penible occupation, et qui offence ma santé. La plus part des esprits ont besoing de matiere estrangere pour se desgourdir et exercer; le mien en a besoing pour se rassoir plus-

---

[47] *Aeneis* VIII, 22 ff. In der Übersetzung von Rudolf Alexander Schröder lautet die Stelle: „Wie die gekräuselte Flut in eherner Wanne der Sonnen / Oder des Mondes Licht, das flimmernde, zitternd zurückwirft, / da der gespiegelte Schein rings widerleuchtet und jählings / Hoch in den Lüften erglänzt und blinkt am Deckengetäfel." (Publius Vergilius Maro, *Bucolica. Georgica. Aeneis*, übers. v. Rudolf Alexander Schröder, Darmstadt 1976, 263)

tost et sejourner, ‚*vitia otii negotio discutienda sunt*', car son plus laborieux et principal estude, c'est s'estudier à soy.[48]

[Das Leben ist eine schwankende, unregelmäßige und vielgestaltige Bewegung. Man ist keinesfalls Freund und noch weniger Herr seiner selbst, sondern sein Sklave, wenn man unablässig in den festen Gleisen seiner Neigungen dahinrollt, so daß es einem unmöglich wird, sie je zu verlassen oder anders zu biegen. Ich sage das zu dieser Stunde, weil es mir selbst nicht recht gelingen will, mich der Fesseln einer lästigen Eigenschaft meines Geistes zu entwinden: Er kann sich gewöhnlich nur mit Dingen befassen, die ihn fordern und in denen er voll und ganz aufgeht. Ein ihm vorgelegter Gegenstand mag noch so unerheblich sein – auf der Stelle vergrößert er ihn und dehnt ihn so weit aus, daß er, um ihm gewachsen zu sein, all seine Kräfte anspannen muß. In Zeiten der Untätigkeit macht er mir mit seiner Tätigkeit daher schwer zu schaffen und setzt meiner Gesundheit zu. *Die Laster des Müßiggangs müssen durch Beschäftigung vertrieben werden.* Die meisten Geister brauchen hierzu fremde Stoffe, die sie aufrütteln und an denen sie ihre Fähigkeiten üben; der meine hingegen braucht sie eher, um Atem zu schöpfen und zur Ruhe zu kommen, denn sein eigentliches und anstrengendstes Studium ist die Erforschung seiner selbst.][49]

Die aus dem frühen Essay bekannte negative Sicht auf den Müßiggang setzt sich hier fort, indem die eigene Seele bzw. der Geist als Kräfte beschrieben werden, die sich ungezügelt ausbreiten und selbst den geringfügigsten Gegenstand aufblähen („grossir") und ausdehnen, bis sie ihn kaum mehr beherrschen können. Diese Eigenschaft seines Geistes sei, so Montaigne weiter, sogar seiner Gesundheit abträglich. Wiederum ist zu fragen, ob nicht hier das Sujet der Rede auf deren grammatisches Subjekt übertragen wird, Montaigne quasi ebenso aus den Fugen gerät, wie es Seele und Geist schon sind. Mit anderen Worten gefragt: Ist hier nicht Übertreibung im Spiel? Der Gedanke liegt deshalb nahe, weil der zitierten Passage die Funktion zuwächst, den weiteren Gang der Rede zu legitimieren oder dessen Basis zu bilden. Denn es sind, wie Montaigne hinzufügt, die Bücher, die den Geist von seiner Selbstbezogenheit, so wie sie oben beschrieben worden war, ablenken. Die aus dem frühen Essay bekannte Aufgabe, die wilde Natur zu zügeln, kommt hier bis zu einem gewissen Grade den Büchern zu. Während man im Allgemeinen, sagt Montaigne, dem Geist Nahrung von außen zuteilen müsse, damit er überhaupt in Bewegung gerät, verhalte es sich bei ihm umgekehrt: Sein Geist ist ohnehin schon in dauernder Aktion, sodass er äußerer, aus den Büchern gewonnener Ordnung bedarf, um überhaupt Ruhe zu finden. Wer will, von außen und aus der Distanz der Zeiten, darüber entscheiden, ob es sich tatsächlich so verhielt? Jedenfalls führt Montaigne auf die beschriebene Weise die Bücher in sein Leben und in die überströmende Lebendigkeit bzw. Bewegtheit seines Geistes ein – die im Übrigen, wie der erste Satz des Zitats darlegt, dem Leben generell eigen ist. Wenn er am Ende des Essays ein Bild von seiner Existenz im Bücherturm entwirft, wird dabei die elementare Bedeutung der Muße

---

48 Montaigne, *Essais*, II, 238.

49 Montaigne, *Essais*, übers. v. Stilett, 407 f.

erneut offenkundig. Die Selbsterforschung geriete gleichsam außer Kontrolle, gäbe es nicht, Legat des Vaters und des Freundes, den Bibliotheksraum mit seinen Büchern, die Montaigne, wie er beschreibt, durch die Rundung des Raumes alle mit einem Blick umfassen kann.[50] So hat er vor sich, was er zur Zügelung seines tendenziell immer ausufernden Geistes benötigt: all jene Bücher, die von den „trois commerces" (mit Männern, mit Frauen und schließlich mit Büchern) als Klimax den Schluss bilden.

Umgeben von den Büchern seines Turmes, durchlebt Montaigne einen Zustand, den er am Ende des Essays benennt und preist, die Einsamkeit: „Miserable à mon gré, qui n'a chez soy où estre à soy"[51], und weiter unten: „Et trouve aucunement plus supportable d'estre tousjours seul, que ne le pouvoir jamais estre."[52] In diesem selbstgeschaffenen Muße-Raum hat Montaigne jenen Zustand institutionalisiert, in dem er sich seit dem Tod von La Boétie befindet, und auch das Verhältnis zur Zeit hat offenbar durch den doppelten Verlust von Vater und Freund eine neue Wertigkeit erhalten: „Je vis du jour à la journée; et, parlant en reverence, ne vis que pour moi."[53] Offenbar ist die Zeit fortan nicht mehr linear ausgerichtet und in die Zukunft hinein entworfen, denn das Studium des Ichs erfordert die erfüllte Gegenwart jedes einzelnen Tages. Auf diese Weise entsteht eine Art von (buchstäblich:) Konzentration, die sowohl den Raum betrifft als auch die Zeit. Aus dieser doppelten Begrenzung, man kann es nicht energisch genug betonen, geht im Gegenzug eines der innovativsten, gedanklich und rezeptionsgeschichtlich reichsten Werke der Weltliteratur hervor[54]: Einschränkung, auch jene, die scheinbar mit der selbst gewählten Muße einhergeht, generiert Fülle.

Montaignes Ausführungen in *De trois commerces* bestätigen die schon früher geäußerte Vermutung, dass die Besonderheit seines Geistes, der sich im *otium* frei und ungeregelt entfaltet, die Basis für das Studium des Ichs darstellt. Das scheinbar gescholtene üppige Wachstum der Imagination im Zustand der Muße kann mithin nicht nur ins Positive gewendet, sondern darüber hinaus sogar als die mentale Grundbedingung für Montaignes *Essais* verstanden werden. Freiheit des Denkens sowie dessen Bewegung auch in verborgene Räume hinein (wobei das Ich den Kern dieser kryptischen Zonen ausmacht) bildet die Grundbedingung der *Essais* und erstellt das Fundament des Montaigne'schen Selbstentwurfs. „Je ne peints pas l'estre. Je peints le passage" lautet einer seiner viel zitieren Kern-

[50] Vgl. Montaigne, *Essais*, II, 249.

[51] Montaigne, *Essais*, II, 249. – [Arm dran ist meines Erachtens, wer bei sich zu Hause nichts hat, wo er bei sich zu Hause ist.] (Montaigne, *Essais*, übers. v. Stilett, 413)

[52] Montaigne, *Essais*, II, 250. – [Ich fände es notfalls erträglicher, immer allein zu sein, als es nie sein zu können.] (Montaigne, *Essais*, übers. v. Stilett, 413)

[53] Montaigne, *Essais*, 250. – [Ich lebe in den Tag hinein; und, mit Verlaub, ich lebe nur für mich (…).] (Montaigne, *Essais*, übers. v. Stilett, 413)

[54] Vgl. hierzu Alain Boase, *The Fortunes of Montaigne. A History of the Essays in France. 1580–1669*, London 1935.

sätze[55], und nur diese Dynamik, welche wesentlich der Muße eignet, ist dem Projekt der Ich-Erforschung adäquat. Die andere, nicht-rationale und kaum wertgeschätzte Seite des menschlichen Geistes hatte Montaigne bereits kennengelernt, als er La Boétie in dessen letzten Stunden begleitete. „pleust à Dieu que je veisse les effects des imaginations que je viens d'avoir!", sagt La Boétie, und Montaigne fragt: „voulez vous pas que j'en jouïsse encores?", worauf La Boétie antwortet: „C'est mon dea [...]; mais, mon frere, je ne puis, elles sont admirables, infinies, et indicibles."[56] Die „imaginations" sollen nicht verloren sein, aber Vorstellungen solcher Art in der Stunde des Todes sind unsagbar, „indicibles". Sie passen offenbar nicht in das Regelwerk der Sprache, so dass, um sich ihnen auch nur anzunähern, ein anderer Diskurs gefunden werden muss. Montaigne fand ihn in der Form oder Unform des Essays[57], die den Bewegungen der Imagination Raum gibt und ihnen in all ihren Wendungen, die Aberrationen inbegriffen, unbeirrt folgt. Wie der Essay als Form oder Gattung die unmittelbare Konsequenz jener mentalen Dynamik ist, so hat diese selbst ihren Ursprung in der Muße.

Damit ist freilich nicht das Problem oder gar Skandalon beiseite geschafft, das mit der Darstellung von Subjektivität in der Literatur seinerzeit allemal verbunden war. Außer in der Lyrik, wo das Ich ein nach den Regeln der Gattung und ihres Themas stilisiertes ist, oder wenn es, wie in Dantes *Divina Commedia*, als exemplarische Figur der Gottsuche auftritt[58], kurz: jenseits der Gattungsbindung und der einem Subjekt eingeschriebenen Tendenz zur Objektivität der *conditio humana* kann das Ich in der Literatur jener Zeit als *persona non grata* gelten. Wenn Montaigne in der *Préface* eine Einschränkung des Leserkreises auf Familie und Freunde vornimmt, mag dies, wiederum ironisch unterwandert, auch eine Bescheidenheitsgeste darstellen, die das literarisch unwillkommene empirische Ich im engen Rahmen persönlicher Beziehungen gleichwohl akzeptabel, möglicherweise sogar heimisch macht. Aber: Ist das Ich der *Essais* wirklich nur Michel Eyquem, Sieur de Montaigne? Ein Rückblick auf die Sterbeszene von La Boétie gibt auch hier Aufschluss. Den eigenen Worten zufolge ist La Boétie unmittelbar vor seinem Tode „non homo, sed species hominis".[59] Wenn Mon-

---

[55] Montaigne, *Essais*, II, 222. – [Ich schildere nicht das Sein, ich schildre das Unterwegssein.] (Montaigne, *Essais*, übers. v. Stilett, 398)

[56] Montaigne, *Essais*, II, 587, 598.

[57] Adorno hatte, wie schon in Anm. 3 angegeben, den Essay als Form verstanden. Zwingend erscheint mir eine solche Position nicht, denn wie der Essay „die volle Konsequenz aus der Kritik am System" zieht (Adorno, „Der Essay als Form", 16), ist er auch Kritik an der Form, sofern diese als Matrix wirkt. Sein „konstruiertes Nebeneinander" (Adorno, „Der Essay als Form", 32) sowie die Tatsache, dass er sich „sein Ressort nicht vorschreiben" lasse (Adorno, „Der Essay als Form", 10), machen aus dem Essay eine Unform oder zumindest eine konsequente Reflexion auf die Möglichkeit von Form überhaupt.

[58] Hier ist indes, vor allem durch den Auftritt Beatrices im *Paradiso*, die Verbindung zu dem früheren Prosimetrum *La vita nuova* gegeben, sodass bis zu einem gewissen Grade von einer Geburt der *Commedia* aus dem Geist der Lyrik gesprochen werden kann.

[59] Montaigne, *Essais*, II, 597.

taigne so dezidiert von sich selbst spricht wie im Vorwort: „je suis moy-memes la matiere de mon livre“[60], meint dieses Ich einerseits zweifelsfrei die eigene Person mit ihren Fähigkeiten und Defiziten (vor allem diesen), auf der anderen Seite aber auch Michel de Montaigne als Repräsentanten der *conditio humana*, genauer: eines neu entworfenen Menschenbildes, der im Zuge der ständigen Veränderungen der Zeit sein Zentrum bzw. seine Mitte erst noch finden muss – falls er sie überhaupt finden kann. Beide Aspekte des Menschen, als Individuum *und* Repräsentant der Gattung, sind jener von La Boétie so genannten „instabilité et inconstance des choses humaines“ unterworfen, die in zahlreichen Facetten und Variationen auch gleichsam den *basso continuo* der *Essais* bilden. Um ein Beispiel zu nennen: Die Reue, immerhin Voraussetzung für die Absolution in der katholischen Beichte, ist Montaigne zufolge der fatale Weg in eine nicht enden wollende Infragestellung des Selbst: Was ich heute bereue, kann mir morgen als richtig erscheinen und so fort. Leicht ließe sich eine solche Position als Ausdruck des Montaigne'schen Skeptizismus deuten; sie ist aber mehr als das, nämlich die Grundfigur der *Essais* sowohl bezogen auf die Erfahrung als auch in diskurstypologischer Hinsicht. Aus ihr entsteht die Bewegung des Montaigne'schen Denkens, das in seiner immanenten Dynamik nie an ein Ende gelangen kann. Da sich der Skeptizismus, zu Ende gedacht, aporetisch selbst aufheben müsste – wäre doch, konsequent, der Skeptizismus wiederum ‚skeptisch‘ in Frage zu stellen – und *ipso facto* die Denkbewegung zum Stillstand käme, ist er zur philosophischen Matrix der *Essais* denkbar untauglich. Nicht Skeptizismus spricht aus der Infragestellung der Reue, sondern die Erfahrung, dass sich alles in stetem Wandel befindet.

Die ebenfalls von La Boétie in der Stunde seines Todes evozierte *vanitas mundi* ist Thema des – jenseits der Sebundus-Apologie – längsten *Essais* von Montaigne, *De la vanité*.[61] Von allen Kapiteln der drei Bücher ist dieses wohl das thematisch reichste. Es gilt für Montaigne insgesamt, dass der Titel eines Essays kaum mehr als dessen Grundgedanken benennt und den Rahmen des Diskurses bezeichnet, während viele andere Reflexionen angestellt und weitere Themen angesprochen werden.[62] Dem Titel nach hätte *De la vanité* den biblischen Gedanken des Predigers, alles sei eitel (wörtlich: ein Windhauch)[63], zu kommentieren und fortzudenken, doch Montaigne dehnt das Konzept der *vanitas* so weit aus, dass eigentlich alles zur Sprache kommen kann, weil alles gleichermaßen nich-

---

[60] Montaigne, *Essais*, I, 1.

[61] Vgl. Montaigne, *Essais*, II, 381–446.

[62] Prototypisch ist das thematische *bric-à-brac* in *Des coches* (Montaigne, *Essais*, II, 329–348).) Vgl. hierzu Marcel Conche, „L'unité du chapitre *Des coches*“, in: Claude Blum/François Moureau (Hg.), *Études montaignistes en hommage à Pierre Michel*, Paris 1984, 89–94.

[63] *Vanitas*, Eitelkeit, wörtlich: Windhauch stehen am Beginn des Prediger-Buches (I, 1–3).

tig ist. In den Sog der Eitelkeit gerät hier sogar das eigene Schreiben[64] – durchaus nicht zu seinem Nachteil, denn die *vanitas vanitatum* eröffnet dem *per se* nichtigen Diskurs ein Höchstmaß an Freiheit. Diese Grundbedingung des Montaigne'schen Denkens kann nur durch das Fernsein von allen Verpflichtungen, im jenseits des *negotium* gewonnenen *otium*, realisiert werden. Wenn im Zustand des *loisir* die Gedanken proliferieren und unkontrolliert wuchern wie das Unkraut auf dem Feld, ist dies das Signum ihrer Unabhängigkeit von den Zwängen der Rationalität, gleichsam das Siegel ihrer Freiheit. Angesichts der Nähe des *vanitas*-Gedankens zum Selbstentwurf von Montaignes Person und zum Duktus seines Diskurses überrascht es nicht, dass der Essay auch ein Porträt seines Autors enthält. Dieses Selbstbildnis steht wiederum in Bezug zum Müßiggang, wenn Montaigne betont, dass er seinen Bekannten kaum je mit Gesuchen und Forderungen zur Last gefallen sei: Dies widerspreche seiner Natur und vor allem seinen „qualitez plus favories, l'oisifveté, la franchise".[65] Da der Gedanke der *vanitas*, konsequent weitergedacht, zu höchster Freiheit führt, fügen sich auch Montaignes Lieblingseigenschaften, Müßiggang und Ehrlichkeit, bruchlos in die *vanitas mundi* ein, welche, selbst gleichsam wesenlos, allem Seienden ein Höchstmaß an Unabhängigkeit garantiert.

Montaignes Rückzug in den Turm, die Entscheidung für ein Leben in Muße mutet an wie ein dezidiertes Durchtrennen der bis dahin gegebenen Kontinuität seiner Existenz: 1571 markiert einen Bruch, nicht unähnlich der bewussten Inszenierung eines Neuanfangs. Wie nicht zuletzt dieses Faktum belegt, ist geschichtliches Denken Montaigne weitgehend fremd; der Gedanke an eine kontinuierliche Entwicklung oder gar einen Fortschritt müsste der in sich kreisenden, grundsätzlich niemals endenden Bewegung der *Essais* widersprechen. In den Büchern und Inschriften von Montaignes Bibliothek gerinnt Geschichte zur Gegenwart, und die permanente Präsenz einer sich ständig erneuernden Reflexionsbewegung verleiht den *Essais* ihre spezifische Signatur. Montaigne ist ein Moderner, das Gesetz seines Denkens und Schreibens ist die Neuheit mit allen ihr inhärenten Risiken.

Vor diesem Hintergrund scheint sich die Frage nach dem historischen Kontext seiner Entscheidung für ein Leben in Muße zu verbieten. Und doch könnte sie den Befund, wie ambivalent sich die Muße bei Montaigne darstellt, einer Erklärung zuführen; gerade an diesem Punkt hatte die Darstellung bisher einen blinden Fleck. Wann immer die Muße in den *Essais* zum Thema wird, ist ihr eine innere Spannung eigen, welche auf die Frage nach ihrer Funktion keine

[64] „Il n'en est", setzt der Essay ein, „à l'avanture aucune [vanité] plus expresse que d'en escrire si vainement." (Montaigne, *Essais*, II, 381) – [Vielleicht gibt es keine augenfälligere (Eitelkeit) als die, so eitel wie ich hier darüber zu schreiben.] (Montaigne, *Essais*, übers. v. Stilett, 475)

[65] Montaigne, *Essais*, II, 409. – [(…) meine Lieblingseigenschaften: Faulheit und Freiheitssinn.] (Montaigne, *Essais*, übers. v. Stilett, 487)

eindeutige Antwort zulässt: das erwünschte und zielsicher herbeigeführte *loisir* als Herrschaft entfesselter Phantasien? Wäre die „Frucht der Muße“, statt eine aufbauende Nahrung für den Geist von Autor und Leser gleichermaßen zu sein, vielmehr jenes wuchernde Unkraut, das in *De l'oisiveté* einer Kultivierung zwar entgegensieht, ihrer aber nicht teilhaftig wird? Die Ambivalenz von Montaignes ‚Muße‘-Konzept[66], das einerseits Freiheit verspricht, andererseits aber Phantasmata generiert, findet innerhalb der *Essais* selbst kaum eine Begründung. Handelt es sich nicht nur um eine individuell erfahrene, sondern darüber hinaus auch um eine seinerzeit allgemein gültige, aus der Geschichte herzuleitende vorwiegend negative Bewertung? Die Untersuchung von Virginia Krause, *Idle Pursuits. Literature and Oisiveté in the French Renaissance*[67], soll im Folgenden helfen, den zeithistorischen Horizont von Montaignes Muße zu erschließen. Krauses Titel deutet es bereits an: Die Grundeinstellung zur Muße besteht in der Renaissance darin, dass sie ein nichtiges, den wahren Aufgaben des Lebens entgegengerichtetes Verhalten sei. Es sind vor allem moralphilosophische Schriften, welche die Muße geißeln. So schreibt Jean Bouchet in seinen *Epistres morales et familieres du traverseur* von 1545, die Edelleute dürften nicht müßig ein, und ähnliche Aussagen von Jean Des Caurres (*Œuvres morales et diversifées*, 1575) oder Jean de Caumont (*De la vertu de la noblesse*, 1586) ließen sich anschließen.[68] Man mag an dieser Stelle eine ferne Nachwirkung des Verständnisses von Muße im Mittelalter sehen, das Müßiggang als eine Hauptsünde ansah. Insbesondere für das Leben in den Klöstern stellte die Muße – weniger schädliche, trotzdem aber zu bekämpfende Schwester der Acedia – eine Gefahr dar und konnte nur als Voraussetzung für das Sich-Versenken in Gebet und Kontemplation akzeptiert werden. Auch verschiedene Episoden der Artusdichtung belegen, dass Müßiggang als ein Verstoß gegen die Regeln der Gesellschaft angesehen wurde. Wenn z.B. der frisch vermählte Erec über der Liebesleidenschaft für Enide seine Pflichten als Ritter vernachlässigt[69] oder Tristan und Isolde gegen alle Regeln des Hoflebens verstoßen und in den Wald verbannt werden (wo sie indes die Minnegrotte als einen der Liebe geweihten Ort erfahren), erhellt daraus die Abweichung von den bestehenden sozialen Normen. Der Müßiggänger ist gleichsam aus der Ordnung gefallen, was angesichts der Dominanz des *ordo*-Gedankens im Mittelalter ein schweres Vergehen darstellt. Wenn in der Renaissance die Edelleute zuneh-

---

66 Diese Ambivalenz wurde in der Forschung durchaus bemerkt, aber unterschiedlich bewertet. Raymond Esclapez erklärt sie damit, dass Montaignes *otium* das *negotium* des Schreibens gleichsam zu seiner Heilung erfordere (vgl. Esclapez, „L'oisiveté créatrice“, 29).

67 Virginia Krause, *Idle Pursuits. Literature and Oisiveté in the French Renaissance*, Newark/London 2003.

68 Vgl. Krause, *Idle Pursuits*, 43 ff.

69 Genaueres hierzu: Burkhard Hasebrink, „Zwischen Skandalisierung und Auratisierung. Über *gemach* und *muoze* in höfischer Epik“, in: Burkhard Hasebrink/Peter Philipp Riedl (Hg.), *Muße im kulturellen Wandel. Semantisierungen, Ähnlichkeiten, Umbesetzungen*, Berlin/Boston 2014, 106–130, bes. 112–115.

mend ein Leben in Muße favorisieren, wird damit der Zerfall der mittelalterlichen Welt des Adels manifest; zugleich aber ist jener Müßiggang eine moralisch fragwürdige Lebensform. Bei Montaignes Negativ-Bild vom Müßiggang zu Beginn des gleichnamigen Essays könnte es sich mithin um einen Tribut an die Tradition handeln, der indes nur umso markanter die neue Freiheit hervortreten lässt, welche die Muße dem Geist bietet. Trifft diese Deutung zu, bekräftigt die Geschichte Montaignes innovative Position.

Die Frage, ob es in Frankreich zur Zeit Montaignes überhaupt eine Kultur der Muße gegeben habe, so wie sie uns aus der (insbesondere griechischen)[70] Antike bekannt ist, erheischt eine grundsätzlich negative Antwort – was Ausnahmen nicht ausschließt. Auch eine im engeren Sinne literarische Valenz der Muße im Hinblick auf die Entstehung wichtiger Werke der Zeit lässt sich kaum ausmachen. Die französische Literatur war weitgehend geprägt von der höfischen Kultur, insbesondere jener unter François I, zu dessen Hof die Dichter der Pléiade und vor allem Ronsard enge Verbindungen unterhielten. Blickt man um ein Jahrhundert zurück auf Charles d'Orléans, so wird man auch dessen lyrisches Œuvre, das hauptsächlich in englischer Gefangenschaft entstand, schon aufgrund dieser Rahmenbedingungen nur unter Einschränkungen als Frucht der Muße verstehen dürfen. Die Lebenszeit Montaignes ist zudem in politischer Hinsicht von den Religionskriegen geprägt, deren prominentester Dichter, Agrippa d'Aubigné, Kriegsmann für die protestantische Sache war und schon deshalb der Muße zum Dichten entbehrte; nur während der Rekonvaleszenz nach seinen Verwundungen fand er überhaupt Zeit zum Schreiben. War somit Montaignes eigene Zeit der Muße wenig gewogen, bietet sich eine Wendung des Blicks an. Petrarca, dessen *Canzoniere* Montaigne mehrfach zitiert[71], führt in seinem Traktat *De vita solitaria* das Leben in Abgeschiedenheit mit der Muße zusammen: „Nicht so sehr die Abgeschiedenheit und Stille menschenleerer Orte erfreuen mich als vielmehr die Muße und Freiheit, die ihnen innewohnen."[72] Doch trägt diese Muße nicht ihren Wert in sich, sondern bleibt an das Ziel der *vita contemplativa* gebunden: „Ich glaube," schreibt Petrarca weiter, „dass ein wahrhaft geistiger Mensch nirgends Ruhe finden kann außer in Gott, der unser letztes Ziel ist, in sich selbst und den eigenen tiefsten Gedanken, oder bei einem anderen, ihm geistig verwandten Menschen."[73] Während hier die religiöse Bindung deutlich zu vernehmen ist, werden immerhin als Quelle der Ruhe – nicht der Muße, wohlgemerkt – die eigenen Gedanken und die Gemeinschaft mit einem anderen, geistig verwandten Menschen genannt. Eine solche Gemeinschaft

---

[70] Vgl. hierzu: Paul Demont, *La cité grecque archaïque et classique et l'idéal de tranquillité*, Paris 1990, bes. Teil III: „Ideaux de tranquillité et de loisir (*scholè*) au quatrième siècle".

[71] Vgl. Villey, *Sources et évolution*, I, 189 f.

[72] Francesco Petrarca, *Das einsame Leben*, übers. v. Friederike Hausmann, hg. v. Franz Josef Wetz, Stuttgart 2004, 61.

[73] Petrarca, *Das einsame Leben*, 61.

fand Montaigne mit La Boétie, Petrarca mit Augustinus, und schon diese so unterschiedlichen Verbindungen erhellen die Distanz zwischen dem italienischen Humanisten und dem Autor der *Essais*.

Deckt der Blick auf dem Essay verwandte Gattungen tendenziell negative Positionen gegenüber der Muße auf, gilt dies nicht, wenn er Werke der Fiktion fokussiert. In der Minnegrotte haben Tristan und Isolde vielfach Gelegenheit, ihre Leidenschaft zu leben; durch die Symbolik seiner Darstellung gewinnt dieser dem Hof und der Zivilisation ferne Ort den Charakter eines idealen Raumes der Liebe.[74] Heterotopos *par excellence*, ist die Minnegrotte zugleich ein nahezu perfektes Beispiel für die Heterochronie, denn der Aufenthalt in ihr ist begrenzt. Ob Montaigne Tristan-Dichtungen kannte, darf angesichts der erst verspätet einsetzenden Rezeptionsgeschichte mittelalterlicher Literatur bezweifelt werden. Anders stellt sich die Situation in einem der auch nach der Zeit seiner Entstehung weit verbreiteten Text des Mittelalters dar, dem *Roman de la Rose*. Auch hier wird ein Ort der Muße konzipiert und ebenfalls mit der Liebe in Verbindung gebracht: der *hortus conclusus*, ein dem Paradies nachgestalteter und von allegorischen Figuren bewohnter Garten. Der Zugang zu diesem idealen Ort, aus dem alles Böse verbannt ist, führt über die Allegorie des Müßiggangs; nur die „Oiseuse" hat den Schlüssel zur engen Eingangspforte. Neben der Beschreibung ihrer äußeren Erscheinung, aus der alle Hinweise auf Arbeit und Anstrengung eliminiert sind, enthält der Text auch eine Aussage über ihre Tätigkeit – sie ist nur damit beschäftigt, sich nach den Regeln ihres edlen Standes zu kleiden. Mehr Selbstbezug ist kaum vorstellbar; Krause spricht sogar von einer „latent suggestion of narcissism".[75]

Es wäre gewiss verfehlt, Montaignes Selbsterforschung und sein Interesse am eigenen Ich als Narzissmus verstehen zu wollen. Das Bei-sich-selbst-Sein in einem abgeschlossenen Raum aber ist ein signifikantes Merkmal der Muße, aus dem auch die *Essais* ihren kreativen Impuls beziehen. Die Verbindung der Muße mit einem spezifischen Ort findet sich auch in einem Text, der Montaigne zeitlich nähersteht und ihm nachweislich bekannt war, in Rabelais' Roman über die Abenteuer von Gargantua und Pantagruel. Parodistisch gegen die Ordensregeln des Mittelalters gewendet, stellt *Gargantua* am Ende die Abtei von Thélème dar, deren Maxime lautet: „FAY CE QUE VOULDRAS".[76] Es handelt sich bei diesem Ort, der architektonisch eher einer mittelalterlichen Burg als einem Kloster nachempfunden ist, um ein Geschenk Gargantuas an den Frère Jean des Entommeures zur Belohnung für dessen Einsatz im Krieg gegen Picrochole. Von einem

---

[74] Näheres hierzu bei Hasebrink, „Zwischen Skandalisierung und Auratisierung", 121–128.

[75] Krause, *Idle Pursuits*, 36.

[76] François Rabelais, „La vie très horrifique du grand Gargantua père de Pantagruel", in: *Œuvres complètes*, Bd. 1, hg. v. Pierre Jourda, Paris 1962, 5–210, 204 (in Großbuchstaben im Text).

Raum der Muße im engeren Sinne wird man aber kaum sprechen können, denn ein ‚müßiges' Leben in der Abtei wäre nur eine Option unter vielen anderen, gilt doch das Prinzip der freien Entscheidung für das eigene Handeln[77], das für die Muße zwar votieren kann, dies aber keineswegs muss. Als Vorbild für Montaignes Rückzug in seinen Bücherturm kommt Thélème deshalb nur bedingt in Betracht; vielmehr liegt die Bedeutung des Romanwerks von Rabelais für Montaignes *Essais* auf einer anderen Ebene.

De l'oisiveté hatte ausführlich die Auswüchse eines der Muße überlassenen Geistes dargestellt, die in einem Text mit moralphilosophischem Anspruch keinen Platz haben (dürfen). Wenn Montaigne sie dennoch zur Sprache bringt, wird damit, wie schon oben angedeutet, auf einen Sub- oder Metatext verwiesen, der freilich nicht nur Riskantes aufwertet (so weit war unsere Deutung schon gegangen), sondern auch einen gänzlich anderen Diskurs evoziert, in dem nun die Imagination alle nur möglichen Freiheiten hat: den literarisch-fiktionalen, speziell jenen des Romans. Mit Vergnügen habe er, so sagt Montaigne, Rabelais gelesen[78]; dieser setzt in einem kaum zu überbietenden Maße die Kraft des Imaginären in Szene, bezogen auf Thematik bzw. Handlung ebenso wie auf die Gestaltung der Sprache. Rabelais bedient sich nicht nur – für einen Roman ungewöhnlich – in großem Umfang der Fachsprache, sondern erdenkt auch zahlreiche Neologismen, häufig dem Griechischen anempfunden, mit denen er einerseits die zumeist des Griechischen unkundigen Zensoren täuscht, andererseits aber und vor allem die sprachlichen Dimensionen seiner Romane erweitert. Eine üppige Imagination, so wie sie im frühen Essay von Montaigne beschrieben (und bis zu einem gewissen Grade problematisiert) wird, hat in den epischen Gattungen ein schon seit langem verbrieftes Heimatrecht. Das gilt nicht nur für die Romane von Rabelais, sondern auch für einen Text, aus dem Montaigne an anderer Stelle zitiert: In *De l'amitié* finden sich einige Verse aus Ariosts Ritterroman *Orlando furioso*[79], einer parodistischen, ‚verwilderten' Spätform der *chanson de geste*. Hier wird das Imaginäre vor allem auf der Ebene der Handlungsführung und der Schauplätze eingesetzt. Der Plot führt in märchenhaft verfremdete Gegenden (wie die Insel der Fee Alcina oder das verwunschene Schloss) und erschließt unbekannte Bereiche des Kosmos bis hin zum Mond. Anders als bei Rabelais ist die Kraft des Imaginären bei Ariost noch durch den Vers gebändigt, kann aber auf dieser Basis

---

[77] Diese aber ist geprägt von der Absicht einer „louable emulation" aller, sobald einer von ihnen sich für eine bestimmte Aktion entscheidet (Rabelais, „La vie très horrifique du grand Gargantua", 204); der Autor lobt Kultur und Bildung der Bewohner von Thélème, die allesamt dem Adelsstand angehören, was als Hinweis auf den gerade in diesen Kreisen verbreiteten Hang zur Muße verstanden werden kann.

[78] Vgl. Villey, *Sources et évolution*, I, 204. Villey hält es allerdings für schwierig, den Anteil von Rabelais am Stil Montaignes festzulegen, weil dessen Sprache Vorbild für alle Erzähler der Zeit gewesen sei. Dennoch: Es steht fest, dass Montaigne Rabelais las, während seine Kenntnis der übrigen Prosaautoren der Zeit m.W. nicht belegt ist.

[79] Vgl. Montaigne, *Essais*, I, 201.

im Thematischen umso üppiger gedeihen. Da es sich um ein Ritterepos handelt, ist der *Orlando furioso* der heroischen, hier aber immer wieder ins Groteske umschlagenden Tat verpflichtet; prinzipiell als Mußeräume geeignete Orte wie etwa die Insel der Fee Alcina oder das verwunschene Schloss sind keine Sehnsuchtsräume, sondern werden als Hemmnisse des Heldentums gedeutet. Alle Handlungselemente des Epos von Ariost: die Figuren, Geschehnisse und Schauplätze, stehen im Zeichen einer nahezu grenzenlosen Imagination. Im Zusammenhang mit diesem kurzen Blick auf fiktionale Texte, deren imaginäre Handlungsverläufe und Schauplätze das Bild der Muße in den *Essais* befruchtet haben könnten, ist ferner daran zu erinnern, dass *De l'oisiveté* den Umschlag in der Argumentation just dort vollzog, wo das Zitat aus Vergils *Aeneis* angeführt wird, einem Text, dessen sechstes Buch, den Abstieg des Aeneas in die Unterwelt schildernd, wiederum von einer erheblichen Kraft des Imaginären zeugt.

Es ist hier weder der Ort noch der Raum, all jene intertextuellen Verweise zu untersuchen, in welchen Montaigne auf fiktionale Texte Bezug nimmt; die Vermutung aber, die eingestandene Basis der *Essais*, jene ausufernde Phantasie, sei uneingestanden auch auf die Literatur hin orientiert oder sogar von ihr inspiriert, ist nicht von der Hand zu weisen. Mit seiner persönlichen, auf die Muße ausgerichteten Verfasstheit erklärt und legitimiert Montaigne seine Abweichung gegenüber dem von ihm gewählten Diskursmodus; in der Philosophie oder ihr affinen Texten hat eine solche Form der Imagination keinen Platz, weder auf den Höhen der Ontologie noch in den Ebenen der Moralphilosophie, wo die *Essais* zu Hause sind, und die Episteme der wissenschaftlichen Diskurse schließt Phantasien allemal aus.

Die intertextuelle Beziehung zur Literatur ist nicht der einzige Beleg für die Bedeutung der Künste in den *Essais*. Formen des Grotesken, wie sie vielfach in den *Essais* auftreten, finden zeitgleich auch in den bildenden Künsten Verwendung und werden dort theoretisch diskutiert.[80] Das Groteske steht, mit einer konkreten Bezugsetzung zur Malerei, am Anfang von *De l'amitié*:

> Considerant la conduite de la besongne d'un peintre que j'ay, il m'a pris envie de l'ensuivre. Il choisit le plus bel endroit et milieu de chaque paroy, pour y loger un tableau élabouré de toute sa suffisance; et, le vuide tout au tour, il le remplit de crotesques, qui sont peintures fantasques, n'ayant grâce qu'en la varieté et estrangeté. Que sont-ce icy aussi, à la verité, que crotesques et corps monstrueux, rappiecez de divers membres, sans certaine figure, n'ayants d'ordre, suite ny proportion que fortuite?[81]

---

[80] Vgl. Westerwelle, *Montaigne*, 327–364.

[81] Montaigne, *Essais*, I, 197 f. In seiner ursprünglichen Ausstattung war das Arbeitszimmer Montaignes mit zwei erotischen Fresken geschmückt, die ihrerseits von einer Fantasiedekoration mit Grotesken umgeben waren. Nach Montaignes Tod ließ seine Familie aus moralischen Gründen die Malereien entfernen. Vgl. Auguste Bailly, *Montaigne*, Paris 1942, 134.

[Als ich einem Maler, der für mich tätig ist, bei der Verrichtung seiner Arbeit zuschaute, überkam mich die Lust, es ihm nachzutun. Im mittleren Teil jeder Wand wählt er die jeweils günstigste Stelle, um dort ein mit seiner ganzen Meisterschaft ausgeführtes Gemälde anzubringen; den leeren Raum rundherum jedoch füllt er mit *Grotesken* aus, das heißt: bizarren Phantasiegebilden, deren einziger Reiz in ihrem Variationsreichtum und ihrer Absonderlichkeit liegt. Was aber sind diese *Essais* hier in Wahrheit anderes als auch nur *Grotesken* und monströse, aus unterschiedlichsten Gliedern zusammengestückelte Zerrbilder, ohne klare Gestalt, in Anordnung, Aufeinanderfolge und Größenverhältnis dem reinen Zufall überlassen?][82]

Wie schon *De l'oisiveté*, enthält auch dieses Kapitel eine Selbstaussage Montaignes, freilich nicht wie dort am Ende, sondern schon am Anfang. Das Prinzip der *Essais* wird weitergeführt, wenn über La Boéties Streitschrift *Le Contre Un*[83] gesagt wird: „Il [sc. La Boétie] l'escrivit par maniere d'essay […], à l'honneur de la liberté contre les tyrans."[84] Essay, Freiheit und Phantasie werden an dieser Stelle enggeführt, wie um zu belegen, dass Montaignes Werk hier sowohl seinen Ursprung als auch seine konzeptionelle Basis fand. Derselbe Essay ist es auch, der einen seither berühmt gewordenen Ausspruch Montaignes enthält; auf die Frage, warum er La Boétie geliebt habe, gibt Montaigne die tautologisch anmutende Antwort: „Par ce que c'estoit luy; par ce que c'estoit moy"[85], und die Bedeutung dieser Textstelle beruht nicht zuletzt auch darauf, dass dieser Satz ein Addendum in der Ausgabe von 1588 ist, mithin erst nach der ‚Fertigstellung' der drei Bücher hinzugefügt wurde. Wäre also Montaigne zu dieser Person erst durch sein Werk geworden? Die Frage ist rhetorisch ebenso wie viele bei Montaigne selbst… Sind die *Essais*, wie wir eingangs darzulegen versuchten, eine implizite Hommage an die Freundschaft mit La Boétie, wäre es im Grundsatz möglich gewesen, an ihrer Statt einen Traktat über die Freundschaft zu verfassen, etwa nach dem Muster von Ciceros *De amicitia*. Doch eine solche Option hätte Montaignes Absicht zuwiderlaufen müssen, die nicht darauf gerichtet war, theoretisch oder erfahrungsgegründet den Charakter der Freundschaft zu eruieren, sondern das Reflexionspotenzial zu ergründen suchte, das in jener Freundschaft angelegt war und das nun die *Essais* zur Darstellung bringen wollen. Hierzu bedarf es, wie schon ausgeführt, eines neuen Diskurses; das Vorhaben verlangt aber auch eine neue Person. Der Michel de Montaigne der *Essais* ist nicht dem Text vorgelagert, sondern geht aus diesem allererst hervor. Doch die Basis bleiben allemal jene Auswüchse

---

[82] Montaigne, *Essais*, übers. v. Stilett, 98 f.

[83] Der eigentliche Titel dieser Jugendschrift von La Boétie lautet *Discours de la servitude volontaire*. Montaigne, der zahlreiche Werke seines Freundes zum Druck beförderte, hielt es aus politischen Gründen für nicht opportun, mit dieser Schrift in gleicher Weise zu verfahren.

[84] Montaigne, *Essais*, I, 198. – [Er (La Boétie) schrieb es (…) als eine Art *Essai* wider die Tyrannen, zum Lobpreis der Freiheit.] (Montaigne, *Essais*, übers. v. Stilett, 99)

[85] Montaigne, *Essais*, I, 204. – [Weil er er war, weil ich ich war.] (Montaigne, *Essais*, übers. v. Stilett, 101)

der Imagination, die schon aus *De l'oisiveté* bekannt sind und in *De l'amitié* erneut zur Sprache kommen.

Montaignes Rückzug in seine Bücherklause war zugleich ein Akt und eine perpetuierte Aufgabe. Nach drei in sein Leben einschneidenden Todesfällen erfindet sich Montaigne neu; nicht im Sinne einer *vita contemplativa*, welche der *vita activa* folgt[86], sondern eher nach dem Dante'schen Modell einer *vita nuova*, freilich ohne deren transzendente Implikationen. Von der steten Bewegung seiner Gedanken getragen, die nunmehr statt durch den Freund von den Büchern kommentiert werden, entwickelt er eine Form des Schreibens, die aller Tabus ledig ist. Die Erfahrung des Todes, die für Montaigne offenbar auch das eigene Sterben als Horizont und Perspektive erschloss, bildet die Basis sowohl für den Entschluss zum Rückzug als auch für den Schreibprozess der *Essais*. Ciceros Gedanke, dass Philosophie nicht anderes heiße als sterben zu lernen, inspiriert nicht nur den Essay gleichen Titels[87], sondern das Werk insgesamt. Für Montaigne ist klar: Wenn der Mensch des Todes eingedenk ist und ihn in sein Leben integriert, setzt er sich damit in Freiheit; aus dieser wiederum gewinnt das Werk seine Themen, sie bestimmt Montaignes Gedankengänge und nicht zuletzt seinen Diskurs, der ebenfalls Neuland betritt und ein Wagnis darstellt. Die *Essais* sind nicht argumentierend oder explikativ verfasst, wie philosophische Diskurse im Allgemeinen, sondern reflektierend: die Gegenstände spiegelnd und sie umkreisend.

Dieser multiperspektivische Gewinn an Freiheit hat, im Hinblick auf die Raum-Zeitlichkeit der Muße, verschiedene Implikationen. Beim Versuch eines Resümees bietet sich ein Rückblick auf die beiden Foucault'schen Konzepte von Heterotopie und Heterochronie an. Sie in die Überlegungen einzubeziehen hieß, Raum und Zeit der Muße einerseits anschlussfähig zu machen, denn viele heterotope bzw. heterochrone Orte und Räume verfügen über ähnliche Charakteristika. Andererseits aber gehorchen Mußeräume eigenen Kriterien, für welche Montaignes Turmzimmer ein Beispiel bildet. Hier folgt die Wahl des Rückzugsortes einem Programm, seine Ausgestaltung nicht minder. Durch die Turmexistenz schafft sich Montaigne einen neuen Lebensraum, erfüllt von den größten Geistern der Vergangenheit, aber auch, *n'oublions pas*, von der Erinnerung an den verstorbenen Freund. Diesen Lebensraum als Denkraum auszugestalten dienten die Bücher und die Inschriften; das Schweifen der Gedanken wurde unterstützt vom Anblick der das Turmzimmer umgebenden Landschaft. Innen- und Außenraum, so könnte das Fazit lauten, kommen zur Deckung und schaffen in gemeinsamer Atmosphäre die Bedingungen für das Entstehen der *Essais*.

---

[86] *De la solitude* beginnt mit dem programmatischen Ausspruch: „Laissons à part cette longue comparaison de la vie solitaire à l'active […]." (Montaigne, *Essais*, I, 267) – [Ersparen wir uns die langatmigen Vergleiche zwischen dem zurückgezognen und dem tätigen Leben (…).] (Montaigne, *Essais*, übers. v. Stilett, 124)

[87] Vgl. Montaigne, *Essais*, I, 81–99.

Dabei teilt Montaignes Klause zumindest einen generellen Zug mit den Räumen der Muße: Sie ist abgeschieden, bedarf doch die Muße der Ruhe. Darüber hinaus aber kommt dem Turmzimmer noch eine weitere, für die Entstehung der *Essais* zentrale Bedeutung zu – Montaigne hatte es nach seinen Vorstellungen ausgestalten lassen, wie um zu dokumentieren: Dieser Ort ist meiner, von mir gestaltet und in seiner besonderen Art auf mich zurückwirkend; hier lebe ich in freier Selbstbestimmung. Dass Montaigne die Deckenbalken seiner Bibliothek mit Zitaten versehen, diese aber mehrfach verändern ließ, zeigt die Tendenz zur Selbstgestaltung ebenso wie das Gesetz der permanenten Veränderung seines Denkens.

Im Vergleich zum Muße-Raum, der als abgeschiedener und selbstbestimmter fassbar war, ist die Zeit der Muße schwieriger zu kennzeichnen. Zwar stellt man leicht fest, dass die *Essais* im Verlauf ihrer Entstehung zunehmend mehr Eigentexte aufweisen und der Anteil der Zitate zurückgeht, die Schreibzeit somit gegenüber der Lesezeit zunimmt. Dies zeigt jedoch nur die Art der Ausfüllung von Zeit auf, noch nicht aber deren spezifische Struktur.[88] Die *Essais* sind angesichts der zahlreichen Addenda, die Montaigne vornahm, thematisch betrachtet ein Werk in permanenter Veränderung; durch das Prinzip der Anhäufung wird die Zeit immer mehr ausgefüllt, ihr ‚Raum' erweitert.[89] Auch für die *écriture* gilt, dass sie nicht ein Sein repräsentiert, sondern ein Werden – freilich ohne teleologische Implikationen. Das Wuchern der Imagination, unabhängig von deren Inhalten als Prinzip verstanden, ist geradezu das Verfertigungsmodell der *Essais*: Es kennt keine Grenzen (und zumal nicht jene der Rationalität), vor allem nicht die Begrenzungen der Zeit. Ist bei Montaigne der Raum der Muße abgegrenzt und im Inneren gestaltet, gilt Analoges nicht für die Zeit; sie kennt keine (Entwicklungs-)Linien oder Grenzziehungen, denn die von Montaigne gewählte Aufgabe der Selbsterforschung kommt niemals an ihr Ziel. Es folgt aus der poetologischen Anlage und der reflektierenden Natur der *Essais*, dass Montaignes Werk nicht im emphatischen Sinne vollendet sein, sondern nur durch den Abbruch seines Schreibprozesses beendet werden kann. In letzter Instanz ist dieses Ende nur durch den Tod des Autors herbeizuführen, der naturgemäß auch den Tod des Themas einschließt. Einer solchen Lesart entsprechend, ist ihr letztsinniger Entwurf nicht auf die dauernd sich wandelnde Zeit gerichtet, sondern auf eine Ewigkeit, die freilich nicht als *nunc stans* in sich ruht, sondern beweglich und veränderbar ist wie der Raum nach Einsteins Relativitätstheorie. Eine solche spe-

[88] Man erinnert sich, dass genau dies auch ein Problem des Heterochronie-Konzepts bei Foucault war.

[89] Einen wichtigen Hinweis auf die Zeitstruktur kann man Westerwelle entnehmen, wenn sie im Zusammenhang mit der Imagination hervorhebt, dass diese und ihre Gebilde der Zeit enthoben seien (vgl. Westerwelle, *Montaigne*, 343); diese Feststellung steht im Kontext von zeitgenössischen Theorien der Imagination, ist aber m. E. auch für Montaigne gültig.

kulative Ewigkeit wird durch das In-sich-Kreisen jener höchst intensiven Imagination ausgefüllt, die für La Boétie „unsagbar" ist, „indicible" oder *ineffabile*.

Montaignes Muße, scheinbar wohlgeordnet in Ort und Zeit – über einen Bücherraum verfügend und eine nicht unbeträchtliche Lebensspanne – führt den Autor, aber auch seine Leser und Exegeten, die ihrerseits dem Werk ihre Muße widmen sollen, in riskante Grenzregionen. Was die Muße hervorbringt oder zu wachsen erlaubt, sprengt die Normen der Moralphilosophie nicht minder als die Typologie der literarischen Gattungen oder die Schemata wissenschaftlicher Diskurse. In den Sog ihres Gegenstandes hineingezogen, kommen auch unsere Darlegungen nur widerwillig zum Schluss, wohl wissend, dass zwar ihre Zeit erschöpft ist, nicht aber ihr Thema.

Literatur

Adorno, Theodor W., „Der Essay als Form", in: *Noten zur Literatur*, Gesammelte Schriften, Bd. 11, hg. v. Rolf Tiedemann, 3. Aufl., Frankfurt a. M. 1990, 9–33.

Aubigné, Agrippa d', „Sa vie à ses enfants", in: *Œuvres*, hg. v. Henri Weber, Paris 1969.

Bailly, Auguste, *Montaigne*, Paris 1942.

Boase, Alain, *The Fortunes of Montaigne. A History of the Essays in France. 1580–1669*, London 1935.

Conche, Marcel, „L'unité du chapitre *Des coches*", in: Claude Blum/François Moureau (Hg.), *Études montaignistes en hommage à Pierre Michel*, Paris 1984, 89–94.

Corbineau-Hoffmann, Angelika, „*Vanitas* – ein Beispiel für die Relevanz der Ideengeschichte im Hinblick auf Kunst und Literatur des Barock", in: Michel Henri Kowalewicz (Hg.), *Formen der Ideengeschichte*, Münster 2014, 153–170.

Demont, Paul, *La cité grecque archaïque et classique et l'idéal de tranquillité*, Paris 1990.

Esclapez, Raymond, „L'oisiveté créatrice dans *Les Essais*. Persistance et épanouissement d'un thème", in: Claude Blum (Hg.), *Montaigne et les „Essais" 1588–1988. Actes du congrès de Paris (janvier 1988)*, Paris 1990, 25–39.

Foucault, Michel, „Des espaces autres", in: *Dits et écrits*, Bd. 4, hg. v. Daniel Defert u. François Ewald, Paris 1994.

Frame, Donald, *Montaigne. Une vie, une œuvre. 1533–1592*, übers. v. Jean-Claude Arnould, Nathalie Dauvois, u. Patricia Eichel, Paris 1994.

Goodman, Nelson, *Ways of Worldmaking*, Indianapolis 2008.

Hasebrink, Burkhard, „Zwischen Skandalisierung und Auratisierung. Über *gemach* und *muoze* in höfischer Epik", in: Burkhard Hasebrink/Peter Philipp Riedl (Hg.), *Muße im kulturellen Wandel. Semantisierungen, Ähnlichkeiten, Umbesetzungen*, Berlin/Boston 2014, 106–130.

Kittler, Friedrich, *Aufschreibesysteme 1800/1900*, München 2003.

Krause, Virginia, *Idle Pursuits. Literature and Oisiveté in the French Renaissance*, Newark/London 2003.

Kretschmar, Marianne, *Otium, studia litterarum, Philosophie und βίος θεωρητικός im Leben und Denken Ciceros*, Leipzig 1938 (Diss.).

Montaigne, Michel de, *Essais*, 2 Bde., hg. v. Maurice Rat, Paris 1962.

Montaigne, Michel de, *Essais*, übers. v. Hans Stilett, Frankfurt a. M. 1998.

Ovidius Naso, Publius, *Briefe aus der Verbannung. Tristia. Epistulae ex Ponto.* Lateinisch/Deutsch, hg. v. Wilhelm Willige, Darmstadt 1995.
Petrarca, Francesco, *Das einsame Leben*, übers. v. Friederike Hausmann, hg. v. Franz Josef Wetz, Stuttgart 2004.
Rabelais, François, „La vie très horrifique du grand Gargantua père de Pantagruel", in: *Œuvres complètes*, Bd. 1, hg. v. Pierre Jourda, Paris 1962.
Rousset, Jean, *La littérature de l'âge baroque en France. Circé et le Paon*, Paris 1953.
Starobinski, Jean, *Montaigne en mouvement.* Édition revue et complétée, Paris 1993.
Vergilius Maro, Publius, *Bucolica. Georgica. Aeneis*, übers. v. Rudolf Alexander Schröder, Darmstadt 1976.
Villey, Pierre, *Les sources et l'évolution des Essais de Montaigne*, 2 Bde., Paris 1908.
Westerwelle, Karin, *Montaigne. Die Imagination und die Kunst des Essays*, München 2002.

Gefängnisheterotopien bei Stendhal

Rainer Warning

Es ist für einen Literaturwissenschaftler ein nicht unriskantes Unternehmen, einen Vortrag über die Muße zu halten, denn was ist selbstverständlicher, aber auch trivialer als der Zusammenhang von Muße und Literatur? Man liest Gedichte oder Romane, wenn man dafür freie Zeit hat, Muße also. Man geht ins Theater, wenn man sich dafür eine Auszeit aus den Zwängen des Tagesprogramms nehmen kann usw. Wenn man aber Muße literaturwissenschaftlich betrachtet, sie gar noch zum Thema eines Sonderforschungsbereichs macht, hört der Spaß auf. Dann wird erwartet, dass man das Triviale enttrivialisiert, dass man über die Muße nachdenkt, mit der man es in der Literatur zu tun hat. Dabei aber muss man voraussetzen, dass der Text seinen Leser zu solchem Nachdenken anhält, dass er selbst die Muße seiner Rezeption mit bedenkt, idealerweise indem er schrift- und lektürebezogene Mußeräume inszeniert, wenn er selbst also der angesprochenen Trivialität Hemmnisse entgegensetzt. Meine Texte sind zwei bekannte Romane von Stendhal, und meine theoretische Referenz ist der von Michel Foucault für solche Fragestellungen eingeführte Begriff der Heterotopie.

1. Zu Foucaults Heterotopie-Konzept

Es ist nicht erwartbar, dass jedermann weiß, was eine Heterotopie ist. Wenn man googelt, findet man als erste Lieferung bei Wikipedia einen medizinischen Begriff:

> Heterotopie bedeutet in der Medizin funktionelles, also korrekt gebildetes und funktionierendes Gewebe, das sich nicht an der anatomisch üblichen Lokalisation befindet. Beispiele sind Teratome, Nebenschilddrüsengewebe im Mediastinum oder Milzgewebe in der Bauchhöhle (so genannte Nebenmilz) aber auch Talgdrüsen wie die Fordyce-Drüsen (im Mund- und Genitalbereich).[1]

[1] Wikipedia, „Heterotopie (Medizin)", http://de.wikipedia.org/wiki/Heterotopie_(Medizin) (abgerufen am 26.01.2015).

Erst an zweiter Stelle folgt die in unserer Disziplin inzwischen bekanntere Definition:

Heterotopie (aus gr. *hetero* [anders] und *topos* [Ort]) ist ein von Michel Foucault in einer frühen Phase (1967) seiner Philosophie kurzzeitig verwendeter Begriff für Räume bzw. Orte und ihre ordnungssystematische Bedeutung, die die zu einer Zeit vorgegebenen Normen nur zum Teil oder nicht vollständig umgesetzt haben oder die nach eigenen Regeln funktionieren. Foucault nimmt an, dass es Räume gibt, die in besonderer Weise gesellschaftliche Verhältnisse reflektieren, indem sie sie repräsentieren, negieren oder umkehren.[2]

Das klingt vertrauter, beginnt doch dieser wissenssoziologische Begriff Foucaults inzwischen auch in einer kulturwissenschaftlich sich verstehenden Literaturwissenschaft heimisch zu werden. Bevor ich näher auf ihn eingehe, will ich kurz die Frage beantworten, weshalb sich gerade Foucault für Räume und dann noch speziell für ‚andere Räume' interessiert. Wir kennen ihn ja vor allem als Historiker, der sich mit der Geschichte von Wissensformationen, von Wissensdiskursen befasst und diese Geschichte immer auch räumlich, als Geschichte von Zeiträumen begreift. Sodann hat Foucault das Wissen stets auch unter dem Aspekt der Macht gesehen. Wissen ist Macht für diejenigen, die darüber verfügen und diese Macht sichern wollen gegen Rivalen. Solche Macht aber verbindet sich immer mit bestimmten Räumen, mit Räumen der Wissensgenese, mit den Institutionen seiner Produktion und mit den Territorien seiner Geltung. Der Titel eines Interviews über die Basiskategorien seines Denkens aus dem Jahre 1982 lautet denn auch: „Espace, savoir et pouvoir".[3]

Und damit ist man bereits auch bei den Heterotopien. Um sie geht es 1967 in einem Vortrag auf einem Architektenkongress, erschienen 1984 unter dem Titel „Des espaces autres"[4], ‚andere' Räume. Unsere vertrauten räumlichen Organisationen sind Baumdiagramme, Serien, Vernetzungen. Was damit erfasst wird, ist ein gegebener sozialkultureller Innenraum, der „espace du dedans". Daneben aber gibt es auch Außenräume, „des espaces du dehors", und das sind die „espaces autres", die Heterotopien. Zwar können sie ihren realen Ort haben im Innenraum, zugleich aber grenzen sie sich in je spezifischer Weise aus diesem Innenraum aus als „contre-emplacements", Gegenplatzierungen, Widerlager, Infragestellungen des sie umgebenden Innenraums:

[2] Wikipedia, „Heterotopie (Geisteswissenschaft)", http://de.wikipedia.org/wiki/Heterotopie_(Geisteswissenschaft) (abgerufen am 26.01.2015).

[3] Michel Foucault, *Dits et écrits*, 4 Bde., hg. v. Daniel Defert u. François Ewald, Paris 1994, Bd. 4, 270–285. Nach dieser Ausgabe zitiere ich Foucault mit Band und Seitenzahl.

[4] Foucault, *Dits et écrits*, Bd. 4, 752–762.

Altenheime, Hospize markieren die Schwelle zum Tod.
Psychiatrische Kliniken markieren die Schwelle zum Wahnsinn.
Gefängnisse sperren die sozial Unerträglichen oder als solche Geltende weg.
Friedhöfe können im Ortszentrum angelegt sein, ebenso aber auch, bei veränderter Einstellung zu Krankheit und Tod, an der Peripherie.
Museen, Bibliotheken bewahren die Kulturgüter vor der Vergänglichkeit.
Jahrmärkte perpetuieren ursprünglich kultische Feste.
Feriendörfer lassen den Besucher in wenigen Wochen Jahrhunderte der Menschheitsgeschichte durchlaufen.
Bordelle, Motels fungieren als Zufluchtsstätten gesellschaftlich ausgegrenzter Sexualität.
Religiöse Kolonien der frühen Neuzeit faszinieren mit ihrem streng geregelten Tagesprogramm.

Und schließlich erwähnt Foucault noch *Schiffe*, mit denen man diese Kolonien erreichte. Vom 16. Jahrhundert bis in unsere Zeit, so Foucaults ebenso überraschender wie effektvoller Schluss, ist das Schiff ein „schaukelndes Stück Raum", ein „Ort ohne Ort", das größte Imaginationsarsenal, „la plus grande réserve de l'imagination. Le navire, c'est l'hétérotopie par excellence"[5], das Schiff ist die Heterotopie schlechthin.

Hier schweigt der Wissenssoziologe Foucault, fast als gäbe er den Stab ab an den Literaturwissenschaftler, dem ja schon bei der Nennung der einzelnen Beispiele seines Katalogs aufgefallen ist, wie oft sich auch die Literatur ihrer angenommen hat. Ich möchte das ausdrücklich machen und von literarischen Heterotopien sprechen. Literatur hat eine Tendenz zur Sprengung der Trias von Raum, Wissen und Macht. Sie imaginiert Gegenplatzierungen zu gegebenen Ordnungs- und Machtstrukturen einer gesellschaftlichen Formation, sie verweist auf Defizite dieser Ordnung, auf Verdrängtes, modelliert ‚andere Räume' als bessere oder auch, mit kritischem Gestus, schlechtere Alternativen. Das sah und wusste natürlich auch Foucault, der als Wissenssoziologe in fast zwei Dritteln seines Gesamtwerks auf Literatur und Kunst zurückgegriffen, seine Thesen an ihnen exemplifiziert hat, und das zeigt sich geradezu überdeutlich am Finale des Heterotopie-Vortrags mit dem Schiff als Imaginationsapotheose. Offenbar transportieren all seine Beispiele ein hohes Reizpotential für die Phantasie. Das verleiht ihnen einen utopischen Impetus. Aber dieser utopische Impetus bleibt an die reale Ebene der Heterotopie gebunden. Utopien sind ortlos, „des emplacements sans lieu réel", Heterotopien hingegen sind zwar häufig getragen von einem utopischen Impetus, bleiben aber der Wirklichkeit enger verbunden. Sie sind utopieähnliche Gegenplatzierungen, „contre-emplacements",

[5] Foucault, *Dits et écrits*, Bd. 4, 762.

sortes d'utopies effectivement réalisées, dans lesquelles les emplacements réels, tous les autres emplacements réels que l'on peut trouver à l'intérieur de la culture sont à la fois représentés, contestés et inversés, des sortes de lieux qui sont hors de tous les lieux, bien que pourtant ils soient effectivement localisables.[6]

[tatsächlich realisierte Utopien, in denen die wirklichen Plätze innerhalb der Kultur gleichzeitig repräsentiert, bestritten und gewendet sind, gewissermaßen Orte außerhalb aller Orte, wiewohl sie tatsächlich geortet werden können.][7]

2. Literarische Heterotopien

Nun kann man diesen Dreischritt von Repräsentation, Kontestation und Inversion natürlich auch fiktional inszenieren, und dann wären wir bei literarischen Heterotopien.[8] Von dieser Möglichkeit spricht Foucault nicht ausdrücklich, wohl aber implizit mit dem abschließenden Beispiel des Schiffs und der damit verbundenen Imaginationsapotheose. Und diese Inszenierung ist natürlich nicht an die Beispiele seines Katalogs gebunden. In der Tat wecken ja all diese Beispiele schnell auch Erinnerungen an Erzählungen, in denen ihnen zentrale Bedeutung zukommt. Aber dabei gilt es gleich zu betonen, dass Literatur bei entsprechender Disposition des imaginierenden Subjekts im Prinzip jede intensiv erfahrene Homotopie zu einem ‚anderen Raum' transformieren, ihn zur Heterotopie modellieren kann. Der Begriff der Muße fällt bei Foucault selbst nicht. Mir scheint aber eine Affinität unübersehbar, zumal dann, wenn Heterotopien Gegenstand literarischer Inszenierung werden.

Der Baudelaire'sche Flaneur etwa kann inmitten der Großstadtmenge gleichsam aus eben dieser Menge austreten und mit Muße über ihre Hektik reflektieren, so in dem bekannten Prosagedicht *Les Foules*, wo die „foule affairée" der Boulevards in der Perspektive eines „promeneur solitaire et pensif" erscheint.[9] In der Nachfolge Baudelaires steht Jacques Réda, der in unseren Tagen ebenfalls Parisszenerien zu heterotopen Erfahrungen ästhetisiert, so z. B. in *D'une rive à l'autre*, einer Passage durch Paris, wo sich gerade am Beispiel von Saint Sulpice, also einer Kirche, die in Foucaults Katalog merkwürdigerweise nicht erscheint, der Übergang vom ‚Anderen' traditionell religiöser Er-

---

6 Foucault, *Dits et écrits*, Bd. 4, 755–756.

7 Deutsche Übersetzung von Walter Seitter: Michel Foucault, „Andere Räume", in: Karlheinz Barck (Hg.), *Aisthesis. Wahrnehmung heute oder Perspektiven einer anderen Ästhetik. Essais*, 6. Aufl., Leipzig 1990, 34–46, 39.

8 Siehe hierzu meine ausführliche Aufnahme und Fortführung Foucault'scher Vorgaben in Rainer Warning, *Heterotopien als Räume ästhetischer Erfahrung*, München/Paderborn 2009, insbesondere die Einleitung „Heterotopie und Epiphanie", 12–41.

9 Charles Baudelaire, „Le Spleen de Paris", in: *Œuvres complètes*, 2 Bde., hg. v. Claude Pichois, Paris 1975/76, Bd. 1, 273–374, 291.

fahrung zum ‚Anderen' eines Raums der Muße zeigen ließe.[10] Aber nun zu Stendhals Gefängnissen.

3. *Le Rouge et le Noir*

Stendhals *Le Rouge et le Noir* ist 1830 erschienen und versehen mit dem Untertitel *Chronique du XIXe siècle*.[11] Die Handlung spielt denn auch im nachnapoleonischen Frankreich, im Frankreich der Restauration, und der Protagonist ist, wie in vielen Romanen Balzacs, ein ehrgeiziger Aufsteiger. Er heißt Julien Sorel, ist der Sohn eines kleinen Sägewerkbesitzers in Verrières, gelegen im Tal des Doubs. Heimlich verehrt er Napoleon, und so spielt er den Heuchler, denn nur wer seinen napoleonischen Ehrgeiz verbirgt, kann im restaurativen Königreich Karriere machen. Juliens erste Station ist die eines Hauslehrers beim Bürgermeister von Verrières, M. de Rênal. Er verliebt sich in dessen Frau, die seine Avancen duldet und erwidert. Abends, beim familiären Beisammensein im Garten von Vergy, dem Landsitz der Rênals, im Dunkel einer großen Linde, suchen und finden sich die Hände der beiden hinter dem Rücken des Gehörnten. Mme de Rênal überlässt sich wie träumerisch dem Gefühl, genießt den Abend unter der Linde als einen ‚anderen Raum', der sie zusammenführt mit dem auch von ihr heimlich begehrten Hauslehrer.[12] Aber die Heterotopie bleibt hier noch an ihre Perspektive gebunden. Der Hauslehrer ist noch nicht so weit. Er genießt das Spiel der Hände als ersten Sieg seines sozialen Ehrgeizes, er bleibt vorerst noch ein Don Juan. Sobald man sich getrennt hat, liest er heimlich wieder im *Mémorial de Sainte-Hélène*, am liebsten in einer kleinen Grotte hoch droben im Jura[13], wiederum eine potentielle Heterotopie, die er aber nicht als solche genießt, sondern als Rückzugsort für seine Schlachtpläne dort unten in Verrières. Und damit kommt er voran, der Gegner oder genauer die Gegnerin fällt, aber Julien zögert nicht, schon bald darauf Verrières Ade zu sagen, um in Paris die Stelle

---

10 Zu einem *close reading* von Réda siehe Rainer Warning, „Eine Pariser Passage: Rédas *D'une rive à l'autre*. Un jardin – Une église – Un pont – Un passage", in: Warning, *Heterotopien als Räume ästhetischer Erfahrung*, München/Paderborn 2009, 278–286.

11 Ich zitiere Stendhals Romane nach den Ausgaben in der Reihe *Classiques Garnier*: Stendhal, *Le Rouge et le Noir. Chronique du XIXe siècle*, hg. v. Henri Martineau, Paris 1960 und Stendhal, *La Chartreuse de Parme*, hg. v. Antoine Adam, Paris 1973. Die deutschen Übersetzungen zitiere ich nach den noch immer nicht überholten von Walter Widmer, die im Winkler-Verlag erschienen sind: Stendhal, *Rot und Schwarz. Chronik aus dem Jahre 1830*, übers. v. Walter Widmer, 9. Aufl., München 1992 (Nachwort, Anmerkungen, Zeittafel und Literaturhinweise v. Rainer Warning); sowie Stendhal, *Die Kartause von Parma*, übers. v. Walter Widmer, München 1988 (Nachwort, Anmerkungen, Zeittafel und Literaturhinweise v. Rainer Warning).

12 Vgl. Stendhal, *Le Rouge et le Noir*, 50, 65, 78.

13 Vgl. Stendhal, *Le Rouge et le Noir*, 72.

eines Sekretärs bei dem Altadligen Marquis de la Mole anzutreten, die ihm ein ihm wohlgesonnener Abt vermittelt hat. Der Marquis kann seinen Stammbaum bis in die Renaissance zurückführen zu einem Boniface de la Mole, der wegen Aufruhrs hingerichtet wurde. Er hat eine Tochter, Mathilde de la Mole, die den Todestag des hehren Vorfahren alljährlich in Trauerkleidung begeht, was Julien, wie erwartbar, fasziniert. Sekretär und Haustochter verlieben sich, wobei nun der heimliche Rollenspieler ebenfalls auf eine Rollenspielerin trifft, die ihre Rolle indes mit Stolz zur Schau stellt.[14] Auch hier ist Julien schnell erfolgreich, Mathilde ist bald schwanger, man beschließt die Heirat, zu der es aber nicht kommt. Denn Mme de Rênal hat unter dem Einfluss ihres Beichtvaters Julien brieflich als einen Ehrgeizling denunziert, Julien ist außer sich, reitet noch in einer einzigen Nacht wie besinnungslos zurück von Paris nach Verrières, trifft auf Mme de Rênal während der Messe und schießt auf sie mit gleich zwei Revolverschüssen bei der Elevatio. Die Schüsse sind nicht tödlich, Julien aber wird von einem extrem restaurativ besetzten Schöffengericht wegen versuchten Mords zum Tode verurteilt und ins Gefängnis überführt, in den Donjon von Besançon.

Da hätten wir es also, das Gefängnis und also eine Heterotopie. Stendhal aber modelliert sie nicht als, mit Foucault gesprochen, Deviationsheterotopie, also als eine Gegenplatzierung, die den Verletzer gesetzlicher Normativität wegsperrt, sondern als Inversion dieser Inversion, also, wiederum mit Foucault, als Kompensationsheterotopie. Für Julien nämlich wird erst der Gefängnisaufenthalt zu einer Zeit der Selbstfindung jenseits des erloschenen Ehrgeizes. Fast täglich besuchen ihn Mme de Rênal und Mathilde de la Mole. Beide Frauen suchen ihre Beziehungen zugunsten des Geliebten einzusetzen, zunächst in den drei Monaten bis zum Prozess, erst recht in den wenigen Tagen bis zur Hinrichtung. Die ganze Zeit steht damit im Zeichen einer vor allem von Mathilde in Gang gehaltenen Betriebsamkeit, die Julien aber eher dessen beraubt, was er am meisten sucht: Ruhe für seine Meditationen und erinnerungsgesättigten *rêveries*, und die findet er in den Stunden des Beisammenseins mit Mme de Rênal. Je größer die Hektik draußen wird, desto zeitvergessener gibt sich Julien in seinem Kerkerloch diesen Meditationen und Träumereien hin. Im Freiburger SFB-Projekt über die Muße heißt es, Muße sei dem Geschwindigkeitsparadigma vorgelagert. Das scheint mir insofern missverständlich, als es bei den Inszenierungen von Räumen der Muße allemal um Zeiträume geht, was der Prospekt andernorts ja auch betont mit den Begriffen der „Gelassenheit", des „Verweilens" oder mit Blumenbergs schöner Formel eines „freigesetzten Zeitspielraums unbestimmter Erfüllungen".[15] In

---

[14] Zu den diversen Facetten und ihren jeweiligen Funktionalisierungen, insbesondere auch ihren komischen, siehe ausführlich Rainer Warning, „Gespräch und Aufrichtigkeit. Repräsentierendes und historisches Bewußtsein bei Stendhal", in: Karlheinz Stierle/Rainer Warning (Hg.), *Das Gespräch*, München 1984, 425–466.

[15] Hans Blumenberg, *Lebenszeit und Weltzeit*, Frankfurt a. M. 1986, 391.

Stendhals Roman ist diese Gegenläufigkeit von Beschleunigung draußen und Entschleunigung drinnen konstitutives Merkmal der Inszenierung des Gefängnisses als eines Zeitraums der Muße. Je näher das Ende rückt, desto erfüllter erfährt Julien die Kürze, die zweimonatige Frist bis zur Hinrichtung verliert alle Fristfixierung: „Deux mois, c'est bien des jours"[16] – [„Zwei Monate, das sind so viele Tage"[17]]. Und als der Tag der Hinrichtung gekommen ist, scheint Julien das Fallbeil gar nicht zu bemerken, gehen doch seine Gedanken zurück zu den Abenden in Vergy unter der großen Linde:

> Jamais cette tête n'avait été aussi poétique qu'au moment où elle allait tomber. Les plus doux moments qu'il avait trouvés jadis dans les bois de Vergy revenaient en foule à sa pensée et avec une extrême énergie. Tout se passa simplement, convenablement, et de sa part avec une extrême énergie.[18]

> [Nie war dieser Kopf so voll Poesie gewesen wie jetzt da er fallen sollte. Die schönsten Augenblicke, die er damals in den Wäldern von Vergy erlebt hatte, traten in Fülle vor seine Seele und wurden wieder in ihm lebendig. Alles vollzog sich ganz schlicht, wie erwartbar, und seinerseits mit einer außerordentlichen Energie.][19]

Damit ist das Gefängnis zum Ort einer Erinnerung geworden, die alles Rollenspiel, alle Maskerade bis hinauf zum Schafott getilgt hat. Juliens letzte Lebenstage werden mit Muße ausgekostet.

Was der Text gezielt verschweigt, ist die Tatsache, dass Julien aus Mathildens Perspektive mit seiner Hinrichtung die ihres Urahns Boniface de la Mole wiederholt, fast wie das *implementum* einer *figura*. Julien hatte als letzten Wunsch Mme de Rênal gebeten, weiterzuleben und sich auch um den Sohn Mathildens zu kümmern. Seinem Freund Fouqué hatte er das Versprechen abgenommen, am Tag der Hinrichtung beide Frauen zu entführen und ihn selbst zu bestatten in seiner kleinen Grotte, wo er Ruhe finden wollte. So wird die Grotte in der Rückschau zu einer Heterotopie der Muße: „J'aimerais assez à reposer, puisque reposer est le mot, dans cette petite grotte de la grande montagne qui domine Verrières."[20] – [„Ich möchte gern in jener kleinen Grotte ruhen – ja, ruhen ist das rechte Wort – dort oben in den Bergen oberhalb Verrières."[21]] Der Wunsch geht in Erfüllung, aber nicht ganz so, wie erwartet. Noch in der Kerkerzelle gesellt sich Mathilde de la Mole zu dem trauernden Fouqué, sie erbittet von den Henkern Juliens das Haupt, enthüllt es auf einem kleinen Marmortisch und küsst dem Toten die Stirn. Und als am folgenden Morgen eine große Priesterschar den Sarg hinauf zur Grotte führt, begleitet ihn heimlich in einem verhangenen Wa-

---

16 Stendhal, *Le Rouge et le Noir*, 492.
17 Stendhal, *Rot und Schwarz*, 593.
18 Stendhal, *Le Rouge et le Noir*, 506.
19 Stendhal, *Rot und Schwarz*, 611.
20 Stendhal, *Le Rouge et le Noir*, 506.
21 Stendhal, *Rot und Schwarz*, 611.

gen Mathilde, mit dem Kopf Juliens auf ihrem Schoß. In der Grotte angekommen, inszenieren zwanzig Priester im Schein unzähliger Kerzen einen renaissancehaften Totenkult, und wenig später lässt Mathilde sie schmücken mit feinstem Marmor, der eigens aus Italien herbeigeschafft wurde. So mündet die Gefängnisheterotopie in einen Ort, der die drei Protagonisten in romantischer Ruhe vereint: Julien, Mathilde de la Mole und Mme de Rênal, die Julien drei Tage nach seinem Tod nachstirbt, in den Armen ihrer Kinder.

4. *La Chartreuse de Parme*

Dass *Le Rouge et le Noir* mit feinstem Marmor aus Italien endet, ist alles andere als beiläufig. Italien nämlich war das Sehnsuchtsland Stendhals, und die *Chartreuse de Parme*, so hat es der französische Kritiker Jean Prévost einmal formuliert, sei das imaginäre Kind, das Stendhal mit seiner Geliebten Italien gezeugt habe.[22] Was er an Italien liebte, waren die Schönheit seiner Landschaften, die Leidenschaftlichkeit seiner Bewohner, die er als das Erbe renaissancehaften Heroismus bewunderte, und der unerschöpfliche Reichtum an Kunstschätzen. Daher greift jede Lesung zu kurz, die in der *Chartreuse* ein italienisches Pendant zu *Le Rouge et le Noir* sehen will. Die *Chartreuse* entstand Ende 1838, vier Jahre vor Stendhals Tod. Am 4. November begann er, sie seinem Schreibgehilfen in die Feder zu diktieren, am 26. Dezember schon konnte er das Manuskript abliefern, über fünfhundert Seiten in gut sieben Wochen. Hinter einer solchen Genese darf man eine besondere Passion vermuten, und das ist wesentlich eine italienische Passion. Gewiss, die Handlung spielt im Italien der Metternich'schen Restauration, ihr Held Fabrice del Dongo ist, wie Julien Sorel, ein Napoleonverehrer, der mit seinen Umtrieben den Hass der Reaktion auf sich zieht und in ein Gefängnis gesperrt wird, aus dem er aber wieder herauskommt, um seine Karriere bis zum Erzbischof fortzusetzen. Die Handlung ist märchenhaft unwahrscheinlich und lässt allein damit schon erkennen, dass Stendhal hier nicht mehr in zeitkritischer Mimesis den Wirklichkeitsbezug sucht, sondern aus anderen Quellen schöpft. Er erwarb für echt gehaltene Manuskripte novellesker Art über renaissancehafte Liebesleidenschaft mit Kerkerhaft und Giftmord, die sich zwar als unecht erwiesen, ihn aber immerhin zu seinen *Chroniques italiennes* inspirierten, und eine dieser Novellen über die *Origine delle grandezze della famiglia Farnese* kehrt denn auch, romanhaft angereichert, in der *Chartreuse* wieder.

So wird die Handlung mit der Metternich'schen Restauration in die Gegenwart geholt, mit der renaissancehaften Einfärbung aber zugleich auch wieder zeitlich distanziert, und was mit dieser Distanz einhergeht, ja sie recht eigentlich

---

22 Jean Prévost, *La Création chez Stendhal* (1951), Paris 1974, 440: „C'est l'enfant imaginaire que Stendhal a fait à sa maîtresse l'Italie".

zur Wahrnehmung bringt, ist die räumliche Distanz. Das bewirkt beim Leser eine spezifisch lustvolle Unbestimmtheit, geradezu die Verunmöglichung zeitkritisch-referenzieller Lesung zugunsten einer allen Ernst dominierenden Heiterkeit, der Versetzung in ein imaginäres Gebilde, in einen ‚anderen Raum', ganz Italien also als Heterotopie. Über fünfhundert Seiten in sieben Wochen, das kann und soll auch gar nicht sorgfältig durchstrukturiert sein. Stendhal schreibt improvisierend, die Ereignisse überstürzen sich, das Geschehen soll nicht als gut konstruierte Geschichte wahrgenommen werden, sondern als sich überschlagende Sequenzen unwahrscheinlich-komischer Episoden. Man darf die *Chartreuse* daher auch nicht resümierend wiedergeben wollen, sondern muss dem Episodischen ihrer komischen Brechungen gerecht werden, weil nur so das Andere dieser Heterotopie erfahrbar wird. Stendhal sucht die komische Brechung nicht, weil er Komödie schreiben will, sondern weil er der Ansicht war, dass das Publikum im 19. Jahrhundert nicht mehr mit Tränen zur Rührung zu bringen sei, sondern mit dem Lachen, einem Mitlachen wie in der *opera buffa*.[23] Komische Opern, am liebsten von Cimarosa, hatte er in Mailand nicht genug besuchen können. In der *Chartreuse* erscheint das Hofleben von Parma als eine einzige *commedia dell'arte*.

Der Held der *Chartreuse*, Fabrice del Dongo, entstammt einem degenerierten Adelsgeschlecht, sein wirklicher Vater ist vermutlich ein Lieutenant Robert, der 1796, als Napoleon in Oberitalien einzog, im Hause del Dongo einquartiert war. Fabrice wurde 1796 geboren. 1815 kommt Napoleon auf seiner triumphalischen Rückkehr von Elba neuerlich durch Mailand. Fabrice verlässt gegen den väterlichen Willen das elterliche Haus, um sich der Armee seines Idols anzuschließen, was ihn indes schnell nach Waterloo führt. Hier ist das autobiographische Substrat unübersehbar, schloss sich doch auch Stendhal selbst in Mailand der Armee Napoleons an, mit der er ganz Europa durchquerte, bis zum katastrophalen Ende in Waterloo. Unser Roman beginnt mit der Schlacht von Waterloo, aber Stendhal verleiht Fabrice hier bereits die Maske des Märchenhelden. Im Umgang mit dem Gewehr noch völlig unerfahren, überlebt er das Getümmel im bergenden Schutz des Wagens einer Marketenderin. Fabrice ist also ein Bastard, ein Verbotsübertreter und märchenhaft geschützter Krieger, eine Kumulation fiktional beliebter Motive bis hin zum bergenden Schutz im Wagen der Marketenderin, eine Art Miniheterotopie, die den bergenden Raum intrauteriner Geborgenheit assoziieren lässt, weshalb ich hier und bei den folgenden Beispielen von erotischen Heterotopien sprechen möchte. Gleich eine weitere folgt mit dem väterlichen Schloss am Comer See, wo Fabrice Unterschlupf sucht:

Fabrice s'arrangea de façon à n'arriver au château que vers minuit; à cette heure, son père et tous les valets de chambre portant de la poudre étaient couchés depuis longtemps. Il descendit sans peine dans le fossé profond et pénétra dans le château par la petite fenêtre

[23] Siehe Warning, „Gespräch und Aufrichtigkeit", 462.

d'une cave: c'est là qu'il était attendu par sa mère et sa tante: bientôt ses sœurs accoururent. Les transports de tendresse et les larmes se succédèrent pendant longtemps[24]

[Fabrizio richtete es so ein, daß er erst um die Mitternachtsstunde im Schloß anlangte. Um diese Zeit waren sein Vater und alle pudertragenden Kammerdiener längst schon zu Bett gegangen. Mühelos kletterte er den tiefen Burggraben hinunter und schlüpfte durch ein kleines Kellerloch ins Innere. Im Keller erwarteten ihn seine Mutter und seine Tante. Es dauerte nicht lange, so kamen auch seine Schwestern herbeigeeilt. Zärtlichkeitsausbrüche und Ströme von Tränen folgten geraume Zeit aufeinander][25]

Die diskret anzitierte und gerade darin erotisierte intrauterine Regression führt zurück in die Geborgenheit von Mutter und Tante Gina, eine Gräfin Pietranera. Beide können Fabrice mit einem Säckchen Diamanten als dem Nötigsten ausstatten, Gina ist ihm auch anderweitig zugetan, was Fabrice aber nicht erwidern kann. Am Hof zu Parma heiratet sie den Herzog Sanseverina und tut sich nach dessen Tod mit dem Grafen Mosca zusammen, eine politische Allianz, die sie nutzt, um Fabrice einen Weg zum Koadjutor des Erzbischofs mit Nachfolgeaussicht zu bereiten, aber der hat vorerst andere Interessen. Er verliebt sich in die Schauspielerin Marietta und ersticht deren eifersüchtigen Verehrer Giletti, flieht durch die ganze Lombardei hindurch, von Gina immer noch rechtzeitig mit gefälschten Pässen versorgt, wird dann aber doch zum Tode verurteilt, auf dem Weg nach Parma verhaftet und in das Zitadellengefängnis überstellt, in die Tour Farnèse, die es unter diesem Namen nie gegeben hat.

Halten wir hier kurz ein zu einem Rückblick auf *Le Rouge et le Noir.* Leicht erkennbar sind die Parallelen: Der Held als Napoleonverehrer, Gina als Reprise von Mathilde de la Mole, Clélia Conti, ein hübsches junges Mädchen, das er am Comer See nur flüchtig hatte kennenlernen können und das, wie wir sogleich sehen werden, die Stelle von Mme de Rênal besetzt, das Ganze aber von vornherein inszeniert in einem ‚anderen Raum', in einem renaissancehaft verklärten Italien. Man kann also erwarten, dass auch der Gefängnisaufenthalt entsprechend gefärbt ist, als eine Heterotopie gleichsam zweiten Grades, eingelassen in die umfassende Heterotopie Italien.

Dieser Gefängnisaufenthalt beginnt mit jener uns bereits vertrauten Gegenläufigkeit zwischen der Zeit draußen und der Zeit drinnen. Am Hofe jagt eine Intrige die andere, bald steht es zu Fabrices Gunsten, bald wird es eng, eine Hektik, die an Mathilde de la Mole erinnert. In der Zitadelle jedoch tut sich anderes: die Liebe auf Distanz von Fabrice und Clélia Conti, der Tochter des Gefängniswärters, die wir schon flüchtig kennen von der Zufallsbegegnung am Comer See. Und diese Zufallsbegegnung wird nun ausgeschrieben zum poetisch-poetologischen Zentrum des Romans, seiner zentralen erotischen Heterotopie. Der

---

[24] Stendhal, *La Chartreuse de Parme*, 85–86.
[25] Stendhal, *Die Kartause von Parma*, 97–98.

Gefängnisaufenthalt beträgt nicht zufällig „neuf mois“[26], „neun Monate“[27] also, in denen Clélia ihren geliebten Gefangenen gleichsam austrägt. Inszeniert wird mit dieser Symbolzahl somit wieder eine ‚Entschleunigung‘, die einhergeht mit einer ‚Verräumlichung‘. Fabrices Zelle liegt in der zweiten Etage. Die erste Etage des Nachbargebäudes bewohnt die Familie Conti. Clélia besitzt eine der Wohnung balkonartig vorgelagerte Voliere, und hier füttert sie täglich ihre Vögel. Um Blickkontakte zu verhindern, hat man Fabrices Gitterfenster zusätzlich noch mit Holz verschlagen, aber irgendwie praktiziert er ein kleines Loch in die Verschalung, er bekommt Clélia bei ihrer allmorgendlichen Vogelfütterung zu sehen, sie schickt ihm ängstlich-eifersüchtige Blicke hinauf, weiß sie doch, dass sie in der Sanseverina eine Rivalin am Hofe hat und dass der Vater bereits eine Hochzeit mit dem Fürsten Crescenzi zu arrangieren im Begriff ist. Reden können die beiden nicht miteinander, aber da ist zum Glück ein Clavecin, auf dem Clélia mit dem Rezitativ aus irgendeiner Oper Warnungen nach oben schicken kann, denn Gerüchte um einen geplanten Giftmord haben die Runde gemacht. Fabrice findet ein Stück Kohle in seinem Ofen, schreibt auf seine Handfläche sukzessiv eine Reihe von Buchstaben, in der Clélia eine Liebeserklärung entziffert, nach dem Blickkontakt ist dies also der erste schriftliche, natürlich völlig unwahrscheinliche. Aber das lässt sich verbessern. Fabrice kann einen aus Wäsche geknüpften Faden herunterlassen, wiederum mit einer Liebeserklärung und der Bitte um Papier und Schreibgerät. Clélia schickt gleich ganze Papierrollen mit Bleistift hinauf, und wiederum einer Warnung vor möglicherweise vergifteter Nahrung, weshalb sie reichlich Schokolade beigibt, immer wieder Schokolade. Und die wirkt denn auch, Fabrice kann jetzt endlos lange Briefe schreiben, Clélia reißt Seiten aus einem Buch heraus und malt große Buchstaben darauf, sie schickt ihm ein nagelneues Brevier, dessen Ränder sie mit Warnungen vollkritzelt, Fabrice reißt Seiten aus diesem Brevier heraus und fertigt damit gleich mehrere Alphabete an, Clélia überbietet ihn mit einem in herrlicher Tinte angefertigten, und so kommt es jeden Morgen und fast jeden Abend zu einer langen „conversation par les alphabets“[28], einem „langen Zwiegespräch mit Hilfe des Alphabets“[29]. Mündlichkeit bleibt zurück hinter einer Schriftlichkeit, die sich als solche ausstellt. Die Alphabete sind fern von einem situationsbedingten Behelf. Sie werden liebevoll gesucht, hergestellt und bejaht. Keineswegs wird ja auch die Umständlichkeit von den Verliebten als lästig empfunden, im Gegenteil, gerade die Distanz schafft Intimität: „Le ton de la conversation était intime, et quelquefois fort gai, entre Célia et lui.“[30] – [„Der Ton, der in seinen Zwiesprachen mit Clélia vorherrschte,

[26] Stendhal, *La Chartreuse de Parme*, 407.
[27] Stendhal, *Die Kartause von Parma*, 457.
[28] Stendhal, *La Chartreuse de Parme*, 356.
[29] Stendhal, *Die Kartause von Parma*, 401.
[30] Stendhal, *La Chartreuse de Parme*, 357.

war vertraulich und freundschaftlich, zuweilen sogar recht ausgelassen."[31]] Das scheint nicht zu stimmen, denn am Vorabend der erzwungenen Verheiratung Clélias kommt es zu einem heimlichen Treffen in der schwarzen Marmorkapelle des Gefängnisses, und hier, wo ihr der Geliebte *face to face* gegenübersteht und Distanz also getilgt ist, heißt es, Fabizio sei „éperdument amoureux". Aber dieses „éperdument" ist ironieverdächtig, wie denn auch am Ende Clélias Redestrom vom Erzähler deutlich ironisiert wird als ein schöner „discours historique"[32], eine „Rede, die einem Geschichtsschreiber alle Ehre gemacht hätte"[33].

Stendhal war ein Graphomane, ein Liebhaber der indirekten Kommunikation, er weicht, wo immer er kann, aus in die indirekte Mitteilung, er fasst künstliche Kommunikation auf als Inbegriff der künstlerischen. Das wurde in *Le Rouge et le Noir* noch nicht so deutlich. Zwar war auch Juliens Rollenspiel eine Maskerade, aber eine dargestellte. Daran ändert auch nichts die Ironie, mit der die Liebesgeschichte Juliens mit Mme de Rênal auf komische Distanz gebracht wird, bei den Abendszenen unter der Linde in Vergy wie in Verrières bei den nächtlichen Besuchen mittels umständlicher Arbeit mit der Leiter hinauf zu ihrem Fenster. Bei aller Komik bleiben wir in der Dimension der Mimesis einer zeitkritischen *Chronique du XIXe siècle*, und das gilt auch für den Gefängnisaufenthalt. Die Besuche Mme de Rênals bringen eine romantische Intimität ein, die nicht, wie jetzt in der *Chartreuse*, als eine inszenierte auf Distanz gebracht wird. Und so steht denn auch bei der Hinrichtung Juliens Energie angesichts des Fallbeils ganz in der Konsequenz seines napoleonisch inspirierten Heroentums. Von Blut ist nicht die Rede, weil Juliens Blut an den Händen seiner Richter klebt. Mit all dem wird der Schritt von *Le Rouge et le Noir* zur *Chartreuse* deutlich. Sie mag auf die Metternich'sche Restauration referieren, in ihrer Schreibweise aber substituiert sie mimetische Repräsentation durch eine selbstreferenzielle Maskerade. So machen gerade die Gefängnisepisoden beider Romane diese Differenz besonders deutlich. In *Le Rouge et le Noir* ist sie Stendhal noch nicht Anlass einer Überführung gesellschaftlich erzwungenen Rollenspiels in ein Rollenspiel der Darstellung, von dargestellter Maskerade zur Maskerade der Darstellung. Die Komik der Gefängnisepisode wird damit gleichsam zur *mise en abyme* des ganzen Romans. Die Alphabete zumal sind eine metapoetische Reflexion des Werks als eines geschriebenen, als einer Maskerade des Autors, der ja eigentlich Henri Beyle heißt, aber unter dem Pseudonym Stendhal lebte und schrieb, wobei Leben, Schreiben und lesende Rezeption des Geschriebenen als Einheit zu sehen sind. Die mimetische Unwahrscheinlichkeit, die Dysfunktionalität der „conversation par les alphabets" ist also positives Merkmal eines ‚Textraums', der vom Autor lustvoll inszeniert ist und vom Leser als Maskerade genossen werden will, und

[31] Stendhal, *Die Kartause von Parma*, 401–402.
[32] Stendhal, *La Chartreuse de Parme*, 373.
[33] Stendhal, *Die Kartause von Parma*, 420.

dies mit Muße. Muße setzt Distanz voraus, weil der Text nur dann mit Muße rezipiert werden kann, wenn er nicht, wie z. B. bei Balzac oder Zola, eine Wirklichkeitsillusion anstrebt, sondern wenn er sich als Text ausstellt, wenn er sich als Maskerade zeigt und als Maskerade zu einem mußevollen Mitspielen einlädt.

Und diese Möglichkeit bleibt der *Chartreuse* auch erhalten, wenn es nach der zentralen Gefängnisheterotopie weitergeht. Die Gerüchte um einen geplanten Giftmord in der Tour Farnèse zitieren das obligate Gift von Märchenerzählungen. Clélia fürchtet um den Geliebten, Fabrice selbst scheint von Angst gar nicht berührt. Von einem Schafott ist in der *Chartreuse* nirgends die Rede. Die Flucht aus der Tour Farnèse gelingt wiederum märchenhaft mit einer fast schon grotesken Abseilungsaktion, an der die Sanseverina mitzuwirken gesucht hat. Vorbereitet war auch sie mit einem Alphabet, aber einem anderen, dem aus Lichtsignalen, über die man viel gerätselt hat, über die der Text aber keinerlei nähere Auskunft gibt, außer der Rede von einem Alphabet „à la monaca".[34] Ich vermute dahinter einen wiederum komisch-komödienhaften Einfall Stendhals mit der Funktion, dem handschriftlichen Alphabet innerhalb des Gefängnisses eine diesem unterlegene, technisch-telegraphische Kommunikation zur Seite zu stellen, derer sich die Sanseverina bedient. Aber was auch immer sie für Fabrice tut, sie bleibt gegenüber Clélia die Unterlegene. Immerhin, und das ist nun Fortsetzung der Maskerade außerhalb des Gefängnisses, immerhin hat sie nach den Lichtsignalen auch das Personal gestellt für die Flucht per Abseilung, und als der Flüchtling dann doch verhaftet und abgeurteilt wird, erwirkt sie neuerlich seine Freilassung mit dem Preis einer körperlichen Hingabe an Fürst Ernesto V., die sie genau auf dreißig Minuten bemisst, um dann Parma auf immer zu verlassen. Für Fabrice aber hat sie den Weg zum Großvikar geöffnet, was nicht ausschließt, dass sich die schriftliche Kommunikation mit Clélia fortsetzt mittels Randglossen bei heimlichem Büchertausch oder indirekter Botschaften durch Petrarca-Sonette. Nicht unterbrochen ist auch das Spiel der Blicke bei Festlichkeiten zu Hofe oder bei Fabrices Predigten, die wohl nur deshalb massenhaften Zulauf finden, weil ihr heimlicher Adressat die in der Menge verborgene Clélia ist. Die Distanz zur Schriftlichkeit fällt erst mit der Einladung zum nächtlichen Wiedersehen am Tor zur Orangerie des Palazzo Crescenzi, also dort, wo Clélia jetzt mit dem ihr inzwischen wider Willen Angetrauten lebt. Bei der Hochzeit freilich hatte sie der Heiligen Jungfrau gelobt, Fabrice nie wiederzusehen: „jamais je ne vous reverrai"[35], [„Sie werde ich nie wiedersehen."[36]] Mit der Mitternachtsstunde wird dieses Gelübde also eingehalten, freilich um den Preis eines Ehebruchs, dazu noch im eigenen Haus: „Entre ici, ami de mon cœur"[37] – [„Tritt

[34] Vgl. Stendhal, *La Chartreuse de Parme*, 375, 422.
[35] Stendhal, *La Chartreuse de Parme*, 404.
[36] Stendhal, *Die Kartause von Parma*, 454.
[37] Stendhal, *La Chartreuse de Parme*, 530.

hier ein, herzliebster Freund."[38]] Im Manuskript hieß es noch „Di quà amico del cuore", womit Stendhal auch sprachlich die *italianità* wahren wollte. Was dann im Dunkel des Weiteren gesprochen wurde, erfahren wir nicht. Aber auch wenn die Liebenden einander nicht sehen, so vereinigen sie sich doch unter dem Blick eines Dritten. Stendhal nennt nicht seinen Namen, aber er rechnet offenbar mit Lesern, die wissen, worum es sich bei dem das Beilager bergenden Raum handelt: um die allen Kunstkennern vertraute und noch heute zu besichtigende Camera del Correggio, einen Kuppelbau des Klosters San Paolo, geziert mit Fresken Correggios. Auch wenn den beiden Liebenden diese Fresken im Dunkel der Nacht unsichtbar bleiben, so stiften sie doch die Aura dieser so subtil angelegten Heterotopie, einer wiederum erotischen Heterotopie, in der insgeheim Eros bereits von Thanatos beherrscht wird. Denn der hier gezeugte Sohn Sandrino stirbt im Alter von zwei Jahren, die Mutter stirbt ihm wenige Monate nach, und der Vater legt das erzbischöfliche Amt nieder, um sich zurückzuziehen in die Kartause von Parma, zwei Meilen von Sacca entfernt in den Wäldern des Po gelegen ist, wo er noch ein Jahr lebt, in einer gleichsam elliptischen Miniheterotopie, die dem umfassenden ‚Textraum' den Namen gegeben hat: *La Chartreuse de Parme.*

Les prisons de Parme étaient vides, le comte immensément riche, Ernest V adoré de ses sujets qui comparaient son gouvernement à celui des grands-ducs de Toscane.[39]

[Die Gefängnisse von Parma waren leer, der Graf Mosca unermesslich reich, Ernesto V. wurde von seinen Untertanen abgöttisch geliebt. Sie verglichen seine Regierung mit derjenigen der Großherzöge von Toskana.][40]

TO THE HAPPY FEW

Das ist das bekannte Schlussmotto des Romans, zum Topos geworden, und ich würde sagen, zum Topos für all diejenigen, die entsprechenden Mußeangeboten der Literatur gegenüber aufnahmebereit und dankbar sind. Denn wenn Stendhal Clélia Fabrice genau an die „petite porte qui porte le numéro 19, la rue Saint-Paul" bestellen lässt, so will er damit den *happy few* seiner Gemeinde diskret signalisieren, wie vertraut er selbst mit den Kunststätten Parmas war. Er suchte nicht die große Zahl, wohl wissend, dass inszenierte Lektüremuße nur diejenigen erreicht, die bereit sind, sich gerade auch auf solche Inszenierungen einzulassen.

[38] Stendhal, *Die Kartause von Parma*, 505.
[39] Stendhal, *La Chartreuse de Parme*, 537.
[40] Stendhal, *Die Kartause von Parma*, 602.

Literatur

Baudelaire, Charles, „Le Spleen de Paris", in: *Œuvres complètes*, 2 Bde., hg. v. Claude Pichois, Paris 1975/76.

Blumenberg, Hans, *Lebenszeit und Weltzeit*, Frankfurt a. M. 1986.

Foucault, Michel, „Andere Räume", in: Karlheinz Barck (Hg.), *Aisthesis. Wahrnehmung heute oder Perspektiven einer anderen Ästhetik. Essais*, 6. Aufl., Leipzig 1990, 34–46 (übers. v. Walter Seitter).

Foucault, Michel, *Dits et écrits*, 4 Bde., hg. v. Daniel Defert u. François Ewald, Paris 1994.

Prévost, Jean, *La Création chez Stendhal (1951)*, Paris 1974.

Stendhal, *Le Rouge et le Noir. Chronique du XIXe siècle*, hg. v. Henri Martineau, Paris 1960.

Stendhal, *La Chartreuse de Parme*, hg. v. Antoine Adam, Paris 1973.

Stendhal, *Die Kartause von Parma*, übers. v. Walter Widmer, München 1988 (Nachwort, Anmerkungen, Zeittafel und Literaturhinweise v. Rainer Warning).

Stendhal, *Rot und Schwarz. Chronik aus dem Jahre 1830*, übers. v. Walter Widmer, 9. Aufl., München 1992 (Nachwort, Anmerkungen, Zeittafel und Literaturhinweise v. Rainer Warning).

Warning, Rainer, „Gespräch und Aufrichtigkeit. Repräsentierendes und historisches Bewußtsein bei Stendhal", in: Karlheinz Stierle/Rainer Warning (Hg.), *Das Gespräch*, München 1984, 425–466.

Warning, Rainer, „Eine Pariser Passage: Rédas *D'une rive à l'autre*. Un jardin – Une église – Un pont – Un passage", in: Warning, *Heterotopien als Räume ästhetischer Erfahrung*, München/Paderborn 2009, 278–286.

Warning, Rainer, *Heterotopien als Räume ästhetischer Erfahrung*, München/Paderborn 2009.

Wikipedia, „Heterotopie (Geisteswissenschaft)", http://de.wikipedia.org/wiki/Heterotopie_(Geisteswissenschaft) (abgerufen am 26.01.2015).

Wikipedia, „Heterotopie (Medizin)", http://de.wikipedia.org/wiki/Heterotopie_(Medizin) (abgerufen am 26.01.2015).

Enzyklopädische Räume

Zur Gegenwart der Geschichte in Peter Zumthors Kolumba-Museum

Tobias Keiling / Thomas Jürgasch

Gegenstand der folgenden Überlegungen ist ein konkreter Mußeort, das Kolumba-Museum des Erzbistums Köln. Vom Schweizer Architekten Peter Zumthor gebaut und 2007 eröffnet, ist es für uns ein Ort besonderer Art: Museum für mittelalterliche und moderne Kunst, herausragende Architektur, inmitten der Stadt und doch abgeschieden, ein Ort mit Geschichte, ein religiöser Ort.

Deshalb bietet sich das Kolumba-Museum an, um über Formen der Muße nachzudenken, die hier möglich sind. Durch die Historie des Bauplatzes und die Kunst verschiedener Epochen ist zudem Geschichte hier in besonderer Weise präsent. Wenn Muße – der Etymologie folgend[1] – etwas mit „Freiraum" zu tun hat, dann ist das Kolumba ein Museumsfreiraum, in dem durch Architektur und Kunstwerke Geschichte in einer besonderen Weise erfahrbar wird. Sofern es sich um einen religiösen Ort und religiöse Kunst der christlichen Tradition handelt, begegnet Geschichte hier in dem Sinn, dass das Museum einen Ausschnitt aus der historisch gewachsenen Menge derjenigen Interpretationen präsentiert, die über die Zeiten im Anhalt an das Jesus-Ereignis entstanden sind. Diese Interpretationen als Reaktionen auf dieses Ereignis zu fassen, macht das Wesentliche dessen aus, was man als ‚Kirchengeschichte' ansehen kann. Das Museum zeigt jedoch nicht einfach einen Ausschnitt aus dieser Geschichte, sondern gibt als ein Ort, an dem diese Geschichte zugänglich wird, auch Anlass, über die Räumlichkeit von Geschichte nachdenken. Dabei kommt ihm, wie wir meinen, durchaus exemplarische Bedeutung zu.

Wenn man jene Orte aufsucht, an denen nicht nur historische Ereignisse ihren Ort hatten, sondern auch der Versuch gemacht wird, Geschichte durch die Ausstellung jener ästhetischen Objekte zu verstehen, an denen diese als interpretierte Geschichte erfahrbar wird, dann geht man davon aus, wie sich in konkreten Räumen etwas Abstraktes, zunächst Ungreifbares wie ‚die Geschichte' oder ‚die Kirche' in ihrer eigenen Historizität zeigt. Im Verstehen von Geschichte

---

[1] Jacob Grimm/Wilhelm Grimm, „Musze", in: *Wörterbuch der deutschen Sprache*, Leipzig 1885, 2771–2773.

gibt es sicherlich ein wesentliches Moment der Konstruktion, der Erzählung. Aber das Erzählen geschieht durch Praktiken des Verstehens, die sich an konkreten Orten und in Ausrichtung auf konkrete Objekte abspielen. Gerade weil Geschichte zu entdecken und zu erzählen ein Konstruktionsmoment beinhaltet, ist die Erfahrung von Geschichte immer Interpretation. Sie nimmt ihren Ausgang von Orten und Objekten, die sie in ihrem Sinn zu erschließen und diesen darzustellen sucht. Das besondere Potential von Museen wie dem Kolumba liegt darin, diesen Prozess des *Darstellens* und *Interpretierens* am Gegenstand selbst beginnen zu lassen.[2] Anders als die Arbeit in und aus Archiven ist die Gestaltung von Museumsräumen und die Kuratierung von Ausstellungen darin jedoch selbst eine eminent räumliche Inszenierung von Geschichte. Die Leistung eines Museumsbaus liegt damit darin, die Erfahrung von Geschichte bereits auf der Ebene bloßer Wahrnehmung zu ermöglichen und in elementarer Weise zu gestalten. Das gilt zum einen für die Gestaltung der architektonischen Räume eines Museums, für dessen Trennung von Innen und Außen wie für die Anordnung und den Übergang zwischen seinen einzelnen Räumen. In Architektur wie Ausstellungspraxis führt die explizit sprachliche Interpretationsleistung notwendig auf die ausgestellten Dinge und deren *Räumlichkeit* zurück. Durch Kunstwerke werden konkrete *Räume* eröffnet, die an diesen Objekten und in diesen Räumen Geschichte als einen *Raum* übergreifenden Sinns erfahrbar werden lassen.[3] Eine solche Erfahrung von Geschichte ist damit ein Beispiel für Muße in Museumsräumen.

Der Gegenwart der Geschichte in Zumthors Museumsbau wollen wir uns im Folgenden aus verschiedenen Perspektiven nähern. Zuerst wollen wir einige Überlegungen zu Zeitlichkeit und Geschichtlichkeit anstellen, um zu konturieren, wie sich im Kontrast dazu die Räumlichkeit von Geschichte verstehen ließe (1.). Einen alternativen Zugang zu diesem Problem lässt sich im Ausgang von der Semiotik und Theorie der Interpretation im Anschluss an Charles Sanders Pierce und Umberto Eco gewinnen (2.). Auch in diesem Theoriekorpus vermuten wir einen wesentlichen Zusammenhang von Geschichtsdeutung, Interpretationsoffenheit und Räumlichkeit, der in einem dritten Schritt herausgearbeitet werden soll. Die bestimmte Unbestimmtheit des Interpretationsraumes lässt sich mit Begriffen der antiken Philosophie als die Verbindung von unbestimmtem Raum (chōra, χώρα) und bestimmten Orten beschreiben (tópoi, τόποι) (3.). Unserem exemplarischen Beispiel des Kolumba-Museums nähern wir uns durch Peter Zumthors Theorie der gestalterischen Aufgabe in *Architektur Denken* (4.). Dabei

[2] Zur Geschichte und systematischen Unterscheidung dieser Begriffe Günter Figal, *Gegenständlichkeit. Das Hermeneutische und die Philosophie*, Tübingen 2006, 59–142.

[3] Zur Unterscheidung von konkreten Räumen, Räumlickeit und dem Raum überhaupt siehe Günter Figal/Tobias Keiling, „Das raumtheoretische Dreieck" (in diesem Band). Wir danken allen an ihrer Entwicklung Beteiligten, auf diese Unterscheidungen hier zurückgreifen zu können.

interessieren uns besonders seine Überlegungen zum Verhältnis von Architektur und Geschichte (5.) sowie seine eigenen Beschreibungen des Kolumba-Baus (6.).

1. Zeitlichkeit und Geschichtlichkeit

Bereits die These, die Erfahrung von Geschichte sei als eine Raumerfahrung zu verstehen, hat eine besondere Pointe. Denn sie ordnet das gerade beschriebene Zusammenspiel von Raum, Räumen und Räumlichkeit dem Geschehen von Geschichte zumindest insoweit vor, als ein Zugang zu Geschichte als einem Sinnzusammenhang durch die genannten Raumphänomene bedingt ist. Damit ist kein metaphysisches Bedingungsverhältnis zweier Prinzipien, sondern ein transzendentales Ermöglichungsverhältnis gemeint. Zumindest für den menschlichen Zugang zu geschichtlichen Zusammenhängen sind nicht bloß Verstandeskategorien, sondern die als räumlich beschreibbaren Erfahrungsformen Bedingungen der Möglichkeit.

Damit ist nicht nur impliziert, dass sich sogar so etwas wie ‚die Geschichte' nicht selbst als Produkt kollektiver Verstehensprozesse und damit nicht selbst als historisch verstehen lässt.[4] Auch gegenüber Foucault, dem die Kulturwissenschaften ihr aktuelles Interesse an Raumphänomen verdanken, nimmt die These von Raumformationen als transzendentalen Zugangsbedingungen zur Geschichte kritisch Stellung. Foucaults These, wir lebten in einem Zeitalter der Räumlichkeit, war für den *spatial turn* der Geistes- und Kulturwissenschaften zwar ein entscheidender Anstoß. Aber diese These geht davon aus, dass Räumlichkeit selbst etwas Geschichtliches ist. Als das genuin Transzendentale wird damit immer noch die Geschichte angesetzt, und keineswegs der Raum selbst. Wäre dies nicht der Fall, könnte es kaum so sein, wie Foucault es beschreibt: Von einem Zeitalter der Zeit hätten wir uns in ein Zeitalter des Raumes bewegt.[5] Das zu behaupten, setzt voraus, dass geschichtliche Entwicklungen als Erklärungsgrund von Räumlichkeit oder Zeitlichkeit eingesetzt werden können – aber nicht umgekehrt.

Wenn wir im Folgenden Überlegungen zur Räumlichkeit der Geschichte anstellen, dann tun wir dies also einmal ganz im Sinne Foucaults, insofern wir seiner Diagnose gemäß versuchen, räumlich zu denken. Aber wir tun dies insofern

---

[4] Diese These, dass es ein Bewusstsein von ‚der Geschichte' erst ab der sogenannten „Sattelzeit" (ca. 1750–1850) gibt, ist von Reinhart Koselleck entwickelt worden. Reinhart Koselleck, „Über die Theoriebedürftigkeit der Geschichtswissenschaft", in: Werner Conze (Hg.), *Theorie der Geschichtswissenschaft und Praxis des Geschichtsunterrichts*, Stuttgart 1972, 10–28, 14.

[5] Michel Foucault, „Von anderen Räumen (1967)", in: Jörg Dünne/Stephan Günzel (Hg.), *Raumtheorie. Grundlagentexte aus Philosophie und Kulturwissenschaften*, Frankfurt a. M. 2006, 317–329.

auch gegen Foucault, als die Räumlichkeit der Geschichte zu denken das in seiner Diagnose implizite Bedingungsverhältnis zwischen Raum und Geschichte umkehrt. Wir folgen Foucault jedoch auch darin, unsere Überlegungen zur Geschichte als Raum durch Abgrenzung derselben Alternative anzugehen, die Foucault als die eines anderen Zeitalters versteht: durch Abgrenzung von dem Versuch, Geschichte aus der Zeit zu verstehen.

Versucht man, Geschichte aus ihrer spezifischen Räumlichkeit her zu denken, dann gehen damit einige Vorentscheidungen einher. Die wichtigste scheint die bereits genannte: Man versteht die Geschichte nicht aus der Zeit – was immer damit genau gemeint sein mag. Dass gerade die Zeitlichkeit ein zur Räumlichkeit alternativer Leitbegriff zur Bestimmung von Geschichte sein kann, liegt daran, dass Raum und Zeit Kontrastbegriffe sind. In den beiden philosophiegeschichtlich maßgeblichen Bestimmungen in der *Physik* des Aristoteles (Buch IV) und in der transzendentalen Ästhetik der *Kritik der reinen Vernunft* werden Raum und Zeit zwar sehr verschieden erläutert. Aber in beiden Kontexten fungieren Raum und Zeit als philosophische Kontrastbegriffe, die sich ganz wesentlich durch ihre gegenseitige Abgrenzung bestimmen.

Wer über die Räumlichkeit der Geschichte nachdenken möchte, kann deshalb damit beginnen, sich darüber Rechenschaft abzulegen, was geschieht, wenn man Geschichte aus der Zeit versteht. Damit wird der *spatial turn* nicht als geschichtliches Ereignis oder als methodische Forderung an die Kulturwissenschaften, sondern in seinen philosophischen Voraussetzungen und Implikationen in Abgrenzung von einer Alternative verständlich fassbar. Um zu verstehen, wie sich Geschichte zeitlich verstehen lässt, kann man sich an der Philosophie Heideggers orientieren. Denn Heidegger versucht in *Sein und Zeit* zu zeigen, dass „Geschichtlichkeit" zwar eine „Grundverfassung" (§ 74) des menschlichen Daseins ist. Aber da dieses in seiner ontologischen Struktur zeitlich ist, sind die tieferen Strukturen des Verstehens von Geschichte die drei Zeitdimensionen der Gegenwart, Vergangenheit und Zukunft. Gleiches gilt auch für die Räumlichkeit des Daseins, die ebenfalls der Zeitlichkeit untergeordnet wird (§ 70).

Für das Verständnis der These vom Vorrang der Zeit vor der Geschichte ist nun entscheidend, wie sich die Zeitphilosophie mit dem Existenzialismus Heideggers verbindet. Da das menschliche Dasein „*Sein zum Tode*" ist und das Ausstehen des eigenen Todes den entscheidenden Horizont allen Verstehens darstellt, ist unter den drei Dimensionen der Zeit die der Zukunft die vorrangige. Alles, was wir verstehen, verstehen wir nicht *sub specie aeternitatis*, sondern im Horizont der Zeit.[6] Zwar beschäftigen Menschen sich alltäglich meist mit dem

---

[6] Diese Formulierung lehnt sich an einen Aufsatztitel Gottfried Boehms an, der damit die spezifische Geschichtlichkeit von Heideggers Kunstbegriff zu fassen sucht. Vgl. Gottfried Boehm, „Im Horizont der Zeit. Heideggers Werkbegriff und die Kunst der Moderne", in: Friedrich-Wilhelm von Herrmann/Walter Biemel (Hg.), *Kunst und Technik. Gedächtnisschrift zum 100. Geburtstag von Martin Heidegger*, Frankfurt a. M. 1989, 255–285.

Gegenwärtigen. Aber daraus folgt für Heidegger gerade nicht, dass die Zeitdimension der Gegenwart dafür maßgeblich ist, wie wir uns verstehen sollten. Im Gegenteil erwächst aus der echten Konfrontation mit dem eigenen Tod als einem zukünftigen Ereignis die Einsicht in die „*Endlichkeit der Zeitlichkeit*" des Menschen. Damit wird das möglich, was Heidegger die „Entschlossenheit" der Existenz nennt. Wenn die eigene Sterblichkeit zu verstehen wirklich diese Implikationen hat, dann ist es auch konsequent, aus dem Vorrang der eigenen Sterblichkeit für das Verstehen von Zeit auf einen Vorrang der Zeitlichkeit endlicher Menschen vor jedem Verstehen von Geschichte zu schließen. Die Endlichkeit der eigenen Zeit ist dann tatsächlich „*verborgener Grund der Geschichtlichkeit des Menschen*". „Die Geschichte [hat] ihr wesentliches Gewicht weder im Vergangenen, noch im Heute und seinem ‚Zusammenhang' mit dem Vergangenen, sondern im eigentlichen Geschehen der Existenz, das aus der *Zukunft* des Daseins entspringt."[7] Geschichte ist auch für Heidegger ein das menschliche Dasein transzendierendes transzendentes Geschehen. Wenn man aber versucht, dessen eminente Form zu beschreiben, dann ist man auf die drei Dimensionen, oder, wie Heidegger sagt, „*Ekstasen*" menschlicher Zeitlichkeit zurückgeworfen, unter denen die Zukunft einen „Vorrang" hat.[8] Daraus schließt Heidegger, dass menschliches Verstehen in seiner Grundstruktur zukunftsorientiert sein muss und sich als ein Entwerfen in die Zukunft hinein verstehen lasse. Diese Zeitlichkeit ist der einheitliche Sinn der transzendentalen Struktur von Dasein.

Die Konsequenz des Vorrangs der Zukunft für Heideggers Verständnis von Geschichte ist, dass sich Menschen dadurch auf die Geschichte beziehen, dass sie diese *wiederholen*. Dies ist im vermeintlichen Wortsinn als ein Wieder-holen oder Zurück-holen des Vergangenen zu verstehen. Wenn das Verstehen einem „entschlossenen Sichentwerfen [entspringt]", also aus einer radikalen Zukunftsorientierung des Verstehens, dann wird das Vergangene als eine Möglichkeit zugänglich, in die Zukunft zu handeln. Die Wiederholung lässt also nicht in einer Art von *reenactment* das „vormals Wirkliche nur wiederkehren", sondern fragt nach dem Potential des Vergangenen für eine Zukunft, dessen Sinn sich aus dem Daseinsentwurf ergibt. Der ‚richtige' Umgang mit der Vergangenheit ist deshalb responsiv in einem sehr spezifischen Sinn. Die Wiederholung „*erwidert* [...] die Möglichkeit der dagewesenen Existenz". Aber die authentische Antwort auf die Vergangenheit ist damit zuerst ein „*Widerruf* dessen, was im Heute sich als ‚Vergangenheit' auswirkt".[9] An die Stelle einer bloßen Fortdauer des Vergangenen soll damit dessen zukunftsbezogene Aneignung treten. An die Stelle einer vermeintlich naiven Überlieferung tritt die „*ausdrückliche Überlie-*

[7] Martin Heidegger, *Sein und Zeit*, Gesamtausgabe, Bd. 2, hg. v. Friedrich-Wilhelm von Herrmann, Frankfurt a. M. 1977, 510.

[8] Heidegger, *Sein und Zeit*, GA 2, 435.

[9] Heidegger, *Sein und Zeit*, GA 2, 510.

ferung" – die Wiederholung im Sinne Heideggers.[10] Man kann sich diesen Gedanken durch den Unterschied von Iteration und Repetition klar machen, den Derrida beschreibt[11]: Während eine Repetition etwas Vorheriges identisch wiederholt, ist eine Iteration eine veränderte Wiederholung. Um eben diese geht es Heidegger. Was durch die Iteration anders wird, ergibt sich aus dem Interesse an der Zukunft.

Einerseits ist Heideggers Überlegung gut nachvollziehbar. Das gegenwärtige Verstehen, um sich zur Geschichte zu verhalten, muss diese in den Verstehensmöglichkeiten offen legen. Andernfalls wird das Verhältnis zur Geschichte, mit einem Ausdruck Stanley Cavells gesagt, „melancholisch".[12] Es trauert dem Vergangenen nach, aber es gelingt nicht, es zur Zukunft hin zu öffnen. Damit bleibt die eigene Geschichtlichkeit verschlossen und wird zu bloßer Traditionsverhaftung. Andererseits muss das Vergangene in dem Verstehensprozess, den Heidegger beschreibt, noch in irgendeiner Weise maßgeblich sein. Deutlich wird das etwa, wenn man sich die Fragen stellt, ob Dasein frei in der Wahl dessen ist, was es wiederholen ‚soll' oder ob es vergessen ‚darf', was in seinen Zukunftsentwurf nicht passt, und unter welchen Gesichtspunkten dies zu entscheiden wäre.

Heideggers Beschreibungen des Vorrangs der Zukunft sind derart, dass die Interpretationen des (geschichtlich) Vergangenen ihren Maßstab letztlich in der (zeitlichen) Zukunft finden. Auch wenn Heidegger die Simultaneität der drei Zeitekstasen betont, die eben als Ekstasen, als „ursprüngliches ‚Außer-sich"[13] das Erfahrungssubjekt in drei Dimensionen zugleich öffnen, erscheint es durch den Vorrang der Zukunft so, als werde Geschichtlichkeit doch letztlich wieder als ein sukzessives Geschehen gedacht, das von einem Heute aus in eine unbestimmte Zukunft hinein sich entwickelt. Da das Vergangene für den Zukunftsentwurf nicht maßgeblich sein kann, erscheint die Zukunft wie eine leere Projektionsfläche, auf die unser Verständnis des Vergangenen projiziert wird. Dadurch wird aber nicht nur verzerrt, wie der Prozess des Entwurfs etwa in den Künsten wirklich geschieht.[14] Es wird auch völlig unmöglich zu denken, dass das Vergangene wesentlich verschieden verstanden werden kann. Denn es wird letztlich immer nur um die Unbestimmtheit der Zukunft, das bloße Mögliche gehen. Die Konkretion des Vergangenen und die Vielfalt der Zugänge und Interpretationen des Vergangenen lösen sich in die reine Potentialität der Zukunft auf.

---

[10] Heidegger, *Sein und Zeit*, GA 2, 509.

[11] Jacques Derrida, „Die Différance", in: *Randgänge der Philosophie*, hg. v. Peter Engelmann, Wien 1988, 31–56.

[12] Vgl. Stanley Cavell, *Philosophy the Day after Tomorrow*, Cambridge, Mass. 2005.

[13] Heidegger, *Sein und Zeit*, GA 2, 435.

[14] Tobias Keiling, „Erklüftung. Heideggers Entwurfsdenken in den Beiträgen zur Philosophie", in: David Espinet/Toni Hildebrandt (Hg.), *Suchen, Entwerfen, Stiften. Randgänge zum Entwurfsdenken Martin Heideggers*, Paderborn 2014, 107–124.

Ohne einen Bezugspunkt im Vergangenen wird ein primär zukunftsbezogenes Verstehen beliebig.

Selbst wenn Geschichte ein einheitliches und objektives Geschehen ist, muss es aber durchaus *verschiedene* Interpretationen des Vergangenen geben können, die zugleich erfahrbar werden. Die Konstitution geschichtlicher Objektivität geschieht gerade durch die Vergleichsmöglichkeit verschiedener Interpretationen, die als Interpretationen des Vergangenen erkennbar sein müssen.[15] Heideggers Hervorhebung der Zeitlichkeit der Geschichte und dann der Zukunft unter den Zeitdimensionen lässt das Vergangene nicht nur in seiner Partikularität, sondern auch in seinen objektiven Zusammenhängen unkenntlich werden. Wenn sich aber objektive Geschichte nur aus pluralen Zugangsmöglichkeiten erschließt, dann muss es ein Medium geben, in dem diese präsent sind. Aber dieses Medium kann nicht die Zeit sein, solange sie aus der Unbestimmtheit der Zukunft verstanden wird. Diese Unbestimmtheit zu behaupten kommt dem gleich, zu verdrängen, dass jede zukünftige Handlung oder jedes zukünftige Ereignis einmal vergangen sein wird. Gerade die Zukunftsoffenheit von Geschichte würde so ignoriert.

Der Zukunftsoffenheit wie der Interpretationsbedürftigkeit wird man zwar gerecht, wenn man Zeit als bloß formales Merkmal der Sukzession von Erfahrungen versteht. Dies ist die Position Kants, für die Zeit eine „Form der Anschauung" ist[16], nämlich die Eigenschaft aller Erfahrung in sukzessiven Momenten beschreibbar zu sein. Aber gerade der bleibende Sinnzusammenhang zwischen verschiedenen Zeitmomenten – das, was Geschichte ausmacht – wird dadurch gerade nicht zugänglich. Sie als rein zeitlich Aufeinanderfolgendes zu beschreiben, erfasst die semantischen Relationen zwischen geschichtlichen Ereignissen nicht. Das Problem der Geschichte lässt sich nicht stellen, ohne es als Versuch zu begreifen, Vergangenheit zu verstehen und auch Zukunft als zukünftige Vergangenheit in einem nicht bloß formalen, sondern bedeutungskonstitutiven Sinne. Deutlich wird dies etwa in dem, was die Einheit eines Geschehens in der Zeit ausmacht: Das bloße Faktum der Sukzession kann noch nicht deutlich machen, was etwa ein Ereignis und die Erinnerung an dieses Ereignis verbindet.[17] Die semantischen Zusammenhänge zwischen geschichtlichen Ereignissen lassen sich ebensowenig durch Zeit im Sinne einer Sukzession von Erfahrungen (Kant) wie durch Zeit als Zukunftsentwurf (Heidegger) beschreiben.

---

[15] Vgl. am Beispiel der Ideengeschichte ausführlich Mark Bevir, *The Logic of the History of Ideas*, Cambridge 2000.

[16] Immanuel Kant, *Kritik der reinen Vernunft*, Kant's Gesammelte Schriften, Bd. 3, hg. v. Königl.-Preuß. Akademie d. Wissenschaften, Berlin 1911, A 20/B 34.

[17] Das ist der Ausgangspuntk der phänomenologischen Zeitphilosophie Husserls. Vgl. Edmund Husserl, *Vorlesungen zur Phänomenologie des inneren Zeitbewusstseins*, 2. Aufl., Tübingen 1980.

Heidegger hat dieses Problem seiner Zeitphilosophie erkannt. In *Sein und Zeit* sollte es dadurch gelöst werden, trotz des systematischen Vorrangs der Zukunft Dasein als durch ein „*Geschick*" bestimmt zu sehen, das für jede „*Generation*" ein anderes ist.[18] Dieser Determinismus ist aber nur die Kehrseite der Beliebigkeit, die aus der Orientierung an der Zukunft entsteht. Auch wenn Geschichtlichkeit für Heidegger als philosophisches Problem einen immer größeren Stellenwert gewinnt, muss sein Denken der realen Geschichte fremd bleiben, solange es durch dieses Paradox determinierter Beliebigkeit geleitet ist.[19] Abstrakter gesagt gelingt es Heidegger in der Orientierung an der Zeit nicht, Bestimmtheit und Unbestimmtheit der Erfahrung von Geschichte zu vermitteln. Damit wird auch die modale Differenz von Wirklichkeit und Möglichkeit nicht mehr einsichtig beschreibbar: Einerseits ist die Zukunft das rein Mögliche, und eben dies verstehen wir, wenn wir uns in sie entwerfen.[20] Andererseits ist die Zukunft durch die gesamte Analyse von *Sein und Zeit* in sehr konkreter Weise bestimmt.

Diese Schwäche seiner früheren Konzeption hat Heidegger durch eine Wendung zur Räumlichkeit zu korrigieren gesucht. In *Zeit und Sein*, einem seiner letzten Vorträge, soll die Einheit der Zeit deshalb nicht aus der Zukunft als einer der drei Zeitekstasen gedacht werden. Anstatt die Einheit der Zeit in der Zeit selbst zu suchen, wird nun die „Nähe" als „vierte Dimension" der Zeit verstanden. Diese sei „verweigernd-vorenthaltend" und damit nicht reine Präsenz, sondern Nähe und Ferne zugleich. So „gewährt" die Nähe „das Offene des Zeit-Raumes".[21] Damit wird deutlich, dass – was immer mit diesem Phänomen genau gemeint ist[22] – die Einheit aller Erfahrungsformen von Präsenz eminent räumlich ist.

Damit wird der Sache nach nicht Zeitlichkeit, sondern Räumlichkeit zur Grundbestimmung des Daseins. Anders als in *Sein und Zeit* geschieht hier ein radikaler Bruch mit der modernen Philosophie. Denn seit Kant ist es die Zeit, die als Sukzessionsform des „inneren Sinns"[23] die Grundform aller subjektiven Erfahrung definiert. Für Heidegger dagegen wird die die Raumerfahrung, der „äußere Sinn"[24] von Nähe und Ferne entscheidend. Denn dasjenige, was Menschsein auszeichnet, ist nun Zeit nur vermittels der vorgängigen räumlichen Existenz, die durch Nähe ausgezeichnet ist. Dass Menschen verständige Wesen sind, heißt nun nicht mehr, dass sie auf die Zukunft, sondern dass sie auf

---

[18] Heidegger, *Sein und Zeit*, GA 2, 508.

[19] Vgl. Emil Angehrn, *Geschichtsphilosophie*, Nachdr. d. ersten Aufl., Basel 2012, 158–162.

[20] Heidegger, *Sein und Zeit*, GA 2, 193.

[21] Martin Heidegger, „Zeit und Sein (1962)", in: *Zur Sache des Denkens*, Gesamtausgabe, Bd. 14, hg. v. Friedrich-Wilhelm von Herrmann, Frankfurt a. M. 2007, 3–30, 20.

[22] Emil Kettering, *Nähe. Das Denken Martin Heideggers*, Pfullingen 1987.

[23] Kant, *KrV*, A 33/B 49.

[24] Kant, *KrV*, A 26/B 42.

das gerichtet sind, was ihnen *nahe* ist. Das genuine Medium alles Verstehens ist dann der Raum. Kategorien von Präsenz wie Absenz sind damit solche des Raumes. Auch die Geschichte als ein eminent interpretationsbedürftiges und erst durch seine Interpretationen erscheinendes Phänomen müsste demnach in Raumbegriffen beschreibbar werden.

2. Enzyklopädie und Interpretation

Inwieweit der Raum als das Medium der Erfahrung notwendig pluraler Geschichte gefasst werden kann, soll im Folgenden vor dem Hintergrund von Umberto Ecos Überlegungen zur Enzyklopädie entfaltet werden. Die Enzyklopädie kann als ein Paradebeispiel für das gelten, was wir einen choratopischen Freiraum nennen wollen.[25] Was nun genauer unter einem solchen ‚choratopischen Freiraum' zu verstehen ist und worin das Choratopische der Enzyklopädie besteht, wird nachfolgend genauer zu zeigen sein. Auf der Basis dieser Betrachtungen wird zudem deutlich werden, inwiefern die Enzyklopädie als ein choratopischer Freiraum in einem Zusammenhang mit der Räumlichkeit der Geschichtserfahrung steht.

Umberto Ecos Konzeption der Enzyklopädie hat ihre Grundlage in einem bestimmten Verständnis dessen, was Interpretation ist. Dieses Verständnis hat seine Wurzeln dabei seinerseits in einer Form der Semiotik, wie sie von Charles Sanders Peirce entwickelt und von Eco selbst in zahlreichen Hinsichten weiterentwickelt worden ist.[26] Als Ausgangspunkt für eine knappe Skizze der Eco-Peirce'schen Semiotik kann hier Peirces Bestimmung des Zeichens dienen: „A sign, or representamen, is something which stands to somebody for something in some respect or capacity."[27] Legt man diese grundsätzliche Bestimmung des Zeichens genauer aus, kann man mit Peirce drei Elemente benennen, die jeder Zeichenfunktion zugrunde liegen und deren Verhältnis zueinander mit Hilfe eines sogenannten ‚semiotischen Dreiecks' von *Objekt*, *Repräsentamen* und *Interpretant* veranschaulicht werden kann.

---

[25] Detaillierter finden sich die nachfolgenden Überlegungen ausgearbeitet in: Thomas Jürgasch, „Die Enzyklopädie als Choratopos. Pragmatistische Überlegungen zur Interpretation als einem räumlichen Phänomen", in: *International Yearbook for Hermeneutics* 14 (2015), 194–222. Dieser Artikel bietet eine ausführlichere Version der nachfolgenden Beschreibung der Enzyklopädie als Choratopos.

[26] Zu dem Einfluss, den Peirces Semiotik auf auf Ecos Denken genommen hat, vgl. Umberto Eco, *Semiotik. Entwurf einer Theorie der Zeichen*, übers. v. Günter Memmert, München 1987, 11–12.

[27] Charles S. Peirce, *Collected Papers of Charles Sanders Peirce*, Cambridge, Mass. 1931–1958 (Bde. 1–6 hg. v. Paul Weiss; Bde. 7–8 hg. v. Charles Hartshorne u. Arthur W. Burks), 2.228.

Während das ‚Repräsentamen' dabei das *bezeichnende* Element des Zeichens darstellt[28], weist das ‚Objekt' auf das hin, was das Zeichen *bezeichnet.* Als drittes – und hier liegt eine Besonderheit der Peirce'schen Semiotik – führt Peirce den sogenannten ‚Interpretanten' an, der das bezeichnende und bezeichnete Element miteinander verbindet. Im Hintergrund der Einführung des Interpretanten steht die von Peirce vertretene Überzeugung, dass das bezeichnende Element eines Zeichens stets mit Blick auf das, was es bezeichnet, d. h. auf seine Bedeutung hin, interpretiert werden muss. Kein Zeichen bedeutet einfach so etwas, vielmehr muss jedes Zeichen bezüglich seiner Bedeutung interpretiert werden. Eben dieses leistet der Interpretant, der als solcher das Repräsentamen mit dem Objekt des Zeichens verbindet.

Wie Peirce des Weiteren betont, ist damit allerdings erst der Anfang des Interpretationsprozesses, der sogenannten „Semiose", gegeben; stellt der Interpretant doch selbst auch wieder ein Zeichen (bzw. eine Reihe von Zeichen) dar, das seinerseits interpretiert werden muss. Erkläre ich beispielsweise die Bedeutung eines bestimmten Zeichens wie des Stopschildes mit Hilfe der Worte „Hier muss man anhalten", so sind diese Worte, die hier als Interpretanten des Schildes *qua* Zeichen fungieren, ihrerseits ebenfalls zu interpretieren. Dies wird besonders deutlich, wenn man diese Worte an jemanden richtet, der die eigene Sprache nicht versteht. Was dieser Fall zeigt, ist, dass im Rahmen einer jeden mit Hilfe von Intepretanten vorgenommenen Interpretation weitere Interpretanten nötig sind, mit denen die ersten Interpretanten intepretiert werden. Da im Weiteren auch die Interpretanten, die zur Interpretation der ersten – bzw. aller weiteren – Interpretanten gedient haben, interpretiert werden müssen und dieses auch für alle weiteren Interpretanten gilt – so *ad infinitum* –, ist mit jeder Interpretation ein unendlicher Interpretationsprozess in Gang gesetzt, eine, wie Peirce sich ausdrückt, „unendliche Semiose".[29] Die Peirce'sche Bestimmung des Zeichens mit dem Interpretanten als ihrer Besonderheit spielt auch eine zentrale Rolle für Ecos Überlegungen zur Enzyklopädie.

Grundsätzlich unterscheidet Eco zwei Weisen, wie die interpretierten Bedeutungen von Zeichen registriert werden können.[30] Entweder wird die Registrierung im Rahmen eines *Wörterbuches* oder einer *Enzyklopädie* vorgenommen, wobei Eco der enzyklopädischen Registrierungsweise aus verschiedenen Gründen den Vorzug gibt. Die Gründe für Ecos Parteinahme für die Enzyklopädie werden deutlich vor dem Hintergrund seiner Beschreibung der beiden Registrie-

---

[28] Hier weicht Peirces differenzierte Konzeption des Zeichens insofern von unserem Alltagsverständnis ab, als wir in der Regel das Zeichen insgesamt als bezeichnend betrachten. Peirce hingegen sieht das Bezeichnen nur als eine Facette des Zeichens als ganzen.

[29] Vgl. unter anderem Peirce, *CP*, 1.339; Peirce, *CP*, 2.303.

[30] Eco spricht hier auch von verschiedenen Modellen „semantischer Repräsentation". Vgl. z. B. Umberto Eco, *From the Tree to the Labyrinth. Historical Studies on the Sign and Interpretation*, übers. v. Anthony Oldcorn, Cambridge, Mass. 2014, 3.

rungsweisen. Denn charakteristisch für eine Registrierung nach Art eines Wörterbuches sei es, so Eco, dass ein Wort und ein dazugehöriger Begriff definiert würden.[31] Dabei nehme das Wörterbuch nur solche Bestimmungen auf, die notwendig und hinreichend dazu sind, eine bestimmte Bedeutung von den anderen im Wörterbuch verzeichneten Bedeutungen zu unterscheiden.[32] Das Beispiel, das Eco selbst für die sich in dieser Weise dihairetisch ergebenden Bestimmungen gibt, ist das des Hundes. Dieser sei als Tier, weiters als Säugetier und zudem als „canin", also als „hundeartig" zu definieren. Ausgehend von dieser Definition lasse sich der Hund beispielsweise in seiner Bestimmtheit von der Katze unterscheiden und zudem könne man aufgrund seiner wörterbuchartigen Bestimmung erkennen, dass man nicht logisch kohärent behaupten könne, dass etwas zwar ein Hund, aber kein Tier sei. Eigenschaften, die nun nicht für die notwendige und hinreichende Bestimmung des Hundes wichtig seien, würden hingegen nicht in das Wörterbuch Einzug halten. Dazu würden Eigenschaften wie z. B. das Domestiziertsein, die Treue oder auch das Bellen gehören; lasse sich doch ein Hund denken, der zwar ein solcher ist, der aber nicht domestiziert oder treu ist oder der das Vermögen zu bellen verloren hat.

Wichtig ist an dieser Stelle, dass das Wörterbuch mit seiner Angabe der definitorischen Bestimmungen ursprünglich nicht nur das Wesentliche eines *Begriffes*, sondern auch einer *Sache* anzugeben sucht. So klassifiziert das Wörterbuch nicht nur Begriffe und Bedeutungen, sondern – vor einem bestimmten metaphysischen Hintergrund betrachtet – auch das, worauf die Begriffe bezogen sind: die Sachen oder Dinge. Dies gilt zumindest im Kontext der aristotelisch-porphyrianischen Tradition, in welcher das Wörterbuch-Modell seine Ursprünge hat.[33] In dieser Tradition lässt sich Eco zufolge auch ein Paradebeispiel für eine solche wörterbuchartige Registrierung von Bedeutungen finden: die *arbor porphyriana*, welche mit ihrer Baumstruktur die dihairetische Klassifizierung des Wörterbuches widerspiegelt.[34]

Eco hat die wörterbuchartige Registrierung von Bedeutungen an unterschiedlichen Stellen in seinem Werk einer grundsätzlichen Kritik unterzogen.[35] Eines der entscheidenden Argumente Ecos bringt dabei Dieter Mersch in präziser Weise auf den Punkt, wenn er schreibt, dass sich

---

[31] Vgl. Eco, *From the Tree to the Labyrinth*, 3; Umberto Eco, *Semiotik und Philosophie der Sprache*, übers. v. Christiane Trabant-Rommel u. Jürgen Trabant, München 1985, 92–93.

[32] Vgl. dazu und zum Folgenden Eco, *From the Tree to the Labyrinth*, 3–18.

[33] Zum Zusammenhang zwischen der Definition und dem Wesentlichen einer Sache vgl. den auch von Eco diskutierten Passus aus Aristoteles, *Aristotelis Analytica priora et posteriora*, Oxford 1964, 90b 30–31. Zu den aristotelisch-porphyrianischen Wurzeln des Wörterbuch-Modells vgl. nochmals Eco, *From the Tree to the Labyrinth*, 3–18.

[34] Vgl. Eco, *Semiotik und Philosophie der Sprache*, 94–98; Eco, *From the Tree to the Labyrinth*, 4–18.

[35] Eine Übersicht über diese Kritik findet sich in Jürgasch, „Die Enzyklopädie als Choratopos. Pragmatistische Überlegungen zur Interpretation als einem räumlichen Phänomen".

> ein solches Unternehmen [wie das Wörterbuch, T.K./T.J.] notwendig *ad absurdum* führt, da jedes Wörterbuch die Stichworte nur mittels anderer Stichworte erklärt, die ihrerseits wieder eine Erklärung erfordern. So muss sich das System letztlich selbst enthalten können. [...] Daher führt eine solche lexikalische Semantik [d. i. eine Bedeutungsanalyse im klassifikatorischen Definitionssinn des Wörterbuches, T.K./T.J.] notwendig in die Falle einer *petitio principii.*[36]

Darüber hinaus erweist sich das Wörterbuch Eco zufolge angesichts der Dynamik und Lebendigkeit der Sprach- und Zeichensysteme auch als zu statisch und mithin nicht imstande dazu, die Vielfalt der Bedeutungen, welche die Zeichen aufweisen, angemessen zu repräsentieren.

Aus den genannten und weiteren Gründen favorisiert Eco die zweite der angeführten Registrierungsformen – die der Enzyklopädie. Im Unterschied zum Wörterbuch stelle die Enzyklopädie kein Klassifikationssystem dar, das auf definitorische Bestimmungen von Wörtern, Begriffen und Dingen abzielt. Die Enzyklopädie sei vielmehr als eine Zusammenstellung aller in der Geschichte einer Kultur je verzeichneten Interpretationen zu betrachten, gleichsam als die „Bibliothek der Bibliotheken", die als solche nicht nur schriftliche oder im weitesten Wortsinn verbale Interpretationen aufnimmt, sondern auch non-verbale und in den unterschiedlichsten Medien gegebene Interpretationen zu registrieren vermag. Damit verzeichnet die Enzyklopädie ein *schier* – und zwar, mit Hegel gesprochen, „schlecht" – unendliches Netz an Bedeutungen, das durch das ständige Hinzutreten weiterer Bedeutungen fortwährend neu- und weitergeknüpft wird. Dementsprechend beinhaltet sie beispielsweise nicht nur die für die dihairetisch-klassifikatorische Definition des Hundes nötigen Bestimmungen, sondern darüber hinaus alle Bestimmungen, die je mit Blick auf das, was ein Hund ist, interpretatorisch ermittelt worden sind. Anders als das Wörterbuch verzeichnet die Enzyklopädie daher auch, dass Hunde treu sind oder dass sie bellen. Diese sind als gleichberechtigte mögliche Eigenschaften von Hunden, aber eben nicht definitorische Bestimmungen.

Auch wenn sie ein solches alle Interpretationen umgreifendes Netz darstellt, weist die Enzyklopädie mit Eco gedacht dennoch kein festes Ordnungsprinzip auf, das alle Bedeutungen in einen Kosmos fügen würde. Da sie über kein derartiges Zentrum verfügt, ist es, wie Eco erklärt, auch nicht möglich, auf die Enzyklopädie als ganze auszugreifen oder sie klassifikatorisch zu ordnen. In ihrer Multidimensionalität ist die Enzyklopädie vielmehr eine Zusammenstellung von Bedeutungen, die, wie Dieter Mersch erläutert, „Teile diskursiver Systeme [sind], die sich mit anderen überschneiden oder vermischen und zum Metadiskurs des anderen avancieren können. Sie [die Bedeutungen, T.K./T.J.] bilden, so

[36] Dieter Mersch, *Umberto Eco zur Einführung*, Hamburg 1993, 112. Dieses Argument gegen die Wörterbuch-Registrierung ist eng verbunden, was bereits zu Peirces Konzeption der „unendlichen Semiose" ausgeführt worden ist.

Eco, ‚kulturelle Einheiten'".[37] Zieht man zur Verdeutlichung nochmals das Beispiel des Hundes heran, zeigt sich, dass die Bedeutungen des Wortes „Hund" je nach Kontext seiner Verwendung ganz unterschiedlich ausfallen. Im Bereich der Zoologie hat es eine andere Bedeutung als im Bereich der Astrononomie, und beides ist nochmals von der Verwendung von „Hund" im kulinarischen Bereich zu unterscheiden, wenngleich sich diese jeweiligen diskursiven Systeme auch an manchen Punkten möglicherweise überschneiden.

Die Enzyklopädie erweist sich somit als ein dezentrales Gebilde unterschiedlicher diskursiver Systeme, das infolgedessen auch nicht als eine „Welt" im Sinne eines Containers aller Interpretationen aufzufassen ist.[38] So ist sie im Unterschied zum Wörterbuch auch nicht mit einem durch ein Ordnungsprinzip bestimmten Baum zu vergleichen, sondern, wie Eco mit einem Hinweis auf Gilles Deleuze und Félix Guattari schreibt, mit einem rhizomartigen Labyrinth, das weder über ein Innen noch ein Außen verfügt und das, ohne definitive Grenzen zu haben, diese Grenzen dennoch ständig überschreitet.[39] Um in diesem Zusammenhang, wie andernorts bereits angemerkt, ein von Markus Gabriel geprägtes Bild aufzunehmen, könnte man die Enzyklopädie in diesem Kontext auch als eine „Liste von allem" betrachten, die immer auch sich selbst registrieren muss und die so fortwährend neu verfasst und weitergeschrieben wird – mindestens *ad transfinitum*.[40] Damit nimmt die Enzyklopädie das Motiv der „unendlichen Semiose" auf, indem sie den immer weiter fortschreitenden Interpretationen der Interpretationen – und damit der „unendlichen Semiose" – einen Raum bietet. Wie Eco selbst schreibt: „Eine enzyklopädieartige Darstellung [setzt] voraus, daß die Repräsentation des Inhalts nur mit Hilfe von *Interpretanten* stattfindet, in einem Prozeß der unbegrenzten Semiose."[41] Dieser Prozess ist nicht linear, son-

---

[37] Mersch, *Umberto Eco zur Einführung*, 113. Mit Verweisen auf Eco, *Semiotik*, 91, 99–101; Umberto Eco, *Zeichen. Einführung in einen Begriff und seine Geschichte*, übers. v. Günter Memmert, Frankfurt a. M. 1977, 176–178.

[38] Zur Problematik eines kosmologischen Weltbegriffs, vgl. Markus Gabriel, *Fields of Sense. A new Realist Ontology*, Edinburgh 2015.

[39] Gilles Deleuze/Félix Guattari, *Tausend Plateaus. Kapitalismus und Schizophrenie*, hg. v. Günther Rösch, Berlin 2010.

[40] Vgl. dazu auch Umberto Eco, *Die unendliche Liste*, übers. v. Barbara Kleiner, München 2009. Dass die Enyzklopädie auch sich selbst beinhaltet, ergibt sich daraus, dass die Interpretationen dessen, was die Enzyklopädie ist, auch in die Enzyklopädie selbst aufgenommen werden müssen; will doch die Enzyklopädie alle überhaupt je entwickelten Intepretationen registrieren.

[41] Eco, *Semiotik und Philosophie der Sprache*, 108. Vgl. dazu auch Eco, *From the Tree to the Labyrinth*, 49: „The encyclopedia is potentially infinite because it is forever *in fieri*, and the discourses we construct on its basis constantly call it into question." Vgl. zudem Eco, *From the Tree to the Labyrinth*, 51: „The encyclopedia is dominated by the Peircean principle of *interpretation* and consequently of *unlimited semiosis*." Dass Umberto Ecos Verständnis der „unendlichen Semiose" seinen Ursprung in Peirces Konzeption derselben hat, betonen auch Cinzia Bianchi/Manuela Gieri, „Eco's Semiotic Theory", in: Bianchi/Gieri, *New essays on Umberto Eco*, Cambridge, UK/New York 2009, 17–33, 20–21.

dern multidimensional und dezentral. Die dynamische Prozessualität enzklopädischen Verstehens ist daher offen in die verschiedenen Richtungen, in die hinein anders verstanden werden und so Interpretanten zur Enzyklopädie hinzukommen mögen. Diese Interpretationsoffenheit gewährt eine semiotische oder hermeneutische Unbestimmtheit, die nicht durch eine Kosmologie im Sinne einer Theorie des Weltganzen geordnet ist, sich aber sehr wohl in einer Theorie der Interpretation beschreiben lässt.

3. Die Enzyklopädie als Choratopos

Die Enzyklopädie ist keine Welt – auch nicht die ‚Welt der Interpretationen' –, wiewohl sie als der Raum, der offen ist für die Registrierung aller Interpretationen, einer Welt doch zu ähneln scheint. Wie sich bei genauerem Hinsehen zeigt, entsteht der Eindruck, dass wir es hier mit einer Welt zu tun haben könnten, auch dadurch, dass die Enzyklopädie dem ähnelt, was Platon im *Timaios* als χώρα (chōra) bestimmt hatte. Im Deutschen wird χώρα für gewöhnlich mit „Raum" übersetzt, wobei sich der Semantik nach die von Hans-Günter Zekl im *Historischen Wörterbuch der Philosophie* vorgeschlagene Übersetzung als das „Ausweichend-Platzmachende" als die genauere Übertragung anbietet.[42] Dass dieser Übersetzung der Vorzug zu geben ist, wird vor allem vor dem Hintergrund der Beschreibung der χώρα im *Timaios* deutlich.[43] So bestimmt Platon das „Ausweichend-Platzmachende" als die „Unterlage" (ὑποδοχή) und die „Amme" (τιθηνή) allen Werdens, das als solches in einer völligen Unbestimmtheit bestehen muss; könnte es doch ansonsten nicht alle Eigenschaften des Werdenden in sich aufnehmen.[44] Gerade in diesem Aufnehmen des Werdenden besteht jedoch die Aufgabe der χώρα, die so im Sinne einer „dritten Gattung" (τρίτον γένος) eine Vermittlung leistet zwischen den Bereichen der Ideen und dem der werdenden und vergehenden Einzeldinge.[45] Infolgedessen ist die χώρα nicht einfach ein leerer Raum wie das κενόν des Demokrit.[46] In ihrer ‚Fülle der Leerheit' ist sie vielmehr so etwas wie reine Potentialität, weshalb sie nicht *vollkommen* unbestimmt, sondern gerade in ihrer Unbestimmtheit bestimmt ist. Daher lässt sie sich auch mit Zekl beschreiben als „das leere, jede Stoffkonfiguration ermöglichende Feld, in dem die Bestimmung ungeordneter Mannigfaltigkeit durch die Eindeutigkeit

---

[42] Zu dieser Übersetzung vgl. Hans-Günter Zekl, „Raum", in: *Historisches Wörterbuch der Philosophie*, hg. v. Joachim Ritter u. Karlfried Gründer, Bd. 8, Darmstadt 1992, 67–82, 72.

[43] Vgl. dazu und zum Folgenden vor allem Platon, *Timaios*, in: Platonis Opera, hg. v. John Burnet, Oxford 1900–1907, 49a–52a.

[44] Vgl. Platon, *Timaios*, 49a.

[45] Vgl. Platon, *Timaios*, 52a.

[46] Vgl. Demokrit, DK 68, B 125. Zitiert nach: Hermann Diels/Walther Kranz (Hg.), *Die Fragmente der Vorsokratiker*, 7. Aufl., Berlin 1954.

der Ideen zu dem nach Gesetzen erfahrbaren Wandel der Naturprozesse stattfindet".[47] In ihrer Potentialität, ihrer Offenheit und in ihrem verschiedenste Konfigurationen ermöglichenden Feldcharakter lässt sich die χώρα in Parallele setzen zum beschriebenen Raum der Interpretationen, den die Enzyklopädie bietet. Denn wie erläutert ist die Enzyklopädie mit Blick auf die Interpretationen, die sie aufzunehmen vermag, ebenfalls durch die Charakteristika der Potentialität und Offenheit zu fassen, die ihr einen verschiedenste Konfigurationen ermöglichenden Feldcharakter verleihen. Insofern sie alles registriert, was interpretiert wird, ist die Enzyklopädie das unabgeschlossene Medium alles Verstehens. Alle Interpretationen werden von ihr aufgenommen und finden in dieser im Bezug auf andere Platz.

Zudem ist die Enzyklopädie mit der χώρα auch darin zu vergleichen, dass sie nicht nur alle überhaupt je verzeichneten Interpretationen verzeichnet, sondern auch den Nährboden für die Entstehung neuer Interpretationen bietet. So kann sie insofern als die „Unterlage" (ὑποδοχή) und die „Amme" (τιθηνή) des Werdens neuer Interpretationen betrachtet werden, als sie den semantischen und kulturellen Raum der bereits bestehenden Interpretationen bildet, der notwendig ist für die Entwicklung neuer Interpretationen. Wie Dieter Mersch in seiner Interpretation dieses Aspektes der Semiotik schreibt: „Jedes Zeichen ist abhängig von der Gesamtheit jener Kultur, die es produziert, verwendet und weiterentwickelt, und seine Deutung führt zurück auf ‚alles', was schon kommentiert, verstanden, diskutiert oder kritisiert wurde." So ist die Enzyklopädie „der Zusammenhang der Überlieferung, der den Horizont konstituiert, aus dem Deutungen erst möglich werden".[48] So verstanden erweist sich die Enzyklopädie als der für jede Interpretation vorauszusetzende Möglichkeitsraum, der als solcher der Entstehung von Interpretationen den nötigen Raum gibt. Hier findet keine Antizipation der Zukunft entlang der Zeitachse statt, sondern eine faktische, erfahrbare Offenheit und Unbestimmtheit wird vorausgesetzt, in die sich eine konkrete Interpretation einschreibt und zu dem in ein Verhältnis setzt, was sie interpretiert. Auch ein Konflikt von Interpretationen geschieht hier als kontrastierende oder sogar konfligierende Auslegung desselben Textes, Objektes oder Ereignisses.[49]

Auch in dieser Hinsicht kann die Enzyklopädie als ein chora-artiger Freiraum der Interpretationen beschrieben werden. Wenngleich nun diese Charakterisierung der Enzyklopädie als χώρα auch einige wichtige Aspekte des Intepretationsfreiraumes zur Sprache bringt, ist damit in gewisser Weise nur die eine Seite des Phänomens beschrieben; trägt die Enzyklopädie doch noch weitere Züge,

---

[47] Zekl, „Raum", 72.

[48] Mersch, *Umberto Eco zur Einführung*, 110–111.

[49] Eine solche Beschreibung eines Konflikts der Interpretationen als Konflikt von Perspektiven in einem Interpretationsraum weicht damit von der Ricœurs ab. Vgl. Paul Ricœur, *Hermeneutik und Strukturalismus. Der Konflikt der Interpretationen I*, übers. v. Johannes Rütsche, München 1973.

die durch ihre Bestimmung als ‚chora-artig' nicht zum Ausdruck kommen. In einigen wichtigen Hinsichten unterscheidet sich die Enzyklopädie auch von der χώρα, wobei gerade auch Aspekte der Räumlichkeit eine wichtige Rolle spielen, die nicht durch das Verständnis des Raumes als χώρα abgedeckt werden.

Ein zentraler Aspekt, in dem sich die Enzyklopädie von der χώρα unterscheidet, besteht darin, dass sie trotz aller Potentialität auch Züge der Bestimmtheit aufweist. Wie angesprochen sind die in der Enzyklopädie registrierten Bedeutungen durchaus voneinander unterschieden, auch wenn sich die einzelnen diskursiven Teilsysteme, welche durch die Bedeutungen gebildet werden, teilweise überschneiden. Teilweise jedoch weisen sie keinerlei Schnittmenge auf. Damit bilden die Bedeutungen und ihre diskursiven Teilsysteme besondere, voneinander unterschiedene *Orte* der Interpretation innerhalb der Enzyklopädie, die nicht alle gleichzeitig betreten werden können. Je nach Kontext weist beispielsweise ein *astronomisches* diskursives Teilsystem keine Verbindung zu einem *gastronomischen* Teilsystem auf, wie bereits mit Blick auf die unterschiedlichen Bedeutungen von „Hund" ausgeführt worden ist. Das Zeichen „Hund" kann so an verschiedenen Orten des Interpretationsraums Enzyklopädie nicht nur Verschiedenes bedeuten. Insofern es auch an beiden Orten sein kann, stellt die Bewegung von einem Ort zum anderen, vom Astronomischen zum Kulinarischen, eine vielleicht überraschende, aber durchaus sinngenerierende Bewegung dar. Der Sinn von Zeichen im enzyklopädischen Raum wird nicht durch seine Kontextualität beliebig, vielmehr beziehen sich in diesem Raum auch weit voneinander liegende Kontexte weiterhin aufeinander.

Insofern die Enzyklopädie auch durch diesen Aspekt des Örtlichen geprägt ist, nimmt sie eine Tradition des Denkens des Raumes auf, die als *topisch* zu charakterisieren und exemplarisch mit Aristoteles zu assoziieren ist. Die Enyzklopädie in ihrem räumlichen Charakter weist sowohl Züge der mit Platon verbundenen Konzeption der χώρα als auch Züge der mit Aristoteles verbundenen Züge der konkreten Orte oder τόποι (tópoi) auf. Demnach lässt sich die Enzyklopädie als ein choratopischer Raum interpretieren, der sowohl die Merkmale des chora-artigen Freiraumes als auch die Merkmale der besonderen und somit bestimmten und konkreten (topischen) Orte an sich trägt. Als solche ist die Enzyklopädie in diesem Sinne als *räumlich* zu charakterisieren, sofern damit ihre gleichzeitig bestehende Bestimmtheit und Unbestimmtheit mitgedacht wird.

Wir gehen im Folgenden von der Überlegung aus, dass sich Peter Zumthors Kolumba-Museum als ein choratopischer Raum beschreiben lässt, als ein Raum, der bestimmte Aufenthalts- und Erfahrungsmöglichkeiten bietet, ohne festzulegen, wie von diesen Gebrauch zu machen ist. Das Museum wird so zum Freiraum für die eigene Handlungs- und Erfahrungsfreiheit in der körperlichen Bewegung und Wahrnehmung und damit auch in der Imagination und im Denken. In diesem Raum werden Interpretationen, besonders solche des Jesus-Ereignisses, ausgestellt. Interpretationen sammeln und ordnen sich an, ohne einander zu widerlegen oder definitorisch auszuschließen, wie etwas zu verstehen ist. Diese Interpretationen der Geschichte, die das Museum nach Art einer Enzyklopädie in konkreten *Räumen* präsentiert und registriert, sind konkrete *Interpretationsorte*, die ihrerseits durch den sich bewegenden Betrachter verstanden werden und zu interpretieren sind. Damit stellen diese Interpretationen selbst die Ausgangspunkte für weitere Interpretationen dar, die im Folgenden selbst ebenso zu interpretieren wären – ganz nach Art der beschriebenen Eco-Peirce'schen „unendlichen Semiose". So weist das Kolumba-Museum den im beschriebenen Sinn *räumlichen* Charakter des Choratopos auf, der sowohl durch die Unbestimmtheit der χώρα als auch durch die Bestimmtheit der τόποι gekennzeichnet ist. Das Kolumba wird in dieser Weise zu einer steingewordenen Enzyklopädie, die nicht nur bestimmte architektonische Räume vorgibt, sondern auch auf die jeweilige Raumgestaltung durch die kuratorische Praxis hin angelegt ist, die sich wiederum auf die weiteren Interpretationsradien weiterer Interpreten hin öffnet. Denn der Besucher des Museums ist in diesem Ensemble von Interpretationen eine weitere interpretierende Instanz. Die Bewegung durch das Museum zeichnet einen individuellen Weg durch den Raum auf, der zugleich ein Weg des Verstehens ist, der sich mit Interpretationen anderer auseinandersetzt, gegenüber diesen positioniert und aus der jeweiligen Position heraus zu eigenen Interpretationen ansetzt. Es sind solche Interpretationen aus Raumbewegung, die der Besucher aus dem Museum mitnimmt. Auf diesen weitesten Zirkel der Interpretation ist der Mußeort Kolumba hin konzipiert worden.

4. Zumthors Raumdenken

Dass Architektur Raumgestaltung ist, ist schwer zu leugnen. In seinen eigenen Reflexionen zur Architektur in *Architektur Denken* macht Zumthor ganz selbstverständlich darauf aufmerksam, dass Architektur gerade die Verbindung von Raum- und Zeiterfahrung zu gestalten sucht. Das gilt besonders für die architektonisch gestalteten Innenräume. Seine Gestaltung dieser Räume, so Zumthor, lasse sich so verstehen, dass er versuche, „die inneren Strukturen meiner Gebäude anzulegen in räumlichen Sequenzen". Diese sollen den Bewohner oder Besucher „führen, hinführen, aber auch loslassen und verführen". Architektur sei „Raum- und Zeitkunst zwischen Gelassenheit und Verführung". Zumthor sagt, er suche die „sorgfältige Inszenierung der Spannung zwischen Innen und Aussen, Öffentlichkeit und Intimität" und „achte auf Schwellen, Übergänge und Grenzen" sowie auf die „Arbeit an der richtigen Grösse der Dinge".[50]

50 Peter Zumthor, *Architektur Denken*, 3., erw. Aufl., Basel 2010, 86.

Die primären Möglichkeiten, diese abstrakten Ziele zu erreichen, sind für Zumthor die Gestaltung des visuellen Wahrnehmungsraums durch besondere Materialien in ihrem Zusammenspiel mit dem Licht. Dieser Raum besitzt zugleich eine emotive und semantische Dimension. Gebaut werde, so Zumthor, im besonderen eine Atmosphäre oder Stimmung, die einerseits bestimmte Erfahrungsmuster vorgibt, andererseits die Freiheit lässt, sich zum Geschehen zu verhalten. Bauwerke sollen „Emotionen zulassen" und „nicht hervorrufen wollen".[51] Diesen Gedanken kann man sich leicht veranschaulichen: Ein Ort kann etwa Angst auslösen, zu der man sich verhalten muss. Oder ein Ort, etwa ein Aussichtsort, der lichtdurchflutet ist und weite Aussicht gewährt, kann ein Gefühl der Freiheit vermitteln. Oder ein Ort kann in der Fülle dessen, was an ihm geschehen ist, verstanden werden, wie dies bei Monumenten geschieht.

Wie genau solche Erfahrungen gemacht werden, bleibt unbestimmt. Aber die architektonische Gestaltung geschieht so, dass diese vorbereitet und als Möglichkeiten des Erfahrens angelegt werden. Freiräume in diesem Sinne sind für Zumthor Stimmungsräume oder eben, mit dem für Zumthor zentralen Begriff gesagt, „Atmosphären".[52] In *Architektur Denken* beschreibt Zumthor den Findungsprozess dieser Atmosphären selbst als eine anschauliche Antizipation des Möglichen: Seine Architekturzeichnungen entwickelten sich „auf jenen delikaten Punkt der Anschaulichkeit hin", jenen Punkt, „an dem die erstrebte Grundstimmung fassbar wird, ohne dass sie von Unwesentlichem abgelenkt würde." „Zeichnungen dieser Art erlauben es einem zurückzutreten, zu schauen und das verstehen zu lernen, was noch nicht ist und doch zu werden beginnt."[53]

Zumthor betont, dass diese Arbeit am architektonischen Entwurf darauf zielt, die semantischen Qualitäten der Materialien in einem spezifischen Zusammenspiel hervortreten zu lassen. Sinnstiftung geschieht damit durch Konfiguration desjenigen Sinns, der im Baumaterial selbst angelegt ist. Der Sinn eines Gebäudes ist damit emergenter Sinn in einem Ensemble von Erfahrungsmöglichkeiten. Wie Merleau-Ponty es für die Malerei beschrieben hat[54], geschieht diese Emergenz aus dem Wahrnehmbaren heraus und zeigt sich darin, dass Wahrnehmungen besondere Intensität gewinnen. Zumthor beschreibt diesen Prozess wie folgt: „Der Sinn, den es im Stofflichen zu stiften gilt, liegt jenseits kompositorischer Regeln, und auch die Fühlbarkeit, der Geruch und der akustische Ausdruck der Materialien sind lediglich Elemente der Sprache, in der wir [lies: wir Architekten, T.K./T.J.] sprechen müssen. Sinn entsteht dann, wenn es gelingt, im architektonischen Gegenstand spezifische Bedeutungen hervorzubringen, die nur in

---

[51] Zumthor, *Architektur Denken*, 86.

[52] Zumthor, *Architektur Denken*, 29.

[53] Vgl. beispielhaft Peter Zumthor, *Atmosphären. Architektonische Umgebungen – die Dinge um mich herum*, Basel/Boston/Berlin 2006.

[54] Maurice Merleau-Ponty, „Das Auge und der Geist (1961)", in: Merleau-Ponty, *Das Auge und der Geist. Philosophische Essays*, Hamburg 2003, 275–317.

diesem einen Objekt auf diese Weise spürbar werden. Wenn wir auf dieses Ziel hinarbeiten, müssen wir uns immer wieder fragen, was ein bestimmtes Material in einem bestimmten architektonischen Zusammenhang bedeuten kann." Der Erfolg dieser Sinnkonstitution zeigt sich für Zumthor darin, dass „Materialien in der Architektur zum Klingen und Strahlen gebracht werden".[55]

Bereits die Intensivierung der Materialwahrnehmung geschieht also durch Kontextualisierung, durch Verortung in einem bestimmten räumlichen Sinnzusammenhang. Den so entstehenden Sinn versteht Zumthor explizit als bedeutungsvoll, aber nicht als zeichenhaft. Im Gegenteil situiert sich diese Bedeutung, wie eine Kapitelüberschrift lautet, „Jenseits der Zeichen". Dabei versteht Zumthor Zeichen, anders als die Semiotik, nicht referenziell, sondern als allein inferenziell, als Verweise auf weitere Zeichen. Im Zeitalter gesteigerter „Dynamik, die niemand wirklich zu verstehen und zu kontrollieren scheint", werde die Semiose beliebig.

Alles vermengt sich mit allem, und die Massenkommunikation erzeugt eine künstliche Welt der Zeichen. Beliebigkeit./Vielleicht kann man das postmoderne Leben so beschreiben: Alles, was über unsere persönlichen biographischen Daten hinausgeht, erscheint vage, verschwommen und irgendwie unwirklich. Die Welt ist voll von Zeichen und Informationen, die für Dinge stehen, die niemand vollauf versteht, weil auch diese wiederum nur als Zeichen für andere Dinge erweisen. Das wahre Ding bleibt verborgen. Niemand bekommt es je zu sehen.[56]

Diese Form der Modernekritik ist in der Philosophie seit Nietzsches Klage, es gebe keine Wahrheit mehr, die diesen Namen verdient, sondern nur noch „ein bewegliches Heer von Metaphern und Metonymien, Anthropomorphismen kurz eine Summe von menschlichen Relationen"[57], bekannt. Zumthor gibt diesem Gedanken aber eine spezifisch architekturtheoretische Wendung, die gegen die Betonung bloß „menschlicher Relationen" das Verhältnis zu Dingen hervorhebt: „Trotzdem, ich bin überzeugt, dass, wenn auch gefährdet, noch wahre Dinge existieren." Als Beispiele dafür nennt Zumthor zuerst die elementare Natur („Erde und Wasser, das Licht der Sonne, Landschaft und Vegetation"), dann „vom Menschen geschaffene Gegenstände", die keineswegs in ihren Funktionen aufgehen, sondern Dingqualität im starken Sinne besitzen. Wie funktionslose Dinge sind auch „Maschinen, Werkzeuge oder Musikinstrumente..., was sie sind".[58]

---

[55] Zumthor, *Architektur Denken*, 10.

[56] Zumthor, *Architektur Denken*, 16.

[57] Friedrich Nietzsche, „Ueber Wahrheit und Lüge im außermoralischen Sinne", in: *Kritische Studienausgabe*, Bd. 1, hg. v. Giorgio Colli u. Mazzino Montinari, Berlin/New York 1967–1977, 873–890, 880.

[58] Zumthor, *Architektur Denken*, 16. Zum neuen phänomenologischen kulturwissenschaftlichen Interesse an Dingen im eminenten Sinn vgl. Friedrich Balke, *Die Wiederkehr der Dinge*, Berlin 2011; Iris Därmann (Hg.), *Kraft der Dinge. Phänomenologische Skizzen*, Paderborn 2014.

Diese Form der spezifisch dinglichen Wahrnehmbarkeit „jenseits der Zeichen“ besitzen insbesondere Objekte von Architektur und Design. Diese sind, wie Kunstwerke auch, Betrachtungsobjekte: „Wenn wir Gegenstände oder Bauwerke betrachten, die in sich selbst zu ruhen scheinen, wird unsere Wahrnehmung auf eine besondere Weise ruhig und stumpf. Das Objekt, das wir wahrnehmen, drängt uns keine Aussage auf, es ist einfach da. Unsere Wahrnehmung wird still, unvoreingenommen und nicht besitzergreifend.“ Diese „stumpfe“ Wahrnehmung liegt „jenseits der Zeichen und Symbole. Sie ist offen und leer“.[59] „Vielschichtigkeit und Reichtum“ der Erfahrung „[sprechen] aus den Dingen selber […], wenn wir sie genau erkennen und zu ihrem Recht kommen lassen“.[60] Gelingende Architektur und Dichtung (etwa die Peter Handkes, Carlos Williams, Giacomo Leopardis und Wallace Stevens’) schaffe eine „Reduktion auf die Sachen und Dinge, die sind“.[61]

Nimmt man diese Überlegungen mit denen zum architektonischen Entwerfen und Gestalten zusammen, dann wird klar, dass Zumthors Modernekritik keine Abwendung vom Menschlichen und keine Flucht in die elementare Natur vorschlägt, sondern gerade um die Erneuerung menschlichen Sinns aus dem Elementaren bemüht ist. Ebenso wie für Heidegger, der im *Ursprung des Kunstwerkes* in ähnlicher Weise versucht hat, Kunst als die Einbringung der elementaren Erde in die Lebenswelt zu verstehen, ist für Zumthor die Entdeckung der „wahren Dinge“ entscheidend, die Wirklichkeit gewissermaßen verbürgen. Anders als Heidegger versteht Zumthor jedoch diese Entdeckung nicht als geschichtliches Ereignis, sondern als Möglichkeit von Architektur. Heidegger beschäftigt sich zwar ausführlich mit der welteröffnenden Wirkung von Kunstwerken und Dingen und auch mit der Aufgabe von Architektur im Zusammenspiel von Bauen, Wohnen und Denken.[62] Aber während Heidegger fast nichts darüber sagt, wie diese Dinge geschaffen werden können, geht es Zumthor genau darum.

Zumthors Überlegungen nehmen dabei auch ein Moment strukturaler Sinngenese durch Differenz und Kontrast auf, das Heidegger völlig fremd ist. Der durch den inferenziellen Leerlauf der Zeichen verlorene Sinn kann für Zumthor gerade nicht dadurch wieder entdeckt werden, einen „Streit von Welt und Erde“ zu gewahren, der für Heidegger eigentlich ein „Streit zwischen Lichtung und Verbergung“ ist.[63] Vielmehr wird der Kontrast des Stofflichen und des allein relational bedeutungsvollen in der architektonischen Aufgabe gestaltet. Anstelle des Leerlaufs der Zeichen treten so Zeichen in Relationen, Kontexten und konkreten

---

[59] Zumthor, *Architektur Denken*, 17.

[60] Zumthor, *Architektur Denken*, 30–31.

[61] Zumthor, *Architektur Denken*, 33.

[62] Martin Heidegger, „Bauen Wohnen Denken“, in: *Vorträge und Aufsätze*, Gesamtausgabe, Bd. 7, hg. v. Friedrich-Wilhelm von Herrmann, Frankfurt am Main 2000, 145–165.

[63] Martin Heidegger, „Der Ursprung des Kunstwerkes“, in: *Holzwege*, Gesamtausgabe, Bd. 5, hg. v. Friedrich-Wilhelm von Herrmann, Frankfurt am Main 1977, 1–74, 50.

Interpretationen auf, die materiell und damit ausgedehnt und räumlich sind. Dies geschieht durch die Gestaltung konkreter Strukturen und Kontraste, die in den Ausgangsmaterialien aufgesucht und vorgefunden werden. Dabei kommt es auf die kompositorische Strukturgebung ganz entscheidend an. Anders als die allein durch Inferenz sich vollziehende Semiose geschieht diese Strukturgebung nicht in absoluter Dynamik, sondern an den Dingen als Fixpunkten, die dem Betrachter und Benutzer gegenüber ihre eigene Position wahren. Sinn entsteht für Zumthor aus der Wahrnehmung heraus und Sinngebung geschieht entsprechend primär als Gestaltung des Wahrnehmungsraumes.

Das von Nietzsche als modern und von Zumthor als postmodern verstandene Spiel der Zeichen zeichnet sich dadurch aus, als ein geschlossenes Ganzes zu wirken, so dass es nicht nur in der Sprache, sondern in der Welt im Ganzen „nur Differenzen" gibt, die sich wiederholen und iterieren.[64] Von einem solchen holistisch verstandenen und zum geschlossenen Weltbild gewordenen Verständnis von Semiose setzt Zumthor sich ab. Architektonische Sinnstiftung geschieht für ihn durch die Gestaltung von Räumen als Gestaltung von Differenz aus dem Elementaren heraus. Anders als eine generalisierte Beschreibung einer Welt bloßer Zeichen geschieht diese Gestaltung in einer gegebenen, konkreten Welt. Dies ist nicht die Welt einer unendlichen Liste alles Vorhandenen. Im Gegenteil ist diese wesentlich unabgeschlossen. An die Stelle der Weltkonstruktion aus Differenz tritt differenzielle Emergenz in einer realen Welt. Nur weil es ein „jenseits der Zeichen" gibt, kann die Strukturierung des Realen zur Sinnstiftung werden. „Es gibt keine Idee, ausser in den Dingen."[65]

Diese Sinnstiftung ist für Zumthor Sinnstiftung im Raum im eminenten Sinn. So gehöre es zu architektonischen Gestaltungsprozessen hinzu, sich auf die spezifische Bausituation einzulassen, darauf, wie ein Ort bereits ist, bevor dieser zur architektonischen Aufgabe wird. Die Betrachtung eines Gebäudes von außen antizipierend gehört es zur Bauaufgabe, nicht neue, sondern „vervollständigte Landschaften" zu schaffen, wie eine weitere Kapitelüberschrift lautet. Umgekehrt werden für Zumthor Bauten mit den Orten eins, an denen sie errichtet werden, wenn die Bauten auf diese abgestimmt sind. Bestimmte Bauten „scheinen einfach da zu sein", scheinen „im Boden verankert" und „selbstverständlicher Teil der Umgebung" zu sein.[66] Ähnliches gilt für die Erfahrung des Baukörpers selbst. Dieser ist durch seine innere differenzielle Struktur geprägt: Die perzeptive und intellektuelle „Synthese des Ganzen" erlaubt kein „erschöpfendes

---

[64] „Tout ce qui précède revient à dire que *dans la langue il n'y a que des différences.*" (Ferdinand de Saussure, *Cours de linguistique générale*, Paris 1949, 166). Vgl. als Verteidigung eines semantischen Holismus Georg W. Bertram, *Die Sprache und das Ganze. Entwurf einer antireduktionistischen Sprachphilosophie*, Weilerswist 2006. Bertram hebt hervor, dass Weltbezug eine notwendige kokonstitutive Dimension sprachlichen Sinns ist.

[65] Zumthor, *Architektur Denken*, 37.

[66] Zumthor, *Architektur Denken*, 17.

Verständnis im Einzelnen". Aber für den jeweiligen Bau ist diese Synthese entscheidend: „Alles verweist auf alles."[67]

So zu bauen ist Zumthors Ziel, das explizit als Raumgestaltung verstanden wird. Auch wenn Zumthor nicht in Anspruch nimmt, „zu wissen, was Raum wirklich bedeutet", und das Phänomen bei näherer Beschäftigung immer „geheimnisvoller" werde, bietet sich für Zumthor der Raumbegriff wie selbstverständlich zur Selbstbeschreibung an.[68] Anders als die Ersetzung des phänomenalen Raums durch einen inferenziellen Raum unablässiger Verweisung wird das „unendliche Kontinuum" des Raums nicht in seiner dynamischen, maximalen Bestimmtheit, sondern als gänzlich bestimmungslos gedacht. Als solcher ist der Raum einfach vorauszusetzen. Darin hat der so verstandene Raum den Charakter der χώρα. Der Raum trägt und empfängt die architektonische Raumgestaltung. Der architektonische Raum weist jene beiden Eigenschaften auf, die Platon als die der χώρα benannt hatte: Der Raum ist „Unterlage" (ὑποδοχή) und empfangende „Amme" (τιθηνή) des Werdens. Wäre dies nicht so, ließe er sich nicht durch Architektur gestalten.

Raum als Ermöglichungsraum in diesem Sinne ist einfach vorauszusetzen. Die Absolutierung der Zeichendynamik bringt im Kontrast zu einem solchen räumlich-hermeneutischen Denken gewissermaßen noch das Papier hervor, auf dem die Zeichen stehen. Für Zumthor dagegen sind die zweidimensionalen Entwurfszeichnungen und der dreidimensionale Baukörper „in den Raum geschrieben".[69] Der architektonische Gestaltungsprozess und die fertige Architektur geschehen und wirken in eine chora-artige Unbestimmtheit hinein und im Ausgang von bereits gegebener, topischer Bestimmtheit. Damit ist das Bauen zugleich ortsspezifisch und auf Unbestimmtheit bezogen: „Eines jedoch weiss ich bestimmt: Wenn wir uns als Architekten mit dem Raum beschäftigen, dann befassen wir uns lediglich mit einem kleinen Teil dieser Unendlichkeit, die die Erde umgibt. Aber jedes Bauwerk bezeichnet einen Ort in dieser Unendlichkeit." Beim Entwerfen von Objekten im Raum ist es Zumthor „wichtig zu spüren, wie sie aus dem Raum, der sie umgibt, einen Innenraum ausgrenzen oder wie sie das unendliche Raumkontinuum in der Art eines offenen Gefässes einfangen".[70]

Dieses Verhältnis zur Unbestimmtheit bleibt in fertigen Bauten erhalten. Trotz ihrer notwendigen (inneren wie äußeren) Bestimmtheit sind sie nicht nur als konkrete Möglichkeitsräume, sondern auch auf ihre gänzliche Unbestimmtheit und damit ihren Raumcharakter hin erfahrbar: „Gebäude, die uns beeindrucken, vermitteln uns immer ein starkes Gefühl für ihren Raum. Sie umschliessen diese geheimnisvolle Leere, die wir Raum nennen, auf eine besondere Weise und

---

[67] Zumthor, *Architektur Denken*, 26.
[68] Zumthor, *Architektur Denken*, 22.
[69] Zumthor, *Architektur Denken*, 21.
[70] Zumthor, *Architektur Denken*, 22.

bringen sie zum Schwingen."[71] Daher fordert Zumthor „Vertrauen in Räume, die wirkliche Räume sein dürfen".[72] Das aber heißt gerade nicht, in diesen eine besondere Präsenz, einen ontologisch-hermeneutischen „Zuwachs an Sein"[73] zu erwarten, sondern gewissermaßen einen Zuwachs an architektonisch gestalteter Potentialität. Zumthor fordert „Räume, zu deren raumbildender Umhüllung, zu deren Hohlform, deren Leere, Licht, Luft, Geruch, Aufnahmefähigkeit und Resonanzfähigkeit" gehören.[74] Entsprechend ist „das Bauwerk selber […] niemals poetisch. Es mag lediglich über diese delikaten Qualitäten verfügen, die uns in besonderen Moment etwas verstehen lassen, was wir zuvor noch nie so verstehen konnten."[75] Gerade die besondere Form räumlicher Sinngenese durch Architektur geht also sowohl von der Unbestimmtheit des Raumes als eines immer auch leeren Erfahrungsmediums als auch von der Bestimmtheit eines konkreten Ortes im Raum aus. Mit den beiden antiken Begriffen gesagt, Bauen geschieht choratopisch. Indem es die Unbestimmtheit des Raumes zu Orten gestaltet, die sich wiederum an die Möglichkeiten des Verhaltens und Verstehens richten, ohne diese festzulegen, sucht es der Freiheit der sich bewegenden und dabei verstehenden Besucherin in besonderer Weise gerecht zu werden.

5. Architektur und Geschichte bei Zumthor

Zu Bestimmtheit wie Unbestimmtheit eines Orts im Raum gehört seine Geschichte. Diese ist beim Entwurf des Gebäudes vorauszusetzen. Aber sie ist zum Zeitpunkt der Fertigstellung des Gebäudes nicht abgeschlossen. Im Gegenteil ist das neue Gebäude gerade für die Zukunft gebaut. Daraus ergibt sich Zumthors Überzeugung, dass eine gute Architektenausbildung Architekturgeschichte nicht zur Allgemeinbildung oder um ihrer selbst willen, sondern als Element „praktischer Vernunft" verstehen sollte, um eine neue Lösung für architektonische Probleme zu finden, die nicht hinter bestehende zurückfällt.[76] Aus der Geschichtlichkeit des Bauens ergibt sich für Zumthor jedoch insbesondere die Vorgabe, Bauten nicht nur so zu gestalten, dass sie das Bisherige nicht nur integrieren, sondern auch dafür öffnen, dass sich gegenwärtiges und zukünftiges Leben in diesen sozusagen einschreiben kann. Zumthor ist

> überzeugt […], dass ein gutes Gebäude fähig sein muss, die Spuren des menschlichen Lebens zu absorbieren, und dass es dadurch einen besonderen Reichtum annehmen

[71] Zumthor, *Architektur Denken*, 22.
[72] Zumthor, *Architektur Denken*, 33.
[73] Hans-Georg Gadamer, *Wahrheit und Methode. Grundzüge einer philosophischen Hermeneutik*, Gesammelte Werke, Bd. 1, 6. Aufl., Tübingen 1990, 145.
[74] Zumthor, *Architektur Denken*, 33.
[75] Zumthor, *Architektur Denken*, 19.
[76] Zumthor, *Architektur Denken*, 22–23.

kann. Natürlich denke ich hier an die Patina des Alters auf den Materialien, an die zahllosen kleinen Schrammen in den Oberflächen, an den stumpf und brüchig gewordenen Glanz des Lackes und an die von der Abnutzung polierten Kanten.[77]

Die Verwendung von besonderen Materialien soll aber nicht einfach fähig sein, als selbst ungeschichtliche die beliebig lebbare Zukunft passiv aufzunehmen. Zumthor versteht den Prozess der Sedimentation des geschichtlichen Lebens in den Dingen vielmehr als selbst auf seine eigene Vergangenheit in einem bleibenden, durch den Bau geformten Sinnzusammenhang angelegt. Gute Gebäude vermitteln nicht nur ein „Bewusstsein für das Verströmen der Zeit und ein Gefühl für das menschliche Leben, das sich an Orten und in Räumen vollzieht und diese auf eine besondere Weise auflädt".[78] Der für Zumthor entscheidende Gedanke ist, dass das geschichtliche Leben erst durch seine Einschreibung in der dinglichen Welt wirklich wird. Wenn es gelingt, den architektonischen Körper „empfindlich genug" zu gestalten, kann gebaute Architektur „eine Qualität entwickeln, die die Wirklichkeit des vergangenen Lebens verbürgt".[79] Anstatt zu einer Derealisierung des Vergangenen als bloßer Möglichkeit eines zukunftsbezogenen Verstehens zu führen (Heidegger) bestätigt gute Architektur also gerade die Realität des Vergangenen in seiner Besonderheit und Verschiedenheit von dem, was heute ist. Sie zeichnet das Vergangene auf. Sie tut dies aber nicht derart, das Faktum zeitlicher Sukzession einfach zur Kenntnis zu nehmen und als eine notwendige formale Bedingung von Erfahrung vorauszusetzen (Kant). Architektur versucht Vergangenheit auch nicht wie etwas Abwesendes zu repräsentieren und so selbst zu einem Zeichen zu werden, das sich in sich immer steigernden Sinndynamiken erfüllt (Nietzsche). Architektur versucht nach Zumthors Verständnis vielmehr, durch den Bezug zum Vergangenen das Vergehen in der realen Welt zu öffnen und so die semantischen Beziehungen offenzulegen, die aus der Gegenwart in die Vergangenheit zurückreichen. Dieser Zugang zu vergangenem Leben ist für Zumthor zunächst emotiv: Die Spuren der Vergangenheit zu sehen erzeugt „dieses melancholische Gefühl".[80] Durch die an einem Ding erfahrbare Stimmung kann dieses zum Zugang zu größeren Sinnzusammenhängen werden. Sogar die vergangene Welt im Ganzen lässt sich erahnen: In der Wahrnehmung eines Dinges im starken Sinne „kann im Betrachter eine Erinnerung auftauchen, die aus der Tiefe zu stammen scheint. Das Objekt sehen, heisst jetzt auch, die Welt in ihrer Ganzheit zu erahnen; denn es ist nichts da, was nicht zu verstehen wäre".[81]

---

77 Zumthor, *Architektur Denken*, 24.
78 Zumthor, *Architektur Denken*, 25–26.
79 Zumthor, *Architektur Denken*, 26.
80 Zumthor, *Architektur Denken*, 26.
81 Zumthor, *Architektur Denken*, 17.

Dieser Gedanke konkretisiert sich auch in der Wahrnehmung ganzer Innenräume. Zumthor nimmt hier einerseits Überlegungen auf, die nahe denen sind, die der späte Heidegger in *Bauen Wohnen Denken* zum Wohnen als Grundbestimmung des Menschen entwickelt hat. Wohnen ist als „Aufenthalt bei den Dingen" ein „Grundzug des Menschseins", wie Zumthor Heidegger zitiert. Dies ist für Heidegger gleichbedeutend damit, über Orte und Räume nachzudenken, die sich aus diesem Bei-den-Dingen-sein ergeben. Zumthor zitiert: „Der Bezug des Menschen zu Orten und durch Orte zu den Räumen beruht im Wohnen."[82] Diese Beschreibungen scheinen Zumthor deshalb attraktiv, weil sie „einen genauen Hinweis auf das [geben], was Wirklichkeit für mich als Architekt bedeutet".[83] Wirklichkeit, könnte man sagen, ergibt sich durch Nähe, auch das Vergangene muss nahe sein, um als wirklich gelten zu können (später Heidegger).[84]

Diesen Überlegungen Heideggers gibt Zumthor jedoch eine bestimmte Wendung, wenn er diese „Wirklichkeit der konkreten Bauaufgabe" dadurch erschließen will, seine „Einbildungskraft" darauf zu richten und damit bei den konkreten Materialien zu beginnen.[85] Ähnlich wie Heidegger versucht, Wohnen und Denken über das Bauen zu verbinden, gibt auch Zumthor dem Leben in architektonischen Räumen und dem Bauen eine epistemische Dimension. Aber diese setzt, da sie bei der Einbildungskraft beginnt, gewissermaßen tiefer an als Heideggers Denken. Zumthor ist „um Sinn und Sinnlichkeit bemüht, damit vielleicht der Funke des geglückten Bauwerkes zündet, das den Menschen zu behausen vermag".[86] Nur diese Hervorhebung der Imagination kann auch verständlich machen, wie aus der Materialität und Raumgestaltung eines Baues Geschichte erfahrbar wird. Nicht nur hat Imagination in der elementaren Natur ihr besonderes Korrelat, was jeder nachvollziehen kann, den Wolken zum Träumen und Meeresrauschen zum Nachdenken bringen.[87] Einbildungskraft ist auch ein geeigneter Begriff, um die Vermittlung zu beschreiben, dank derer konkrete perzeptuelle oder semantische Eigenschaften in größeren Sinnzusammenhängen auftauchen können – aber nicht müssen. An die Stelle semantischer Determination durch einen inferentiellen Bedeutungsholismus tritt Sinn als ein lokal

---

[82] Heidegger, „Bauen Wohnen Denken", 153. Zitiert bei Zumthor, *Architektur Denken*, 36. Vgl. zu Heideggers Ortsbegriff und seinem Verständnis des Wohnens Tobias Keiling, *Seinsgeschichte und phänomenologischer Realismus. Eine Interpretation und Kritik der Spätphilosophie Heideggers*, Tübingen 2015, 460–482.

[83] Zumthor, *Architektur Denken*, 36.

[84] „Abwesendes kann nicht als solches sein, es sei denn als anwesend im *Freien der Lichtung.*" (Martin Heidegger, „Das Ende der Philosophie und die Aufgabe des Denkens", in: *Zur Sache des Denkens*, Gesamtausgabe, Bd. 14, hg. v. Friedrich-Wilhelm von Herrmann, Frankfurt am Main 2007, 67–90, 82)

[85] Zumthor, *Architektur Denken*, 36–37.

[86] Zumthor, *Architektur Denken*, 37.

[87] John Sallis, *Einbildungskraft. Der Sinn des Elementaren*, übers. v. Tobias Keiling u. Daniela Vallega-Neu, Tübingen 2010.

emergentes Phänomen, das die Beteiligung und interpretatorische Freiheit des Erfahrungssubjekts bereits auf der elementarsten Ebene, eben jener der Imagination, ansiedelt.

Mit Hilfe seines Hinweises auf die Einbildungskraft lässt sich dann auch die Überlegung konkretisieren, die Zumthor zur Geschichtlichkeit einer Bauaufgabe anstellt. Die mit Leidenschaft verfolgte Absicht, „Gebäude entwerfen zu können, die im Laufe der Zeit auf diese selbstverständliche Weise mit der Gestalt und Geschichte ihres Ortes verwachsen", erfüllt sich dann darin, die historische Imagination freizusetzen. Damit braucht es einerseits konkrete dingliche Anhaltspunkte, andererseits ausreichend unbestimmte Erfahrungsmöglichkeiten. „Mit jedem neuen Bauwerk wird in eine bestimmte historische Situation eingegriffen. Für die Qualität dieses Eingriffes ist es entscheidend, ob es gelingt, das Neue mit Eigenschaften auszustatten, die in ein sinnstiftendes Spannungsverhältnis mit dem schon Dagewesenen treten."[88] Durch die Geschichte seines Ortes ist also unvermeidlich, dass ein Neubau auch eine Reinterpretation des Vergangenen ist. Alles andere hieße zu verdrängen, dass auch das Neue einmal vergangen sein wird. Nur deshalb macht es einen Unterschied, dass das Neue überhaupt geschehen ist: „Damit das Neue seinen Platz finden kann, muss es uns erst dazu anregen, das Bestehende neu zu sehen. Man wirft einen Stein ins Wasser. Sand wirbelt auf und setzt sich wieder. Der Aufruhr war notwendig. Der Stein hat seinen Platz gefunden. Aber der Teich ist nicht mehr derselbe wie vorher."[89]

Dass Zumthor dieses bauend-wohnende Sinnbildungsgeschehen auf der Ebene der Einbildungskraft ansiedelt, wird nicht nur darin deutlich, dass es anhand eines sprachlichen Bildes erläutert wird. „Gebäude, die von ihrer Umgebung allmählich angenommen werden", also das Idealbild geschichtlich aufgeklärter Architektur im Sinne Zumthors, müssten „die Fähigkeit besitzen [...] Gefühl und Verstand auf vielfältige Weise anzusprechen." Eine Ausrichtung auf die Vergangenheit gewinnt die Imagination dabei durch die emotive Dimension, die auch das Raumerleben für Zumthor auszeichnet: „Unser Fühlen [...] wurzelt in der Vergangenheit. Deshalb muss der Sinnzusammenhang, den wir mit einem Gebäude schaffen, den Prozess des Erinnerns respektieren." Zumthor geht also von einem nicht augenblickshaften, sondern prozessualen Verstehen der Vergangenheit aus. „Das Erinnerte jedoch ist nicht mit dem Endpunkt am Schluss einer Linie vergleichbar."[90] An Stelle eines linearen Geschichtsbildes tritt für Zumthor also der Erinnerungsprozess in der Imagination, im Fühlen und damit in konkreten, atmosphärischen Räumen, aus denen sich konkrete Bedeutungskonstellationen etwa dann ergeben, wenn Objekte, Dinge im eminenten Sinn, in Relation mit dem Betrachter und deren geteilter Umgebung treten. Dieser Prozess

---

[88] Zumthor, *Architektur Denken*, 17.
[89] Zumthor, *Architektur Denken*, 17–18.
[90] Zumthor, *Architektur Denken*, 18.

geht insbesondere vom konkreten Ort der Architektur im Raum und den bereits bestehenden Räumen aus, an denen der geschichtliche Sinn auch eines neuen Gebäudes gewissermaßen festgemacht ist.

6. Gegenwart der Geschichte: Kolumba

Die hier zusammengefassten Überlegungen Zumthors scheinen uns eine sehr gute Selbstbeschreibung seiner Architektur. In unserem Fall kommt jedoch hinzu, dass das Kolumbamuseum seiner Funktion nach ein Museumsraum, ein Raum für die Ausstellung bildender Kunst und zugleich ein besonders durch seine Geschichte geprägter Ort ist. Diese Funktion ist in die vorgefundene Geschichtlichkeit des Ortes zu integrieren. Letztlich wird man dieses Zusammenspiel von Geschichtlichkeit und Funktionsorientierung nur verstehen und in seinem Gelingen beurteilen können, wenn man sich an diesen Ort begibt und ihn erfährt. Es ist jedoch auffällig, wie sehr das Thema einer Gegenwart der Geschichte in Zumthors eigenen Beschreibungen präsent ist. Daher wollen wir der gebotenen Kürze und methodischen Einheitlichkeit dieses Textes halber keine ausführliche Analyse des Baus vorlegen, was sicherlich ein lohnendes Projekt wäre. Vielmehr beschränken wir uns im Rahmen dieser primär philosophischen Überlegungen darauf, Zumthors Beschreibungen wiederzugeben, so unzureichend dies für jemanden sein mag, der mit dem Gebäude nicht vertraut ist.[91]

Bereits in seiner Erläuterung des Wettbewerbsbeitrags hebt Zumthor hervor, dass die Bausubstanz zwar „formal heterogen und fragmentiert" ist, „historisch aber zusammengehörig".[92] Zumthor spricht selbst vom Kolumbamuseum als einer „Zeitmaschine". Die Aufgabe, einen derart „geschichtsträchtigen Ort" zu einem „Kunstmuseum" umzubauen, sei für ihn „alles zusammen: einmalig, verlockend und schwierig" gewesen. Am Ende des zehnjährigen gemeinsamen „Prozesses der Formfindung" mit den Auftraggebern und deren Umsetzung steht ein Bau, den Zumthor als einen „räumlichen Organismus" bezeichnet, der sich „aus dem historischen Bestand heraus" habe entwickeln lassen.[93] Dabei zeichnet es diesen Organismus für Zumthor aus, als eine in sich dynamische Einheit zu erscheinen, die gerade die aus der Geschichte des Ortes entstehenden Differenzen und Kontraste verbindet, aber nicht aufhebt. „Die in der Bausubstanz des Ortes fassbaren historischen Brüche werden nicht zusätzlich aufgeladen oder als solche thematisiert."[94] Zumthor sieht darin eine „baumeisterliche Haltung, Altes und

[91] Zum Bau vgl. die Dokumentation des Architekturwettbewerbs Stefan Kraus/Katharina Winnekes/Ulrike Surmann u.a. (Hg.), *Kolumba. Kunstmuseum des Erzbistums Köln*. Auswahlkatalog 2, Köln 2010.

[92] Zumthor, *Architektur Denken*, 126.

[93] Peter Zumthor, *Bauten und Projekte*. Bd. 2 (1990–1997), Zürich 2014, 166.

[94] Zumthor, *Architektur Denken*, 126.

Neues zu einer neuen Ganzheit zusammenzuführen, die Harmonie und nicht den Gegensatz zu suchen".[95]

Unabhängig davon, wie weit diese Referenz auf mittelalterliche Baumeister architekturgeschichtlich führt, lassen sich mit Zumthor einige Aspekte hervorheben, wie der Museumsbau die Geschichte seines Standortes interpretiert. Zum einen gilt dies für die Dimensionen und Formen des Gebäudes:

> Der Baukörper ist aus den Grundmauern der alten Kirche heraus entwickelt. Wir folgten dem spätgotischen Grundriss genau und erweiterten ihn dort, wo es an der Kolumbastrasse eine Baulücke zu schliessen galt. So spricht der Baukörper des neuen Museums nicht nur von seinem Inhalt als Haus für die Kunst, sondern reflektiert in hohem Masse auch den historischen Bestand.[96]

Dies gilt nicht nur im Aufriss, in dem römische Ruinen und die spätgotische Kirche die tiefste zugängliche Ebene des Baus darstellen, während sich die größten Ausstellungsräume in den neuen, oberen Stockwerken befinden; es gilt auch für die Wegführung der Besucher.

Der Museumsrundgang führt nicht nur in höhere Geschosse, sondern auch in die neueren Gebäudeteile und Ausstellungsräume hinein. Diese Wegführung verbindet sich mit der architektonischen Gestaltung der Erfahrungen auf elementarer Ebene, bei der Gestaltung von Dunkelheit und Licht, Farbgebung, Schwere und Leichtigkeit. „Der Museumsrundgang ist auch ein Weg aus dem historischen Bestand zu ebener Erde nach oben zum Licht und zur Aussicht."[97] Der Rundgang ist Aufstieg und Weitung der Perspektive. Dadurch gewinnt der Besucher einen Imaginationsraum, der den Museumsbau und das darin Ausgestellte wieder auf die Unbestimmtheit weiterer Räume hin überschreitet. Der Ausgang aus dem Museum liegt dennoch wieder auf ebener Erde und führt den kontemplativen Aufstieg in den Alltag der Kölner Innenstadt zurück. Der Treppenaufgang des Eingangsbereichs markiert diese Schwelle nicht nur durch den Kontrast von innen und außen, sondern auch durch den von unten und oben. Die schmale und steile Treppe ist nicht repräsentativ nach außen gerichtet, sondern sie vereinzelt und führt auf einem nicht sofort einsichtigen Umweg ins Innere.

Der Innenraum mit dem größten Volumen, die Überbauung der Überreste von St. Kolumba und der Kapelle *Madonna in den Trümmern* ist bezeichnenderweise nicht in diesen Rundgang integriert. Die archäologische Zone und die aus und über den Trümmern errichtete Kapelle aus der Mitte des 20. Jahrhunderts stellen, wie die Kuratoren des Museums formulieren, vielmehr eine „unzensierte Erinnerungslandschaft"[98] dar, in der sich die Besucher frei bewegen sollen, in der ehemaligen Sakristei von St. Kolumba, die nicht überdacht, sondern als Ruine

---

[95] Zumthor, *Bauten und Projekte*, 165.
[96] Zumthor, *Bauten und Projekte*, 165.
[97] Zumthor, *Bauten und Projekte*, 167.
[98] Kraus/Winnekes/Surmann u. a. (Hg.), *Kolumba*, 96.

erhalten, aber umkehren müssen. Hier ist eine Stahlskulptur von Richard Serra aufgestellt, die den mittelalterlichen Bau in die Moderne führt, und zwar vor den Holocaust, der mit dem Titel *The Drowned and the Saved*, eine Anspielung auf Primo Levis gleichnamiges Buch, aufgerufen ist.

Dadurch kommt der Besuch dieses Raumes, der nach einem schmalen Durchgang wieder unter freiem Himmel endet, nicht einfach einem Rückgang in die Vergangenheit gleich, der den Besucher führen und damit eine bestimmte (unilineare) Rezeptionsrichtung vorgeben würde. Vielmehr zielt die abknickende Wegführung im Innenraum darauf, dass sich der Besucher den verschiedenen Betrachtungsobjekten neu zuwenden kann. Weil die Kapelle und die Architektur Zumthors auf das ihnen historisch voraus-, aber auch das in der Erde unter ihnen Liegende Bezug nehmen, wird die Geschichte des Ortes dabei nie in vermeintlich uninterpretierter Weise präsentiert, sondern immer auch im Blick architektonischer Deutungen dieser Geschichte, zu denen sich der Besucher wiederum verhalten muss. Besonders deutlich wird dies in der ehemaligen Sakristei, in der nun ein großes Kunstwerk der modernen Kunst ausgestellt ist. Neben der Wegführung ist auch die Wahl der Materialien wesentlich: Dass in diesem Gebäudeteil Backstein durch das Filtermauerwerk in besonderer Weise zur Geltung kommt, ist eine bewusste historische Referenz Zumthors auf die Nachkriegszeit und die damals verwendeten Materialien.[99] Auch hier legt Zumthor also Wert auf eine variierende Kontinuität mit dem Vergangenen, die somit bereits auf der Ebene der Materialität und Raumgestaltung keinen Neuanfang, sondern eine Interpretation der Geschichte zu geben sucht.

7. Heterotopie und enzyklopädischer Raum

Dieser Charakter eines Interpretationsraums im eminenten Sinne wird auch durch die Ausstellungspraxis betont. Der langjährige Museumsdirektor Joachim Plotzek beschreibt das Selbstverständnis des Museums und der kuratorischen Praxis treffend, wenn er nicht von einem lokalen historischen Erbe, einer gegebenen, fraglosen „Heimat“ ausgeht, sondern von einem interpretatorischen und dialogischen Prozess, der im Museum Menschen mit ihrer Geschichte bekannt machen soll. Die Geschichtlichkeit des Ortes bildet dafür den Ausgangspunkt: „Es entsteht ein Dialog, der zur Entfaltung und Beheimatung an diesem historisch komplex definierten mit einer bestimmten Geschichtlichkeit reagierenden Ort führt.“[100]

---

[99] Zumthor, *Architektur Denken*, 126.

[100] Joachim M. Plotzek, „Das Museum als Heimat für die Kunst“, in: Erzbischöfliches Diözesanmuseum Köln (Hg.), *Kolumba. Ein Architekturwettbewerb in Köln*, Köln 1997, 11–16, 13.

Wenn man Plotzeks Beschreibungen folgt, dann setzt sich dieser Dialog in der kuratorischen Praxis fort, diese soll einen solchen Dialog, der aufgrund der Geschichte des Ortes unvermeidlich ist, fördern und strukturieren. Kunstwerke seien darauf angelegt, „dem Betrachter im veränderten Kontext ein neues, unerwartetes Erlebnis" zu ermöglichen. Es gehöre zum „Eigenverständnis des Museums", auf diese Ansammlung von Deutungen hin ausgelegt zu sein.[101] Gerade deshalb habe man „einen solchen geschichtlichen – und nicht beliebigen – Ort als Wirkungsstätte" der Sammlung ausgesucht, „als Aktionsraum einer sich in der Vergangenheit vergewissernden Zukunft".[102] Plotzek formuliert dabei in räumlichen Begriffen einen geradezu enzyklopädischen Anspruch des Museums: „Das Museum als Stätte des Sammelns und Vermittelns" von Kunsterfahrung, „hält – als Erlebnisraum – die daraus resultierenden Möglichkeiten [des Weltverstehens, T.K./T.J.] als historisches Vermächtnis und Potential für die Zukunft bereit". In diesem Potential für eine „existentielle Vergewisserung" sieht Plotzek auch die Möglichkeit, das Museum als Teil der eigenen „Heimat" zu verstehen. Dabei betont Plotzek den Prozesscharakter dieser Verbindung von Zeiterfahrung (Vergangenheit, Gegenwart, Zukunft) und Raumerfahrung (Heimkehr). Gerade weil sie es ermöglicht, beides zu gestalten, könne Architektur „wegweisend sein [...] für die ‚Heimkehr' in die eigene Geschichte".[103] Das Verhältnis des architektonischen Gestaltens von Raum- und Zeiterfahrung zur Geschichtlichkeit beider ist also reziprok: weder haben Raum und Zeit als Kategorien der Erfahrung einen absoluten Vorrang, noch ist das A priori allein geschichtlich. Dies wird in der architektonischen und kuratorischen Praxis in besonderer Weise deutlich, die gerade keine beliebige Konstruktion, sondern Interpretation bestehenden Sinnes sind. Die Funktion des Raumes ist es hier, die sich über die Zeit ansammelnden Interpretationen zu registrieren, aber auch den Zugang zu diesen, als Zugang zur Geschichte, zu gestalten. Gerade deshalb stellen sich überhaupt genuin architektonische oder gestalterische Probleme im Umgang mit der Geschichte.

Wenn das stimmt, müsste man mit Blick auf das Kolumbamuseum einige Überlegungen Foucaults zur Räumlichkeit von Museen korrigieren. Denn für Foucault geschieht in Museen eine völlige Aufhebung der Zeit. Foucault beschreibt Museen als „Heterotopien der Zeit, die sich endloser Akkumulation hingeben. Museen und Bibliotheken sind Heterotopien, in denen die Zeit unablässig angesammelt und aufgestapelt wird". So treffend Foucault damit den enzyklopädischen Charakter von Museen beschreibt, so problematisch ist diese Beschreibung für die Frage, wie Museen als „Heterotopien der Zeit" Geschichte dennoch erfahrbar werden lassen und den Zugang zu ihr gestalten. Denn Museen sind keine bloßen Registraturen und Archive, sondern selbst bereits auf der

---

[101] Vgl. Katharina Winnekes, *Museum der Nachdenklichkeit oder die Quadratur des Kreises. Zum Selbstverständnis des Museums*, Köln 1995.

[102] Plotzek, „Das Museum als Heimat für die Kunst", 14.

[103] Plotzek, „Das Museum als Heimat für die Kunst", 15.

Ebene ihrer architektonischen Gestaltung und etwa der Wahl der Materialien darstellend, inszenierend und interpretierend. Zugleich lassen Museen Spielräume der Interpretation offen und sind als immer auch unbestimmte Räume auf weitere Interpretationen angelegt. Deutlich wird dies etwa im Zusammenspiel der faktischen, bereits bestimmten Geschichte eines Ortes und seiner unbestimmten, gestaltbaren aber nicht beliebigen Zukunft.

Der choratopische Charakter von solchen Orten wird dann besonders deutlich, wenn wie bei einem Museumsneubau Architektur ganz offensichtlich als eine auf die Zukunft gerichtete Interpretationspraxis erkennbar wird. Diese Perspektive, die Perspektive des Zugangs zur Geschichte, der Praxis individueller und kollektiver Interpretationspraktiken, macht Foucault jedoch nicht explizit zum Thema. Für uns, die wir über das Museum als einen Mußeort nachdenken möchten, ist diese Perspektive dagegen entscheidend. Als Ort der Kontemplation und Reflexion, als ein „Museum der Nachdenklichkeit", wie es Katharina Winnekes formuliert[104], lässt sich das Museum gerade dann aber nicht mehr fassen. Damit wird auch der positive Beitrag unverständlich, den die Geschichte dank des Mußeorts Museum zum Selbstverständnis der Menschen leisten kann.

Statt zu einem lebendigen und offenen Prozess wird für Foucault Geschichte, hier die Geschichte des Museums, wieder zu einer anonymen Macht: Die Moderne zeichne sich nämlich durch den Gedanken aus,

> alles zu sammeln, gleichsam ein allgemeines Archiv aufzubauen, alle Zeiten, Formen und Geschmacksrichtungen an einem Ort einzuschließen, einen Ort für alle Zeiten zu schaffen, der selbst außerhalb der Zeit steht und dem Zahn der Zeit nicht ausgesetzt ist, und auf diese Weise unablässig die Zeit an einem Ort zu akkumulieren, der sich selbst nicht bewegt, all das gehört unserer Moderne an. Museum und Bibliothek sind Heterotopien, die eine Eigentümlichkeit der westlichen Kultur des 19. Jahrhunderts darstellen.[105]

Problematisch an diesen Beschreibungen scheint uns nicht nur die Engführung, wenn nicht Identifikation von Archiv, Museum und Bibliothek zu sein. In diesen Überlegungen wird auch deutlich, wie stark Foucault von einem historischen Apriori ausgeht, das eine wenn auch durch Epochenbrüche ausgezeichnete, so doch im Ganzen mehr oder weniger sukzessive Geschichte voraussetzt. So richtig dies aus einer diachronen Perspektive und aus sehr großem Abstand sein mag, so wenig wird es einem konkreten Erinnerungsort und Museum wie dem Kolumba gerecht. Denn nicht nur steht dieses Museum nicht außerhalb der Zeit oder der Geschichte und versucht auch gar nicht, diese Illusion zu erwecken. Das Museum als solches ist eine hochbewusste Gestaltung seiner Vergangenheit und der in ihm möglichen Zukunft. Damit ist es alles andere als eine blind archivierende Sammlung – die übrigens ebenfalls Gestaltung und Interpretation beinhaltet.

---

[104] Winnekes, *Museum der Nachdenklichkeit.*

[105] Foucault, „Von anderen Räumen", 325.

Foucaults Beschreibungen lassen nicht nur den Museumsbesuch, sondern auch das Kuratieren der Museumsaustellung ebenso wie die Bauaufgabe Zumthors sinnlos werden, weil Foucault den spezifischen Zugang nicht reflektiert, den Museen zur Geschichte bieten. Der Gedanke einer „Heterotopie der Zeit" fasst zwar den Ortscharakter des Museums – gerade im Falle des Kolumbamuseums hat die Geschichte eben diesen Ort ausgezeichnet, und dieser heterotope Charakter wird durch die Architektur hervorgehoben und gestaltet. Aber als solche in starkem Sinne geschichtliche Heterotopie ist das Museum keineswegs Aufhebung der Zeit. Vielmehr ist gerade hier Vergangenheit präsent, weil sie auf die Gegenwart bezogen und in die Zukunft entworfen werden kann. Das Beispiel macht deutlich, dass Zeit und Raum nicht gegeneinander ausgespielt werden sollten, um die Erfahrungsmöglichkeiten zu beschreiben, die ein konkreter Ort bietet.

Für Foucault gibt es damit keine enzyklopädischen Räume, die dank ihrer begrenzten Bestimmtheit auf Interpretation hin angelegt sind, vielmehr gibt es nur eine sich von selbst fortschreibende Enzyklopädie. Dadurch ist die Enzyklopädie zu einem gänzlich bestimmten, damit aber unzugänglichen Wissensspeicher geworden. Eine solche anonyme Registratur ist aber eine paradoxe Figur, die ihre eigene Möglichkeit, die Fähigkeit zur und das menschliche Bedürfnis nach Interpretation, untergräbt. Dagegen hatte bereits Eco zu zeigen versucht, dass die Unabschließbarkeit der Enzyklopädie sich nicht als anonymer Prozess auf einer Linie in der Zeit abspielt, sondern die Möglichkeit immer neuer Interpretationen freigibt. Wäre der Zugang zur Geschichte kein zeit-räumlicher und Muße in Museen keine zeit-räumliche-Praxis, die sich die Unbestimmtheit des Raumes zum Verständnis der Vergangenheit und zur Gestaltung der Zukunft zunutze macht, gäbe es nicht nur das Problem der Museumsarchitektur nicht. Es gäbe auch keine Muße in Museen.

Literatur

Angehrn, Emil, *Geschichtsphilosophie*, Nachdr. d. ersten Aufl., Basel 2012.

Aristoteles, *Aristotelis Analytica priora et posteriora*, Oxford 1964.

Balke, Friedrich, *Die Wiederkehr der Dinge*, Berlin 2011.

Bertram, Georg W., *Die Sprache und das Ganze. Entwurf einer antireduktionistischen Sprachphilosophie*, Weilerswist 2006.

Bevir, Mark, *The Logic of the History of Ideas*, Cambridge 2000.

Bianchi, Cinzia/Gieri, Manuela, „Eco's Semiotic Theory", in: Bianchi/Gieri, *New essays on Umberto Eco*, Cambridge, UK/New York 2009, 17–33.

Boehm, Gottfried, „Im Horizont der Zeit. Heideggers Werkbegriff und die Kunst der Moderne", in: Friedrich-Wilhelm von Herrmann/Walter Biemel (Hg.), *Kunst und Technik. Gedächtnisschrift zum 100. Geburtstag von Martin Heidegger*, Frankfurt a. M. 1989, 255–285.

Cavell, Stanley, *Philosophy the Day after Tomorrow*, Cambridge, Mass. 2005.

Därmann, Iris (Hg.), *Kraft der Dinge. Phänomenologische Skizzen*, Paderborn 2014.

Deleuze, Gilles/Guattari, Félix, *Tausend Plateaus. Kapitalismus und Schizophrenie*, hg. v. Günther Rösch, Berlin 2010.

Derrida, Jacques, „Die Différance", in: *Randgänge der Philosophie*, hg. v. Peter Engelmann, Wien 1988, 31–56.

Diels, Hermann/Kranz, Walther (Hg.), *Die Fragmente der Vorsokratiker*, 7. Aufl., Berlin 1954.

Eco, Umberto, *Zeichen. Einführung in einen Begriff und seine Geschichte*, übers. v. Günter Memmert, Frankfurt a. M. 1977.

Eco, Umberto, *Semiotik und Philosophie der Sprache*, übers. v. Christiane Trabant-Rommel u. Jürgen Trabant, München 1985.

Eco, Umberto, *Semiotik. Entwurf einer Theorie der Zeichen*, übers. v. Günter Memmert, München 1987.

Eco, Umberto, *Die unendliche Liste*, übers. v. Barbara Kleiner, München 2009.

Eco, Umberto, *From the Tree to the Labyrinth. Historical Studies on the Sign and Interpretation*, übers. v. Anthony Oldcorn, Cambridge, Mass. 2014.

Figal, Günter, *Gegenständlichkeit. Das Hermeneutische und die Philosophie*, Tübingen 2006.

Foucault, Michel, „Von anderen Räumen (1967)", in: Jörg Dünne/Stephan Günzel (Hg.), *Raumtheorie. Grundlagentexte aus Philosophie und Kulturwissenschaften*, Frankfurt a. M. 2006, 317–329.

Gabriel, Markus, *Fields of Sense. A new Realist Ontology*, Edinburgh 2015.

Gadamer, Hans-Georg, *Wahrheit und Methode. Grundzüge einer philosophischen Hermeneutik*, Gesammelte Werke, Bd. 1, 6. Aufl., Tübingen 1990.

Grimm, Jacob/Grimm, Wilhelm, „Musze", in: *Wörterbuch der deutschen Sprache*, Leipzig 1885, 2771–2773.

Heidegger, Martin, „Der Ursprung des Kunstwerkes", in: *Holzwege*, Gesamtausgabe, Bd. 5, hg. v. Friedrich-Wilhelm von Herrmann, Frankfurt am Main 1977, 1–74.

Heidegger, Martin, *Sein und Zeit*, Gesamtausgabe, Bd. 2, hg. v. Friedrich-Wilhelm von Herrmann, Frankfurt a. M. 1977.

Heidegger, Martin, „Bauen Wohnen Denken", in: *Vorträge und Aufsätze*, Gesamtausgabe, Bd. 7, hg. v. Friedrich-Wilhelm von Herrmann, Frankfurt am Main 2000, 145–165.

Heidegger, Martin, „Das Ende der Philosophie und die Aufgabe des Denkens", in: *Zur Sache des Denkens*, Gesamtausgabe, Bd. 14, hg. v. Friedrich-Wilhelm von Herrmann, Frankfurt am Main 2007, 67–90.

Heidegger, Martin, „Zeit und Sein (1962)", in: *Zur Sache des Denkens*, Gesamtausgabe, Bd. 14, hg. v. Friedrich-Wilhelm von Herrmann, Frankfurt a. M. 2007, 3–30.

Husserl, Edmund, *Vorlesungen zur Phänomenologie des inneren Zeitbewusstseins*, 2. Aufl., Tübingen 1980.

Jürgasch, Thomas, „Die Enzyklopädie als Choratopos. Pragmatistische Überlegungen zur Interpretation als einem räumlichen Phänomen", in: *International Yearbook for Hermeneutics* 14 (2015), 194–222.

Kant, Immanuel, *Kritik der reinen Vernunft*, Kant's Gesammelte Schriften, Bd. 3, hg. v. Königl.-Preuß. Akademie d. Wissenschaften, Berlin 1911.

Keiling, Tobias, „Erklüftung. Heideggers Entwurfsdenken in den Beiträgen zur Philosophie", in: David Espinet/Toni Hildebrandt (Hg.), *Suchen, Entwerfen, Stiften. Randgänge zum Entwurfsdenken Martin Heideggers*, Paderborn 2014, 107–124.

Keiling, Tobias, *Seinsgeschichte und phänomenologischer Realismus. Eine Interpretation und Kritik der Spätphilosophie Heideggers*, Tübingen 2015.
Kettering, Emil, *Nähe. Das Denken Martin Heideggers*, Pfullingen 1987.
Koselleck, Reinhart, „Über die Theoriebedürftigkeit der Geschichtswissenschaft", in: Werner Conze (Hg.), *Theorie der Geschichtswissenschaft und Praxis des Geschichtsunterrichts*, Stuttgart 1972, 10–28.
Kraus, Stefan/Winnekes, Katharina/Surmann, Ulrike u.a. (Hg.), *Kolumba. Kunstmuseum des Erzbistums Köln*. Auswahlkatalog 2, Köln 2010.
Merleau-Ponty, Maurice, „Das Auge und der Geist (1961)", in: Merleau-Ponty, *Das Auge und der Geist. Philosophische Essays*, Hamburg 2003, 275–317.
Mersch, Dieter, *Umberto Eco zur Einführung*, Hamburg 1993.
Nietzsche, Friedrich, „Ueber Wahrheit und Lüge im außermoralischen Sinne", in: *Kritische Studienausgabe*, Bd. 1, hg. v. Giorgio Colli u. Mazzino Montinari, Berlin/New York 1967–1977, 873–890.
Peirce, Charles S., *Collected Papers of Charles Sanders Peirce*, Cambridge, Mass. 1931–1958 (Bde. 1–6 hg. v. Paul Weiss; Bde. 7–8 hg. v. Charles Hartshorne u. Arthur W. Burks).
Platon, *Timaios*, in: Platonis Opera, hg. v. John Burnet, Oxford 1900–1907.
Plotzek, Joachim M., „Das Museum als Heimat für die Kunst", in: Erzbischöfliches Diözesanmuseum Köln (Hg.), *Kolumba. Ein Architekturwettbewerb in Köln*, Köln 1997, 11–16.
Ricœur, Paul, *Hermeneutik und Strukturalismus. Der Konflikt der Interpretationen I*, übers. v. Johannes Rütsche, München 1973.
Sallis, John, *Einbildungskraft. Der Sinn des Elementaren*, übers. v. Tobias Keiling u. Daniela Vallega-Neu, Tübingen 2010.
Saussure, Ferdinand de, *Cours de linguistique générale*, Paris 1949.
Winnekes, Katharina, *Museum der Nachdenklichkeit oder die Quadratur des Kreises. Zum Selbstverständnis des Museums*, Köln 1995.
Zekl, Hans-Günter, „Raum", in: *Historisches Wörterbuch der Philosophie*, hg. v. Joachim Ritter u. Karlfried Gründer, Bd. 8, Darmstadt 1992, 67–82.
Zumthor, Peter, *Atmosphären. Architektonische Umgebungen – die Dinge um mich herum*, Basel/Boston/Berlin 2006.
Zumthor, Peter, *Architektur Denken*, 3., erw. Aufl., Basel 2010.
Zumthor, Peter, *Bauten und Projekte*. Bd. 2 (1990–1997), Zürich 2014.

Ad fontes –
Zur Wassermetaphorologie der Architektur

Toni Hildebrandt

1.

Es ist naheliegend, aber nicht selbstverständlich, dass es sich bei Peter Zumthors Therme in Vals um einen architektonischen Mußeort handelt. Denkt man etwa an die Geschichte der Kurorte und Heilbäder, wird sich viel eher der Gedanke aufdrängen, dass in den modernen Bädern statt Muße zumeist der Anspruch auf ‚Wellness' im Vordergrunde gestanden habe. Auch dieser Begriff hat freilich seine Geschichte, denn das Wort ‚Spa' leitet sich nicht, wie oftmals fälschlicherweise behauptet, von *sanitas per aquam* (‚Gesundheit durch Wasser') ab, sondern geht zurück auf ein Heilbad im belgischen Badeort Spa, das britische Touristen bereits im 16. Jahrhundert aufsuchten. „Das ganze 18. Jahrhundert hindurch", so Jean Starobinski in seiner *Geschichte der Melancholiebehandlung*, „wird Spa eine europäische Metropole für Spleen und Melancholie sein: Man führt dort, unter dem Vorwand einer Verjüngungskur, ein schönes Leben."[1] Wenn in der Wasserkur der Begriff ‚Wellness' das bloße Wohlbefinden oder Wohlfühlen benennt, und darüber hinaus das Heilbad die Gesundheit akzentuiert, soll in diesem essayistischen Versuch die Raumzeitlichkeit von Mußeorten in den Blick kommen.

In diesem Sinne werde ich im Folgenden der Frage nachgehen, wie Zumthors Therme in Vals (Abb. 1) nicht allein als Erholungsort oder Reduit der Alltagsentschleunigung verstanden werden kann, sondern auch als *Ort der Muße* existiert, an dem man badend in eine Atmosphäre oder Stimmung gelangt, in der sich – mit Zumthor gesprochen – Architektur denken lässt.[2] Das Medium dieser Stimmung ist nicht allein der architektonische Raum, sondern auch das Wasser, das in diesen eingelassen ist, seine räumliche Leere anfüllt und die tektonische Struktur auf fluide Weise entscheidend mitbestimmt (Abb. 2). Die steiner-

---

[1] Jean Starobinski, *Geschichte der Melancholiebehandlung von den Anfängen bis 1900*, hg. v. Cornelia Wild, Berlin 2011, 156.

[2] Zumthors wichtigste Textsammlung lässt bewusst offen, ob es sich darum handelt, in der Architektur zum Denken zu gelangen oder Architektur als solche zu denken. Darauf deutet nicht zuletzt die Schreibweise des Titels, die als ein ‚Architekturdenken', ‚Architektur/Denken' oder im Sinne von ‚die Architektur denken' gelesen werden kann. Vgl. Peter Zumthor, *Architektur Denken*, 3., erw. Aufl., Basel 2010.

nen Wände, Blöcke und Mauern können daher auch vom Medium des Wassers her gedacht werden.[3] Die Frage, inwiefern das Bad in Vals als ein Mußeort verstanden werden kann, richtet sich also nicht allein an die tektonische Form. Die Form steht vielmehr selbst im Dialog mit dem Anspruch ihres Gebrauchs. Dieser liegt in einer Tätigkeit, nicht in einer Form, dem *Baden* und *Denken* selbst, begründet; jedoch weder vordergründig im Sinne einer aktiven, sportlichen Betätigung (Schwimmen, Springen), noch einer gedanklichen Überanstrengung, die Zumthor in einer abgrenzenden Polemik der ‚dekonstruktivistischen Architektur' von Peter Eisenman, Daniel Libeskind oder Bernard Tschumi überlässt.[4] Folgt man hingegen dem Autor von *Architektur Denken*, so ist im Begriff der ‚Gelassenheit' der Modus benannt, in dem *Bauen*, *Baden* und *Denken* zueinander kommen. Erst dadurch wird die Therme zu einem ebenso *eindringlichen* wie *einfachen* Mußeort.

Die Frage, inwieweit die Therme in Vals als ein Ort der Muße verstanden werden kann, verweist somit auf eine Relation, die sich als echte Differenz offenbart: Zum einen gilt es das Verhältnis von Wasser und Tektonik ins Auge zu fassen; zum anderen jedoch eine Unterscheidung zwischen ruhenden und fließenden Gewässern in ihren jeweiligen poetologischen und architektonischen Zusammenhängen zu treffen. Beide topologische Zustände des Wassers dynamisieren zunächst jede tektonische Formierung, wenn man diese, wie Gottfried Semper in *Der Stil in den technischen und tektonischen Künsten*, als die „Kunst des Zusammenfügens starrer, stabförmig gestalteter Theile zu einem in sich unverrückbaren Systeme"[5], definiert. Die Attribute, die Semper für die tektonische Ordnung anführt, lassen sich auf Wasserflächen- und -ströme nicht applizieren. Die Unterscheidung in fließende und ruhende Gewässer geht aber noch einen Schritt weiter, denn die Topologie der Wasserflächen, der Ströme und Quellen wird weder allein sinnlich wahrgenommen noch rein begrifflich erschlossen. Jeder Erfahrung und Kritik geht vielmehr im Sinne Blumenbergs eine vorbegriffliche Metaphorologie unseres grammatologisch-geschichtlichen Figurenrepertoires voraus – und dies zumal, wenn von Quellen und Strömungen die Rede ist.[6]

---

[3] Die Topologie des Wassers, dass das Licht in der Regel in dunkle und helle Zonen bricht, fügt sich mit Zumthors Vorliebe für monochrome (blaue, graue, schwarze) Tonalitäten und Kontraste. Hans Danuser hat dies in seinen Fotografien eingefangen. Zum Schwarzweiß in Zumthors Architektur vgl. „Bilder bauen. Köbi Gantenbein im Gespräch mit Hans Danuser", in: Hans Danuser/Köbi Gantenbein/Philip Ursprung (Hg.), *Zumthor sehen. Bilder von Hans Danuser*, Zürich 2009, 25–35, 33.

[4] Vgl. Peter Zumthor, „Presence in Architecture. Seven Personal Observations", Vortrag in der David Azrieli School of Architecture, Tel Aviv University, 10. November 2013 (unveröffentlicht). Zur ‚dekonstruktivistischen Architektur' vgl. Philip Johnson/Mark Wigley, *Deconstructivist Architecture*, Ausstellungskatalog Museum of Modern Art, New York 1988.

[5] Gottfried Semper, *Der Stil in den technischen und tektonischen Künsten, oder Praktische Aesthetik. Ein Handbuch für Techniker, Künstler und Kunstfreunde*, München 1863, 209.

[6] Hans Blumenberg, *Quellen, Ströme, Eisberge*, hg. v. Ulrich von Bülow u. Dorit Krusche, Berlin 2012.

Die metaphorologische Perspektive erlaubt dabei zunächst eine einfache Einsicht in den architektonischen Entwurfsprozess, denn für das vorbegriffliche Entwerfen in Räumen stehen Wassermetaphern – wie die Figuren der mathematischen Topologie zur euklidischen Geometrie – immer in einem antagonistischen Gegensatz zu den statisch-tektonischen Formen.

Frank Lloyd Wrights Kaskaden in *Fallingwater* (Abb. 3) dynamisieren in diesem Sinne die tektonischen Blöcke und Vorsprünge seiner als Wohnhaus konzipierten Architektur; Tadao Andōs *Water Temple* (Abb. 4) spaltet die spiegelglatte Wasserfläche eines Seerosenteiches für einen Eingang unterhalb der Wasseroberfläche; Li Xiaodongs *Water House* (Abb. 5–7) situiert unbewegte Wasserflächen zwischen architektonischen Ausblicken und der entgegengeworfenen Landschaft; Louis Khan nutzt Wasserflächen und Kanäle im *National Assembly Building* in Dacca oder dem *Salk Institute* in Ja Lolla bei San Diego (Abb. 8/9) vor allem als Schneisen und Lineaturen, die so in horizontaler Bewegungsrichtung ruhig um die monolithischen, vertikalen Gebäudekomplexe fließen.

Peter Zumthor ist somit keinesfalls der einzige Architekt mit eigener Formensprache, dem es gelungen wäre, seit der Moderne und in der Gegenwart den Antagonismus von Wasser und Stein zu verbinden. Anders als in den *Termas de Pedras Salgadas* von Alvaro Siza (Abb. 10–12) hat sich Zumthor aber als einer der wenigen modernen Architekten bewusst auf die Tradition der antiken, türkischen und griechischen Bäder bezogen. Das Rudas-Bad in Budapest mit seinen farbigen Oberlichtern, die türkischen Bäder in Istanbul und Bursa „mit ihren flach ins Wasser führenden Steintreppen, ihrem gedämpften, die Badenden aufnehmenden Licht“[7], sind für ihn vormoderne Vorgänger der Therme in Vals. Sie liefern assoziative Erinnerungsräume, die so auch vor Ort nachvollziehbar bleiben.

2.

In der mit Sigrid Hauser verfassten und von Hélène Binet bebilderten Projektdokumentation stellt Zumthor den Bezug zu diesen frühsten Bädern explizit her. Die Therme wird gleich zu Beginn als ein modernes *asklepieion* beschrieben, ein Heiligtum zu Ehren des Asklepios, das die Römer schlicht *aquae* nannten und sowohl als Kultstätte wie als Heilquelle nutzten.[8] Zumthor erwähnt dies jedoch nur, um noch im gleichen Gedankengang an den konkreten Entstehungsort in Graubünden zu erinnern. Dem Architekten ging es also kurz gesagt nicht um die historische Last der Geschichte, erst recht nicht um ein bloßes Referenzsys-

[7] Günter Figal, „Seinkönnen in der Welt. Zur Phänomenologie des Entwerfens“, in: David Espinet/Toni Hildebrandt (Hg.), *Suchen, Entwerfen, Stiften. Randgänge zum Entwurfsdenken Martin Heideggers*, Paderborn 2014, 21–30, 29.

[8] Sigrid Hauser/Peter Zumthor, *Peter Zumthor – Therme Vals*, Bilder von Hélène Binet, Zürich 2007, 21.

tem oder eine stilistische Adaption durch architektonische Zitate, sondern, wie er betonend hinzufügt, die „Leichtigkeit des Anfangs“:

In der Zeit zurückgehen, baden wie vor tausend Jahren, ein Gebäude, eine bauliche Struktur schaffen, eingelassen in den Hang, die in ihrer architektonischen Haltung und Ausstrahlung älter ist als alles bereits Gebaute um sie herum, ein Gebäude erfinden, das irgendwie schon immer hätte da sein können, ein Gebäude, das mit der Topographie und Geologie des Ortes arbeitet, das auf die gepressten, aufgeworfenen und manchmal in tausend Platten zerbrochenen Steinmassen des Valser Tales reagiert – dies waren unsere Entwurfsabsichten.[9]

Vor diesen Absichten lagen aber noch die „Ideen“ und „Bilder“; „weniger zusammenhängend“, wie Zumthor gesteht, „als diese [...] aus der Erinnerung geschriebene Zusammenfassung der Entwurfsabsichten“.[10] Sein geduldiger Entwurfsprozess, der selbst an vielen Stellen der Muße bedurfte, begann so zunächst im Beobachten des Vorhandenen: des fragwürdigen Vorgängerbaues der Therme, der umliegenden Dorfschaften, der Landschaft und ihrer geologisch-kulturellen Prägung. Steinplatten auf den Dächern der Graubündner Dörfer erinnerten an Reflexe auf dem Wasserspiegel der Bäder. Das Valsertal mit seinem bekannten Mineralwasser kam als Quelle in den Sinn. Die Landschaft wurde indes zusätzlich wichtig, als es das Außenbad zu entwerfen galt. „Die direkte Sichtbeziehung zum *Innenbad* ist durch die Anordnung der Blöcke verdeckt, einbezogen ist die Umgebung“.[11] Diese ist geologisch von Bedeutung, weil sie das Material der Therme, wie etwa den Valser Augengneis, in sich birgt. Entborgen wird diese Physis durch die Architektur, die sich auf die geologischen Ressourcen der Umgebung einlässt, deren gestalterische Möglichkeiten erkennt und sie künstlerisch auslotet.

Der Bezug auf die Landschaft ist aber nicht nur im Ausblick des Außenbads präsent. Im Inneren der Therme verweist ein kleines Blütenbad auf die Blumenwiesen, die im Sommer auf den Hängen blühen. Im Winter hingegen erinnert das Blütenbad an den Verlauf der Jahreszeiten, der die Therme Vals immer wieder in ein neues Licht rückt und damit – mit Zumthor gesprochen – das Bad in wechselnde architektonische *Atmosphären* oder *Stimmungen* versetzt.

Die Landschaft wird aber nicht erst in Vals als fließendes Panorama der Therme erfahren; bereits im Vorfeld wird sie auf der Reise durch Graubünden sehend erschlossen. Auf dem Weg werden Lawinenschutzgalerien passiert, wie sie Zumthor nicht zuletzt als junger Architekt – nach Studien am New Yorker Pratt Institute – während einer zehnjährigen Mitarbeit in der Denkmalpflege des Kantons Graubünden studieren konnte.[12] In dieser Zeit – Anfang der 1980er Jahre –

[9] Siehe Hauser/Zumthor, *Therme Vals*, 23.
[10] Hauser/Zumthor, *Therme Vals*, 23.
[11] Hauser/Zumthor, *Therme Vals*, 29.
[12] Vgl. die frühe Studie: Peter Zumthor, *Siedlungsinventarisierung in Graubünden. Aufgabenstellung und Methode des Bündner Siedlungsinventares, mit Inventar Castasegnas*, Chur 1981.

entwarf Zumthor selbst erste Schutzbauten für die Ausgrabung römischer Funde (Chur, 1986), die gleichzeitig sein Œuvre als Autor von Architektur eröffnen.

Neben vergleichbaren Schutzbauten tritt auf der Zug- oder Autofahrt nach Vals aber auch die Topologie ruhender und fließender Gewässer ins Bewusstsein. Der glatte Wasserspiegel kann an einer Staumauer dem Zervreilasees abgeschaut werden (Abb. 13); Bäche und Flüsse, die durch die Schweizer Berge und Täler mäandern, kehren in der Therme verwandelt in architektonischer Sprache wieder. Diese *Gesten* lassen sich allgemein durch ein *Ineinander von Stein und Wasser* charakterisieren. Die frühesten zeichnerischen Entwürfe, Zumthors sogenannte „Blockstudien" (Abb. 14), gezeichnet mit der Breitseite schwarzer und blauer Kreiden oder erste perspektivische Ansichten dokumentieren die antagonistische Grundidee des Gesamtentwurfs, die Zumthor auf die treffende Formel „Felsblöcke im Wasser"[13] bringt.

3.

Zumthors Werk kreist um die Frage, was es heißt, Architektur zu denken. Wie kann man durch eine architektonische Erfahrung ins Denken gelangen? Wie vermag es eine Architektur, ihrem Gebrauch zu dienen, einem spezifischen Ort gerecht zu werden und gleichzeitig eine eigene Atmosphäre oder Stimmung zu entwerfen? Fragen dieser Art versucht Zumthor jedoch nicht theoretisch, sondern aus der praktischen Erfahrung heraus zu beantworten; doch auch als Architekt stützt er sich dabei auf Metaphern, die nicht allein der architektonischen Praxis entlehnt sind. Dadurch wird ein *physikalisches* Bild von Strukturen auf immanente Ursprünge, Gründe und Latenzen, das heißt auf deren *Metaphysik*, zurückbezogen. Zumthors Frage nach einem erfahrbaren, aber gleichfalls sich immer wieder entziehenden oder vergessenen, architektonischen Denken weist in diesem Sinne Gemeinsamkeiten mit einigen Bemühungen Martin Heideggers auf. So hat Zumthor nicht nur ein phänomenologisches Antwortregister in den Fragenkatalog der Architekturtheorie eingetragen; auch Heidegger denkt seinerseits auf der Grundlage irreduzibler topologischer Begriffe, was vor allem in seinen späten Überlegungen in *Bauen Wohnen Denken* (1951) und *Die Kunst und der Raum* (1969) deutlich wird.[14] Mein Augenmerk liegt hier auf den Übergängen, in denen narrativ aufgeladene Landschaftsbilder in architektonischen Formen aufgehen und absolute Metaphern den Anschein einer stringenten Ar-

---

[13] Siehe Hauser/Zumthor, *Therme Vals*, 27; vgl. hierzu den Kommentar in: Figal, „Seinkönnen in der Welt", 27 f.

[14] Vgl. hierzu Toni Hildebrandt, „*Bildnerisches Denken* – Martin Heidegger und die bildende Kunst", in: David Espinet/Tobias Keiling (Hg.), *Heideggers* Ursprung des Kunstwerks. *Ein kooperativer Kommentar*, Frankfurt a. M. 2011, 210–225.

gumentation erwecken; wenn die Sprache somit mehr sagt, als sie zu sagen beabsichtigt oder zu sagen wagt.

Aufschlussreich ist in diesem Sinne Heideggers Rhetorik in *Was heißt Denken?* und dort vor allem der erste Vorlesungszyklus des Freiburger Wintersemesters 1951/52. Der Text lässt sich über ganze Passagen als eine eindrucksvolle Metaphorologie fließender Gewässer, ausgetrockneter Wüsten und vergessener Quellgebiete lesen. Hölderlins „Stromdichtung" wird zum Gegenstand einer langen Meditation über Ursprünge des Denkens. „Das Dichten" ist für Heidegger „das Gewässer, das bisweilen rückwärts fließt der Quelle zu, zum Denken als Andenken".[15] Der Ort dieses Andenkens, als der „Quellgrund des Dichtens", ist nach Heidegger *Mnemosyne* selbst, die Mutter der Musen, die frühzeitig und unhinterfragt auch mit der Muße in Verbindung gebracht wurde. Mnemosyne gilt in der griechischen Mythologie im Gegensatz zu Lethe als Fluss des Erinnerns – „*die* Gedächtnis", wie Heidegger durchaus treffend übersetzen wird. Doch wenn der Ort der Quelle die Mutter der Musen ist, lässt sich dies dann sogleich auch für einen potentiellen Mußeort wie die Therme in Vals behaupten?

Diese Frage ist hier sicher zu schnell gestellt, denn Heidegger sagt zwischen den Zeilen immer auch mehr, als es der philosophische Argumentationsgang kenntlich macht. Metaphern führen ein semantisches Eigenleben, was Autoren wie Cixous, Derrida, Blumenberg und Haverkamp an Heidegger herauszustellen wussten. Für die Wassermetaphorologie gilt dies nicht weniger. Die Gegenmetapher der Quelle oder Oase ist schließlich die Wüste, und *weh dem, der Wüsten birgt*. Von Nietzsche hatte Heidegger die nihilistische Wüstenmetaphorik übernommen und mit ihr die auf „Neubegrünung"[16] abzielende Gegenmetapher der Quelle installiert. Diese sei nötig, denn „die Verwüstung", so Heidegger, sei immer auch die „Vertreibung der Mnemosyne"[17] und damit der Musen. Die Topologie der fließenden Gewässer und Ströme, wie Heidegger sie bei Hölderlin vorzufinden meint, verweist dementgegen auf eine *rettende Quelle*, die der Verwüstung Paroli bietet. Ruhende, stehende oder gar stagnierende Gewässer kommen dabei nicht gesondert in den Blick, da diese weder einen neuen Anfang

---

[15] Martin Heidegger, *Was heißt Denken?*, 4. Aufl., Tübingen 1984, 7.

[16] Wolfram Hogrebe, *Beuysianismus. Expressive Strukturen der Moderne*, München 2011. Hogrebes Metapher einer „Neubegrünung der Wüste" gilt der Spätmoderne nach ihren eigenen, radikalisierenden Entgrenzungen. Hogrebe schließt hier an die Arbeit des Kunsthistorikers Franz-Joachim Verspohl an; vor allem, wenn er sich auf das Werk von Kasimir Malewitsch, Joseph Beuys, Imi Knoebel und Frank Stella bezieht. Für eine „Neubegrünung der Wüste" stehen für Hogrebe und Verspohl paradigmatisch die Entwicklungen des späten Stella oder Knoebel, aber auch die literarischen/kompositorischen Haltungen von Peter Handke oder Hans-Werner Henze. Zumthor, den Hogrebe in seiner Studie nicht erwähnt, würde sich gut in diese Genealogie einer gealterten Moderne, die zur Schönheit gefunden hat, einreihen.

[17] Siehe Heidegger, *Was heißt Denken?*, 11.

versprechen, noch auf einen Ursprung verweisen – zumindest nicht in gleicher Weise, wie dies der späte Heidegger zu intendieren scheint.

In einer gewissen Weise bewegt sich Zumthor in seinen Erinnerungen zum Entwurf der Therme zwischen beiden geschichtlichen Narrativen; jener Rückkehr oder Besinnung auf die Quelle und dem Wunsch nach einer spätmodernen Neubegrünung der Wüste. Es scheint, dass auch Zumthor hier den, von Blumenberg differenzierten, „Ordnungsrufen" ‚Zu den Sachen!' (*ad res*) und ‚Zu den Quellen!' (*ad fontes*) folgt.[18]

Die Ambiguität zwischen der Ortsspezifik und der Ursprungssehnsucht findet im Narrativ, das die Therme Vals begleitet, sein ‚Vor-Bild', oder *objet trouvé*, in der stehenden, ruhenden Oberfläche des Staudamms. Zwar verweist der Staudamm auf die Quelle, aber er hebt ihre Bewegtheit gleichfalls auf. Heideggers Satz – „Was Schwimmen heißt, sagt uns nur der Sprung in den Strom" – so übertragen er auch gemeint sein mag, gilt daher kaum für die Therme, in der ebenjene Kraft *außer Kraft* gesetzt ist. In den ruhigen Gewässern der antiken Thermalbäder versinkt der Körper weit eher, stets ohne die Ruhe der Wasseroberfläche wesentlich zu stören oder überhaupt den Wunsch nach Strömungen zu hegen.

Mit ähnlichen, interpretativen Intentionen hat meines Erachtens auch Stanley Cavell in seinem brillanten, unterschwellig eminent politischen Aufsatz *Thoreau Thinks of Ponds, Heidegger of Rivers* auf den Unterschied der beiden absoluten Metaphern des Flusses und des Teiches (*pond*) hingewiesen.[19] Cavell erkennt zunächst, trotz aller Parallelen und Koinzidenzen zwischen Heideggers Hölderlin-Lektüre und Thoreaus *Walden*, dass in den Schriften beider Denker zwei unterschiedliche Wassermetaphern am Werk sind. Bei Heidegger der Fluss, wie ihn die ‚Stromdichtung' Hölderlins zur Sprache bringt; bei Thoreau hingegen der *pond* (Teich, Weiher, See) in den Wäldern von Concord. Fluss und *pond* unterscheiden sich in ihrem optischen Erscheinungsbild zunächst in mindestens dreierlei Hinsicht: 1) Man steht stets an einem Abschnitt eines Flusses, an einem *pond* ist man auch wenn man ihn nicht immer vollständig überblicken kann, so doch *angekommen*, ganz wie der Schriftsteller in seiner Hütte; 2) Flüsse sind schon vor Heraklit immer in Bewegung gewesen; *ponds* hingegen ruhen stets; und 3) Flüsse spiegeln selten, *ponds* sind zumeist spiegelglatt, ‚Spiegel des Himmels' und darüber hinaus tief.

Cavells vergleichende Lektüre erhellt nun jedoch vor allem die Konsequenzen einer komplexen, semantischen De- und Reterritorialisierung, die sich aus dem Bezug auf die unterschiedlichen Metaphern von Fluss und *pond* ergeben.

---

[18] „Der erste Ordnungsruf bindet sich an die Disjunktion von Sachen und Worten, Wirklichkeit und bloßer Rede, Realismus und Rhetorik; der andere Ordnungsruf ist verbunden mit der Disjunktion von Ursprung und Verfall, Authentizität und Scholastik, Genie und Epigonentum, Reinheit und Verderbnis." (Blumenberg, *Quellen, Ströme, Eisberge*, 9)

[19] Stanley Cavell, „Thoreau Thinks of Ponds, Heidegger of Rivers", in: Cavell, *Philosophy the Day after Tomorrow*, Cambridge, Mass. 2005, 213–235.

So betont Heidegger in Hölderlins Strommetaphorik, wie der Fluss das Uferland ‚urbar' macht. Siedlungen und Heimaten werden so gestiftet; dem nomadischen Umherwandern ein Ende gesetzt. Hierzu stellt Cavell eine Art gelassene Gegenthese bei Thoreau fest, wobei er gleichzeitig auch an Wittgenstein denkt, „letting things be what they are"[20] (Wittgenstein: „philosophy leaves everything as it is"[21]). Übertragen auf die Topologien der ruhenden und fließenden Gewässer ließe sich daraus schließen, dass Heidegger angesichts einer ‚Verwüstung der Welt' (verzweifelt?) darauf zu hoffen glaubte, dass „einmal und anderswoher hier und dort Oasen aufgehen und Quellen springen"[22]; dies wohlgemerkt als Frage formuliert – während Thoreau seinen *pond* in Walden lediglich so beschreibt, wie er ihn vorfindet, um ihn einst genau so auch wieder verlassen zu können.

The concept of *letting* things be what they are – as it were leaving things to themselves, but at the same time letting them happen to you – is pervasive in *Walden*, enacted in the main action of learning to leave Walden.[23]

Wie Cavell an dieser Stelle zeigt, kontrastiert Thoreau mit anderen, letztlich protoökologischen Intentionen, die fließenden und geschäftigen Ströme, von dem, was uns umgibt – für das der in sich ruhende *pond* letztlich weniger eine Metapher, als die denkbar beste Allegorie darstellt. Der *pond* als Mußeort hingegen allegorisiert eine passive Haltung oder Impotentialität. Thoreau verweigert damit den seinsgeschichtlichen Übergang ebenso wie die Revolution im Nordamerika seiner Zeit. Es gibt keinen Anspruch, keine Entscheidung, gegen Siedlung oder Landnahme. Cavell sieht darin die entscheidende Nuancierung, die er gegen Heideggers Kritik am nomadischen Umherwandern wendet, aber in der Form einer skeptischen Frage belässt, statt sie in eine eigene Gewissheit zu überführen.

Heidegger of course comments upon Hölderlin's line ‚For rivers make arable/The Land,' that is, suit the land for plowing, hence for settling (instead of wandering, as nomads).[24]

There is no likelihood of knowing, in our few moments here, how far the contrast of Hölderlin's river and Thoreau's pond can take us. It may well seem unpromisingly banal, or irremediably obvious. […] But the contradictory perspectives of these thinkers arise pretty well at once from the one taking rivers as ‚marking the path of the people' (Hölderlin's Hymn, p. 31), and from the other taking the pond as a ‚perpetual instilling and drenching of the reality that surrounds it' (chap. 2).[25]

---

[20] Siehe Cavell, „Thoreau Thinks of Ponds, Heidegger of Rivers", 217.

[21] Ludwig Wittgenstein, *Philosophical Investigations*, übers. v. G. E. M. Anscombe, Oxford 1953, § 124.

[22] Siehe Heidegger, *Was heißt Denken?*, 21.

[23] Siehe Cavell, „Thoreau Thinks of Ponds, Heidegger of Rivers", 217.

[24] Cavell, „Thoreau Thinks of Ponds, Heidegger of Rivers", 225.

[25] Cavell, „Thoreau Thinks of Ponds, Heidegger of Rivers", 225.

Cavells als Frage formulierte Differenz, für die Fluss und *pond* bei Heidegger und Thoreau die absoluten Metaphern liefern, ist letztlich jene nach dem Sinn von Heimat und Fremde; das pejorative „unheimlich" („Heimischwerden im Umheimischsein") bei Heidegger ist dem positiv gewendeten „sojourning" (*sich aufhalten*) bei Thoreau gegenübergestellt – „living each day, everywhere and nowhere, as a task and an event"[26] –, und das heißt nomadisch, ohne Anspruch auf eine ursprüngliche Heimat oder urbare Gegend, ohne „Repatriation"[27], sondern davon ‚überzeugt', keine Bindung eingehen zu müssen. Cavell nennt dies „unattachment".

4.

Die markierte Differenz zwischen ruhenden und fließenden Gewässern verweist auf einen Widerspruch, von dem auch Zumthors Architektur, sofern man sie denn ihrem eigenen Anspruch nach zu *denken* beabsichtigt, nicht frei ist. Die Therme in Vals verweist auf die Quelle ihres eigenen Ursprungs, aber ihr ruhendes Wasser bleibt ein Potential, ihre *steresis*, ohne dass diese in Aktion treten müsse. Sie ist damit ein Mußeort, der sich um einen Ursprung versammelt und von diesem seine Kraft schöpft, aber diese in ihrer Impotentialität belässt, wie ja auch der Badende in Vals nicht zu einem Schwimmer, also nicht zu einem *Akteur* wird.[28] Wie Heidegger ist damit auch Zumthor ein Denker, der den „Verlust der Mitte" (Sedlmayr) zu überwinden sucht, indem er die Frage anders, aber erneut aufwirft und überzeugend, persuasiv, zu beantworten beabsichtigt.[29] Zumthor unterscheidet sich hier, in gewisser Weise, von Eisenman, wie Heidegger von Derrida, indem er einen starken Begriff des Ursprungs gelten lässt und nach einer (architektonischen) *Mitte* strebt. Welche ästhetische Position Zumthor damit implizit in seiner Architektur und explizit in seinen Schriften einnimmt, lässt sich abschließend am besten in einem Vergleich mit einer Arbeit eines anderen Schweizer Künstlers und ehemaligen Architekten, Florian Graf, andeuten.

Grafs *Ghost Light Light House* (Abb. 15–17) ist im Vergleich mit der Therme in Vals ein geradezu paradigmatisch nomadischer Mußeort. Während eines sechsmonatigen Stipendiums im ZF-Turm-Atelier in Friedrichshafen entwarf Graf

---

[26] Siehe Cavell, „Thoreau Thinks of Ponds, Heidegger of Rivers", 229.

[27] Vgl. Jacques Derrida, *Falschgeld*, übers. v. Andreas Knop u. Michael Wetzel, München 1993.

[28] Meine Auslegung überschneidet sich hier mit der von Agamben ausgearbeiteten Kritik an Heidegger, die im letzten Buch der *homo sacer*-Reihe noch einmal deutlich aufscheint und dort in einer Theorie der Inoperativität, der ‚potenza destituente' gipfelt. Vgl. Giorgio Agamben, *L'uso dei corpi*, Vicenza 2014.

[29] Siehe Heidegger, *Was heißt Denken?*, 11, 14, 65. Vgl. hierzu auch Karsten Harries, *The Ethical Function of Architecture*, Cambridge, Mass. 1997.

zunächst in seinen Skizzenbüchern einen fast neun Meter hohen Leuchtturm.[30] Auf einem Ponton installiert trieb Grafs Gestell dann im Sommer 2012 über den Bodensee. „Das, was sonst Schiffen den Weg anzeigt, fest am Ufer verankert ist, war nun lösgelöst, angewiesen auf die Hilfe eines der Schiffe, die sich normalerweise an ihm orientieren."[31] Der Titel des Werkes verdeutlicht diese Doppeldeutigkeit:

Ghost Light bedeutet Irrlicht und spielt an auf gespenstische Mythen, z. B. das Geisterschiff. *Light House* weist auch auf die tektonischen Eigentümlichkeiten des architektonischen Gebildes von Florian Graf hin: *Light* heisst nicht nur Licht, sondern auch leicht. Und tatsächlich ist sein Turm nicht aus Stein, sondern aus dünnen Holzpaneelen gezimmert.[32]

Wie Zumthors „Felsblöcke im Wasser"[33] an die türkischen Bäder, so könnte auch Grafs hölzerner Modell-Turm an antike Bauwerke erinnern, wie etwa den Leuchtturm von Alexandria. Zwingender ist jedoch die Assoziation mit den utopischen Architekturentwürfen der französischen Revolutionsarchitekten Étienne-Louis Boullée und Claude-Nicolas Ledoux (mit denen Sedlmayr bezeichnenderweise sein Verdikt vom *Verlust der Mitte* einleitete). Was sich in den gigantischen, formlosen Obelisken von Boullée andeutet und bei Graf auf parodistische Weise wiederkehrt, ist die bewusste Aufgabe eines sicheren, ursprungsnahen Ortes. Der Leuchtturm verlässt seinen Heimathafen und wird selbst zur Gefahr für andere Schiffe. Die Kunst wird bodenlos, nomadisch und unberechenbar – auch wenn sie dies in der Aktion natürlich nicht war. Inwieweit sich Grafs Arbeit nach wie vor in die von Derrida umrissene Geschichte einer odysseischen Reiseerfahrung einschreibt, hängt letztlich vor allem davon ab, inwieweit man den Fokus auf das architektonische *Modell* oder eher auf die *Aktion* des Künstlers lenkt.[34] Schließlich ist nicht mehr der Reisende, zwischen Heimat und Repatriation *unterwegs*, sondern vielmehr der Ort der Erfahrung selbst in Bewegung versetzt. In jedem Fall jedoch – und dies ist für meinen Vergleich mit Zumthors so gänzlich verschiedenartiger Therme letztlich ausschlaggebend – hat Graf architektonisch gedacht und einen Mußeort gebaut, an dem er für einige Wochen leben und arbeiten konnte:

---

[30] Vgl. Toni Hildebrandt, „Florian Grafs Bücher. Zwischen „disegno ambiguo" und „objet ambigu", in: Heidi Brunnschweiler (Hg.), *Perpetually Transient. Neue Blicke auf Ambivalenz durch die konstellative Anordnung der Arbeiten von Anahita Razmi, Basim Magdy, Florian Graf, Bernd Behr*, Basel 2015, 99–107.

[31] Mechthild Widrich, „Modell, Moment, Monument. Zur Arbeit Ghost Light Light House von Florian Graf", in: *Florian Graf. Ghost Light Light House*, Ausstellungskatalog ZF-Kunststiftung/Zeppelin-Museum, Friedrichshafen 2012, 4–8, 4.

[32] Widrich, „Modell, Moment, Monument", 4.

[33] Siehe Hauser/Zumthor, *Therme Vals*, 27. Vgl. hierzu den Kommentar in: Figal, „Seinkönnen in der Welt", 27 f.

[34] Vgl. Derrida, *Falschgeld*; Catherine Malabou/Jacques Derrida, *Voyager avec Jacques Derrida. La Contre-allée*, Paris 1999.

Leuchttürme bieten wie Inseln Projektionsflächen für die größten Ängste aber auch größten Wünsche des Menschen. Sie evozieren einerseits Angst vor Isolation, Einsamkeit oder Langeweile, und andererseits Sehnsucht nach Unabhängigkeit, Selbständigkeit oder Ruhe. Genauso fühlte ich mich auf meiner Irrfahrt hingerissen zwischen der Muße im elfenbein-weißen Gefährt, verwickelt in babylonische Verwirrung und gefangen in der Freiheitsstatue. Gleichzeitig fühlte ich mich geborgen wie in der Arche oder lauernd wie im Trojanischen Pferd. Ich wurde selbst zum Irrtum und der anthropomorphe Baukörper begann mich zu bewohnen. Er wurde zum skulpturalen Bild, das sich immer wieder neu in die Landschaft einschrieb, um sich gleich wieder von ihr zu lösen. Die Figur wurde Grund – Grund zum Spiel mit der Strategie.[35]

Zumthors Therme in Vals und Florian Grafs Leuchtturm auf dem Bodensee sind zwei Orte, die unterschiedlicher kaum sein könnten, aber es sind beides Mußeorte, die durch eine Metaphorologie ruhender und fließender Gewässer zu verschiedenen Narrativen verleiten. In Zumthors Therme geht es um ein Ankommen an einer Quelle, deren ruhendes Wasser jedoch keinen Neuanfang, sondern eine gelassene Muße, eine Besinnung auf die architektonischen Ursprünge und ihre potentielle Vergegenwärtigung verspricht. Zumthor geht es um ein architektonisches Erinnern. Hermeneutisch gesprochen antwortet somit die Architektur auf ihre eigene Geschichte und übersetzt sie in Gegenwart, denn – so Zumthor – sie „ist nicht in den Formen gleich, aber das Gebäude in Vals *weiss*, dass es türkische Bäder gibt."[36]

Florian Graf hingegen geht es um eine Erfahrung der Reise, die gleichzeitig eine Art der Erinnerung an die Gegenwart seiner eigenen nomadischen Existenz, ihrer prekären Ortslosigkeit und Ungebundenheit darstellt und für die der schwimmende Leuchtturm dann eine vortreffliche Allegorie figuriert. Der allegorische Turm liefert keine Orientierung mehr, er verweist auf keinen Heimathafen und hat ihn vielleicht sogar vergessen. Er kennt kein Festland und keinen Ursprung, aber er bietet dem Künstler, der nicht mehr Architekt sein will, dennoch die Gelegenheit zur Muße, um zum Beispiel über die Frage nach dem Verhältnis von Architektur und Installationskunst oder der Relation von Tektonik und dem fluiden Medium des Wassers nachzudenken.

Für Florian Graf, der in den 1990er Jahren als bester Absolvent des Architekturstudiums an der ETH Zürich abschloss, bei den Pritzker-Preisträgern Norman Foster und Jacques Herzog arbeitete und sich, wie seine Notizbücher belegen, auch mit Heidegger und Zumthor auseinandergesetzt hat, besteht eines der Hauptprobleme zeitgenössischer Architektur in ihrer Treue zu Tektonik und Ortsgebundenheit. Wie lässt sich auf die Ursprungssehnsucht der Architektur

---

[35] Markus Krajewski im Dialog mit Florian Graf, „Ansichten und Aussichten", in: *Florian Graf. Ghost Light Light House*, Ausstellungskatalog ZF-Kunststiftung/Zeppelin-Museum, Friedrichshafen 2012, 41–42.

[36] Toni Hildebrandt im Gespräch mit Peter Zumthor, „Architektur, Bild, Entwurf", in: *Rheinsprung 11. Zeitschrift für Bildkritik* 1 (2011), 139–146, 140 (Herv. T.H.).

verzichten, wie auf Probleme der ständigen Mobilität, omnipräsenten Globalisierung und notwendigen Subtraktion tektonisch antworten? Kann sich ein architektonisches Denken von Tektonik gänzlich lösen und wenn ja, in welcher Form oder ‚Anti-Form'? Kann ein Mußeort letztlich auch dort entstehen, wo er sich kontinuierlich von seiner eigenen Mitte befreit oder nie bei ihr ankommen wird? Wo er also nicht nur die Mitte verliert, sondern auch die Melancholie vergessen macht, die im „Verlust der Mitte" mitschwingt?

Dass Starobinski dem Heilbad ein Kapitel in seiner *Geschichte der Melancholiebehandlung* gewidmet hat, verweist sicher auch auf eine mögliche Wasserarchitektur – diesseits und jenseits der Melancholie. „Das Paradox", so Blumenberg,

> daß die Quellen sich trüben, indem sie zum Strom werden, und erst wieder sich läutern, wenn die Ströme sich im Meer verlieren [oder in der Therme zur Ruhe kommen, T.H.], ist das der geschichtlichen Wirkung selbst. Trauer über die Verderbnis der Quellen ist die des Romantikers, der die Geschichte diesseits des Paradieses und seiner Quellen im Grunde nicht gewollt haben kann.[37]

Zumthor und Graf beziehen zu diesem Verdikt, wie mir scheint, unterschiedlich, aber auch nicht gänzlich eindeutig Stellung. Es war demnach hier auch weniger mein Ziel, diese Positionen und Entscheidungen selbst wertend zu beurteilen, als sie vielmehr als eine aufschlussreiche, antagonistische Disposition zu einer Differenz darzustellen, von der aus die ideologischen und ästhetischen Implikationen architektonischer und poetologischer Narrative präziser beurteilt werden können. Zumthor und Graf unterscheiden sich letztlich, weil sie Mußeorte *mit* und *ohne* Ursprung entwerfen, doch ihren Entwürfen ist gleichzeitig auch gemeinsam, dass sie dies kompromisslos unter *Bedingungen* der Muße tun. Dies wiederum unterscheidet die Therme Vals und das *Ghost Light Light House* letztlich von den meisten Projekten zeitgenössischer Architektur- und Kunstbüros, in denen die Frage nach einem genuinen Ort der Muße, nach einem architektonischen Denken – sei es mit oder ohne Ursprung – gar nicht erst aufgeworfen wird.[38]

---

[37] Siehe Blumenberg, *Quellen, Ströme, Eisberge*, 18 f.

[38] Bemerkenswerterweise hat Peter Eisenman in seiner Polemik gegen Herzog & de Meuron gerade deswegen auf das Werk von Zumthor Bezug genommen; wie mir scheint in einer ganz ähnlichen Geste, wie man sie in Derridas und Nancys kritischer Auseinandersetzung mit Heidegger oder der Gegenlektüre mit Benjamin bei Agamben wiedererkennen kann. Vgl. Jacques Herzog und Peter Eisenman, „A Dialogue", moderiert von Carson Chan, Milstein Hall, Cornell University, College of Architecture, Art and Planning, 11. September 2013.

Literatur

Agamben, Giorgio, *L'uso dei corpi*, Vicenza 2014.

Blumenberg, Hans, *Quellen, Ströme, Eisberge*, hg. v. Ulrich von Bülow u. Dorit Krusche, Berlin 2012.

Cavell, Stanley, „Thoreau Thinks of Ponds, Heidegger of Rivers“, in: Cavell, *Philosophy the Day after Tomorrow*, Cambridge, Mass. 2005, 213–235.

Derrida, Jacques, *Falschgeld*, übers. v. Andreas Knop u. Michael Wetzel, München 1993.

Figal, Günter, „Seinkönnen in der Welt. Zur Phänomenologie des Entwerfens“, in: David Espinet/Toni Hildebrandt (Hg.), *Suchen, Entwerfen, Stiften. Randgänge zum Entwurfsdenken Martin Heideggers*, Paderborn 2014, 21–30.

Harries, Karsten, *The Ethical Function of Architecture*, Cambridge, Mass. 1997.

Hauser, Sigrid/Zumthor, Peter, *Peter Zumthor – Therme Vals*, Bilder von Hélène Binet, Zürich 2007.

Heidegger, Martin, *Was heißt Denken?*, 4. Aufl., Tübingen 1984.

Hildebrandt, Toni, „Architektur, Bild, Entwurf“, in: *Rheinsprung 11. Zeitschrift für Bildkritik* 1 (2011), 139–146.

Hildebrandt, Toni, „*Bildnerisches Denken* – Martin Heidegger und die bildende Kunst“, in: David Espinet/Tobias Keiling (Hg.), *Heideggers* Ursprung des Kunstwerks. *Ein kooperativer Kommentar*, Frankfurt a. M. 2011, 210–225.

Hildebrandt, Toni, „Florian Grafs Bücher. Zwischen „disegno ambiguo“ und „objet ambigu““, in: Heidi Brunnschweiler (Hg.), *Perpetually Transient. Neue Blicke auf Ambivalenz durch die konstellative Anordnung der Arbeiten von Anahita Razmi, Basim Magdy, Florian Graf, Bernd Behr*, Basel 2015, 99–107.

Hogrebe, Wolfram, *Beuysianismus. Expressive Strukturen der Moderne*, München 2011.

Johnson, Philip/Wigley, Mark, *Deconstructivist Architecture*, Ausstellungskatalog Museum of Modern Art, New York 1988.

Krajewski, Markus, „Ansichten und Aussichten“, in: Krajewski, *Florian Graf. Ghost Light Light House*, Ausstellungskatalog ZF-Kunststiftung/Zeppelin-Museum, Friedrichshafen 2012, 41–42.

Malabou, Catherine/Derrida, Jacques, *Voyager avec Jacques Derrida. La Contre-allée*, Paris 1999.

Semper, Gottfried, *Der Stil in den technischen und tektonischen Künsten, oder Praktische Aesthetik. Ein Handbuch für Techniker, Künstler und Kunstfreunde*, München 1863.

Starobinski, Jean, *Geschichte der Melancholiebehandlung von den Anfängen bis 1900*, hg. v. Cornelia Wild, Berlin 2011.

Widrich, Mechtild, „Modell, Moment, Monument. Zur Arbeit Ghost Light Light House von Florian Graf“, in: Widrich, *Florian Graf. Ghost Light Light House*, Ausstellungskatalog ZF-Kunststiftung/Zeppelin-Museum, Friedrichshafen 2012, 4–8.

Wittgenstein, Ludwig, *Philosophical Investigations*, übers. v. G. E. M. Anscombe, Oxford 1953.

Zumthor, Peter, *Siedlungsinventarisierung in Graubünden. Aufgabenstellung und Methode des Bündner Siedlungsinventares, mit Inventar Castasegnas*, Chur 1981.

Zumthor, Peter, *Architektur Denken*, 3., erw. Aufl., Basel 2010.

„Bilder bauen. Köbi Gantenbein im Gespräch mit Hans Danuser“, in: Hans Danuser/Köbi Gantenbein/Philip Ursprung (Hg.), *Zumthor sehen. Bilder von Hans Danuser*, Zürich 2009, 25–35.

Abb. 1: Peter Zumthor, Therme Vals, Graubünden, Schweiz (Außenansicht) (Quelle: Hélène Binet).

Abb. 2: Peter Zumthor, Therme Vals, Graubünden, Schweiz (Innenansicht) (Quelle: Hélène Binet).

Abb. 3: Frank Lloyd Wright, *Fallingwater*, Mill Run, USA, 1935–1937 (Quelle: Courtesy of the Western Pennsylvania Conservancy).

Abb. 4: Tadao Andōs *Water Temple*, Awaji, Hyōgo, Japan, 1990–91 (Quelle: Ken Conley).

Abb. 5: Li Xiaodongs *Water House*, Lijiang, Yunnan, China, 2009
(Quelle: Li Xiaodong Atelier).

Abb. 6: Li Xiaodongs *Water House*, Lijiang, Yunnan, China, 2009 (Quelle: Li Xiaodong Atelier).

Abb. 7: Li Xiaodongs *Water House*, Lijiang, Yunnan, China, 2009 (Quelle: Li Xiaodong Atelier).

Abb. 8: Louis Khan, Salk Institute, Ja Lolla, San Diego, USA
(Quelle: Courtesy Salk Institute for Biological Studies *National Assembly*).

Abb. 9: Louis Khan, Salk Institute, Ja Lolla, San Diego, USA
(Quelle: Courtesy Salk Institute for Biological Studies *National Assembly*).

Abb. 10: Álvaro Siza Vieira, *Termas de Pedras Salgada*, Bornes de Aguiar, Portugal, 2009 (Quelle: Álvaro Siza Vieira Archiv).

Abb. 11: Álvaro Siza Vieira, *Termas de Pedras Salgada*, Bornes de Aguiar, Portugal, 2009 (Quelle: Álvaro Siza Vieira Archiv).

Abb. 12: Álvaro Siza Vieira, *Termas de Pedras Salgada*, Bornes de Aguiar, Portugal, 2009 (Quelle: Álvaro Siza Vieira Archiv).

Abb. 13: Staumauer dem Zervreilasees (Quelle: Jules Geiger, Fotostiftung Graubünden).

Abb. 14: Peter Zumthor, Blockstudie für die Therme Vals
(Quelle: Archiv Peter Zumthor, Haldenstein, Schweiz).

Abb. 15: Florian Graf, *Ghost Light Light House*, Bodensee, Deutschland/Österreich/Schweiz, 2012 (Quelle: Katja Bode).

Abb. 16: Florian Graf, *Ghost Light Light House*, Bodensee, Deutschland/Österreich/Schweiz, 2012 (Quelle: Katja Bode).

Abb. 17: Florian Graf, *Ghost Light Light House*, Bodensee, Deutschland/Österreich/Schweiz, 2012 (Quelle: Florian Graf).

IV. Zwiegespräche –
Gelehrte in Gesellschaft, Autoren vor dem Papier

Ordnungen der Muße

Zur Produktion und Rezeption gelehrter Literatur im Verlauf des 18. Jahrhunderts

Michael Multhammer

Mußeorte können eine ganz unterschiedliche Topographie haben. Manche sind naheliegend und leuchten – zumindest auf den ersten Blick – intuitiv ein. Das Theater, der Konzertsaal oder Bäder etwa wären solche Orte, die man über die Zeiten hinweg als Orte der Muße und Erholung, aber auch der Kontemplation namhaft machen könnte. Um solche Orte kreisen die folgenden Überlegungen nicht; vielmehr geht es um nicht ganz so naheliegende und vielleicht weniger vertraute literarische Gebiete des 18. Jahrhunderts, denen Muße in doppelter Weise eignet. Diese Mußeorte haben nur wenig gemein mit jenem viel zitierten *locus amoenus*, wo sanfte Bächlein plätschern, die unvermeidlichen Zypressen Schatten spenden und der Schäfer-Dichter im grünen Gras liegt und sein Liedchen singt.[1] Auch Plinius-Villen sind nicht zu erwarten, genauso wenig wie reich ausgestattete Loggien unter mediterranem Himmel.[2] Vielmehr sind es die zugigen und klimatisch kaum begünstigten universitären Zentren Mitteldeutschlands, Zentren, deren Beschaulichkeit so wenig gemein hat mit einem weltmännischen Alltag, der nach Mußeräumen verlangt[3], und in denen doch Gelehrte leben, deren Reputation sich über ganz Europa erstreckt.[4] Es wird im Folgenden um Studierstuben in Halle an der Saale, Leipzig und Göttingen gehen; und um die eben

[1] Vgl. etwa den Beitrag von Thomas Klinkert in diesem Band.

[2] Vgl. den Beitrag von Hans W. Hubert in diesem Band.

[3] Die Vorstellung von *otium* als Kehrseite des *negotium*, also als Abwesenheit von den Staatsgeschäften, ist ein antiker Topos. Es ist eben vornehmlich der Staatsmann, der nach der Erledigung seiner Pflichten die Zeit fern der Politik als Muße, durchaus aber auch in Tätigkeit, erfahren kann.

[4] Neben zahlreichen Publikationen zu einzelnen Protagonisten der Gelehrtenrepublik, auf deren Nennung hier verzichtet wird, sei lediglich verwiesen auf Sebastian Neumeister/Conrad Wiedermann (Hg.), *Res publica litteraria. Die Institutionen der Gelehrsamkeit in der frühen Neuzeit*, Wiesbaden 1987; Martin Mulsow, *Die unanständige Gelehrtenrepublik. Wissen, Libertinage und Kommunikation in der Frühen Neuzeit*, Stuttgart 2007; Anthony Grafton, *Worlds Made by Words. Scholarship and Community in the Modern West*, Cambridge, Mass. 2009; Anne Goldgar, *Impolite Learning. Conduct and Community in the Republic of Letters, 1680–1750*, New Haven, Conn. 1995. – Des Weiteren wären zwei Sammelbände zu nennen, die versuchen das Konzept des ‚Intellektuellen' in der Frühen Neuzeit

dort entstandene Literatur als Produkt einer Muße, die doch in vielen Belangen von dem unterschieden ist, was man im ersten Moment als Mußetätigkeit anerkennen würde. Überschneidungen mit klassischen Vorstellungen gibt es dennoch reichlich, sowohl im Bereich kontemplativer Muße als auch dort, wo Mußestunden zu außerordentlicher Produktivität beitragen.

Die Überlegungen gliedern sich in vier Abschnitte. Nach einigen methodischen Überlegungen zum Zusammenhang einer raumzeitlichen Konzeptualisierung von Muße mit Fragen der Gattungstheorie soll anhand dreier Beispiele versucht werden, in Ansätzen die Form von Literatur näher zu bestimmen, die in unserem Zusammenhang interessiert.[5] Namentlich sind das Texte von Nikolaus Hieronymus Gundling (1671–1729), Johann Christoph Gottsched (1700–1766) und Georg Christoph Lichtenberg (1742–1799). Mit diesen drei Autoren lässt sich historisch das Kerngebiet unseres Projektes umreißen – ausgehend vom frühen 18. Jahrhundert bis gegen Ende desselben.

Im Besonderen geht es um bisher wenig beachtete Textsorten, die als ‚Räume imaginärer Kommunikation' verstanden und, entgegen vorschneller Vermutung, tatsächlich als Literatur gelesen werden können. Die Zusammenstellung dieser Art von Literatur ist wohl erläuterungsbedürftig, und das in mehrfacher Hinsicht. Zentral ist hierfür der zugrundeliegende ‚Literatur'-Begriff, der vielleicht im interdisziplinären Kontext nicht selbstverständlich ist. Es gilt dabei auf eine Besonderheit hinzuweisen, die sich aus den frühneuzeitlichen Rahmenbedingungen speist und gerade im deutschsprachigen Kontext speziellen Konnotationen unterliegt. Spricht man über Literatur, die vor der Mitte des 18. Jahrhunderts angesiedelt ist, muss man mit einem erweiterten Literaturbegriff operieren.[6] Es

---

zu verankern: Luise Schorn-Schütte (Hg.), *Intellektuelle in der Frühen Neuzeit*, Berlin 2010; sowie Jutta Held (Hg.), *Intellektuelle in der Frühen Neuzeit*, München 2002.

[5] Dieser Beitrag speist sich aus den Rahmenbedingungen des Teilprojekts B5 ‚Räume imaginärer Kommunikation: Funktionen der Muße in bibliographischer, florilegischer und anekdotischer Literatur (16. bis 19. Jahrhundert)' des SFB 1015 ‚Muße' an der Universität Freiburg: Das Teilprojekt erforscht Funktionen der Muße in bibliographischer, florilegischer und anekdotischer Literatur vom 16. bis zum 19. Jahrhundert, insofern in ihr die Denkfigur eines durch *otium studiosum* (Muße) geschaffenen imaginären Kommunikationsraums manifest geworden ist. Ihm liegt der Gedanke zugrunde, dass gelehrte Bibliographien, Florilegien und Sammlungen von Anekdoten Räume imaginärer Kommunikation begründen, denen ein wesentliches Element von Räumen der Muße eignet: die diskursive Aufhebung von Zeit. Ziel des Teilprojekts ist eine kulturwissenschaftlich abgesicherte und zivilisationsgeschichtlich erweiterte Ideengeschichte dieser für die frühe Neuzeit und darüber hinaus konstitutiven Literaturgattungen.

[6] So einführend etwa bei Kai Bremer, *Literatur der Frühen Neuzeit*, Paderborn 2008, 15 f.: „Die Frühe Neuzeit verfügt […] nicht über einen Begriff von Literatur, der dem der Moderne entspricht. Das heißt nicht, dass es keine Literatur gibt. Selbstverständlich werden Dramen, Romane und Gedichte geschrieben; doch verdeutlicht die Literatur der Frühen Neuzeit vielleicht besser als die jeder anderen Epoche, wie sehr der Begriff ‚Literatur' von seiner Zeit und seiner Kultur abhängig ist. In der Frühen Neuzeit geht mit ‚Literatur' kein Konzept einer literarischen oder gar genialischen Schöpfung einher. Stattdessen dominiert

sind also nicht die drei poetischen „Naturformen" im Fokus, die Goethe mit Drama, Lyrik und Epik identifiziert hatte[7] und die gerade im Nachgang der Autonomieästhetik unsere Wahrnehmung dessen, was überhaupt als Literatur zu gelten habe, bis heute maßgeblich beeinflussen. Stattdessen weitet sich das Spektrum enorm, wenn man sich an zeitgenössischen Ansichten orientiert, die weitaus stärker von rhetorischen Faktoren abhängig sind. Durch die Anlehnung an Traditionen der Rhetorik kommen Gattungen und Schreibweisen ins Spiel, die heute kaum mehr den Status von Literatur für sich beanspruchen können. Briefe vielleicht noch am ehesten, weniger schon Reden und anlassbezogene Gedichte; Andachtsliteratur oder gar theologische Streitschriften wird man heute nicht mehr zum engeren Kreis der Literatur zählen.[8] Aber mit den besagten Formen ist nur eine Minimalauswahl genannt; allen voran im Bereich der Gelehrsamkeit gibt es eine ausdifferenzierte Gattungstypologie und damit einhergehend ein ausgeprägtes Gespür für die je eigenen Funktionen und Modi bestimmter Textsorten. Gattungen dienen im Bereich wirkungsästhetisch geformter Kommunikation gerade dazu, die Rezeption unter bestimmten Gesichtspunkten anzuleiten. Autor und Rezipient befinden sich in einer Gesprächssituation, deren Rahmenbedingungen und Regeln nicht zuletzt auch durch die Wahl der Textsorte gesteuert werden. Es ist daher als zentraler Aspekt anzusehen, wie Mußesituationen auch textuell modelliert werden.

Die These – oder vielleicht noch vorsichtiger: Hypothese –, die im Folgenden zumindest in Ansätzen entwickeln werden soll, lautet: Schreiben im Modus oder unter Bedingungen der Muße erzeugt einen uneigentlichen Gestus im Sprechakt[9], der sowohl die Produktions- als auch die Rezeptionsseite beeinflusst. Es ist gerade der „loisir studieux" (Marc Fumaroli)[10], der eine diskursive Aufhebung von Zeit ermöglicht und diese ‚gelehrte Muße' einer neuen Ordnung unterwirft.

---

der *Imitatio*-Gedanke. Der Autor stellt sich in eine Tradition, indem er deren Werke nachahmt und sich in der Regel damit zufrieden gibt, die Spielräume der literarischen Form zu erproben oder diese weiterzuentwickeln. Die frühneuzeitliche Literatur ist weitgehend gelegenheitsgebunden und von der Rhetorik geprägt. Sie ist also nicht einer autonomen Ästhetik verpflichtet. Die Rhetorizität der frühneuzeitlichen Literatur ist ein Epochenspezifikum, das weder für die mittelalterliche noch die neuzeitliche Literatur in dieser Art gilt."

[7] „Es giebt nur drey ächte Naturformen der Poesie: die klar erzählende, die enthusiastisch aufgeregte und die persönlich handelnde: *Epos*, *Lyrik* und *Drama*. Diese drey Dichtweisen können zusammen oder abgesondert wirken." (Johann Wolfgang von Goethe, „Naturformen der Dichtung", in: *West-östlicher Divan*, Sämtliche Werke nach Epochen seines Schaffens. Münchner Ausgabe, Bd. 11,1.2, hg. v. Karl Richter, München 1998, 194–195, 194).

[8] Zu denken wäre ferner etwa an Predigten, Apologien, Anekdotensammlungen und Totengespräche sowie an den weiten Bereich der Lexikographie, Bibliographie und Enzyklopädistik, um nur einige weitere zu nennen.

[9] John R. Searle, *Speech Acts. An Essay in the Philosophy of Language*, Cambridge 1969; deutsch: John R. Searle, *Sprechakte. Ein sprachphilosophischer Essay*, übers. v. Renate u. Rolf Wiggershaus, Frankfurt a. M. 1983.

[10] Marc Fumaroli (Hg.), *L'otium dans la République des Lettres*, Paris 2011.

Sie wird zur Bedingung der Möglichkeit frühneuzeitlicher Literatur und deren Wissensformationen, die ohne sie nur schwer vorstellbar sind.

1. Raumzeitliche Ordnungen der Muße

Als methodischer Ausgangspunkt der Überlegungen zu den raumzeitlichen Ordnungen der Muße dient ein kleiner Aufsatz – vielmehr ein Vortrag –, den Ernst Cassirer 1930 anlässlich des vierten ‚Kongresses für Ästhetik und Allgemeine Kunstwissenschaft' in Hamburg gehalten hat.[11] Der Titel lautete: „Mythischer, ästhetischer und theoretischer Raum".[12] Am Beginn von Cassirers Ausführungen steht die Frage nach dem ontologischen Status von Raum und Zeit und deren Zusammenhang untereinander. *In nuce* werden die wichtigsten Stationen der Philosophiegeschichte angerissen, um schließlich auch die moderne Physik zu streifen. Nun aber ist der Weg von der allgemeinen Relativitätstheorie zurück zu distinkten Kunstwerken und deren Form – vornehmlich soll es um die bildenden Künste gehen – auch für Cassirer nicht leicht, wie er freimütig gegenüber seinen Zuhörern gesteht. Als konvergentes Moment der Erkenntnis allerdings kann er den Begriff der ‚Ordnung' festmachen:

Die Welt wird nicht mehr als ein Ganzes von Körpern ‚im' Raume, noch als ein Geschehen ‚in' der Zeit definiert, sondern als ein ‚System von Ereignissen' […] genommen: und in die Bestimmung dieser Ereignisse, in ihre gesetzliche Ordnung, gehen Raum und Zeit als Bedingungen, als wesentliche Momente ein.[13]

Diese historisch an Gottfried Wilhelm Leibniz (1646–1716) festgemachte Erkenntnis kann für die hier angestellten Überlegungen zur Raumzeitlichkeit der Muße dienlich sein.[14] Welche Ereignisse, oder welches ‚System von Ereignissen' betrachtet man eigentlich, wenn man über Muße nachdenkt oder spricht? Intuitiv würde man davon ausgehen, dass gerade eine gewisse Ereignislosigkeit

---

[11] Der Auftakt zu dieser Kongressreihe fand 1913 statt. Zum Format und der Zielsetzung siehe Arthur Liebert, „Bericht über den ersten Kongress für Aesthetik und allgemeine Kunstwissenschaft", in: *Kant-Studien* 19,1–3 (1914), 506–520.

[12] Ernst Cassirer, „Mythischer, ästhetischer und theoretischer Raum", in: Jörg Dünne/Stephan Günzel (Hg.), *Raumtheorie. Grundlagentexte aus Philosophie und Kulturwissenschaften*, Frankfurt a. M. 2006, 485–500. Zitate im Folgenden nach dieser Ausgabe. Zuerst: Ernst Cassirer, „Mythischer, ästhetischer und theoretischer Raum", in: *Beilagenheft zur Zeitschrift für Ästhetik und allgemeine Kunstwissenschaft* 25 (1931), 21–36. Wieder abgedruckt: Ernst Cassirer, „Mythischer, ästhetischer und theoretischer Raum", in: Ernst Wolfgang Orth/John Michael Krois (Hg.), *Symbol, Technik, Sprache. Aufsätze aus den Jahren 1927–1933*, Hamburg 1985, 93–119.

[13] Cassirer, „Raum", 490.

[14] Leibniz sieht Ordnung als die „Möglichkeit des Beisammen" (Gottfried Wilhelm Leibniz, *Hauptschriften zur Grundlegung der Philosophie*, Bd. 1, übers. v. Artur Buchenau, hg. v. Ernst Cassirer, Hamburg 1903, 134 f.).

Momente der Muße zeitigt. Allein das kann nicht die ganze Wahrheit sein, ist doch Muße selbst auch als ein Ereignis aufzufassen, das seine eigene Ordnung in den Bedingungen von Raum und Zeit hat. Man könnte durchaus weiter fragen, ob eine vordergründig empfundene Armut an Ereignissen nicht die Bedingungen der Möglichkeit bereitstellt, Muße zu erfahren und dort eine Ordnung zu etablieren, die ansonsten als gegeben vorausgesetzt wird. Denkt man etwa an die festgefügten, ja mitunter sogar ritualisiert ablaufenden Stunden im Kloster, die der Besinnung vorbehalten sind, hätte man ein einschlägiges Beispiel dafür, dass eine Reduktion äußerlicher Einflüsse ein erster Schritt in die Richtung hin auf einen Zustand der Muße sein kann. Allerdings beginge man einen Fehler, wenn man Kontemplation oder Meditation mit Ereignislosigkeit gleichsetzen wollte. Primär geht es um einen Zeitraum, in dem der alltägliche Lauf der Dinge – Arbeit – suspendiert oder doch unterbrochen wird. Die Möglichkeit der Reflexion über die Konstitution einer solchen dem ‚normalen' Gang der Zeit enthobenen Situation kann Muße vielleicht stiften. Cassirer schreibt weiter: „Wie für das Sein die Identität, so bildet für die Ordnung die Mannigfaltigkeit gewissermaßen das Lebenselement, in dem allein sie bestehen und sich gestalten kann."[15]

Mannigfaltigkeit als Voraussetzung für Ordnung – diese Beobachtung führt schon sehr dicht an diejenigen Schriften heran, die eingangs exemplarisch mit einem weiten Literaturbegriff in Verbindung gebracht wurden. Denn einer Vielzahl von ihnen ist zu Eigen, dass sie disparate Gegenstände aus ihrer gewohnten Ordnung lösen, um sie in eine neue Ordnung zu bringen. Es ist nachgerade das Kennzeichen von Enzyklopädien, Bibliographien, *Ana*-Sammlungen und weiteren Formen florilegischer Literatur, eine Ordnung zu etablieren, die vom bis dato Bekannten in signifikanter Hinsicht abweicht. Diese neue Ordnung allerdings entsteht im Kontext der Muße – so eine der Hypothesen, die den Überlegungen zugrunde liegt und die mit ‚Räume imaginärer Kommunikation' näher bezeichnet werden soll. Hier werden Gesprächssituationen im Raum der Muße geschaffen, die in der natürlichen Ordnung nicht vorgesehen sind oder aber nicht vorkommen können. Ein Beispiel mag das illustrieren: Michel de Montaignes Studierzimmer ist zugleich seine Bibliothek, mit der er sich umgab und in der er seinen gelehrten Studien nachging.[16] Die Besonderheit dieser Studierstube besteht nicht primär in ihrer Abgeschiedenheit, sondern in ihrer programmatischen Ausstattung. Montaigne hatte sich Klassiker-Zitate in das Gebälk seines Turmzimmers brennen lassen und damit eine Gesprächssituation über die Zeiten hinweg in Szene gesetzt. Seine locker geschriebenen, aber deswegen nicht weniger gehaltvollen *Essais* zeugen von diesen Unterhaltungen über die Zeiten

---

[15] Cassirer, „Raum", 491.

[16] Montaigne reflektiert seinen Rückzug aus der Gesellschaft ausführlich in seinen *Essais* und stellt quasi sein Programm einer Tätigkeit in Muße vor. Vgl. hierzu auch den Beitrag von Angelika Corbineau-Hoffmann in diesem Band.

hinweg.[17] Die kaleidoskopische Themenvielfalt ist beeindruckend und kann vielleicht auch als ein Hinweis auf das gelesen werden, was Muße an produktiven Kräften freisetzen kann, so man ihr Raum gewährt. Hier verbinden sich beide Pole, die eine raumzeitliche Struktur der Muße etablieren: die Bibliothek als Rückzugsort, die aber gleichzeitig zum Ort des gelehrten Gesprächs über die Zeiten hinweg werden kann. Beide Momente, das kontemplative In-Sich-Zurückziehen und das extrovertierte Eintreten in den Dialog über die Zeiten hinweg, bilden eine Klammer um das Ereignis oder den Ereignisraum, den man als mußevoll bezeichnen darf. Wir werden auf analoge Beispiele zurückkommen. Die Frage nach den räumlichen Strukturen – zumal wenn man es mit Texten zu tun hat – ist nicht nur eine Frage nach der Umgebung, sondern vielmehr eine Frage nach der Form[18], in der sich eine bestimmte Ordnung manifestiert.

Die Frage, die sich demnach stellt, lautet: Gibt es bestimmte Ordnungen, die man als muße-affin, gar schlechterdings muße-konstituierend oder zumindest für Muße konstitutiv charakterisieren kann? Letztlich wird es also um Funktionen gehen, Muße zu realisieren oder zu nutzen, um einer bestimmten Ordnung Gestalt zu verleihen.[19] Cassirer verweist im weiteren Verlauf seiner Darstellung nicht zufällig auf den eingangs schon erwähnten Goethe und den von ihm entwickelten Gestaltbegriff. Und damit sind wir bei einer genuin literaturwissenschaftlichen Kategorie angelangt: der Gattung. Es ist das Spezifische literarischer Gattungen, dass sie einerseits eine Form – eine Ordnung – für die Produktion von Literatur bereitstellen, andererseits aber auch die Rezeption von Literatur anleiten.[20] Es ist eine simple, dabei aber keineswegs triviale Beobachtung, dass Gattungsvorgaben Texte strukturieren und ihnen Gestalt verleihen. Ob ein Text als Sonett, Lustspiel oder Roman klassifiziert wird, hat weitreichende Konsequenzen, auch für die Erwartungshaltung einer Leserschaft. Abweichungen in der Form sind nur in einem bestimmten Maße tolerierbar, andernfalls wird von einer Verfehlung zu sprechen sein. So wie ein Drama (primär) dialogisch zu verfahren hat, so wird ein Gedicht mit lediglich zehn Versen nie zum Sonett werden.

[17] Sie sind dergestalt auch ein Anschreiben gegen den eigenen Tod, eine Versicherung, über das eigene Ableben hinaus ‚im Gespräch' zu bleiben, ganz so, wie Montaigne selbst das Gespräch mit den in seiner Bibliothek vorhandenen, längst verstorbenen Autoren führt. Ein eigenes Werk zu hinterlassen wird dergestalt zu einer Möglichkeit, selbst in gewisser Form zu ‚überleben'.

[18] Es handelt sich also mithin um eine ästhetische Frage. Siehe hierzu auch Reinhold Schwinger, „Form, innere", in: *Historisches Wörterbuch der Philosophie*, hg. v. Joachim Ritter u. Karlfried Gründer, Bd. 2, Basel 1971–2007, 974–975.

[19] Zum Gestalt-Begriff siehe für den momentanen Forschungsstand das Themenheft Karl Eibl/Katja Mellmann (Hg.), *Gestalt*, Berlin/New York 2008 (Journal of Literary Theory 2,2 [2008]). Vgl. insbesondere den Beitrag von Ana Margarida Abrantes, „Gestalt, Perception and Literature", 181–196.

[20] Siehe hierzu Uwe Spörl, „Form als Bestimmungskriterium", in: Rüdiger Zymner (Hg.), *Handbuch Gattungstheorie*, Stuttgart/Weimar 2010, 32–33; sowie Dieter Burdorf, *Poetik der Form. Eine Begriffs- und Problemgeschichte*, Stuttgart/Weimar 2001.

In dieser Richtung gilt es weiter zu fragen: Gibt es formale Rahmenbedingungen, die eine bestimmte Art von Literatur für Mußestunden quasi reservieren, oder doch anzeigen, dass man eine gewisse Rezeptionshaltung einzunehmen hat?[21] Was sich bei fiktionaler Literatur noch vergleichsweise einfach gestaltet, wird wesentlich komplizierter, wenn man es mit einem erweiterten Literaturbegriff zu tun hat. Wie ist mit Schriften zu verfahren, die zwar inhaltlich zum Bereich des gelehrten Schrifttums zu zählen sind, für sich selbst aber gerade beanspruchen, nicht Teil des akademischen, also gelehrten Diskurses zu sein, oder zumindest nicht den gleichen Regularien – etwa der Kritik – zu unterliegen? Die nachfolgenden drei Beispiele sollen diese diffizile Gemengelage skizzenhaft illustrieren.

2. Nikolaus Hieronymus Gundlings *Otia* als exoterische Seite seines Werks

„Historiker, Jurist, Kritiker, Journalist u[nd] Polyhistor".[22] Das ist ein breites Spektrum an Tätigkeitsbereichen, mit denen Nikolaus Hieronymus Gundling in einem Lexikon-Eintrag vorgestellt wird.[23] Gundling, geboren 1671 in Mittelfranken, entstammte einer alten Gelehrten- und Pastorenfamilie. Nach dem Besuch des Gymnasiums in Nürnberg studierte er zunächst Theologie in Altdorf, Jena und Leipzig. Christian Thomasius konnte Gundling 1699 dazu bewegen, Jurisprudenz und praktische Philosophie zu studieren, 1703 wurde er in Halle promoviert und er erhielt eine Professur für Philosophie. Nur vier Jahre später, 1707, kamen noch die Rhetorik sowie das Natur- und Völkerrecht hinzu. So viel in aller Kürze zu seinem Werdegang.[24] Gundling war ein vielbeschäftigter Mann, könnte man glauben. Die Liste seiner Publikationen zeugt von einer enormen Produktivität schon in jungen Jahren. Allein die von ihm zwischen 1701 und 1705 herausgegebenen *Observationum selectarum ad rem litterariam spectantium* – immerhin zehn Bände, die jeweils zwischen 400 und 500 Seiten stark sind – mögen hierfür Zeugnis sein.

[21] Für die Produktionsseite gilt das gleichermaßen. Siehe hierzu den Abschnitt zu Nikolaus Hieronymus Gundling.

[22] Herbert Jaumann (Hg.), *Bio-bibliographisches Repertorium* (Handbuch Gelehrtenkultur der Frühen Neuzeit 1), Berlin/New York 2004, 321 f.

[23] Jaumann (Hg.), *Repertorium*, 321.

[24] Nikolaus Hieronymus Gundling wurde bisher von der Forschung nur vereinzelt in den Blick genommen. Im November 2014 wurde an der Universität Freiburg ein Workshop zu Person und Werk veranstaltet, dessen Ergebnisse in Form eines Sammelbandes erscheinen werden. Michael Multhammer/Ralph Häfner (Hg.), *Nikolaus Hieronymus Gundling. Muße und Kommunikation im Kontext frühneuzeitlicher Gelehrsamkeit* (in Vorbereitung für 2016); dort insb. meinen Beitrag, der sich ausführlich mit den *Otia* beschäftigt und diese im zeitgenössischen Kontext verortet.

Neben einer großen Menge an juristischer Fachliteratur verfasste Gundling auch immer Beiträge, die nicht seinem direkten Arbeitsumfeld zugerechnet werden konnten. Als erstes wären hier seine *Otia* zu nennen, diese drei Bände mit Sammlungen gelehrter Abhandlungen, die die Muße schon im Titel führen.[25] Das Interessante in unserem Zusammenhang sind die Bedingungen der Produktion und der erhofften Rezeption, die Gundling selbst in seinen Vorreden thematisiert. Gleich zu Beginn heißt es:

> Ich habe daran keinen Zweiffel / daß nicht schon genug Schrifften und Bücher in der Welt seyn sollten: aber ich weis doch gewiß / diese Zeilen / so ich dir anietzo übergebe / sind noch nicht darinnen gewesen. Dann ob ich mich gleich bescheide / daß heut zu Tage nichts gesagt werden könne / daß nicht bereits schon gesagt worden; so glaube ich doch in dieser Connexion, wie ich es dir gesaget / seye es nicht gesagt worden.[26]

Hier kommt es also nicht darauf an, dass neues Wissen *per se* mitgeteilt werde, sondern dass Wissen in der Form neuer *Verbindungen* – „Connexion" ist das Stichwort –, also einer neuen Ordnung vorgestellt wird. Und weiter heißt es:

> Der Mensch muß gewisse Stunden zu seiner Erquickung haben / sonsten verzehret er sich wie der Wein / der nicht aufgefüllet wird; und nutzet sich ab wie das Eisen / so man immer brauchet. Die Erquickungen sind unterschiedlich. Sie resultieren sich entweder in einen leiblichen / oder geistlichen Müßiggang. Es ist unmöglich / dass man beständig arbeite / so wenig es möglich ist / daß ein Perpetuum mobile seye. Unter der Arbeit verstehe ich eine Bewegung die uns sauer ankommet: [...]. Ich will sagen / ich arbeite bißweilen / daß es mir sauer wird / aber ich arbeite auch zu gewissen Zeiten / da es mir nicht schwer ankommet. Jene Mühe nenne ich Arbeit; diese heiße ich Müßiggang.[27]

Gundling bietet uns hier eine Differenzierung an, die vielleicht brauchbar ist. Mühe mache das Schreiben immer, ohne sie ist es nicht zu haben, aber es ist nicht immer Arbeit. Hier kommt eine Haltung ins Spiel, die noch weiter ausgeführt wird:

> So halte mich dann / wann du willst / in Ansehung dieser Schrift vor einen Müßiggänger: vielleicht wirst du mich nicht schelten: ob es gleich den äußerlichen Ansehen nach also klingen möchte. Ich offenbahre dir vielmehr / daß ich diese Bogen mit leichter Mühe verfertiget / und so wohl zu meiner / als deiner *recreation* gemacht habe. Und deswegen habe ich es OTIA genennet.[28]

Die Lektüre soll ebenso wie die Niederschrift der Texte der Erholung dienen und einen lebens-, ja, überlebenswichtigen Ausgleich zur tagtäglichen Arbeit schaffen. Das Hauptkennzeichen dieser Art der Muße oder des Müßiggangs ist, dass sie gerade nicht frei von Mühe ist, sondern die Mühe leicht von der Hand geht.[29]

---

25 Nikolaus Hieronymus Gundling, *Otia*, 3 Bde., Frankfurt/Leipzig 1706–1708.

26 Gundling, *Otia*, Vorrede, Bd. 1, unpag.

27 Gundling, *Otia*, Vorrede, Bd. 1, unpag.

28 Gundling, *Otia*, Vorrede, Bd. 1, unpag.

29 Es scheint ein Grundzug der hier behandelten Literatur zu sein, dass die Autoren

Auch die Lektüre ist nicht mühelos. Es sind keine leichten oder gar seichten Versuche, Wissen genießbar zu machen. Ganz und gar nicht. Noch deutlicher wird dieser Anspruch in den *Gundlingiana*, die man durchaus als ein Fortsetzungsprojekt der *Otia* begreifen darf. Die *Gundlingiana* sind ein monumentales Unternehmen.[30] Zwischen 1717 und 1732 liefert Gundling – wohlgemerkt neben seinen akademischen Publikationen – nicht weniger als 45 Stücke, jedes gute hundert Seiten stark. Hier werden auf knapp 5000 Seiten alle Bereiche der Gelehrsamkeit gestreift, wie der Untertitel präzise ankündigt: „Darinnen allerhand zur Jurisprudenz, Philosophie, Historie, Critic, Litteratur, und übrigen Gelehrsamkeit gehörige Sachen abgehandelt werden".

Auch hier ist die Art der Präsentation das Bemerkenswerte, denn Gundling geht davon aus, dass sich Personen von Geist anders zu ergötzen wissen als etwa der gemeine Handwerker oder Soldat. Während diese etwa trinken oder sich dem Spiel hingeben, ist es für die Gelehrten höchste Entspannung, sich der Wissenschaft zu widmen, allerdings unter veränderten Spielregeln. Was Gundling hier liefert, soll nicht gleichermaßen der Kritik unterworfen sein wie seine übrigen Veröffentlichungen, was auch an der Form abzulesen ist. In seinen Darstellungen verzichtet Gundling hier vollständig auf den ansonsten obligatorischen Fußnotenapparat, wie man ihn bei ihm selbst etwa mustergültig und in epischer Breite in seiner *Historie der Gelahrheit* (fünf dicke Quart-Bände mit insgesamt über 7500 Seiten) findet.[31] Für die *Gundlingiana* werden bestimmte Gattungsparameter in der Vorrede formuliert[32], die sowohl helfen, die dargestellte Ordnung zu erkennen, als auch die Bedingungen für eine adäquate Rezeption zu diktieren. Die *Gundlingiana* fallen ebenso wie die *Otia* in den exoterischen Bereich von Gundlings Werk.[33] Die seit Aristoteles bekannte

mühelos auf ihr ‚Handwerkszeug' zurückgreifen können. Der Grad an Gelehrsamkeit, der den spielerischen Umgang mit den Gegenständen erlaubt, scheint eine *conditio sine qua non* jeglicher gelehrter Tätigkeit in Muße.

[30] Nikolaus Hieronymus Gundling, *Gundlingiana. Darinnen allerhand zur Jurisprudentz, Philosophie, Historie, Critic, Litteratur, und übrigen Gelehrsamkeit gehörige Sachen abgehandelt werden*, 45 Hefte, Halle/Magdeburg 1715–1732. Siehe hierzu auch den Beitrag von Dirk Werle in: Multhammer/Häfner (Hg.), *Nikolaus Hieronymus Gundling* (in Vorbereitung für 2016).

[31] Nikolaus Hieronymus Gundling, *Vollständige Historie der Gelahrheit*, Frankfurt/Leipzig 1736.

[32] Der Hallenser Gelehrte weicht hier deutlich von der Gattungsnorm ab, waren die sogenannten *Ana*-Sammlungen doch in der Regel posthume Zusammenstellungen von Schriften und Anekdoten über einen Gelehrten. Gundling hingegen nimmt seine ‚Nachlassverwaltung' selbst in die Hand. Für den Regelfall siehe die umfangreiche und ergiebige Darstellung bei Francine Wild, *Naissance du genre des Ana (1574–1712)*, Paris 2001.

[33] Zur Unterscheidung siehe die äußerst treffenden und fruchtbaren Überlegungen bei Klaus Birnstiel, „Gelehrtenexoterik. Einige akademisch-intellektuelle Erinnerungs- und Notizbücher", in: *Merkur. Deutsche Zeitschrift für europäisches Denken* 67 (2013), 354–360. „Dabei hat Erinnerungs- und anderes persönliches Schrifttum ihrer Mitglieder die Gelehrtenrepublik schon immer in den Bann gezogen. Das intellektuell fundierte Erzählen im

Unterscheidung zwischen Esoterik und Exoterik kann man durchaus auch in Bezug auf die Muße lesen: „‚exo-terikoi lógoi' meint eben jene Redeweisen, die außerhalb des engen Schulkreises stehen, aber auch, im weiteren Sinne, populäre Argumente, Nichtsystematisches, ins Offene Gesprochenes oder Geschriebenes."[34] Auf Gundlings Schriften trifft das für diesen Teilbereich sicherlich zu. Denn was dabei entsteht, ist ein Ort der Muße, ein gedrucktes Studierzimmer mit Bibliothek, in dem man sich ungezwungen nach allen Richtungen bewegen kann. Zumal es in den meisten Fällen nicht zwingend geboten ist, eine bestimmte Reihenfolge einzuhalten. Es ist mehr wie in einem Museum, in dem man flanierend von Bild zu Bild schlendern kann, um dort zu verweilen, wo man eigenes Interesse verspürt. Die textuelle Anlage der Werke als exoterisch – mit ihrer eigenen Ordnung – schafft raumzeitliche Strukturen, die Muße voraussetzen und zugleich zeitigen. Eine ähnlich geartete Form der Darstellung findet sich auch im nächsten Beispiel.

3. Johann Christoph Gottscheds Anmerkungen zu Pierre Bayles *Dictionnaire historique et critique*

Johann Christoph Gottsched ist bekannt für seine wegweisenden und über die Maßen einflussreichen Arbeiten in vielen Gebieten, so etwa der Poetik[35], Rhetorik[36], Homiletik[37] und Ästhetik[38]. Sein von Leipzig aus gesteuertes Zeitschriftenimperium war in der ersten Hälfte des 18. Jahrhunderts meinungsbildend in

---

Graubereich von Lebensbeschreibung, authentisch anmutender Zeitgeschichte und höchstpersönlicher Testamentsvollstreckung schon vor dem eigenen Ableben hat lange Traditionen. [...] Der alteuropäischen Gelehrtenrepublik dienten exoterische Schriften aber auch schlicht zur Belustigung und Erheiterung, zur Belebung des intellektuellen Tagesgeschäfts: Über das anspielungsreiche kirchenkritische *Lob der Torheit* des Erasmus von Rotterdam etwa amüsierte sich Anfang des 16. Jahrhunderts der halbe Intellektuellenkontinent. Abseits des Satirischen aber, in den ernsteren Gewässern intellektueller Selbstbespiegelung, verwischen die klaren Linien der exoterischen Genres: So erweist sich bereits Gerolamo Cardanos *De vita propria* (1576), ein weiterer Klassiker exoterischer Schreibweisen, als autobiografischer Genremix, der Formen der Selbstbiografie mit denen der Satire, der Lebensklugheit und der zeitgeschichtlichen Erinnerungsliteratur verbindet." (Birnstiel, „Gelehrtenexoterik", 358)

[34] Birnstiel, „Gelehrtenexoterik", 358.

[35] Johann Christoph Gottsched, *Versuch einer critischen Dichtkunst vor die Deutschen*, Leipzig 1730 [=1729].

[36] Dietmar Till, „Rhetorik der Aufklärung – Aufklärung der Rhetorik", in: Eric Achermann (Hg.), *Johann Christoph Gottsched (1700–1766). Philosophie, Poetik und Wissenschaft*, Berlin 2014, 241–250.

[37] Andres Straßberger, *Johann Christoph Gottsched und die „philosophische" Predigt. Studien zur aufklärerischen Transformation der protestantischen Homiletik im Spannungsfeld von Theologie, Philosophie, Rhetorik und Politik*, Tübingen 2010.

[38] Dagmar Mirbach, „Gottsched und die Entstehung der Ästhetik", in: Eric Achermann

vielen Bereichen.[39] Weniger bekannt ist jedoch die von ihm angeleitete Übersetzung des Bayle'schen *Dictionnaire*[40] – der einzigen vollständigen Übertragung des epochemachenden Wörterbuchs ins Deutsche – wohlgemerkt bis heute.[41] Was ist das Besondere daran? Es handelt sich bei diesem Wörterbuch nicht um eine getreue, lediglich verdeutschte Fassung des französischen Originals, sondern Gottsched hat den ohnehin ausufernden Anmerkungsapparat Bayles um weitere, eigene Anmerkungen ergänzt.[42] Es sind Kommentare, die den Bayle'schen Ausführungen die Spitze abbrechen sollen, indem die antichristlichen Ansichten mit Leibniz'scher Philosophie ins Gespräch gesetzt werden.[43] Auch hier handelt es sich also um eine Form ‚imaginärer Kommunikation' – Leibniz und Bayle kannten einander nicht persönlich, gleiches gilt für Gottsched, und doch wird ein Gespräch möglich.[44] Um diese inhaltliche Komponente soll es mir aber gar nicht gehen, vielmehr soll interessieren, welchem Zweck dieses Wörterbuch dienen sollte. Gottsched wird in seiner Vorrede zum ersten Band sehr deutlich:

Nichts fällt in Gesellschaften, und in Gesprächen mehr in die Augen, als wenn ein Gelehrter viele alte und neue Scribenten, die von einer Sache geschrieben haben; viele Ausgaben der Bücher, nebst ihren Auslegern, Herausgebern, Verlegern und Buchdruckern, ja den Oertern und Jahren wiederholter Auflagen zu nennen weis; wenn man die historischen Schicksale gewisser berühmter Männer, und ihrer Schriften, ihre Streitigkeiten, Gegner, Vertheidiger und Anhänger zu erzählen; gewisse besondere Umstände ihres Lebens anzuführen, und hundert andre Kleinigkeiten, von der Aufführung, dem Umgange, den Fehlern und Tugenden berühmter Männer, auf den Fingern her zu rechnen weis. Ge-

(Hg.), *Johann Christoph Gottsched (1700–1766). Philosophie, Poetik und Wissenschaft*, Berlin 2014, 113–129.

[39] Siehe hierzu exemplarisch Ekkehard Gühne, *Gottscheds Literaturkritik in den „Vernünfftigen Tadlerinnen" (1725/26)*, Stuttgart 1978.

[40] Johann Christoph Gottsched, *Herrn Peter Baylens, weyland Professors der Philosophie und Historie zu Rotterdam, Historisches und Critisches Wörterbuch, nach der neuesten Auflage von 1740 ins Deutsche übersetzt; auch mit einer Vorrede und verschiedenen Anmerkungen sonderlich bey anstößigen Stellen versehen, von Johann Christoph Gottscheden ... in vier Teilen*, 4 Bde., Leipzig 1741–1744. Einführend hierzu die immer noch sehr brauchbare ältere Darstellung von Erich Lichtenstein, *Gottscheds Ausgabe von Bayles „Dictionnaire". Ein Beitrag zur Geschichte der Aufklärung*, Heidelberg 1915.

[41] Pierre Bayle, *Historisches und kritisches Wörterbuch. Eine Auswahl der philosophischen Artikel*, 2 Bde., übers. u. hg v. Günter Gawlick u. Lothar Kreimendahl, Hamburg 2002/2006. Zur Kritik an dieser Auswahlausgabe siehe die Rezension von Wilhelm Schmidt-Biggemann, „Kuriositäten für die skeptische Vernunft. Eine neue Auswahl aus dem gelehrten Kunterbunt des Pierre Bayle", in: *Süddeutsche Zeitung*, 11.04.2003, 16.

[42] Siehe hierzu Anthony Grafton, *Die tragischen Ursprünge der deutschen Fußnote*, Berlin 1995.

[43] Irene Dingel, „Leibniz als Gegengift – Pierre Bayles *Dictionnaire historique et critique* im deutschsprachigen Raum", in: *Studia Leibnitiana* 41,2 (2009), 183–202.

[44] Marie-Hélène Quéval, „Johann Christoph Gottsched und Pierre Bayle – Ein philosophischer Dialog. Gottscheds Anmerkungen zu Pierre Bayles Historisch-critischem Wörterbuch", in: Gabriele Ball/Helga Brandes/Katherine R. Goodman (Hg.), *Diskurse der Aufklärung. Luise Adelgunde Victorie und Johann Christoph Gottsched*, Wiesbaden 2006, 145–168.

ben nun solche belesene Leute Bücher ans Licht; so zeiget sich ihre weitläuftige Gelehrsamkeit noch mehr. Alle ihre Sätze und Zeilen starren von den Namen berühmter Scribenten. Die Zeugnisse angeführter Autoren füllen ihre Bogen weit mehr, als ihre eigenen Gedanken. Sie machen sich eine Ehre daraus, mit fremden Augen zu sehen, mit fremden Lippen zu reden, und mit fremden Federn zu schreiben. Nichts klingt ihnen schön und gelehrt, als was ein Alter, ein Ausländer, oder doch wenigstens ein anderer Scribente gesagt hat; und wenn vollends der Name eines Schriftstellers und der Titel eines Buchs ein wenig fremde und seltsam klingen, so ist es um desto besser.[45]

Gottsched zeichnet hier eine Negativfolie des Gelehrten, der sein angelesenes Wissen in der Gesellschaft zur Schau stellt. Gerade darum aber dürfe es nicht gehen, in gut aufklärerischer Programmatik soll das Selbst-Gedachte und das Selbst-Denken im Mittelpunkt der Konversation – auch in Mußestunden – stehen. Und Bayles Wörterbuch ist mit seinen Personenportraits, die umfassend kontextualisiert werden, solch ein Gebilde, das zum Ausgangspunkt einer Denkbewegung werden kann. Gottsched selbst will mit seinen beigefügten Anmerkungen dazu anleiten.[46] Wie fruchtbar dieses Vorgehen war, lässt sich mit einem Eintrag aus dem sechsten Buch von Goethes *Dichtung und Wahrheit* veranschaulichen. In der ein wenig romantisch verklärten Retrospektive heißt es:

Allein unruhige Wißbegierde trieb mich weiter, ich geriet in die Geschichte der alten Literatur und von da in einen Enzyclopädismus, indem ich *Geßners* Isagoge und *Morhovs* Polyhistor durchlief, und mir dadurch einen allgemeinen Begriff erwarb, wie manches Wunderliche in Lehr und Leben schon mochte vorgekommen sein. Durch diesen anhaltenden und hastigen, Tag und Nacht fortgesetzten Fleiß verwirrte ich mich eher, als ich mich bildete; ich verlor mich aber in ein noch größeres Labyrinth, als ich Bayle'n in meines Vaters Bibliothek fand und mich in denselben vertiefte.[47]

Der Umstand oder die Tatsache, Wörterbücher und Lexika zu lesen, mag selbst für uns Geisteswissenschaftler ein wenig seltsam anmuten. Nun hat man es im vorliegenden Fall zweifelsohne mit einer speziellen Sorte dieser Gattung zu tun, nichtsdestotrotz ist es nicht selbstevident, dem Wörterbuch den Status von Literatur zuzugestehen. Aber auch hier haben wir eine Gattung vor uns, die eine neue Ordnung schafft und damit einen Raum für das gelehrte Gespräch über die Zeiten hinweg ermöglicht. Man kann sich bei der Lektüre des Bayle nicht nur mit Porphyrion oder Spinoza unterhalten, in den Fußnoten wird gleichsam in Form der Rezeptionsgeschichte ein Reservoir an Gesprächen archiviert. Auch hier fin-

---

[45] Gottsched, *Baylens Wörterbuch*, Vorrede, unpag. [= 1].

[46] Marie-Hélène Quéval, „Die Rezeption von Bayles *Dictionnaire historique et critique* im 18. Jahrhundert in Deutschland", in: Michael Hofmann/Carsten Zelle (Hg.), *Aufklärung und Religion. Neue Perspektiven*, Hannover 2010, 15–37.

[47] Johann Wolfgang von Goethe, *Aus meinem Leben. Dichtung und Wahrheit*, Sämtliche Werke nach Epochen seines Schaffens. Münchner Ausgabe, Bd. 16, hg. v. Peter Sprengel, München 1985, 262. Goethe spielt hier auf folgende polyhistorisch ausgerichteten Werke an: Daniel Georg Morhofs *Polyhistor Literarius, Philosophicus et Practicus* (1688) und Johann Matthias Gesners *Primæ lineæ isagoges in eruditionem universalem* (1756).

det sich wieder die doppelte raumzeitliche Struktur, die als Kennzeichen einer Tätigkeit in Mußestunden angenommen wurde. Mit Gottscheds zusätzlichen Anmerkungen kommt überdies eine zeitgenössische Stimme ins Spiel.

Das mag als Hinweis auf die Gattung genügen, wenngleich mir bewusst ist, dass ich nur zaghaft an der Oberfläche des Phänomens kratzen konnte. Nach gelehrten Abhandlungen ohne verweisende Fußnoten und einem Wörterbuch, das zu größten Teilen aus Fußnoten besteht, komme ich abschließend noch zu einer Kleinstform – einer besonderen Art des Notizbuches mit eigener Gattungsgeschichte.

4. Georg Christoph Lichtenbergs *Noctes* – die Nachtseite der *Sudelbücher*?

Noch intimer wird der Besuch bei dem Göttinger Gelehrten Georg Christoph Lichtenberg, denn nicht seine Studierstube betreten wir, sondern mit seinem Schlafzimmer einen Ort, wenn schon nicht der Muße, so doch der Erholung – einen Rückzugsort *nach* getaner Arbeit, wie man meinen möchte. Muße war Lichtenberg ein wichtiger Begriff, immer wieder taucht er in seinen Korrespondenzen auf und fast durchgehend bezieht er sich dabei auf Lektüre.[48] Die Sehnsucht nach Mußestunden und gelehrter Beschäftigung hat sich am deutlichsten in einem der Einträge aus den *Sudelbüchern* niedergeschlagen. Im sogenannten Heft K heißt es:

> Wenn es ein Werk von etwa zehn Folianten gäbe, worin in nicht allzu großen Kapiteln jedes etwas Neues, zumal von der spekulativen Art, enthielte; wovon jedes etwas zu denken gäbe, und immer neue Aufschlüsse und Erweiterungen darböte: so glaube ich, könnte ich nach einem solchen Werke auf den Knien nach Hamburg rutschen, wenn ich überzeugt wäre, daß mir nachher Gesundheit und Leben genug übrig bliebe, es mit Muße durchzulesen. [K 56][49]

Die Wissbegierde Lichtenbergs steht in einem direkten Verhältnis zur Verfügbarkeit von Mußestunden, die eine wirkliche Beschäftigung mit unterschiedlichen Themen aus dem Feld der Gelehrsamkeit erst ermöglichen. Ihrer versichert zu sein, darf man keine Mühen scheuen, wie das Bild des auf Knien rutschenden Gelehrten wohl nahelegen mag, dem es um „immer neue Aufschlüsse und Erweiterungen" geht. Die Sehnsucht nach Erweiterung der Kenntnisse „von

---

[48] Siehe hierzu den vorbildlich erschlossenen Briefwechsel und dessen zwei Registerbände: Ulrich Joost/Joachim Heerde (Hg.), *Georg Christoph Lichtenberg. Briefwechsel 1765–1799. Kommentiertes Personen- und Sachregister*, 2 Bde., München 2004, s.v. „Muße". Als Register zu: Georg Christoph Lichtenberg, *Briefwechsel*, 4 Bde., hg. v. Albrecht Schöne u. Ulrich Joost, München 1983–2004.

[49] Georg Christoph Lichtenberg, *Schriften und Briefe*, 4 Bde. u. 2 Kommentar-Bde., hg. v. Wolfgang Promies, München 1968–1992, Bd. 2, 406.

der spekulativen Art" verweist erneut auf eine zweite Seite akademischer Tätigkeiten, die nicht gleichermaßen als ‚Wissen' festgeschrieben sind, sondern diesen Status erst in der Prüfung erweisen müssen. Es geht also erneut um Freiräume des Denkens, die neues Wissen zuerst ermöglichen sollen. Vielleicht geht man nicht fehl, wenn man sich den Göttinger Mathematiker und Physiker als Prototyp eines in Muße tätigen Menschen vorstellt. Denn seine gelehrten Beschäftigungen jenseits der Mühen der Arbeit sind am weitesten in das Bewusstsein der deutschen Literatur vorgedrungen. Er, der dem Selbstverständnis nach nie Dichter war, hat große Literatur geschaffen. Am bekanntesten sind freilich seine bis heute unzählige Male aufgelegten *Sudelbücher*[50], aber auch seine *Ausführlichen Erklärungen der Hogarthschen Kupferstische* sind zweifelsohne große Literatur.[51] Gerade die *Sudelbücher* zeichnen Lichtenberg als Autor in Mußestunden aus, der es nicht auf publizistischen Erfolg abgesehen hatte – seine Sammlung zeugt vielmehr von einem ausgeprägten Nachlassbewusstsein, sind die Aufzeichnungen doch zu Lebzeiten unveröffentlicht geblieben.

Ins Zentrum rückt aber eine andere, von Lichtenberg gepflegte und bisher kaum erforschte Gattung, die in einem komplementären Verhältnis zu den *Sudelbüchern* steht – so meine These. Es handelt sich um ein kleines schmales Notizbuch aus den Jahren zwischen 1795 und 1798 mit Einträgen unterschiedlichster Art. Bibliographische Hinweise finden sich ebenso wie kurze Lektürenotizen. Und dazwischen eingestreut liest man immer wieder sentenzhafte Kurzprosa, die formal in die Nähe der Aphorismen und Einträge in den *Sudelbüchern* gestellt werden kann. Allein identisch sind die beiden Unternehmungen nicht. Die hier niedergeschriebenen Einfälle sind viel eher noch Gedankenfetzen oder Ansätze zu einer Idee, deren Ausformulierung in einer Vielzahl von Fällen noch aussteht. Es sind Wortübungen in Form der Kombinatorik, Suchbewegungen hin zu einem treffenden Ausdruck. Im geglückten Falle finden sie Eingang in die ‚Aphorismensammlung'. Interessant in gattungstypologischer Sicht und gerade im Zusammenhang mit speziellen Ordnungen der Muße ist die Aufschrift des kleinen, selbstgebundenen Büchleins: *Noctes*. Diese Bezeichnung führt in zwei Richtungen. Zum einen verweist sie auf den raumzeitlichen Zusammenhang für dessen Gebrauch, es ist ein Notizheft für Nachtgedanken, für späte Einfälle und Einsichten, deren Konservierung bis zum nächsten Morgen nicht dem Zufall überlassen sein will. An dieser Stelle könnte man sich Gedanken machen über

[50] Ulrich Joost, „‚Schmierbuchmethode bestens zu empfehlen'. Lichtenbergs ‚Sudelbücher' – Aphorismen?", in: Joost, *Georg Christoph Lichtenberg 1742–1799. Wagnis der Aufklärung*, München/Wien 1992 (Ausstellungskatalog Mathildenhöhe Darmstadt 28. Juni bis 30. August 1992), 19–23.

[51] Wolfgang Promies, *Lichtenbergs Hogarth. Georg Christoph Lichtenbergs Erklärungen zu den Kupferstichen von William Hogarth*, München 1999. Auch hier kommt man der Figur des Flaneurs im Museum wieder sehr nahe – ähnlich wie wir es für Gundling gesehen haben, allein mit dem Unterschied, dass bei Lichtenberg tatsächlich Artefakte vorhanden sind, die vom Text begleitet werden.

die Materialität des Schreibens im Modus der Muße.[52] Lesen kann man im Original der *Noctes* kaum, die Schrift ist an vielen Stellen schlicht zu verblichen.[53] Das Schreiben fern des Schreibpultes, also ohne Rückgriff auf Tinte, Feder und weitere unverzichtbare Utensilien, fordert eine Nachbearbeitung oder Übertragung in ein deutlicheres und dauerhafteres Schriftbild, als dies mit einem Bleistift oder dergleichen zu realisieren wäre. Es gilt also mit zu bedenken, wie Zeit und Ort – in diesem Falle des Nachts und aller Wahrscheinlichkeit nach im Bett – das Schreiben selbst, aber auch die Inhalte beeinflussen können. Dieser Punkt kann hier nicht weiter verfolgt werden. Denn im Vordergrund steht die Gattungstradition, die Lichtenberg mit der Aufschrift *Noctes* zitiert bzw. an deren formal-inhaltlicher Ordnung er sich orientiert. Denn auch diese Gattung hat im Lauf ihrer Geschichte eine bestimmte Ordnung – und damit Erwartungshaltung – ausgeprägt, kurz: auch die *Noctes* haben ihren Modus, einen Modus, der dezidiert auf Momente der Muße verweist. Zu denken wäre etwa, um ein prominentes antikes Beispiel zu bemühen, an die *Noctes Atticae* des Aulus Gellius[54], die vielleicht nicht zufällig in der zweiten Hälfte des 17. und an der Wende zum 18. Jahrhundert wieder vielfach aufgelegt wurden und erneut interessant werden.[55] Doch es gibt auch zeitlich näherliegende Vertreter. So hat etwa der Leipziger Gelehrte Johann Friedrich Christ[56], Begründer der Archäologie in Deutschland und akademischer Lehrer von Lessing und Gellert, in den 1720er Jahren *Noctes Academicae Observationibus Ad Rem Litterariam Miscellis Et Coniecturis Expositae* in vier Bänden herausgegeben[57], die dem gleichen Grundmotiv, einer Neuordnung der Gegenstände, verpflichtet sind. Ausnahme oder gar Kuriosum ist das keines, vielmehr nur ein Titel unter vielen, die sich explizit als ‚Academische Nebenstunden' und dadurch als Produkt einer Tätigkeit in Muße ausweisen.[58] Allein gearbeitet wurde über dieses Thema bisher kaum, weder in der

---

[52] Zur materiellen Komponente des Schreibens siehe auch Ulrich Joost, *Lichtenberg – der Briefschreiber*, Göttingen 1993, 63–78.

[53] Georg Christoph Lichtenberg, *Noctes. Ein Notizbuch*, hg. v. Ulrich Joost, 2., durchges. Aufl., Göttingen 1992 (Faksimile mit einem Nachwort und Erläuterungen von Ulrich Joost).

[54] Als moderne Ausgabe Aulus Gellius, *Die Attischen Nächte*, 2 Bde., übers. u. hg. v. Fritz Weiss, Darmstadt 2006 (Sonderausgabe des reprogr. Nachdr. 1992 der Ausgabe 1875/76).

[55] Amsterdam 1651/52; Nürnberg 1663; Amsterdam 1666; Paris 1681; Leiden 1687; Leipzig 17xx [sic]; Leiden 1706.

[56] Die ausführlichste Darstellung in Hinblick auf die biographischen Eckdaten liefert nach wie vor Edmund Dörffel, *Johann Friedrich Christ. Sein Leben und seine Schriften. Ein Beitrag zur Gelehrtengeschichte des 18. Jahrhunderts*, Leipzig 1878 (Inauguraldissertation zur Erlangung der Doctorwürde an der Philosophischen Fakultät der Universität Leipzig).

[57] Johann Friedrich Christ, *Ioh. Frid. Christii Noctes Academicae Observationibus Ad Rem Litterariam Miscellis Et Coniecturis Expositae*, Halle 1727–1729.

[58] Als Beispiel sei nur genannt Ephraim Gerhard, *Etlicher guten Freunde Academische Nebenstunden. Darinnen Allerhand Observationes Von besondern Zur Gelahrtheit dienenden Materialien, Desgleichen auch Auszüge von alten und neuen Schriften und bisher ungedruckte Briefe enthalten sind* […], 6 Tle., Jena 1717–1718.

Literaturwissenschaft noch in den benachbarten historisch verfahrenden Disziplinen.

Es ist müßig nach Erklärungen zu suchen, warum die florilegische Literatur nicht stärker in den Fokus der Philologie gerückt ist. Vielleicht sind ihre starke Abhängigkeit von Kontexten und die mitunter heute als abseitig empfundenen Themengebiete mögliche Gründe. Es könnte aber auch am exoterischen Status liegen, der den Texten oftmals zu eigen ist – sie fallen eben nicht unter die akademisch ‚ernst zu nehmenden' Bestandteile eines Werkes und bleiben quasi im Apokryphen gefangen. Gerade die Exoterik aber prädestiniert diese Art von Schriften, sie unter Vorzeichen der Muße zu betrachten. Unter heuristischen Gesichtspunkten wird ein Konzept von Muße dergestalt zu einem möglichen und überdies äußerst fruchtbar anwendbaren Schlüssel. Die besonderen raumzeitlichen Dimensionen der Muße geben ein Instrumentarium an die Hand, die speziellen Ordnungen, die florilegische Literatur in vielen Fällen vorstellt, als das zu verstehen, was sie sind: die Kehrseite einer gelehrten Tätigkeit in Opposition zur Notwendigkeit des Broterwerbs. Neben gewissen Freiräumen des Denkens bietet eine in Muße ausgeübte Gelehrsamkeit die notwendige zweite Komponente dessen, was Cicero als „vivas in litteris"[59] beschrieben hatte: Das Aufgehen des Gelehrten in den Schriften, ein Aufgehen, das eben das gesamte Leben umfasst – neben dem *negotium* auch eine sinnstiftende Tätigkeit *in otiis*.

Literatur

Abrantes, Ana Margarida, „Gestalt, Perception and Literature", in: Karl Eibl/Katja Mellmann (Hg.), *Gestalt*, Berlin/New York 2008, 181–196.

Bayle, Pierre, *Historisches und kritisches Wörterbuch. Eine Auswahl der philosophischen Artikel*, 2 Bde., übers. u. hg v. Günter Gawlick u. Lothar Kreimendahl, Hamburg 2002/2006.

Birnstiel, Klaus, „Gelehrtenexoterik. Einige akademisch-intellektuelle Erinnerungs- und Notizbücher", in: *Merkur. Deutsche Zeitschrift für europäisches Denken* 67 (2013), 354–360.

Bremer, Kai, *Literatur der Frühen Neuzeit*, Paderborn 2008.

Burdorf, Dieter, *Poetik der Form. Eine Begriffs- und Problemgeschichte*, Stuttgart/Weimar 2001.

Cassirer, Ernst, „Mythischer, ästhetischer und theoretischer Raum", in: *Beilagenheft zur Zeitschrift für Ästhetik und allgemeine Kunstwissenschaft* 25 (1931), 21–36.

Cassirer, Ernst, „Mythischer, ästhetischer und theoretischer Raum", in: Ernst Wolfgang Orth/John Michael Krois (Hg.), *Symbol, Technik, Sprache. Aufsätze aus den Jahren 1927–1933*, Hamburg 1985, 93–119.

---

[59] Marcus Tullius Cicero, *Epistulae*, Bd. 1, hg. v. Louis Claude Purser, Oxford/London/New York 1982, IX, 26, 1.

Cassirer, Ernst, „Mythischer, ästhetischer und theoretischer Raum“, in: Jörg Dünne/Stephan Günzel (Hg.), *Raumtheorie. Grundlagentexte aus Philosophie und Kulturwissenschaften*, Frankfurt a. M. 2006, 485–500.

Christ, Johann Friedrich, *Ioh. Frid. Christii Noctes Academicae Observationibus Ad Rem Litterariam Miscellis Et Coniecturis Expositae*, Halle 1727–1729.

Cicero, Marcus Tullius, *Epistulae*, Bd. 1, hg. v. Louis Claude Purser, Oxford/London/New York 1982.

Dingel, Irene, „Leibniz als Gegengift – Pierre Bayles *Dictionnaire historique et critique* im deutschsprachigen Raum“, in: *Studia Leibnitiana* 41,2 (2009), 183–202.

Dörffel, Edmund, *Johann Friedrich Christ. Sein Leben und seine Schriften. Ein Beitrag zur Gelehrtengeschichte des 18. Jahrhunderts*, Leipzig 1878 (Inauguraldissertation zur Erlangung der Doctorwürde an der Philosophischen Fakultät der Universität Leipzig).

Eibl, Karl/Mellmann, Katja (Hg.), *Gestalt*, Berlin/New York 2008 (Journal of Literary Theory 2,2 [2008]).

Fumaroli, Marc (Hg.), *L'otium dans la République des Lettres*, Paris 2011.

Gellius, Aulus, *Die Attischen Nächte*, 2 Bde., übers. u. hg v. Fritz Weiss, Darmstadt 2006 (Sonderausgabe des reprogr. Nachdr. 1992 der Ausgabe 1875/76).

Gerhard, Ephraim, *Etlicher guten Freunde Academische Nebenstunden. Darinnen Allerhand Observationes Von besondern Zur Gelahrtheit dienenden Materialien, Desgleichen auch Auszüge von alten und neuen Schriften und bisher ungedruckte Briefe enthalten sind* […], 6 Tle., Jena 1717–1718.

Goethe, Johann Wolfgang von, *Aus meinem Leben. Dichtung und Wahrheit*, Sämtliche Werke nach Epochen seines Schaffens. Münchner Ausgabe, Bd. 16, hg. v. Peter Sprengel, München 1985.

Goethe, Johann Wolfgang von, „Naturformen der Dichtung“, in: *West-östlicher Divan*, Sämtliche Werke nach Epochen seines Schaffens. Münchner Ausgabe, Bd. 11,1.2, hg. v. Karl Richter, München 1998, 195–195.

Goldgar, Anne, *Impolite Learning. Conduct and Community in the Republic of Letters, 1680–1750*, New Haven, Conn. 1995.

Gottsched, Johann Christoph, *Versuch einer critischen Dichtkunst vor die Deutschen*, Leipzig 1730 [=1729].

Gottsched, Johann Christoph, *Herrn Peter Baylens, weyland Professors der Philosophie und Historie zu Rotterdam, Historisches und Critisches Wörterbuch, nach der neuesten Auflage von 1740 ins Deutsche übersetzt; auch mit einer Vorrede und verschiedenen Anmerkungen sonderlich bey anstößigen Stellen versehen, von Johann Christoph Gottscheden … in vier Teilen*, 4 Bde., Leipzig 1741–1744.

Grafton, Anthony, *Die tragischen Ursprünge der deutschen Fußnote*, Berlin 1995.

Grafton, Anthony, *Worlds Made by Words. Scholarship and Community in the Modern West*, Cambridge, Mass. 2009.

Gühne, Ekkehard, *Gottscheds Literaturkritik in den „Vernünfftigen Tadlerinnen“ (1725/26)*, Stuttgart 1978.

Gundling, Nikolaus Hieronymus, *Otia*, 3 Bde., Frankfurt/Leipzig 1706–1708 .

Gundling, Nikolaus Hieronymus, *Gundlingiana. Darinnen allerhand zur Jurisprudentz, Philosophie, Historie, Critic, Litteratur, und übrigen Gelehrsamkeit gehörige Sachen abgehandelt werden*, 45 Hefte, Halle/Magdeburg 1715–1732.

Gundling, Nikolaus Hieronymus, *Vollständige Historie der Gelahrheit*, Frankfurt/Leipzig 1736.

Held, Jutta (Hg.), *Intellektuelle in der Frühen Neuzeit*, München 2002.

Jaumann, Herbert (Hg.), *Bio-bibliographisches Repertorium* (Handbuch Gelehrtenkultur der Frühen Neuzeit 1), Berlin/New York 2004.

Joost, Ulrich, „‚Schmierbuchmethode bestens zu empfehlen'. Lichtenbergs ‚Sudelbücher' – Aphorismen?", in: Joost, *Georg Christoph Lichtenberg 1742–1799. Wagnis der Aufklärung*, München/Wien 1992 (Ausstellungskatalog Mathildenhöhe Darmstadt 28. Juni bis 30. August 1992), 19–23.

Joost, Ulrich, *Lichtenberg – der Briefschreiber*, Göttingen 1993.

Joost, Ulrich/Heerde, Joachim (Hg.), *Georg Christoph Lichtenberg. Briefwechsel 1765–1799. Kommentiertes Personen- und Sachregister*, 2 Bde., München 2004.

Leibniz, Gottfried Wilhelm, *Hauptschriften zur Grundlegung der Philosophie*, Bd.1, übers. v. Artur Buchenau, hg. v. Ernst Cassirer, Hamburg 1903.

Lichtenberg, Georg Christoph, *Schriften und Briefe*, 4 Bde. u. 2 Kommentar-Bde., hg. v. Wolfgang Promies, München 1968–1992.

Lichtenberg, Georg Christoph, *Briefwechsel*, 4 Bde., hg. v. Albrecht Schöne u. Ulrich Joost, München 1983–2004.

Lichtenberg, Georg Christoph, *Noctes. Ein Notizbuch*, hg. v. Ulrich Joost, 2., durchges. Aufl., Göttingen 1992 (Faksimile mit einem Nachwort und Erläuterungen von Ulrich Joost).

Lichtenstein, Erich, *Gottscheds Ausgabe von Bayles „Dictionnaire". Ein Beitrag zur Geschichte der Aufklärung*, Heidelberg 1915.

Liebert, Arthur, „Bericht über den ersten Kongress für Aesthetik und allgemeine Kunstwissenschaft", in: *Kant-Studien* 19,1–3 (1914), 506–520.

Mirbach, Dagmar, „Gottsched und die Entstehung der Ästhetik", in: Eric Achermann (Hg.), *Johann Christoph Gottsched (1700–1766). Philosophie, Poetik und Wissenschaft*, Berlin 2014, 113–129.

Mulsow, Martin, *Die unanständige Gelehrtenrepublik. Wissen, Libertinage und Kommunikation in der Frühen Neuzeit*, Stuttgart 2007.

Multhammer, Michael/Häfner, Ralph (Hg.), *Nikolaus Hieronymus Gundling. Muße und Kommunikation im Kontext frühneuzeitlicher Gelehrsamkeit*, Tübingen (in Vorbereitung für 2016).

Neumeister, Sebastian/Wiedermann, Conrad (Hg.), *Res publica litteraria. Die Institutionen der Gelehrsamkeit in der frühen Neuzeit*, Wiesbaden 1987.

Promies, Wolfgang, *Lichtenbergs Hogarth. Georg Christoph Lichtenbergs Erklärungen zu den Kupferstichen von William Hogarth*, München 1999.

Quéval, Marie-Hélène, „Johann Christoph Gottsched und Pierre Bayle – Ein philosophischer Dialog. Gottscheds Anmerkungen zu Pierre Bayles Historisch-critischem Wörterbuch", in: Gabriele Ball/Helga Brandes/Katherine R. Goodman (Hg.), *Diskurse der Aufklärung. Luise Adelgunde Victorie und Johann Christoph Gottsched*, Wiesbaden 2006, 145–168.

Quéval, Marie-Hélène, „Die Rezeption von Bayles *Dictionnaire historique et critique* im 18. Jahrhundert in Deutschland", in: Michael Hofmann/Carsten Zelle (Hg.), *Aufklärung und Religion. Neue Perspektiven*, Hannover 2010, 15–37.

Schmidt-Biggemann, Wilhelm, „Kuriositäten für die skeptische Vernunft. Eine neue Auswahl aus dem gelehrten Kunterbunt des Pierre Bayle", in: *Süddeutsche Zeitung*, 11.04.2003, 16.

Schorn-Schütte, Luise (Hg.), *Intellektuelle in der Frühen Neuzeit*, Berlin 2010.

Schwinger, Reinhold, „Form, innere", in: *Historisches Wörterbuch der Philosophie*, hg. v. Joachim Ritter u. Karlfried Gründer, Bd. 2, Basel 1971–2007, 974–975.

Searle, John R., *Speech Acts. An Essay in the Philosophy of Language*, Cambridge 1969.
Searle, John R., *Sprechakte. Ein sprachphilosophischer Essay*, übers. v. Renate u. Rolf Wiggershaus, Frankfurt a. M. 1983.
Spörl, Uwe, „Form als Bestimmungskriterium", in: Rüdiger Zymner (Hg.), *Handbuch Gattungstheorie*, Stuttgart/Weimar 2010, 32–33.
Straßberger, Andres, *Johann Christoph Gottsched und die „philosophische" Predigt. Studien zur aufklärerischen Transformation der protestantischen Homiletik im Spannungsfeld von Theologie, Philosophie, Rhetorik und Politik*, Tübingen 2010.
Till, Dietmar, „Rhetorik der Aufklärung – Aufklärung der Rhetorik", in: Eric Achermann (Hg.), *Johann Christoph Gottsched (1700–1766). Philosophie, Poetik und Wissenschaft*, Berlin 2014, 241–250.
Wild, Francine, *Naissance du genre des Ana (1574–1712)*, Paris 2001.

Papierplätze

Materielle Formen der Inspiration

Heike Gfrereis

Papier ist nicht nur der wichtigste Überlieferungsträger von literarischen Texten. Papier, so meine These, ist auch ihre wichtigste konstante Inspiration. Papier ist in der Regel das erste und das letzte Gegenüber des Schriftstellers, unabhängig davon, ob es leer ist oder schon beschrieben, weiß oder bunt, gut oder schlecht riechend, Einzelblatt, Heft oder Stapel, Ort einer Schöpfung oder Signal des Gegenteils. „Ein Zeichner steckt / in einer Krise, / vermutend, niemand / sähe diese", reimte Robert Gernhardt im Spätsommer 1980 auf einer ansonsten leeren Doppelseite eines seiner Brunnenhefte.[1] Bill Wattersons Comicfigur Calvin zeigt seinem Stofftiger Hobbes einen unbeschriebenen weißen Würfel: „It's a writer's block! You put it on top of your desk and then you can't write there any more!" Das Papier mitsamt seinen Vorformen (wie Stein-, Holz- und Wachstafeln, Palmblätter und Papyri), digitalen Varianten (den Formaten einer Seite) und raumgreifenderen Übertragungen (wie Leinwand, Tapete, Wand, Mauer, Straße) ist das materielle Äquivalent zur Muße als Idee: Inbegriff der Freiheit, Zeichen, dass alle Möglichkeiten noch offen sind, Instrument des Verzögerns und Verlangsamens und deswegen auch – im Falle der Schreibkrise – an und für sich eine Überforderung. Papier ist ein Raum der Auszeit, aber nicht notwendig der vollen, der erfüllten und der glücklichen Zeit. Eduard Mörike setzte auf eine Kalenderseite, die im März 1870 vor lauter Ereignislosigkeit leer bleiben müsste, einen großen Schnörkel, der in zwei Wörtern mündet, die den 20. März markieren, Hölderlins 100. Geburtstag: „tempus inane", ‚inhaltlose Zeit'. Mörike hatte den wahnsinnigen Hölderlin im Tübinger Turm als Student besucht und scheint auf einen Vers aus Vergils *Aeneis* anzuspielen: *tempus inane peto, requiem spatiumque furori*, bittet dort die von Aeneas verlassene Dido. ‚Leere Frist nur verlang' ich, nur Ruh und Weile dem Wahnsinn, / Bis mein Geschick mich Gebeugte den Gram zu dulden gelehret.'

[1] Alle Zitate, die im Folgenden nicht nachgewiesen sind, sind Transkriptionen des Originaltexts in den Beständen des Deutschen Literaturarchivs Marbach; auch alle erwähnten und nicht eigens nachgewiesenen Objekte gehören zum Marbacher Bestand. Wenn es publizierte Abbildungen gibt, so wird auf diese in den Fußnoten hingewiesen.

Wer wie ich berufsbedingt Literatur mehr noch als in Büchern in ihrem ephemeren Aggregatzustand im Archiv liest, der kann an den Bedeutungen des Papiers nicht vorbeisehen. Ich möchte daher die Inspirationsqualitäten von Papier für uns alle exponieren, indem ich kunterbunt durch die Bestände des Deutschen Literaturarchivs Marbach springe und ebenso kunterbunt, gleichsam zur Grundierung und Illumination und allseitigen Durchleuchtung des Papiers, Beispiele aus der bildenden Kunst und der Philosophie dazuwürfle und so fürs Erste – ein Zweites wäre noch und erst zu schreiben – eher bei vielen Dingen an der Oberfläche kratze als bei wenigen in die Tiefe gehe. Rilke und das Papier, Robert Walser, Kafka wären eigene Themen, die Bücher füllten und schon füllen. Auch die hier zur Gliederung verwendete Systematik der Papiersorten hilft weniger der Analyse als dem Zeigen, dem Vorführen des Gegenstands mitsamt der These: Papier ist die wichtigste konstante Inspiration der Literatur und der einzige Raum der Muße, den wir genau beschreiben und untersuchen können, weil wir ihn konserviert in den Händen halten.

1. Weißes Papier

Als wir ihn fragten, ob er uns für eine Ausstellung Bücher leihen würde, die er auf Reisen gelesen hat, antwortete Christoph Ransmayr im September 2014 mit einem Gegenvorschlag:

> Ein, ja zwei! kleine, leere Bücher eignen sich dagegen geradezu zauberisch als Träger selbst der ungeheuerlichsten, künftigen Poesie und Prosa – oder zumindest als zarte Projektionsflächen für kommende Sprachwunder innerhalb selbst galaktischer Karrieren. Aber selbst wenn das makellose Weiß meiner beiden Begleiter für alle Zukunft und Zeiten leer und weiß bleiben würde, hätten wir mit ihnen immer noch zwei schöne, wunderschöne Objekte der Phantasie.

Als habe er Jean Paul gelesen, der Leibniz exzerpiert: „reiset mit einem Buch von weiss. Papier durch die Welt: so habt ihr bald eine gute Bibliothek."[2] Oder das Reklameplakat vom Herbst 2010 vor Augen, auf dem ein weißes Papier („Nichts ist inspirierender als ein weißes Blatt Papier") den neuen Audi A 7 ankündigte: „Es ist die Chance, etwas Einzigartiges zu kreieren." Das weiße Blatt, so Lothar Müller in seinem Buch über die *Weiße Magie. Die Epoche des Papiers*,

> wartet darauf, mit Schrift, Zahlen, Zeichnungen bedeckt zu werden und rückt als symbolische Form ins Zentrum moderner Autorschaft. [Es ist] das Bild zum Begriff des Originals, Schauplatz der Schrift in actu, symbolischer Ursprungsraum der Entfaltung von Autorschaft [...], nicht nur Schauplatz, sondern organischer Bestanteil der Produktion.[3]

---

[2] Jean Paul, „Faszikel V-BVA-04-1787-1789-0036", http://www.jp-exzerpte.uni-wuerzburg.de/index.php?seite=exzerpte/ex5a/04&navi=_navi/f5a (abgerufen am 17.09.2015).
[3] Lothar Müller, *Weiße Magie. Die Epoche des Papiers*, München 2012, 127.

Für die bildende Kunst gilt das ebenso, in der es seit der Renaissance immer wieder das Papier ist, auf dem sich die Originalität eines Künstlers beweist: Wenige Linien oder auch Kleckse und Flecke genügen, um das Genie zu provozieren und zu demonstrieren, das hinter einem Einfall steckt. Diese Zeichnung, die den Raum braucht, den ihr das Papier schenkt – als Schauplatz, aber auch als produktive Füllung, als Leerstelle –, emanzipiert sich von der Funktion der Studie, sie ist nicht mehr Vorlage für die Übertragung in eine großformatigere, repräsentative und mit „harten" Materialien wie Ölfarbe und Marmor realisierte Kunst.

Leonardo da Vinci hat dem Künstler geraten, in verwitterten Mauern und geäderten Steinen zu lesen und darin Landschaften und Schlachten zu entdecken[4], woraus Alexander Cozens im 18. Jahrhundert eine ganze Schule des kreativen Denkens und des künstlichen Erzeugens von Muße gebaut hat:

> Skizzieren in geläufiger Weise bedeutet, Ideen vom Verstand aufs Papier oder auf Leinwand zu transformieren, und zwar in Umriss und ausgesprochen dünner Linie. Einen ‚blot' zu machen, bedeutet dagegen, Flecken und Formen mit Tinte aufs Papier zu bringen, womit zufällige Formen ohne Linien produziert werden, von denen dem Verstand Ideen präsentiert werden. Dies steht in Übereinklang mit der Natur: denn auch in der Natur sind Formen nicht durch Linien unterschieden, sondern durch Schatten und Farbe. Skizzieren bedeutet, Ideen zu zeichnen; ‚blotting' bedeutet, Ideen nahezulegen.[5]

In der Konsequenz solcher Überlegungen ist das weiße Blatt, das beim genauen Hinsehen unterschiedliche Tönungen hat, Knicke, Licht und Schatten, das vollkommene abstrakte Kunstwerk. Kasimir Malewitsch hat 1919 sein *Weißes Quadrat auf weißem Grund* gemalt. Die *concetti spaziali*, die Lucio Fontana in den 50er Jahren des 20. Jahrhunderts geschaffen hat, funktionieren nur durch dieses Aufeinandertreffen von unbeschriebener Fläche und beschreibenden Zeichen, die bei ihm gern als Verletzungen erscheinen, als Risse oder Schnitte, gesetzt in einem Augenblick. Das weiße Blatt ist nicht nur Schauplatz und Bestandteil der Produktion, sondern auch notwendiger Teil des Produkts.

Platon vergleicht unser Gedächtnis mit einer unbeschriebenen Wachstafel: In unseren Seelen gäbe es einen „wächsernen Guß, welcher Abdrücke aufnehmen kann, bei dem einen größer, bei dem andern kleiner, bei dem einen von reinerem Wachs, bei dem andern von schmutzigerem, auch härter bei einigen und bei andern feuchter, bei einigen auch gerade so, wie er sein muß", sagt Sokrates im

---

[4] Martin Kemp, „*Il Concetto dell'Anima* in Leonardo's Early Skull Studies", in: *Journal of the Warburg and Courtauld Institutes* 34 (1971), 115–134, 132 f.

[5] Zitiert nach Adolf Paul Oppé, *Alexander und John Robert Cozens*, London 1951, 70. Vor allem Werner Busch hat die Funktionen der Flecken und Linien, der Arabesken und Umrisszeichnungen und damit auch die des thematisierten weißen Papiers immer wieder untersucht (am ausführlichsten in: *Das sentimentalische Bild. Die Krise der Kunst im 18. Jahrhundert und die Geburt der Moderne*, München 1993; Werner Busch, *Great wits jump. Laurence Sterne und die bildende Kunst*, München 2012; sowie Werner Busch zus. mit Petra Maisak/Sabine Weisheit-Possél (Hg.), *Verwandlung der Welt. Die romantische Arabeske*, Frankfurt a. M./Petersberg 2013).

Theaitetos: „ein Geschenk von der Mutter der Musen, Mnemosyne, und wessen wir uns erinnern wollen von dem Gesehenen oder Gehörten oder auch selbst Gedachten, das drücken wir in diesen Guß ab, indem wir ihn den Wahrnehmungen und Gedanken unterhalten, wie beim Siegeln mit dem Gepräge eines Ringes. Was sich nun abdrückt, dessen erinnern wir uns und wissen es, solange nämlich sein Abbild vorhanden ist. Hat man aber diese ausgelöscht oder hat es gar nicht abgedrückt werden können: so vergessen wir die Sache und wissen sie nicht."[6] Auch Aristoteles vergleicht die Seele mit der *tabula rasa*: eine Tafel, „auf der noch nichts wirklich geschrieben steht".[7] Diego de Saavedra Fajardo wählt 1640 eine leere Leinwand mit der Überschrift „ad omnia" als Emblem, um das zu beschreiben, was die Künste und Wissenschaften mit uns machen: „Aus diesem Grund wurde der Mensch nackt und ohne Sprache geboren, Verstand, Gedächtnis und Vorstellungskraft wie leere Tafeln, damit die Lehre auf ihnen Bilder der Künste und Wissenschaften male und die Erziehung ihre Belehrung auf ihnen schreibe."[8] Der Geist ist wie ein weißes Blatt – John Locke führt 1690 in seinem *Essay Concerning Human Understanding* gleich zu Beginn diese Metapher ein:

> All ideas come from sensation or reflection. Let us then suppose the mind to be, as we say, white paper, void of all characters, without any ideas: – How comes it to be furnished? Whence comes it by that vast store which the busy and boundless fancy of man has painted on it with an almost endless variety? Whence has it all the materials of reason and knowledge? To this I answer, in one word, from EXPERIENCE. In that all our knowledge is founded; and from that it ultimately derives itself. Our observation employed either, about external sensible objects, or about the internal operations of our minds perceived and reflected on by ourselves, is that which supplies our understandings with all the materials of thinking. These two are the fountains of knowledge, from whence all the ideas we have, or can naturally have, do spring.[9]

Lockes Geist-Metapher wird in der Zeit danach schnell zu mehr ausgebaut, weil man sie auch buchstäblich nehmen kann: Das Papier selbst ist ein Erfahrungs- und nicht nur ein Vorstellungsraum. *Die unsichtbaren Zeichnungen Stéphane Mallarmés* heißt ein 1998 erschienenes Buch, das 100 Jahre nach der Erstausgabe von dessen *Un Coup de Dés jamais n'abolira le Hasard* zu zeigen versucht, was

---

[6] Zitiert nach Adolf Paul Oppé, *Alexander und John Robert Cozens*, London 1951, 70. Vor allem Werner Busch hat die Funktionen der Flecken und Linien, der Arabesken und Umrisszeichnungen und damit auch die des thematisierten weißen Papiers immer wieder untersucht (am ausführlichsten in: *Das sentimentalische Bild. Die Krise der Kunst im 18. Jahrhundert und die Geburt der Moderne*, München 1993; Werner Busch, *Great wits jump. Laurence Sterne und die bildende Kunst*, München 2012; sowie Werner Busch zus. mit Petra Maisak/Sabine Weisheit-Possél (Hg.), *Verwandlung der Welt. Die romantische Arabeske*, Frankfurt a. M./Petersberg 2013).

[7] Platon, *Theaitetos*, 191c–e. Platons Dialoge werden zitiert nach: *Platonis Opera*, hg. v. John Burnet, Oxford, 1900–1907 (hier übers. v. F.D.E. Schleiermacher).

[8] Zitiert nach: Aristoteles, *De anima*, hg. v. William David Ross, Oxford 1956, III, 4; 429b29–430a2.

[9] John Locke, *An Essay Concerning Human Understanding*, London 1836, 51.

wir nicht sehen: Das, was in den Räumen verborgen liegt, die auf dem Papier zwischen den Wörtern und um sie herum entstehen[10] und die zugleich die Wörter erst erschaffen und zum Leuchten bringen.[11] 1895 hat Mallarmé selbst den Nachthimmel als Pendant des Papiers gedeutet: „Du bemerktest, man schreibt nicht licht auf dunklem Grund, das Alphabet der Gestirne allein zeichnet sich so ab, skizzenhaft oder abbrechend; der Mensch fährt fort schwarz auf weiß."[12] Rilke setzt im August 1917 in einer Geschenkabschrift für Hertha König unter jedes der sechs ausgewählten *Gedichte an die Nacht* Asterisken – Sternchen im karierten Kartierungsfeld der sechs Blätter, denn nach jedem Gedicht kommt ein weiteres dazu und vor jedem wird der letzte Sternchenstand noch einmal wiederholt. Am Ende, nach den Schlussversen „o wie sollte ein Fühlender nicht, der will, der sich aufreißt, / unnachgiebige Nacht, endlich dir ähnlicher sein", sind es sechs.[13] So viele, wie man meist vom Siebengestirn, dem Dichtersternbild der Plejaden, am Himmel sieht.

Das poetische Bild realisiert sich auf dem Papier, die Gedichte an die Nacht gleichen der Nacht. Diese buchstäbliche Imitation hat Rilke auf einer geschwärzten Postkarte schon einmal beschäftigt und dabei Heiterkeit ausgelöst. Lou Andreas-Salomé erinnert ihn in einem Brief daran:

> Du hattest mahnen wollen an unser kleines Erdgeschoß-Stübchen, wo Du, um dem Einblick Unberufener, von der Straße her, zu wehren, am Fenster den Holzladen zuzuschieben pflegtest, so daß nur der ausgesparte Holzstern darin uns ein bißchen Tageslicht gönnte. Als nun diese lyrische Postkarte zu mir hereingebracht wurde: tief tintengeschwärzt rundum, schriftlos, nur beredet durch das kleine Sternchen obenan – da stürzte man sich begeistert auf den vermeintlichen Abendstern am dunklen Firmament, ehrfürchtig angetan von einem so echten ‚Réné Maria!'[14]

Seit Seneca ist der Himmel der klassische Muße-Topos: Initial und Gegenstand und auch Verteidigung der Muße. In der „argumentatio" von *De otium*, die auch Rilkes Sternchen und Mallarmés Sternenschrift buchstäblich in einem anderen Licht erscheinen lässt, führt Seneca am Beispiel des Himmels die Natur als fordernde wie gebende Figur ein:

> Damit du weißt, dass jene betrachtet, nicht nur angeschaut werden wollte, sieh, welchen Platz sie uns gegeben hat: In der Mitte ihrer selbst stellte sie uns auf und gab uns einen ge-

---

[10] Ernest Fraenkel, *Die unsichtbaren Zeichnungen Stéphane Mallarmés*, Lana/Wien 1998.

[11] Mallarmés Text wurde auch schon in Deckweiß gesetzt: *Un coup de dés jamais n'abolira le hasard/Ein Würfelwurf niemals tilgt den Zufall*, übers. v. Wilhelm Richard Berger, Göttingen 1995 (gestalt. v. Klaus Detjen).

[12] Stéphane Mallarmé, *Kritsche Schriften*, übers. v. Gerhard Goebel, Gerlingen 1998, 234 f.

[13] Abb. in: Deutsches Literaturarchiv Marbach (Hg.), *Ordnung. Eine unendliche Geschichte* (Marbacher Katalog 61), Marbach a. N. 2007, 176.

[14] Lou Andreas-Salomé, *Lebensrückblick*, Frankfurt a. M. 1974, 140. Abb. der *Gedichte an die Nacht* in: *Ordnung*, 176.

bieterischen Ausblick auf alles; und sie richtete den Menschen nicht nur auf, sondern um ihn auch für die Betrachtung tauglich zu machen, damit er die Gestirne auf ihrem Weg von ihrem Aufgang bis zu ihrem Untergang begleiten und seinen Blick mit dem Ganzen umherschweifen lassen könne, gab sie jenem ein emporgerichtetes Haupt und setzte dieses auf einen biegsamen Nacken; dann brachte sie je sechs Sternbilder für den Tag und je sechs für die Nacht hervor und offenbarte jeden Teil ihrer selbst, um durch das, was sie den Augen gezeigt hatte, sein Verlangen auch nach dem Übrigen zu wecken.[15]

Gegenstand des langen und ruhigen Blicks, der Kontemplation, sind dabei Fragen, die nicht beantwortet werden können (z. B. „ob jenes Argument wahr ist, durch das hauptsächlich bewiesen wird, dass die Menschen eine göttliche Seele haben, nämlich dass ein Teil und gleichsam einige Funken der Sterne auf die Erde herabgesprungen und an einem fremden Ort festgehalten worden seien"), und Räume, die man nicht sieht: „Unser Denken durchbricht die Bollwerke des Himmels und ist nicht damit zufrieden, das zu wissen, was sich sehen lässt: ‚Jenes', sagt es, ‚untersuche ich, was jenseits der Welt liegt, ob dieses grenzenlose Leere ist oder von seinen Grenzen eingeschlossen wird." Der Begriff der *contemplatio* ist mit der Betrachtung zweier abgegrenzter Räume verbunden: Die römischen Auguren sagten die Zukunft voraus, indem sie in einem vorher bestimmten Stück Himmel (dem *templum*) den Vogelflug deuteten, wobei dieses Himmelsstück ein irdisches Gegenstück besaß, einen ebenfalls abgegrenzten heiligen Bezirk auf dem Boden. Beim *augurium* wurden beiden Bereiche zusammen betrachtet, Himmelsraum und Bodenraum, wobei diese Zusammenschau intuitiv geschehen musste, ergriffen, aber nicht willentlich. „für uns ist sie ein Ankerplatz, nicht ein Hafen", sagt Seneca daher über die *contemplatio*: „nobis haec statio, non portus est."

Die Seneca'sche Definition von Muße bereitet für alle Erkundungen des Papierraums den philosophischen Boden – gleich, ob ein Gott die Schrift darauf diktiert oder ein Geist sich darüber ergießt oder wir über einem weißen Blatt auf den ersten Satz warten oder mit Ciceros lächelndem Augur wissen, dass wir unsere Phantasie im Papier Dinge sehen lassen, die nicht da sind. Papier ist der ideale ästhetische Betrachtungsraum, auf Messers Schneide zwischen Realität und Traum, mit einem Hang zur Attrappe und Kulisse, Bastelei und Bricolage und das Resultat eines sehr profanen, chemisch-technischen Schöpfungsvorgangs. Erasmus von Rotterdam, der 1508 mit den *Adagia* die kleine Form begründet hat, aus der Montaigne das Äquivalent der Philosophie zum *concetto* in der bildenden Kunst machen wird, den Essay, wird 1523 von Hans Holbein dem Jüngeren mehrfach gemalt. Einmal mit einem Buch in der Hand, betitelt: „Die herkulischen Mühen des Erasmus von Rotterdam"; das andere Mal mit einem nahezu leeren weißen Blatt Papier vor sich, das er gerade beschreibt. Schon 1515

[15] Seneca, „De Otio (Über die Muße)", http://www.romanum.de/latein/uebersetzungen/seneca/de_otio/de_otio.xml (abgerufen am 06.11.2015) (übers. v. Rainer Lohmann).

hat der damals 18-jährige Holbein Erasmus als Denker verstanden, der das Papier nutzt, um dem freien Gang der Gedanken Raum zu schenken und zugleich einen oft durch Ironie gesetzten Rahmen um die Bilder und Worte zu ziehen und damit zu markieren, dass sie fiktiv sind, von Menschen gemacht und nicht von Geistern besessen: In der Erstausgabe von Erasmus' *Lob der Torheit* zeichnen Holbein und andere Künstler für einen Freund von Erasmus in die freien Randspalten.[16] Der Mensch betrachtet dort eine Handpuppe mit Narrenkappe, als sei sie sein Spiegel und Ebenbild, und nähert sich ehrfürchtig einem an eine verfallene Mauer gelehnten Tafelbild des Heiligen Christophorus. Stein, Holz, Stoff und Papier ist das, was hinter den vermeintlich wahren Bildern liegt.

Die Marginalien und die eingebundenen, „eingeschossenen" weißen Seiten sind im Buch jahrhundertelang das, was im Manuskript die traditionelle linke Korrekturspalte ist, die zum Teil eine ganze Papierhälfte einnimmt und von vielen Autoren üppiger beschrieben wird als die Textspalte: Einflugsgebiet der Spontaneität, Platz für den Leser als Schreiber, Ort des Hinterfragens und auch Unterlaufens, Ideenraum.[17] Erasmus selbst kokettiert mit der spontanen Papierbeschreiberei, der Muße als Geschenk der Lust und nicht der Arbeit und letztlich auch der Muße als Folge von zu viel und zu preiswertem Papier. Das *Lob der Torheit* sei in wenigen Tagen entstanden, weswegen er endet: „Und jetzt – ich sehe es euch an – erwartet ihr den Epilog. Allein, da seid ihr wirklich zu dumm, wenn ihr meint, ich wisse selber noch, was ich geschwatzt habe, schüttete ich doch einen ganzen Sack Wörtermischmasch vor euch aus." Schon im ersten Kapitel führt er sich als „glücklichen" Schriftsteller ein: „er braucht nicht bei der Lampe zu wachen; sobald ihn die Lust ankommt, schmiert er hin, was in die Feder läuft, und wären es nur seine Träume – was kostets ihn mehr als das Papier?" Ganz anders das Gegenbild: „die Leute, die mit Bücherschreiben die Unsterblichkeit einfangen wollen", denn:

> Wer nämlich fein und gediegen schreibt, nach dem Geschmack der wenigen Kenner, und keinen Kritiker zu scheuen hat, scheint mir mehr bedauernswert als glücklich, denn so einer quält sich ohne Ende mit Einfügen, Abändern, Ausstreichen, Neuschreiben, Umschreiben, Weglegen, Vorlesen; neun Jahre lang läßt er das Ding still reifen, nie tut er sich genug, und dies alles um ein Nichts, um ein bißchen Lob, das ein winziges Grüppchen spendet. Dafür opfert er seine Nächte, seinen Schlaf – das Schönste auf der Welt –, und plagt sich und schanzt ohne Ruhe und Rast; den Ruin der Gesundheit nimmt er in den Kauf, einen Buckel, einen Augenkatarrh, ja Blindheit, dazu Armut, Verfeindung, Verzicht auf alle Freuden, vorzeitiges Alter, frühen Tod und was es dieser Art noch gibt.

[16] Das Exemplar ist heute im Kupferstichkabinett Basel.

[17] Diesen Seitenweg des Schreibens zeigte eine eigene Marbacher Ausstellung, zu der noch der Katalog erhältlich ist: Deutsches Literaturarchiv Marbach (Hg.), *Randzeichnungen. Nebenwege des Schreibens* (Marbacher Magazin 129), Marbach a. N. 2010, 11–63.

Entstanden sind die *Adagia* in der Druckerei des Aldus Manuntius in Venedig, wo Erasmus acht Monate lang „unbeirrt vom Lärm und Getriebe der Druckerei, pausenlos kollationierend, übersetzend und kommentierend das Druckmanuskript für den folgenden Tag“ vorbereitet haben soll.[18] Das Emblem des Druckers zeigt einen unter einen Kreis gesetzten Anker, um den sich ein Delphin windet, und als Figurentext in der Form eines Ankers ist auch das Titelblatt der *Adagia* gesetzt: Emblem des „königlichen Sprichworts“, in Suetons *Leben des Augustus* erstmals überlieferten Sprichworts „Eile mit Weile“, dem Erasmus eine der ausführlichsten Erklärungen der *Adagia* beigibt sowie den Schlüssel, der das Verlagsemblem öffnet:

> Der Kreis bedeutet die ewige Zeit, weil er durch kein Ende beschlossen wird; der Anker bedeutet die Langsamkeit, weil er das Schiff verzögert und anhält. Der Delphin drückt die Schnelligkeit aus, weil kein anderes Tier im Angriff gefährlicher und schneller ist als dieses. Wenn man diese kundig zusammenfügt, ergeben sie den Spruch ‚semper festina lente‘ – und diese Art der Schrift hat nicht nur eine hohe Würdigkeit, sondern bietet auch nicht geringen Genuss, wenn man nur die Eigenschaft der Dinge völlig durchschaut.

Der Emblemleser liest bei „dieser Art von Schrift“ mit, was ausgespart ist. Er versteht die Zeichnung als Zeichen, langsamer zu werden, stehen zu bleiben, genauer hinzuschauen. Goethe lässt rund dreihundert Jahre später, 1776, bei seinem Gartenhaus der schwankenden Göttin des Zufalls, Agathe tyché, in der Tradition des „semper festina lente“[19] ein Denkmal errichten: eine Kugel, die auf einem Kubus liegt – der sogenannte Stein des guten Glücks, der nicht ganz zufällig in seinem statischen Teil an Calvins *writer's block* erinnert: Ohne Bewegung und Zufall bliebe jedes weiße Blatt leer. Raum für Muße ist dieses schon formatierte und bemessene Stückchen Welt nur, wenn man es frei benutzt: Eile mit Weile. Ankerplatz, nicht Hafen.

Das Papier kann markieren, was noch gar nicht geschrieben ist, und leistet Ähnliches wie ein architektonischer Vorentwurf. Es grenzt ein, es definiert ein Volumen, und es entlastet von Fragen, auf die man noch keine Antworten hat. Es ist Aufriss und Modell, Platzgeber und Platzhalter. Hölderlin steckt mit „Keimwörtern“ und freien Stellen den Raum eines Gedichts auf dem Papier ab.[20] In

---

[18] Theresia Payr „Einleitung“, in: Erasmus v. Rotterdam, *Ciceronius. Adagia*, Ausgewählte Schriften, Bd. 7, hg. v. Werner Welzig, Darmstadt 1971, XII–XXXIII, XXI.

[19] Die beiden Emblemtraditionen führt an Goethes Beispiel William S. Heckscher eng (William S. Heckscher, „Goethe im Banne der Sinnbilder“, in: *Jahrbuch der Hamburger Kunstsammlungen* 7 (1962), 35–54).

[20] Friedrich Beißner hat die organische Metapher der „Keimwörter“ in seiner Großen Stuttgarter Hölderlin-Ausgabe zum Leitmotiv gemacht: aus ihnen und dem von ihnen angesteckten freien Platz erwachsen die Gedichte. Über 40 Jahre später führt Dieter Burdorf den Begriff der Landschaft ein, um die so auf dem Papier entstanden Räume zu beschreiben (Dieter Burdorf, „Der Text als Landschaft. Eine topographische Lektüre der Seiten 73 bis 76 des Homburger Folioheftes“, in: Uwe Beyer (Hg.), *Neue Wege zu Hölderlin*, Würzburg 1994, 113–141). Hölderlins abgebildete *Ode an Tinian* ist ein charakteristisches Beispiel dafür

den Manuskripten des *Wallenstein* und *Faust* lassen Schiller und Goethe da, wo sie noch etwas ausführen wollen, freie Räume, die sie beide mit einem Schnörkel tilgen und so vor Entstellungen bewahren, wenn sie doch nicht mehr gebraucht werden. Im Frühjahr 1831 lässt sich Goethe eine *Faust*-Attrappe machen:

Ich habe nun auch das ganze Manuskript des zweiten Teiles (des Faust) heute heften lassen, damit es mir als eine sinnliche Masse vor Augen sei. Die Stelle des fehlenden vierten Aktes habe ich mit weißem Papier ausgefüllt, und es ist keine Frage, daß das Fertige anlocket und reizet, um das zu vollenden, was noch zu tun ist. Es liegt in solchen sinnlichen Dingen mehr als man denkt, und man muß dem Geistigen mit allerlei Künsten zu Hülfe kommen.[21]

2. Wasserzeichen

Hölderlin, der seine Verse auch in Fensterscheiben ritzte und ohne Tinte mit der Feder ins Papier[22], verwendete für eine Doppelseite seines Revolutionsromans *Hyperion* den Bogen eines wohl in Frankreich hergestellten Papiers mit Wasserzeichen: Sallusts „pro patria libertate" umkreist eine Jakobinermütze.[23] Walter Benjamin hat für sein Erinnerungsbuch *Berliner Kindheit um 1900* unter anderem auch dünnes, durchscheinendes Papier mit dem Wasserzeichen „extra strong" ausgesucht, das beim Übereinanderlegen ein Palimpsest ergibt.[24] Er hat das Papier vermutlich aus einem nur in der Mitte mit zwei Stichen gehefteten Schreibheft vorsichtig herausgelöst und die Bögen dann auf der linken Seite beschnitten und gefaltet, um eine Marginalspalte für Korrekturen zu haben. Aufschneiden, Herauslösen, Ein- und Entfalten, Glätten, Abschneiden und Wegwerfen sind hier Tätigkeiten, die dem Schreiben vorangegangen sind und es vielleicht auch begleitet haben. Mit und auf dem Papier wird ausprobiert, was der Text wieder vor die Augen zu holen versucht. In der Korrekturspalte zu *Der Lesekasten* wirft der ansonsten winzig und eng schreibende Benjamin die Wörter groß und weit hin, als er die Formulierung sucht, mit der er den Effekt beschreiben kann, den das Aufreihen der Buchstaben im Setzkasten hat. Als setze er seine Worte jetzt selbst noch einmal Buchstabe für Buchstabe: „jün-

---

(Deutsches Literaturarchiv Marbach (Hg.), *Der Wert des Originals* [Marbacher Magazin 148], Marbach a. N. 2014, o.S.).

[21] Johann Peter Eckermann, *Gespräche mit Goethe in den letzten Jahren seines Lebens*, Sämtliche Werke nach Epochen seines Schaffens. Münchner Ausgabe, Bd. 19, hg. v. Karl Richter, München 1986, 410.

[22] Wolfram Groddeck, „Friedrich Hölderlin: *Unsichtbare Verse*", in: Martina Stercken/ Christian Kiening (Hg.), *SchriftRäume. Dimensionen von Schrift zwischen Mittelalter und Moderne*, Zürich 2008, 388.

[23] Abb. in: *Ordnung*, 146.

[24] Abb.: http://www.dla-marbach.de/fileadmin/redaktion/aktuelles/presse/2008/Texte/ Benjamin_Flyer.pdf.

ger und auch mädchenhafter". Die fertige, durch Ausprobieren überprüfte *Lesekasten*-Passage heißt: „Er enthielt auf kleinen Täfelchen die Lettern, einzeln, in deutscher Schrift, in der sie jünger und auch mädchenhafter schienen als im Druck. Sie betteten sich schlank aufs schräge Lager, jede einzelne vollendet und in ihrer Reihenfolge gebunden durch die Regel ihres Ordens, das Wort, dem sie als Schwestern angehörten."

Schiller wählte für einige seiner Briefe, in denen er dem Freund Christian Gottfried Körner seine Ästhetik ausführte, ein von Wasserzeichen geradezu durchzogenes Papier: außen von einer geschwungenen Linie gefasst, im Inneren mit einem Musikanten verziert, der seinen Bären mit der Flöte bändigt. Am 25. Dezember 1788 schrieb er auf dieses Papier: „Der Künstler und dann vorzüglich der Dichter behandelt niemals das wirkliche sondern immer nur das idealische oder das kunstmäßig ausgewählte aus einem wirklichen Gegenstand." Das weiße Blatt mit seinen Wasserzeichen scheint Abstraktionshilfe, Ideenfindungsassistenz und Idealisierungserleichterung. Fünf Jahre später, am 23. Februar 1793, zeichnete Schiller für Körner in einem Brief zunächst eine Zickzacklinie und dann eine Schlangenlinie, die eine „schöne Linie" ist oder zumindest sein könne, wenn die „Feder besser" gewesen wäre:

> Nun ist der ganze Unterschied zwischen dieser zweyten und jener bloß der daß jene ihre Richtung ex abrupto, diese aber unmerklich verändert; der Unterschied ihrer Wirkungen auf das aesthetische Gefühl muß also in diesem einzig bemerk baren Unterschied ihrer Eigenschaften gegründet seyn. Was ist aber eine plözlich veränderte Richtung anders, als eine gewaltsam veränderte? Die Natur liebt keinen Sprung. [...] Freiwillig hingegen erscheint nur diejenige Bewegung, an der man keinen bestimten Punkt angeben kann, bey dem sie ihre Richtung abänderte. Und dieß ist der Fall mit der Schlangenlinie, welche sich von der oben abgebildeten bloß durch ihre Freiheit unterscheidet.[25]

Das Papier bietet der Feder Widerstand, in Schillers Fall dürfte sie gekratzt haben und die Schlangenlinie gerade nicht in der lockeren und freien Bewegung gezogen worden sein, sondern mit Anstrengung und stockend. Das Papier und die Feder sind wie bei Benjamin Teile einer ersten Versuchsanordnung.

Laurence Sternes von geschwungenen Schönheitslinien aller Art flankierter, 1763 das erste Mal vollständig publizierter *Tristram Shandy* ist mit seinen drei textfreien Blättern – einer weißen Seite, einer schwarzen und einer marmorierten, die quasi ihr Wasserzeichen außen trägt – das berühmteste Beispiel dafür, wie in den literarischen Texten des 18. Jahrhunderts freie, aber definierte Stellen benutzt werden, um den Leser auch im gedruckten Buch einen Erfahrungsraum der besonderen Art zu eröffnen. Sternes Auspiziengebiete, die der Erfahrung der Textentstehung wie der Reflexion des Produkts gelten, wollen dabei nicht langsamen Schrittes durchmessen werden. „Great wits jump", ‚Große Geister sprin-

[25] Abb. in: Deutsches Literaturarchiv Marbach (Hg.), *Autopsie Schiller. Eine literarische Untersuchung* (Marbacher Magazin 125/126), Marbach a. N. 2009, 81.

gen' ist sein Leitmotiv. Das weiße Blatt zum Beispiel begleitet er denn auch mit allerlei Hüpfern:

> To conceive this right, – call for pen and ink –; here's paper ready to your hand. Sit down, sir, paint her to your own mind; – as like your mistress a you can, – as unlike your wife as your conscience will let you, – t'is all one to me, – please but your own fancy in it.[26]

Die Literatur und Schriftkultur des ausgehenden 18. Jahrhunderts wimmelt von poetischen Wasserzeichen, von Ornamenten und Arabesken, die mit Laune, Witz und Phantasie, mit Schwärmerei, und auch überschwänglicheren und übergriffigeren Gefühlströmungen und das heißt immer auch: in Muße, wenn auch nicht mehr notwendig mit Ruhe zu füllen sind.

Eckermann erzählt, wie Goethe ihn bat, ein Blatt Papier auf seinem Pult zu betrachten:

> Dieses blaue Briefcouvert? sagte ich. Ja, sagte Goethe. – Nun, was sagen Sie zu der Handschrift? Ist das nicht ein Mensch, dem es groß und frei zu Sinne war, als er die Adresse schrieb? – Wem möchten Sie die Hand zutrauen? Ich betrachtete das Blatt mit Neigung. Die Züge der Handschrift waren sehr frei und grandios. Merck könnte so geschrieben haben, sagte ich. Nein, sagte Goethe, der war nicht edel und positiv genug. Es ist von Zelter! – Papier und Feder hat ihn bei diesem Couvert begünstigt, so daß die Schrift ganz seinen großen Charakter ausdrückt. Ich will das Blatt in meine Sammlung von Handschriften legen.[27]

Papier und Feder schreiben an der Handschrift und am Text, am Gedanken und am Ausdruck mit. Das 18. Jahrhundert ist das erste, in dem dies in großem Ausmaß zum ästhetisch-philosophischen Prinzip erhoben wird. Die Briefkultur – und nach und mit ihr die erfolgreichste literarische Gattung dieser Zeit, der Roman – lebt davon, dass das Papier die weitgreifenden „unaussprechlichen" Gefühls- und „inkommensurablen" Gedankendimensionen, mit denen es beschrieben und gleichsam überströmt wird, auch erst mit hervorruft, zugleich den Akt der Textentstehung sichtbar halten und somit auf den Leser übertragen kann und darüber hinaus der ideale Reflexionsraum dieser Vorgänge ist. Papier als Beschreib- und Imaginations-Stoff, als Erfahrungs- und Kontemplationsraum ist immer auch Meta-Papier. Inszenierte Abbrüche, ausgelassene, mit unterschiedlich langen und dicken Gedankenstrichen markierte Stellen, durch Sternchen und Schnörkel und Geheimzeichen signalisierte Auslassungen, Schriftwechsel, farbige Papiere (im Falle von Zelter: blau), kleine oder große Formate, Siegel und Wasserzeichen – alles spricht, ist für den Leser Mimikry des Schreibers und für den Schreiber Dialogpartner, Anstifter wie Referenz seiner Welt im Kopf.

---

[26] Laurence Sterne, *Life and opinion of Tristam Shandy, Gentleman.* A new Edition, Altenburgh 1772, Bd. 5, 24.

[27] Siehe Eckermann, *Gespräche mit Goethe*, 301 f.

Goethes *Werther* und der *Anton Reiser* von Karl Philipp Moritz und vor allem Klopstocks Verse sind Anleitungen zu dieser Inbesitznahme und gleichsam elektrischen Aufladung von Papier. In den Musen-Almanachen des späten 18. Jahrhunderts bleibt das Bildfeld unter dem Lorbeerkranz auf dem Frontispiz gern auch leer[28]: Der Leser kann sich selbst sein Bild vom Dichter machen und sich sogar an seine Stelle setzen. Selberschreiben und -zeichnen ist erwünscht. Moritz spielt damit, dass sich Anton Reiser, eine seiner Versuchsfiguren für seine Erfahrungsseelenkunde, dieser Mode des Lückenschreibens und Lückenfüllens andächtig hingibt: „In den Momenten dieses seligen Vorgefühls konnte die Zunge nur stammelnde einzelne Laute hervor bringen. Etwa wie in einigen Klopstockschen Oden, zwischen denen die Lücken des Ausdrucks mit Punkten ausgefüllt sind."[29] Der Lückentext, wie wir ihn aus dem Schulunterricht kennen, ist die didaktische Konsequenz aus dieser allein durch das Abgrenzen eines Platzes auf dem Papier geschaffenen Pathos- und Mitmachformel, die deutlich markiert: Hier ist ein Raum für Muße. Mehr sogar noch: Hier steckt im Papier schon etwas, was es zur Erscheinung zu bringen gilt. Letztlich ein radikaler Formalismus: Auferweckung des Papiers durch das Wort und, sehr überspitzt, durch das nur noch gefühlte Wort.

Moritz enttarnte sein eigenes Verfahren: Kein Buch kam „aus der Presse ohne Gedankenstriche, womit viele so angefüllt waren, daß auf manchem Blatte mehr Querstriche als Worte standen. Man suchte Gedanken, und fand keine."[30] Auch Schiller machte sich 1787 einen Spaß aus dieser Art leerer Zeichnung, zu der das Papier als preiswerter Beschreibstoff verführte: In seinem kleinen Drama *Körners Vormittag oder Ich habe mich rasieren lassen* lässt er zahlreiche Personen auftreten, auch sich selbst „als Schiller. Somermancheste. gelbe Pantoffel. Tobak. / als Seifenbekannter. Schuh und Strümpf. Noten. Hut. / als Wolfin. Weiberrok. Salope. Haube. / Schuhmacher. Mantel. Stiefel. Schuhe. / Canditat. Schwarze Weste. Disputation. Schuh und Strümpfe. Schwarzer Rock". Das einzige, was Körner an diesem derart gestörten und gänzlich mußelosen Vormittag zu Papier bringt, ist diese Zeile: „Ein Glück wie das unsrige Julius, ohne Unterbrechung, wäre zuviel für ein menschliches – –. Wo gehts denn fort?"

[28] Ein Beispiel (der *Göttinger Musen-Almanach* von 1794) ist abgebildet in: *Autopsie Schiller*, 23.

[29] Karl Philipp Moritz, *Anton Reiser. Ein psychologischer Roman*, Frankfurt a. M. 1979, 409.

[30] Karl Philipp Moritz, *Grammatisches Wörterbuch der deutschen Sprache*, Hildesheim 1996, 196.

3. Papierformate

Eduard Mörike fackelt zwei Löcher in ein kleines, gerade einmal handtellergroßes Blatt Papier, die dem Gedicht, das er darauf geschrieben hat, den Realitätsbeweis liefern:

> Des Herrlichen, womit die volle Welt
> Uns überdrängt, sich mächtig zu erwehren,
> Und Lust und Weh, worin er sich gefällt,
> In tausend Herzen bleibend zu verklär[en],
> Erglüht der Sänger schä [schwärmend im] Gedich[t]
> Mei[st o]hne Dank, zum [mindsten] fühlt ers [nicht].

Das Blättchen hat so zwei wirkliche Brennpunkte und ist tatsächlich ein Seelenraum, wenn man sich diese so vorstellt wie der Fichteleser Jean Paul, als Ellipse, welche die zwei Seelen umfasst, die jeder in seiner Brust hat. Mörike hat den Beschreibstoff Papier in alle Richtungen als Inspirations-, Erfahrungs- und Imaginationsraum ausgelotet und das Epigramm, das Hineinritzen und Daraufschreiben, als Urszene der Literatur verstanden.

Ein gereimtes Rezept für goldgelbgebackene Brenten notiert Mörike auf gelbliches Papier, Schillers Handschrift fälscht er auf ausgerissenen Zetteln, Goethe lässt er zweifarbig schreiben, Hölderlin mit Bleistift vorschreiben und dann mit Tinte überzeichnen, eigene Gedichte sind gekleckst, auf Tonvasen und Eier oder auch ein Platanenblatt und einen Fensterladen geschrieben und zwei Mal sogar auf ein Stück Birkenrinde, auf „Naturendlospapier". Die zwei Strophen von *Gebet* (und besonders die erste: „Herr! schicke, was du willt [sic] / Ein Liebes oder Leides; / Ich bin vergnügt, daß beides / Aus Deinen Händen quillt") schreibt er über 20 Jahre hinweg immer wieder auf anderes Papier und in andere Formate – Birkenrinde z. B., Miniaturspruchbuch, Gesangbuch, Roman, Gedichtsammlung. Je nach Ort verändern sie ihren Ton und ihre Aussage, sind traurig, andächtig, demütig, ungeduldig, deftig, bildhaft sprechend, denn sogar ein Hinweis auf Sauerkraut findet sich unter den Beitexten dieser Kontextvariationen. Mit jedem Papier und jedem anderen Beschreibstoff sind ein Fundus von Figuren und Motiven und ein Arsenal an Sprech- und Denkweisen verbunden. Mörike stickt Gedichte und schreibt sie in Spiegelschrift, verschenkt gemalte Würfel und sammelt auf dem Papier auch die winzigen Fußspuren ein, die Seppe und Vrone im *Stuttgarter Hutzelmännlein* hinterlassen haben, als sie hintereinander auf einem Seil gehen, nachdem sie jeweils einen ihrer Schuhe miteinander getauscht haben – Denken im Papierformat ebenso wie in den überlieferten Versformen und selbst erfundenen Mythologien.

Gottfried Benn hat sein Gedicht *Ein Wort* auf eine weiße Karte geschrieben, exakt in eine Form von 14,3 auf 9,1 cm[31], wobei er zunächst im Hochformat begann „Ein Wort, / Ein Satz – :“ und die Karte dann umgedreht und quer genommen hat:

Ein Wort, Ein Satz – : aus Chiffren steigen
erkanntes Leben, jäher Sinn
die Sonne steht, die Sphären schweigen
und alles ballt sich zu ihm hin.

Ein Wort – , Ein Glanz, Ein Flug, ein Feuer,
Ein Flammenwurf, Ein Sternenstrich –,
und wieder Dunkel, ungeheuer,
im leeren Raum um Welt und Ich.

Mit dem Wechsel von der kurzen zur langen Zeile mildert Benn die Wucht der Anfangsformel und schreibt gegen deren Kraft an, die buchstäblich sichtbar in einer handschriftlichen Fehlleistung wird: „Ein Wort – , Ein Glanz, Ein Flug, ein Feuer“. Erst am Ende der fünften Zeile ist der Bann ihres Anfangszeichens, des großen *E*, gebrochen und ein kleines prosaisches *e* gerät an den Artikelanfang. Benn erhöht mit dem Formatwechsel den Reibungswiderstand, den die Versform der Alltagsprache bietet, er vergrößert den freien Platz um das Gedicht und führt mit dem Papier für seine eigene Theorie den praktischen Beweis:

Der ‚Kunstträger‘ […] ist uninteressiert an Verbreiterung, Flächenwirkung, Aufnahmesteigerung, an Kultur. Er ist kalt, das Material muß kaltgehalten werden, er muß die Gefühle, die Räusche, denen die anderen sich menschlich überlassen dürfen, formen, das heißt härten, kalt machen, dem Weichen Stabilität verleihen.[32]

Das 20. Jahrhundert baut in der Kunst und Literatur ebenso wie in den Geistes- und Naturwissenschaften das Papier als Ort des offenen, aber kontrollierten Denkens und „kaltgehaltenen“ Materials aus. Der Mußeraum Papier wird dabei immer mehr als Laborraum verstanden. Friederike Mayröcker hat *études* und *cahiers* veröffentlicht, die auf dem Umschlag ein liniertes, kaum beschriebenes Blatt simulieren und im Buch immer wieder die Handschrift und mit ihr den Papierraum der Textentstehung reproduzieren und die unterschiedlichsten Schreib- und Malformate imaginieren, zum Beispiel: „(„*Adam Elsheimers Flucht nach Ägypten*“) miszt nur 31 x 42 cm ……“[33]

Hans Magnus Enzensberger begrüßt die Leser in seinem *Album*, das außen – *albus*, weiß – nahezu weiß ist und schattenreich wie leeres Papier:

[31] Abb. in: *Ordnung*, 140.

[32] Gottfried Benn, „Soll die Dichtung das Leben bessern?“, in: *Prosa 4*, Sämtliche Werke, Bd. 6, hg. v. Gerhard Schuster u. Holger Hof, Stuttgart 2001, 231–240, 234.

[33] Friederike Mayröcker, *cahier*, Berlin 2014, 10.

Damit wir uns aber recht verstehen, meine Lieben: so und nicht anders geht es zu in unserem Gehirn, einem undisziplinierten Organ, das sich an keine Reihenfolge hält, ohne Inhaltsverzeichnis auskommt und keine Chronologie kennt.[34]

Das Papier dient der Erfahrung der freien Formen und der noch nicht festen Dinge. Erscheinen und Auslöschen halten sich die Waage. Peter Handke, der Wanderer, zieht in einer Fernsehsendung 2008 eines seiner Notizbücher, von denen jedes innen wie außen anders aussieht, aus der Hosentasche (dieses Mal ein „kleines, mit einer schönen Frau drauf") und erläutert mit dem Büchlein in der Hand das Darinzeichnen als Entdecken von etwas, was an einem Gegenstand oder einer Figur frei geblieben ist: das Freie eines Raums ist das „Bezeichnende".[35] Auch Valentin Sorg, die Hauptfigur von Handkes Erzählung *Langsame Heimkehr,* zeigt seine Notizhefte. Er legt sie auf einen Tisch:

so daß jedes einzelne mit seiner besonderen Farbe erschien und die ganze Tischfläche gleichsam zu einer geologischen Karte wurde, wo bunte Flächen die verschiedenen Erdzeitalter bedeuteten. [...] und bewegungslos stand er über das vielfältige, an manchen Stellen schon altersblasse Muster gebeugt, bis er selber eine ruhige Farbe unter anderen wurde. Er blätterte die Hefte durch und sah sich in der Schrift verschwinden: in der Geschichte der Geschichten einer Geschichte von Sonne und Schnee. Jetzt könnte er alle zu sich überreden, und die dunkle Weltkugel zeigte sich als eine zu beherrschende, sogar bis ins Innerste zu entschlüsselnde Maschine.[36]

Martin Mosebachs Technik, große, zum Teil farbige und auch gemusterte Blätter bis zum Rand so kleinzeilig vollzuschreiben, dass kein Raum für Korrekturen bleibt und die *contemplatio* durch das Schreiben regelrecht erzwungen wird[37], ist ebenfalls eine Konsequenz aus dem Denken über Papier und mit Papier. Mosebach lässt im Manuskript seines *Nebelfürst* nach jedem Kapitel einen freien Platz, der nur die Kapitelnummer trägt.

Überfüllung und Unterfüllung sind zwei Seiten des kreativen Umgangs mit Papier, beim Regelmaß vermuten wir dagegen Prosa, Uninspiriertheit. Für das Gegenteil – Enthusiasmus und Verrücktheit, Rausch und Spontaneität, extreme Zustände innerer oder äußerer Bedrängnis – steht die gleichmäßige Beschriftung von Papier nur, wenn sie auf Unformate trifft: riesige Tableaus und Baupläne, wie sie von Hubert Fichte existieren[38], oder Endlosformen, wie jenes 12 Meter lange und nur 11 Zentimeter breite, aus Toilettenpapier zusammenge-

---

[34] Hans Magnus Enzensberger, *Album*, Berlin 2011, o.S.

[35] Im „nachtstudio"-Gespräch mit Volker Panzer, nach 44 Minuten und 30 Sekunden: Peter Handke/Volker Panzer, „*nachtstudio*-Gespräch (2008)", (29.06.2013), https://www.youtube.com/watch?v=y8PM4YMEXhQ (abgerufen am 17.09.2015).

[36] Peter Handke, *Langsame Heimkehr,* Frankfurt a. M. 1979, 190.

[37] Abb. in: *Ich liebe Dich!* Mit einem Gespräch zwischen Michael Lentz u. Sibylle Lewitscharoff (Marbacher Magazin 136), Marbach a. N. 2011, o.S., und in: Martin Mosebach, *Illustrationen* (Marbacher Magazin 131), Marbach a. N. 2010.

[38] Abb. in: *Ordnung*, 118. Und in: Deutsches Literaturarchiv Marbach (Hg.), *Schicksal. 7*7 unhintergehbare Dinge* (Marbacher Magazin 135), Marbach a. N. 2011, 53 f., 152.

klebte Band, auf das De Sade in der Bastille seine *120 Tage von Sodom* schrieb[39], die 37 Meter dünnes Maschinenpapier, auf die Jack Kerouac *On the road* getippt hat[40], oder die schmalen Papierrollen, die Klaus Theweleit unter anderem für seine *Männerphantasien* nutzte.

4. Farb- und Musterpapier

Es sind nicht nur der Himmel und andere „Vorzeitformen", sind nicht nur Sonne und Sterne und Schnee, es ist auch der Mond, der seit dem 18. Jahrhundert zum natürlichen Pendant des weißen Blatts wird und so viele Gesichter und Farben besitzt, dass Friedrich Kittler in den 70er und 80er Jahren auf bunten, meist orangefarbenen Karteikarten in DIN A6-Format hunderte von Belegstellen für Mondfarben exzerpiert hat. Kittler tippt dabei auf linierte Karteikarten, wobei er sich an keine Linie hält und das Lesen nicht immer leicht ist.[41] Schreiben ist hier ein Überschreiben, wenn man es so zuspitzen mag, von Disziplinarmaßnahmen, die das gewählte Format mit sich bringt, denn viele der Exzerpte benötigen weitaus mehr Platz als eine Karteikarte. Hans Ulrich Gumbrecht, ebenfalls ein Karteikartenschreiber, verwendet dagegen *file cards*, auf einer Seite liniert, auf der anderen, von ihm dann beschrifteten Seite weiß, und hat sich für eine Marbacher Ausstellung über Zettel und Zettelkästen selbst beobachtet:

> dass Gedanken sich kaum einstellen, wenn ich nicht gleich eine leere Karteikarte mit den Wörtern fülle, die sie objektivieren. Anders gesagt: Ich kann ohne meine Karteikarten nicht denken - und frage mich, ob dies ein Grund zur Sorge ist. Was immer mir in den Sinn kommt, droht verloren zu gehen, falls es sich nicht gleich notieren lässt. Die *file cards* öffnen einen begrenzten Raum, den ich (vorbewusst) nutze, um mit ersten Assoziationen und Verbindungen zu experimentieren. Ohne sie werden fließende Intuitionen nie zu elementaren Gedanken-Formen, die ich dann - natürlich wieder auf Karteikarten - benutze, um auf Beschreibungen oder Argumenten zu kommen. Wichtig ist anscheinend, dass ihre Materialität den Raum des Denkens einerseits begrenzt und andererseits in diesem Rahmen zur Herausforderung für Variationen wird.[42]

[39] Abb. in: Deutsches Literaturarchiv Marbach (Hg.), *Kassiber. Verbotenes Schreiben* (Marbacher Katalog 65), Marbach a. N. 2012, 110.

[40] Abb.: „Literaturmuseen Marbach", https://www.facebook.com/LiteraturmuseenMarbach (abgerufen am 17.09.2015).

[41] Heike Gfrereis/Ellen Strittmatter, „Lemma: *Mondfarben*", in: Deutsches Literaturarchiv Marbach (Hg.), *Zettelkästen. Maschinen der Phantasie* (Marbacher Katalog 66), Marbach a. N. 2013, o.S; vgl. auch: Heike Gfrereis, „Clockwork Orange. Friedrich Kittlers Mondfarbenkartei", in: *Zeitschrift für Ideengeschichte* 10 (2016), 97–106.

[42] Siehe Deutsches Literaturarchiv Marbach (Hg.), *Zettelkästen. Maschinen der Phantasie* (Marbacher Katalog 66), Marbach a. N. 2013, 147 f.

Robert Gernhardt griff 30 Jahre lang zu Schulheften der Marke Brunnen[43], unliniert, wenn möglich, aber bunt und glänzend eingebunden und manchmal vorne und hinten von einem Notenspiegel begleitet, den Gernhardt von Zeit zu Zeit auch kommentiert hat, ebenso wie Eigenschaften und auch Veränderungen des Einbands und des Papiers: „Prima Papier, prima Farbe. Überhaupt: die Materialität. Ohne Kugelschreiber liefe gar nichts + ein sinnliches Papier ist einfach Voraussetzung." Das, auf was man schreibt, ist das Nächste und Naheliegende im Einzugsgebiet der Phantasie, die darauf in Bewegung zu geraten versucht: „authentischer als Bilder und Bücher, da sie reine Bewegung sind und kein Ankommen – wohin und worauf immer diese Bewegung gerichtet ist", charakterisiert Gernhardt 1988 seine Hefte. Nicht immer sammeln sich die Bonmots, Vers- und Bildeinfälle, nicht selten verläuft sich ihr Urheber, manchmal scheint der Ideenreichtum sich selbst zu erschöpfen, alles Spielen und Kritzeln und poetisches Übersprungshandeln nichts zu nutzen. Stillstand jedoch lassen die Brunnen-Hefte nicht zu, gerade weil sie mit jeder neuen Doppelseite zu einem neuen Ansatz einladen und von Augenblick zu Augenblick mitgehen: „Der Weg ist das Ziel, und wenn sich keiner mehr bewegt, ist das Ziel auch weg."

Alfred Andersch – ganz anders als Robert Gernhardt – versuchte beim Planen von Romanen buchstäblich Linie zu halten: seine auf liniertes Papier geschriebenen Notizen nannte er im Familienkreis „Leitlinien". Für die Arbeit an seinem Roman *Efraim* nutzte er linierte Karteikarten, linierte Zettel und ein kleinkariertes Rechnungsbuch mit vertikalen Linien, zwischen die er exakt Papieraufschriebe klebt, die dem Romanverlauf folgen.[44] Eine Papierplanung, die bewusst die verschiedenen Papierarten und Papierräume als Möglichkeiten des Denkens ausnutzen will:

> Anhaltende Lektüre erzählender Prosa, sowie eigene Praxis, lösten ein leichten System-Zwang aus. Auf einem Zettel kritzle ich: form / thema / stoff / handlung / figuren / schauplätze / zeit. Nach einiger Zeit begreife ich, daß es sich bei dem Zettel nicht um ein abstraktes Signal, sondern um ein praktisches Kontrollsystem handelt. Schreibt man die Tabelle etwa auf die linke Seite eines großen Bogens Zeichenpapier, so läßt sich aus ihr in grafischer Form das Gerüst der ganzen Erzählung entwickeln.[45]

Michael Ende und Sarah Kirsch suchten sich linierte und manchmal auch karierte Schulhefte, einfache und erste Formen des Schreibens. Peter Sloterdijks Notizbücher sind ebenfalls liniert, auch auf dem Umschlag der Auswahlausgabe, die den Linien einen deutenden Titel gibt: *Zeilen und Tage*. Das strukturierte

[43] Deutsches Literaturarchiv Marbach (Hg.), *Kippfiguren. Robert Gernhardts Brunnen-Hefte* (Marbacher Magazin 120) hg. v. Deutsches Literaturarchiv Marbach, Marbach a. N. 2007.

[44] Abb. in: *Zettelkästen*, o.S.

[45] Alfred Andersch, „Aus der grauen Kladde", in: *Gesammelte Werke*, Bd. 10, hg. v. Dieter Lamping, Zürich 2004, 424–463, 424.

Papier ist hier der Ort, um wie Nietzsches *Zarathustra* „noch Chaos in sich“ zu haben:

> Liefere dich Prüfungen aus! Lege Deine Akte an. Sammle Hinweise, die verstehen lassen, dass es dich geben musste. Setze dich selbst, bringe dein Thema zum Zuge! Weil Kraft zur Setzung alles ist, vergiss nicht, dein Zeichen aufzustellen. Nimm teil an dem Experiment, das zeigen wird, was geht und hält; lass zu, dass vieles an sich selber scheitert. Die Welt ist Versuch geworden – wer nicht versucht hat, wird nicht zur Welt kommen. Es gibt nur einen Fehler, den, latent zu bleiben. Klugheit bedeutet für die Zukunft: Der Versuchung durch Spurlosigkeit widerstehen.[46]

„Der Versuchung durch Spurlosigkeit widerstehen.“ Elfriede Jelinek verschickte Ende der 80er provozierende pinkfarbene Karteikarten, liniert und in der Mitte mit einem an eine Vagina erinnernden ausgestanzten Schlitz und diesem Aufdruck: „Vorsicht: Mir fällt nichts herein. Schreiben Sie hier an meine Stelle, die ich Ihnen gebe! Bitte mit dem Stempel nicht zu stark aufdrücken!“ Das Papier verführt dazu, Metaphern nicht nur zu entdecken, sondern auch zu wörtlich zu nehmen und zu realisieren. Doch selbst wenn Schreiben immer wieder einmal mit dem Akt der Penetration verglichen worden ist – man denke an die sprichwörtlich „unbeschriebenen“ und „beschriebenen“ Blätter –, so ist das Papier nicht der weibliche Körper, sondern nur die Schreibfläche. Es ist ein Proberaum. Versuch. Versuchung. Vorsicht: Ahnung und Spur. W. G. Sebald hat seine Erzählungen zum großen Teil auf linierte DIN A4-Blätter geschrieben, mit der Hand und immer wieder Blattanfänge abschreibend, um trotz Korrekturen und Variationen den semantischen Seitenspiegel zu bewahren und erste Worte auf der Seite erste Worte sein zu lassen. Zum Teil führt das zu merkwürdigen Fragmentarisierungen. Auf einem Blatt aus dem Manuskript zu *Die Ausgewanderten* findet sich das Bruchstück zweier Sätze, mehr nicht, die anderen Linien bleiben leer: „Bergen kommt der Tag herauf mit rotgoldenem Schein. Ein Abglanz davon überzie.“[47] Auf einem anderen Blatt werden dann die Sätze korrigiert und ergänzt und erhalten Anfang und Ende: „Jenseits der Wasserstraße, hinter den schwarzblauen albanischen Bergen, kommt der Tag herauf, breitet seinen Flammenschein über die noch lichtlose Welt.“

Wenn Sebald unlinierte Blätter verwendet, so sind sie oft durch etwas anderes definiert. Das Blatt etwa, auf dem er die Unterschrift von Ambrose Adelwarth übte, war zuvor mit einem nahezu leeren Farbband betippt worden. „Seufzer“ ist das einzige Wort, das davon deutlich zu lesen ist.[48] Den Lebenslauf von Austerlitz notiert Sebald, der in seinen Büchern Blumen, Blätter und Farne gesammelt hat, in einer Ausgabe von Claude Simons *Le jardin des plantes*.[49] Im ferti-

---

[46] Peter Sloterdijk, „Ich sage euch: man muss noch Chaos in sich haben“, in: Sloterdijk, *Der ästhetische Imperativ. Schriften zur Kunst*, Hamburg 2007, 400–404, 400.

[47] Abb. in: *Der Wert des Originals*, o.S.

[48] *Der Wert des Originals*, o.S.

[49] Abb. in: *Ordnung*, 96.

gen Roman vergleicht er dann die Biographie seines Helden mit Simons Gaston Novelli. Novelli wird nach dem Krieg Maler, sein Hauptmotiv: der Buchstabe *A*, den er wie einen „lang anhaltenden Schrei“ in immer neue Formen gestaltet. Das Papier ist für den Philologen Sebald Träger unendlich vieler und tiefer Spuren, die er zum großen Teil auch selbst darin eingegraben und erfunden hat. Es ist die Fläche, auf der Intertextualität als Raum gedacht werden kann und Text, Klang und Bild zusammenkommen, als sei das Papier das unidyllische, durchaus quälende, aber inspirierende Gegenstück zum *locus amoenus*, an dem Platon im *Phaidros* die Zikaden – die Töchter der Mnemosyne – singen lässt:

Denn die Platane selbst ist prächtig belaubt und hoch, und des Gesträuches Höhe und Umschattung gar schön, und so steht es in voller Blüte, daß es den Ort mit Wohlgeruch ganz erfüllt. Und unter der Platane fließt die lieblichste Quelle des kühlsten Wassers, wenn man seinen Füßen trauen darf. Auch scheint hier nach den Statuen und Figuren ein Heiligtum einiger Nymphen und des Acheloos zu sein. Und wenn du das suchst, auch die Luft weht hier willkommen und süß, und säuselt sommerlich und lieblich in den Chor der Zikaden. Unter allem am herrlichsten aber ist das Gras am sanften Abhang in solcher Fülle, daß man hingestreckt das Haupt gemächlich kann ruhen lassen.[50]

Gottfried Benn tippt im Februar 1949 vier Gedichte, zu denen es in seinen Notizheften Vorarbeiten gibt, auf blaue Blätter, die Papierfarbe, die lange Zeit in Europa die einzige Farbe war, die das Papier neben Weiß hatte, und sich mit vielen Bedeutungen aufgeladen hat – Farbe der Trauer und der Todesurteile, von Königen und Helden, des Himmels und der Meere, der Romantik und der Abenteuer. Die vier Gedichte schickt er samt der Erläuterung „Vier Privatgedichte (für das Oelze-GB Archiv, – und damit enden die blauen Bogen, die mich, glaube ich, sieben Jahre begleitet haben.)“ und dem letzten, zum Beweis leeren blauen Blatt seinem Brieffreund Oelze. Das zweite Gedicht, später veröffentlicht mit dem Titel *Schakal*, thematisiert das „sterbende Blau“, *bleu mourant*:

Erinnerungen –
Erinnerungen –, Klänge, nachtverhangen,
und Farben, die ein Wind vom Meer bewegt,
sind eine Traumumarmung eingegangen
zu einem Bild, das etwas Letztes trägt:

Ein Uferschloss mit weissen Marmorsteigen
und plötzlich eines Liedes Übermacht –,
die Ser{e}nade spielen viele Geigen,
doch hier am Meer in dieser warmen Nacht –.

Es ist nicht viel, –Viel trägt nicht mehr das Eine, –
nach einem Bogen greifen dann und wann –
ein Spiel im Nichts –, ein Bild, alleine,
und alle Farben tragen Bleu mourant.

---

[50] Plato, *Phaedrus*, 230b–c.

„Bleu mourant" ist eine Lieblingsfarbe der Goethezeit (in Goethes 1944 zerstörtem, von 1947 an originalgetreu wieder aufgebautem Elternhaus war so das Esszimmer tapeziert, die „blaue Stube"). Ursprünglich als durchscheinende, farbig-bleiche Porzellan- und Fayenceglasurfarbe entstanden, in der Berliner Porzellanmanufaktur Bezeichnung eines eigenen, von Friedrich dem Großen bevorzugten Dekors und im dortigen, Benn wohlbekannten Dialekt mit „blümerant" auch eine Befindlichkeitsangabe: unwohl.

5. Altpapier

14 Jahre zuvor, im August und September 1935, hat Benn auf die hellgelben Speisekarten der Stadthalle Hannover vier elegische Gedichte mit der Schreibmaschine geschrieben. Gegenstücke zu den merkwürdigen Metaphern des Menüs, Bismarckhering, Kraftsuppe mit Mark, Eisbombe und 10 % Bedienungszuschlag: *Tag, der den Sommer endet, Astern, Die weißen Segel, Ach, das Erhabene.*[51] Ein kleines Mirakel, ein buchstäbliches Umwenden des alltäglichen Lebens, das der vom NS-Ärztebund ausgeschlossene und in Hannover als Sanitätsoffizier stationierte Benn zu einer ganzen Kollektion ausbauen wollte, zu der es allerdings nicht gekommen ist, weil sein Briefpartner Oelze sich nicht an das von Benn ausgesprochene Schreibverbot hielt und auf die übersandten Stadthallengedichte doch geantwortet hat.[52] Die Gedichte und das, was Benn sonst noch auf die Karten geklebt hat, ein Foto von sich selbst von 1916 und zwei Postkarten von Segelschiffen [„Arcachon (Côte d'Argent). En Course" und „Steinhuder Meer, Ausblick von Wilhelmstein"], sind allesamt Gedichte, die in und gegen ihre Zeit gesetzt sind. Ein Schlagen der Zeit mit ihren eigenen Waffen. Die Metaphern und Ideen, denen sie gelten, enthüllen sie als triviale Tautologien – Prothesen, mit denen die Wirklichkeit wärmer und bedeutungsvoller wird: „Die weissen Segel, die Bogen,/an Bord die leuchtende Fahrt/sind eine Art von Wogen/und eine Segel-Art." Der Entstehungs- und Resonanzraum solcher Gedichte ist jedoch ganz einfach nur Papier.

Im selben Jahr wie Benn, 1935, hat Walter Benjamin seine ersten Überlegungen zu „Was ist Aura?" auf einen Zettel mit roten Sternen geschrieben, eine Werbung für San Pellegrino Mineralwasser. Gleich am Ende des ersten Absatzes auf dem Blatt steht dort die berühmte Definition: „Aura ist Erscheinung einer Ferne so nah sie sein mag. Worte selbst haben ihre Aura; Kraus hat sie besonders genau beschrieben: ‚Je näher man ein Wort ansieht, desto ferner blickt es

---

[51] Abb. in: *Ordnung*, 244. Und in: Deutsches Literaturarchiv Marbach (Hg.), *Denkbilder und Schaustücke. Das Literaturmuseum der Moderne* (Marbacher Katalog 60), Marbach a. N. 2006, 124.

[52] Joachim Dyck, *Der Zeitzeuge. Gottfried Benn, 1929–1949*, Göttingen 2006, 177 f.

zurück'". Benjamin leitet das aus „der Übertragung einer in der menschlichen Gesellschaft üblichen Reaktionsform" ab. Wir versuchen uns die Natur zu eigen zu machen, indem wir sie beleben und in ihr etwas sehen, was auf uns verweist: Berge haben Köpfe, Rücken und Füße, Blumen heißen Milchzahn, Rittersporn, Eisenhut, Augentrost. Wir stellen uns die Welt belebt vor, die toten Gegenstände besessen. „Das Angeschaute oder angeschaut sich Glaubende schlägt den Blick auf". Mit dem San Pellegrino-Zeichen gibt Benjamin seinem Text buchstäblich Augen-Sterne.[53]

Früher schon haben Hermann Hesse und Ludwig Wittgenstein den Reiz entdeckt, Papier als Gegenüber zu verwenden und der Welt entgegenzuschreiben, indem sie zwei verschiedene Texte auf einem Blatt gegeneinander führen. Als der 27-jährige Wittgenstein, Artilleriebeobachter in Galizien, 1916 die Arbeit an seinem noch vor dem Kriegsausbruch begonnenen ersten längeren philosophischen Text fortsetzt, dem *Tractatus logico-philosophicus*, schreibt er die Aufzeichnungen dazu jeweils auf die vorderen Seiten seines Notizbuchs, während er auf der Rückseite Tagebuch führt. Am 29. Juli kommen so z. B. zwei Einträge gegeneinander zu stehen: „Denn daß der Wunsch mit seiner Erfüllung in keinem logischen Zusammenhang steht ist eine logische Tatsache. Und daß die Welt des Glücklichen eine andere ist als die Welt des Unglücklichen ist auch klar" auf der *Tractatus*-Seite und auf der Tagebuch-Seite: „Wurde gestern beschossen. War verzagt! Ich hatte Angst vor dem Tode! Solch einen Wunsch habe ich jetzt zu leben! Und es ist schwer auf das Leben zu verzichten wenn man es einmal gern hat."[54]

In Hermann Hesses 1927 veröffentlichtem *Steppenwolf* betäubt sich dessen Initialenvetter Harry Haller mit Wein und Kokain „zur Erzeugung schöner Träume, zum Lustigmachen, zum Verliebtmachen" und dichtet auf die Rückseite einer Weinkarte:

> Angst- und lustgepeitschter Menschenschwarm
> Dunstet schwül und faulig, roh und warm,
> Atmet Seligkeit und wilde Brünste,
> Frisst sich selbst und speit sich wieder aus,
> Brütet Kriege aus und holde Künste,
> Schmückt mit Wahn das brennende Freudenhaus,
> Schlingt und zehrt und hurt sich durch die grellen
> Jahrmarktsfreuden ihrer Kinderwelt,
> […]

---

53 Sabine Gölz, „Aura di San Pellegrino. Anmerkungen zu Benjamin-Archiv Ms. 931", in: Daniel Weidner/Sigrid Weigel (Hg.), *Benjamin-Studien* 1, Paderborn 2008, 209–228. Abb. in: *Der Wert des Originals*, o.S. Das Blatt gehört zu den Beständen des Walter Benjamin Archivs der Akademie der Künste. Weitere Beispiele für das Zusammenspielen von Papier und Schreiben zeigt der Katalog *Walter Benjamins Archive. Bilder, Texte und Zeichen*, bearb. v. Ursula Marx, Frankfurt a. M. 2006.

54 Wittgensteins Tagebuch liegt im Trintiy College in Cambridge.

Auch im Manuskript verwendet Hesse eine bunte Mischung an Altpapier, Kalenderblätter, selbstgemalte Aquarelle. „Eigenes Kartenspiel machen" steht auf einem beiliegenden Blatt. Es ist nicht auszuschließen, dass sich Hesse dabei an eine Stelle aus einem seiner Lieblingsbücher erinnert hat. In Jean Pauls *Quintus Fixlein* wird in der Vorrede das Leben mit einer Spielkarte verglichen und mit diesem Vergleich begründet, warum der Autor nur um die Mittagszeit an die noch leeren Seiten und Paratexte denken kann, die sein Buch umgeben:

Ich hab' es oft versucht, vor der jährlichen Gemälde-Ausstellung der langen unabsehlichen Bildergalerie der Natur an Buchdruckerstöcke, an Finalstöcke, an Schmutzblätter und an Spatia der Buchdrucker zu denken – – aber es ging nicht an, ausgenommen mittags, hingegen abends und morgens nie. Denn gerade am *Morgen* und am *Abende* und noch mehr in der *Jugend* und im *Alter* richtet der Mensch sein erdiges Haupt voll Traum- und Sternbilder gegen den stillen Himmel auf und schauet ihn lange an und sehnet sich bewegt; hingegen in der schwülen Mitte des Lebens und des Tages bückt er die Stirn voll Schweißtropfen gegen die Erde und gegen ihre Trüffeln und Knollengewächse. So ist die mittlere Lage einer Spielkarte aus Makulatur gemacht, nur die zwei äußersten Lagen aber aus feinem Druckpapier; oder so richtet sich der Regenbogen nur in Morgen und Abend, nie in Süden auf.[55]

Das Aufrichten des Haupts, um den Himmel lange anzuschauen, am liebsten vom Morgen bis zum Abend, hat Jean Paul aus Senecas *De otium*. Er höhlt dieses Bild gleichsam von innen aus, um eine ernüchternde Schicht dazwischen zu legen: altes Papier. Das Altpapier, das Hesse in sein Manuskript einschiebt, wäre Makulatur, wenn er es nicht gerade für sein Spiel benutzen würde. „Kamasutram" ist eine der großen Karten auf der Rückseite des „Kartenspiel"-Blatts betitelt. Schreiben ist auch das Zusammenstellen von Figuren und Szenen auf Papier, eine müßig-lustvolle Tätigkeit, Blätter zu schichten und in unterschiedliche Konstellationen zueinander zu bringen, die dann jedes für sich wieder zur Kontemplation einladen und so auch einen Schreibrausch auslösen können. Ein „psychedelisches" Schreibverfahren, das Analogien in den Manuskripten von Ernst Jünger findet, in denen ebenfalls alte Papiere und Fundstücke aller Art im Manuskript (ästhetische) Träume und Räusche inszenieren, fingieren und simulieren. Am eindrücklichsten zeigen das die Blüten der *braunfelsia pauciflora*, der Zimmerpflanzenverwandten einer halluzinogenen Pflanze, die Jünger auf viele Seiten von *Annäherungen. Drogen und Rausch* geklebt hat.[56]

Hesse, der in seinem pietistischen Elternhaus bestraft worden ist, wenn er Papier nicht sparsam verwendete und der selbst noch Teile seiner Korrespondenz auf schon beschriebenem Papier führte, hatte schon 1901 eine Kunstbeilage der *Illustrierten Zeitung* in dreifacher Ausfertigung zerschnitten, um darauf im alten

---

[55] Jean Paul, *Leben des Quintus Fixlein, aus funfzehn Zettelkästen gezogen,* Werke. Historisch-kritische Ausgabe, Bd. 6.1, hg. v. Sabine Straub, Berlin 2013, 184.

[56] Deutsches Literaturarchiv Marbach (Hg.), *LSD – Albert Hofmann und Ernst Jünger. Der Briefwechsel 1947 bis 1997* (Marbacher Magazin 142/143), Marbach a. N. 2013.

Stil eine gefühlsschwere Verserzählung zu schreiben, *Elise*.[57] Versucht man die Bilder der „Mädchenblüte“ wieder zusammenzusetzen, so zeigt sich, das Hesse den Akt an manchen Stellen seriell erweitert und an anderen ausgespart hat, als wolle er das traditionelle Verfahren der Liebesdichtung bloßlegen, die das Bild der Frau aus Einzelteilen zusammensetzt und ihr gerade so die größte Wirkung verleiht. Das Einzige, was der Leser denn auch von der angebeteten Elise erfährt, sind neben ihrem Namen wenige Details: schlank, blond, „mit weißer Schultern Glanz“, sie lächelt und „aufatmend schritt sie u. vom Tanz erregt“. Farbiger und heißer ist ihre Wirkung: „Da überlief ein Fieber mir das Herz“, „u. war doch heiß u. rot!“, „In heißen Wogen / Stieg brennend mir zur Haupt das rasche Blut.“

Beim *Glasperlenspiel* nutzt Hesse neues und altes Papier programmatisch. Am 7. Juli 1932 bestellt er dafür in Zürich das Papier:

Dieser Tage habe ich eine Arbeit begonnen, ein Manuskript, das mich vermutlich sehr lange Zeit, vielleicht manche Jahre beschäftigen wird. Ich habe die erste Niederschrift auf dem linierten Papier begonnen, das ich Ihnen hier als Muster beilege (Bögen im DinA5-Format mit Hochkaro), leider aber habe ich davon, wie ich eben sehe, nur noch einige Dutzend Bogen. Ich bitte Sie, mir womöglich von diesem Papier einen tüchtigen Vorrat, mindestens 500 Bogen, zu verschaffen. Es macht nichts, wenn etwa die Lineatur nicht ganz gleich ist, aber Art und Format sollte stimmen.[58]

Ungefähr zehn Jahre lang wird es dauern, bis Hesse nach vielen Vorarbeiten auf meist altem, aus dem nationalsozialistischen Deutschland stammenden Papier, die bestellten Bögen mit seinem Roman gefüllt hat und sie dann kapitelweise in Altpapier einschlägt: dickere, meist bunt bedruckte Zeitschrifteneinbände und Buchankündigungen, in *Das deutsche Wort*, *Die Deutsche Seele*, *Der Geistesarbeiter*, eine Ankündigung des Grimm'schen Wörterbuchs und eine Reklame für Handarbeitsglasperlen und einen Drehkugelschreiber, den „Super-Dictator“. Jedes Blatt Papier davon sei, so hat er 1943 dem Sohn Martin geschrieben, die Schwelle zu „einer magischen Zuflucht, in die ich, sooft ich geistig dazu bereit war, für Stunden eingehen konnte, und worin kein Ton aus der aktuellen Welt klang.“[59] Das Papier umzuwenden und auf die Rückseiten zu schreiben ist ebenso ein Luxus wie das Schreiben auf noch unbeschriebenes Papier. „Es freut mich, dass man dem Josef Knecht nicht anmerkt, in welcher Nähe zum Aktuellen er geschrieben ist, und dass am selben Tisch, auf dem er geschrieben wurde, Tag für Tag die Angelegenheiten vieler Flüchtlinge und Emigranten besorgt worden sind.“[60]

---

[57] Abb. in: *Ordnung*, 136.

[58] Heike Gfrereis, *Hermann Hesse – diesseits des „Glasperlenspiels“* (Marbacher Magazin 98), Marbach a. N. 2002.

[59] Vgl. Gfrereis, *Hermann Hesse – diesseits des „Glasperlenspiels“*, 4.

[60] Gfrereis, *Hermann Hesse – diesseits des „Glasperlenspiels“*, 28.

Goethe hat alte oder auch alt gedachte Papiere zur Weltaneignung, nicht zur Weltentgegnung genutzt. Sie gehören zum Kosmos aus Farben und Erscheinungen, den er poetisch und wissenschaftlich durchdenken will, in allem Ernst und allem Scherz. Eine auf den 1. März 1788 datierte Passage der *Italienischen Reise* bringt neues, altes und auf alt getrimmtes Papier, Dunkelheit und Erleuchtung, Buchformate und Weltoberflächen zusammen:

Zuerst ward der Plan zu Faust gemacht, und ich hoffe, diese Operation soll mir geglückt sein. Natürlich ist es ein ander Ding, das Stück jetzt oder vor funfzehn Jahren ausschreiben, ich denke, es soll nichts dabei verlieren, besonders da ich jetzt glaube den Faden wieder gefunden zu haben. Auch was den Ton des Ganzen betrifft, bin ich getröstet, ich habe schon eine neue Szene ausgeführt, und wenn ich das Papier räuchre, so dächt' ich, sollte sie mir niemand aus den alten herausfinden. Da ich durch die lange Ruhe und Abgeschiedenheit ganz auf das Niveau meiner eignen Existenz zurückgebracht bin; so ist es merkwürdig, wie sehr ich mir gleiche und wie wenig mein Inneres durch Jahre und Begebenheiten gelitten hat. Das alte Manuskript macht mir manchmal zu denken, wenn ich es vor mir sehe. Es ist noch das erste, ja, in den Hauptszenen gleich so ohne Konzept hingeschrieben, nun ist es so gelb von der Zeit, so vergriffen (die Lagen waren nie geheftet), so mürbe und an den Rändern zerstoßen, daß es wirklich wie das Fragment eines alten Codex aussieht, so daß ich, wie ich damals in eine frühere Welt mich mit Sinnen und Ahnden versetzte, ich mich jetzt in eine selbst gelebte Vorzeit wieder versetzen muß.

Auch ist der Plan von *Tasso* in Ordnung und die vermischten Gedichte zum letzten Band meist ins Reine geschrieben. *Des Künstlers Erdewallen* soll neu ausgeführt und *dessen Apotheose* hinzugetan werden. Zu diesen Jugendeinfällen habe ich nun erst die Studien gemacht, und alles Detail ist mir nun recht lebendig. Ich freue mich auch darauf und habe die beste Hoffnung zu den drei letzten Bänden, ich sehe sie im Ganzen schon vor mir stehen und wünsche mir nur Muße und Gemütsruhe, um nun Schritt vor Schritt das Gedachte auszuführen.

Zur Stellung der verschiedenen kleinen Gedichte habe ich mir Deine Sammlungen der zerstreuten Blätter zum Muster dienen lassen und hoffe zur Verbindung so disparater Dinge gute Mittel gefunden zu haben, wie auch eine Art, die allzu individuellen und momentanen Stücke einigermaßen genießbar zu machen.

Nach diesen Betrachtungen ist die neue Ausgabe von Mengsens Schriften ins Haus gekommen, ein Buch, das mir jetzt unendlich interessant ist, weil ich die sinnlichen Begriffe besitze, die notwendig vorausgehen müssen, um nur eine Zeile des Werks recht zu verstehen. Es ist in allem Sinn ein trefflich Buch, man liest keine Seite ohne entschiedenen Nutzen. Auch seinen Fragmenten über die Schönheit, welche manchem so dunkel scheinen, habe ich glückliche Erleuchtungen zu danken.

Ferner habe ich allerlei Spekulationen über Farben gemacht, welche mir sehr anliegen, weil das der Teil ist, von dem ich bisher am wenigsten begriff. Ich sehe, dass ich mit einiger Übung und anhaltendem Nachdenken auch diesen schönen Genuß der Weltoberfläche mir werde zueignen können.[61]

---

[61] Johann Wolfgang Goethe, *Italienische Reise*, Sämtliche Werke nach Epochen seines Schaffens. Münchner Ausgabe, Bd. 15, hg. v. Andreas Beyer u. Norbert Miller, München 1992, 619–620.

6. Viel Papier

Die Wohnung von Friederike Mayröcker ist der Inbegriff einer aus Papier gebauten und mit Schrift überzogenen Dichterwohnung:

Im berühmten botanischen Gehäuse ihrer Wohnung in der Wiener Zentagasse haben Blätter aus Papier alles überwuchert, stapeln sich angelesene Bücher, stecken Notizen in den Ritzen des Mobiliars, und wer das sagenhafte Domizil je betreten hat oder es zumindest von Bildern kennt, der ahnt, dass das kein Chaos für die Messie-Beratung ist, sondern ein poetischer Zustand. [...] Eine Weltbeschriftung, zum temporären Leidwesen von Bettdecken und Mobiliar ‚Lebe in 1 Sau Trog', nennt sie das selbst.[62]

Nichts bleibt vom Beschreiben verschont. Papier ist das magische Material dieser poetischen Existenz. Beschrieben wird mit allen Mitteln und Tempi. Auf einen Fragebogen des *Who is Who* schreibt sie mit dem Stift ein Gedicht, auf die Bitte hin, Zeilen mit der Hand zu schreiben, tippt sie einen Brief: „Meine Maschinenschrift ist meine Handschrift." Das Gedicht tippt sie dazu, mit einem handgemalten Herz und dem umdeutenden Titel: „1 Efeublatt für Ernst Jandl".[63]

Ohne Papier würde es Mayröckers Gedichte nicht geben. Das Papier gibt ihnen ihren Entstehungs- und Wirkungsplatz und es schenkt den Worten trotz der Überfülle an Papier jenen Raum, den Gottfried Benn in seinem Marburger Vortrag *Probleme der Lyrik* ironisch als jenen definiert hat, der die Gattung auf den ersten Blick verrät:

Wenn Sie am Sonntag morgen Ihre Zeitung aufschlagen, und manchmal sogar auch mitten in der Woche, finden Sie in einer Beilage meistens rechts oben oder links unten etwas, das durch gesperrten Druck und besondere Umrahmung auffällt, es ist ein Gedicht. Es ist meistens kein langes Gedicht, und sein Thema nimmt die Fragen der Jahreszeit auf, im Herbst werden die Novembernebel in die Verse verwoben, im Frühling die Krokusse als Bringer des Lichts begrüßt, im Sommer die mohndurchschossene Wiese im Nacken besungen, zur Zeit der kirchlichen Feste werden Motive des Ritus und der Legenden in Reime gebracht.[64]

Auch Zitate in wissenschaftlichen Aufsätzen, *petit* gesetzt und eingerückt, fallen mit denselben Mitteln auf und verraten auf den ersten Blick: Hier spricht ein anderer, hier ist ein ursprünglicherer Text, gelten andere Räume und Zeit. Heinz Schlaffer interpretiert die Papierverschwendung der Lyrik – „großer Schriftgrad, altertümliche oder eigens geschaffene Schrifttypen, teures Papier, Verschwendung von leerem Raum" – als „optisches Äquivalent zur hergebrachten akusti-

---

[62] Paul Jandl, „Wonne! Euphorie! Ekstase! Mayröcker!", in: *Welt Online* (20.12.2014), http://www.welt.de/kultur/literarischewelt/article135583369/Wonne-Euphorie-Ekstase-Mayroecker.html (abgerufen am 17.09.2015).

[63] Abb. in: Deutsches Literaturarchiv Marbach (Hg.), *Ich liebe Dich!*, o.S.

[64] Gottfried Benn, „Einige Probleme der Lyrik", in: *Prosa 4*, Sämtliche Werke, Bd. 6, hg. v. Gerhard Schuster u. Holger Hof, Stuttgart 2001, 9–44, 9.

schen Eigenart der Lyrik, zu Rhythmus und Melodie".[65] Erinnerung an die ursprünglichen Funktionen des Gedichts, Gebet, Zauberspruch, Gesang und Tanz, Feier und Fest, Rede mit Göttern und Geistern.

Auf Franz Kafkas Schreibtisch lag zu viel Papier. An Weihnachten 1910 ist der Schreibtisch Gegenstand einer riesenhaften Aufzählung:

> Jetzt habe ich meinen Schreibtisch genauer angeschaut und eingesehn, dass auf ihm nichts Gutes gemacht werden kann. Es liegt hier so vieles herum und bildet eine Unordnung ohne Gleichmässigkeit und ohne jede Verträglichkeit der ungeordneten Dinge, die sonst jede Unordnung erträglich macht. Sei auf dem grünen Tuch eine Unordnung wie sie will, das durfte auch im Parterre der alten Teater sein. Dass aber aus den Stehplätzen aus dem offenen Fach unter dem Tischaufsatz hervor Broschüren, alte Zeitungen, Kataloge Ansichtskarten, Briefe, alle zum Teil zerrissen, zum Teil geöffnet in Form einer Freitreppe hervorkommen, dieser unwürdige Zustand verdirbt alles. Einzelne verhältnismässig riesige Dinge des Parterres treten in möglichster Aktivität auf, als wäre es im Teater erlaubt, dass im Zuschauerraum der Kaufmann seine Geschäftsbücher ordnet, der Zimmermann hämmert, der Officier den Säbel schwenkt, der Geistliche dem Herzen zuredet, der Gelehrte dem Verstand, der Politiker dem Bürgersinn, dass die Liebenden sich nicht zurückhalten u.s.w. Nur auf meinem Schreibtisch steht der Rasierspiegel aufrecht, wie man ihn zum Rasieren braucht, die Kleiderbürste liegt mit ihrer Borstenfläche auf dem Tuch, das Portemonnaie liegt offen für den Fall dass ich zahlen will, aus dem Schlüsselbund ragt ein Schlüssel fertig zur Arbeit vor und die Kravatte schlingt sich noch teilweise um den ausgezogenen Kragen.
>
> Das nächst höhere, durch die kleinen geschlossenen Seitenschubladen schon eingeengte offene Fach des Aufsatzes ist nichts als eine Rumpelkammer, so als würde der niedrige Balkon des Zuschauerraumes, im Grunde die sichtbarste Stelle des Teaters für die gemeinsten Leute reserviert für alte Lebemänner, bei denen der Schmutz allmählich von innen nach aussen kommt, rohe Kerle, welche die Füsse über das Balkongeländer herunterhängen lassen, Familien mit soviel Kindern, dass man nur kurz hinschaut, ohne sie zählen zu können richten hier den Schmutz armer Kinderstuben ein (es rinnt ja schon im Parterre) im dunklen Hintergrund sitzen unheilbare Kranke, man sieht sie glücklicherweise nur wenn man hineinleuchtet u.s.w. In diesem Fach liegen alte Papiere die ich längst weggeworfen hätte wenn ich einen Papierkorb hätte, Bleistifte mit abgebrochenen Spitzen, eine leere Zündholzschachtel, ein Briefbeschwerer aus Karlsbad, ein Lineal mit einer Kante, deren Holprigkeit für eine Landstrasse zu arg wäre, viele Kragenknöpfe, stumpfe Rasiermessereinlagen (für die ist kein Platz auf der Welt), Krawattenzwicker und noch ein schwerer eiserner Briefbeschwerer.[66]

Als wolle er diesem Chaos auf und im Tisch mit einem apotropäischen Format Herr werden, benutzte Kafka für seine Texte vor allem gebundene Blätter: Quart- und Oktavhefte. Anders als Andersch überzog er dabei jedoch sofort wieder die Grenzen des Formats, indem er in mehreren Heften gleichzeitig schrieb, an verschiedenen Dingen und auch von hinten nach vorne. Wobei er es allerdings an-

---

[65] Heinz Schlaffer, *Geistersprache. Zweck und Mittel der Lyrik*, München 2012, 190.

[66] Franz Kafka, *Tagebücher*, hg. v. Hans-Gerd Koch, Michael Müller u. Malcolm Pasley, Frankfurt a. M. 1990, 137–139.

ders als Gernhardt und Mayröcker, die Lyriker, mit dieser puren, augenblicklichen und pneumatischen Bewegung nicht lange aushielt und die Hefte auflöste, um die Teile eines Projekts zusammenzubringen und so wieder den Überblick zu haben, der dann aber alles ins Stocken bringt: Die 161 erhaltenen Seiten des *Prozess* zum Beispiel stammen aus zehn Heften und wurden bei der Umordnung zu 16 Konvoluten gefasst, an denen Kafka dann nicht mehr weiter arbeitete. „Mein Roman! Ich erklärte mich vorgestern abend vollständig von ihm besiegt. Er läuft mir auseinander, ich kann ihn nicht mehr umfassen", schrieb er Felice Bauer am 26. Januar 1913 schon über den *Verschollenen*, am 30. November 1914 sah er sich mit dem *Prozess* an „der endgültigen Grenze, vor der ich vielleicht wieder jahrelang sitzen soll".[67] Kafka verwendet für die Arbeit am Roman Raummetaphern: Umfassen und Auseinanderlaufen, vor der Grenze sitzen. Das Herauslösen und Sortieren des Papiers ist eine Ersatzhandlung, denn was mit dem Papier geht, das geht mit dem Raum des Romans gerade nicht. Die fiktive Welt ist viel zu groß und weit, um sich auf diese Weise greifen zu lassen. Sie braucht den Schrift-Steller und nicht den Dichter, denjenigen, der vom Papierraum und den Zeichen absehen kann. So ist es auch ein Prosa-Autor, Romain Gary, dem wir diese düstere Prophezeiung verdanken: „Bei der nächsten Sintflut wird Gott nicht Wasser, sondern Papier verwenden."

Literatur

Andersch, Alfred, „Aus der grauen Kladde", in: *Gesammelte Werke*, Bd. 10, hg. v. Dieter Lamping, Zürich 2004, 424–463.

Andreas-Salomé, Lou, *Lebensrückblick*, Frankfurt a. M. 1974.

Aristoteles, *De anima*, hg. v. William David Ross, Oxford 1956.

Benn, Gottfried, „Einige Probleme der Lyrik", in: *Prosa 4*, Sämtliche Werke, Bd. 6, hg. v. Gerhard Schuster u. Holger Hof, Stuttgart 2001, 9–44.

Benn, Gottfried, „Soll die Dichtung das Leben bessern?", in: *Prosa 4*, Sämtliche Werke, Bd. 6, hg. v. Gerhard Schuster u. Holger Hof, Stuttgart 2001, 231–240.

Burdorf, Dieter, „Der Text als Landschaft. Eine topographische Lektüre der Seiten 73 bis 76 des Homburger Folioheftes", in: Uwe Beyer (Hg.), *Neue Wege zu Hölderlin*, Würzburg 1994, 113–141.

Busch, Werner, *Das sentimentalische Bild. Die Krise der Kunst im 18. Jahrhundert und die Geburt der Moderne*, München 1993.

Busch, Werner, *Great wits jump. Laurence Sterne und die bildende Kunst*, München 2012.

Busch, Werner/Maisak, Petra/Weisheit-Possél, Sabine (Hg.), *Verwandlung der Welt. Die romantische Arabeske*, Frankfurt a. M./Petersberg 2013.

Checa Cremades, Fernando, „Die politische Bedeutung der Gemäldesammlung Philipps IV.", in: Klaus Bußmann/Heinz Schilling (Hg.), *1648 – Krieg und Frieden in Europa*, Bd. 2: *Kunst und Kultur*, Münster 1998, 81–86.

[67] Deutsches Literaturarchiv Marbach (Hg.), *Der ganze Prozess. 33 Nahaufnahmen von Kafkas Manuskript* (Marbacher Magazin 145), Marbach a. N. 2013, 7.

Deutsches Literaturarchiv Marbach (Hg.), *Denkbilder und Schaustücke. Das Literaturmuseum der Moderne* (Marbacher Katalog 60), Marbach a. N. 2006.

Deutsches Literaturarchiv Marbach (Hg.), *Kippfiguren. Robert Gernhardts Brunnen-Hefte* (Marbacher Magazin 120), hg. v. Deutsches Literaturarchiv Marbach (Marbacher Magazin 120), hg. v. Deutsches Literaturarchiv Marbach, Marbach a. N. 2007.

Deutsches Literaturarchiv Marbach (Hg.), *Ordnung. Eine unendliche Geschichte* (Marbacher Katalog 61), Marbach a. N. 2007.

Deutsches Literaturarchiv Marbach (Hg.), *Autopsie Schiller. Eine literarische Untersuchung* (Marbacher Magazin 125/126), Marbach a. N. 2009.

Deutsches Literaturarchiv Marbach (Hg.), *Randzeichnungen. Nebenwege des Schreibens* (Marbacher Magazin 129), Marbach a. N. 2010.

Deutsches Literaturarchiv Marbach (Hg.), *Ich liebe Dich!* Mit einem Gespräch zwischen Michael Lentz u. Sibylle Lewitscharoff (Marbacher Magazin 136), Marbach a. N. 2011.

Deutsches Literaturarchiv Marbach (Hg.), *Schicksal. 7*7 unhintergehbare Dinge* (Marbacher Magazin 135), Marbach a. N. 2011.

Deutsches Literaturarchiv Marbach (Hg.), *Kassiber. Verbotenes Schreiben* (Marbacher Katalog 65), Marbach a. N. 2012.

Deutsches Literaturarchiv Marbach (Hg.), *Der ganze Prozess. 33 Nahaufnahmen von Kafkas Manuskript* (Marbacher Magazin 145), Marbach a. N. 2013.

Deutsches Literaturarchiv Marbach (Hg.), *LSD – Albert Hofmann und Ernst Jünger. Der Briefwechsel 1947 bis 1997* (Marbacher Magazin 142/143), Marbach a. N. 2013.

Deutsches Literaturarchiv Marbach (Hg.), *Zettelkästen. Maschinen der Phantasie* (Marbacher Katalog 66), Marbach a. N. 2013.

Deutsches Literaturarchiv Marbach (Hg.), *Der Wert des Originals* (Marbacher Magazin 148), Marbach a. N. 2014.

Dyck, Joachim, *Der Zeitzeuge. Gottfried Benn, 1929–1949*, Göttingen 2006.

Eckermann, Johann Peter, *Gespräche mit Goethe in den letzten Jahren seines Lebens*, Sämtliche Werke nach Epochen seines Schaffens. Münchner Ausgabe, Bd. 19, hg. v. Karl Richter, München 1986.

Enzensberger, Hans Magnus, *Album*, Berlin 2011.

Fraenkel, Ernest, *Die unsichtbaren Zeichnungen Stéphane Mallarmés*, Lana/Wien 1998.

Gfrereis, Heike, *Hermann Hesse – diesseits des „Glasperlenspiels“* (Marbacher Magazin 98), Marbach a. N. 2002.

Gfrereis, Heike, „Clockwork Orange. Friedrich Kittlers Mondfarbenkartei“, in: *Zeitschrift für Ideengeschichte* 10 (2016), 97–106.

Gfrereis, Heike/Strittmatter, Ellen, „Lemma: *Mondfarben*“, in: Deutsches Literaturarchiv Marbach (Hg.), *Zettelkästen. Maschinen der Phantasie* (Marbacher Katalog 66), Marbach a. N. 2013, o.S.

Goethe, Johann Wolfgang von, *Italienische Reise*, Sämtliche Werke nach Epochen seines Schaffens. Münchner Ausgabe, Bd. 15, hg. v. Andreas Beyer u. Norbert Miller, München 1992.

Gölz, Sabine, „Aura di San Pellegrino. Anmerkungen zu Benjamin-Archiv Ms. 931“, in: Daniel Weidner/Sigrid Weigel (Hg.), *Benjamin-Studien* 1, Paderborn 2008, 209–228.

Groddeck, Wolfram, „Friedrich Hölderlin: *Unsichtbare Verse*“, in: Martina Stercken/Christian Kiening (Hg.), *SchriftRäume. Dimensionen von Schrift zwischen Mittelalter und Moderne*, Zürich 2008, 388.

Handke, Peter, *Langsame Heimkehr*, Frankfurt a. M. 1979.

Handke, Peter/Panzer, Volker, „*nachtstudio*-Gespräch (2008)", (29.06.2013), https://www.youtube.com/watch?v=y8PM4YMEXhQ (abgerufen am 17.09.2015).

Heckscher, William S., „Goethe im Banne der Sinnbilder", in: *Jahrbuch der Hamburger Kunstsammlungen* 7 (1962), 35–54.

Jandl, Paul, „Wonne! Euphorie! Ekstase! Mayröcker!", in: *Welt Online* (20.12.2014), http://www.welt.de/kultur/literarischewelt/article135583369/Wonne-Euphorie-Ekstase-Mayroecker.html (abgerufen am 17.09.2015).

Kafka, Franz, *Tagebücher*, hg. v. Hans-Gerd Koch, Michael Müller u. Malcolm Pasley, Frankfurt a. M. 1990.

Kemp, Martin, „*Il Concetto dell'Anima* in Leonardo's Early Skull Studies", in: *Journal of the Warburg and Courtauld Institutes* 34 (1971), 115–134.

Locke, John, *An Essay Concerning Human Understanding*, London 1836.

Mallarmé, Stéphane, *Un coup de dés jamais n'abolira le hasard / Ein Würfelwurf niemals tilgt den Zufall*, übers. v. Wilhelm Richard Berger, Göttingen 1995 (gestalt. v. Klaus Detjen).

Mallarmé, Stéphane, *Kritsche Schriften*, übers. v. Gerhard Goebel, Gerlingen 1998.

Mayröcker, Friederike, *cahier*, Berlin 2014.

Moritz, Karl Philipp, *Anton Reiser. Ein psychologischer Roman*, Frankfurt a. M. 1979.

Moritz, Karl Philipp, *Grammatisches Wörterbuch der deutschen Sprache*, Hildesheim 1996.

Mosebach, Martin, *Illustrationen* (Marbacher Magazin 131), Marbach a. N. 2010.

Müller, Lothar, *Weiße Magie. Die Epoche des Papiers*, München 2012.

Oppé, Adolf Paul, *Alexander und John Robert Cozens*, London 1951.

Paul, Jean, *Leben des Quintus Fixlein, aus funfzehn Zettelkästen gezogen*, Werke. Historisch-kritische Ausgabe, Bd. 6.1, hg. v. Sabine Straub, Berlin 2013.

Paul, Jean, „Faszikel V-BVA-04-1787-1789-0036", http://www.jp-exzerpte.uni-wuerzburg.de/index.php?seite=exzerpte/ex5a/04&navi=_navi/f5a (abgerufen am 17.09.2015).

Payr, Theresia, „Einleitung", in: Erasmus v. Rotterdam, *Ciceronius. Adagia*, Ausgewählte Schriften, Bd. 7, hg. v. Werner Welzig, Darmstadt 1971, XII–XXXIII.

Romanoski, Christian, *TACITUS EMBLEMATICUS. Diego de Saavedra Fajardo und seine ‚Empresas Políticas'*, Berlin 2006.

Platon, *Platonis Opera*, hg. v. John Burnet, Oxford, 1900–1907 (hier übers. v. F.D.E. Schleiermacher).

Schlaffer, Heinz, *Geistersprache. Zweck und Mittel der Lyrik*, München 2012.

Seneca, „De Otio (Über die Muße)", http://www.romanum.de/latein/uebersetzungen/seneca/de_otio/de_otio.xml (abgerufen am 06.11.2015) (übers. v. Rainer Lohmann).

Sloterdijk, Peter, „Ich sage euch: man muss noch Chaos in sich haben", in: Sloterdijk, *Der ästhetische Imperativ. Schriften zur Kunst*, Hamburg 2007, 400–404.

Steinfest, Heinrich, „Ein Detail am Rande", in: Deutsches Literaturarchiv Marbach (Hg.), *Randzeichnungen. Nebenwege des Schreibens* (Marbacher Magazin 129), Marbach a. N. 2010, 11–63.

Sterne, Laurence, *Life and opinion of Tristam Shandy, Gentleman.* A new Edition, Altenburgh 1772.

Walter Benjamins Archive. Bilder, Texte und Zeichen, bearb. v. Ursula Marx, Frankfurt a. M. 2006.

Personenverzeichnis

Sachverzeichnis